Mikrotechnische Drehratengyroskope mit hoher Genauigkeit

Grundlagen, Konzepte und Realisierung

Von der Fakultät Konstruktions- und Fertigungstechnik
der Universität Stuttgart
zur Erlangung der Würde eines Doktors der Ingenieurwissenschaften
(Dr.-Ing.) genehmigte Abhandlung

Vorgelegt von

Wolfram Geiger

geboren in Mittersill, Österreich

Hauptberichter:	Prof. Dr.-Ing. H. Sandmaier
Mitberichter:	Prof. Dr. rer. nat. W. Mokwa
Tag der mündlichen Prüfung:	17. April 2002

HSG-IMIT
Hahn-Schickard-Gesellschaft e.V.
Institut für Mikro- und Informationstechnik
Villingen-Schwenningen

2002

Berichte aus der Mikromechanik

Wolfram Geiger

Mikrotechnische Drehratengyroskope mit hoher Genauigkeit

D 93 (Diss. Universität Stuttgart)

Shaker Verlag
Aachen 2002

Die Deutsche Bibliothek - CIP-Einheitsaufnahme

Geiger, Wolfram:
Mikrotechnische Drehratengyroskope mit hoher Genauigkeit / Wolfram Geiger.
Aachen : Shaker, 2002
(Berichte aus der Mikromechanik)
Zugl.: Stuttgart, Univ., Diss., 2002
ISBN 3-8322-0393-1

Printed in Germany.

ISBN 3-8322-0393-1
ISSN 0947-2398

Shaker Verlag GmbH • Postfach 101818 • 52018 Aachen
Telefon: 02407 / 95 96 - 0 • Telefax: 02407 / 95 96 - 9
Internet: www.shaker.de • eMail: info@shaker.de

Inhaltsverzeichnis

Abkürzungsverzeichnis

$\boldsymbol{a}$	Vektor	[variabel]
a	Beschleunigung	[m·s^{-2}]
A	Amplitude einer Schwingung	[variabel]
$\boldsymbol{a}_\mathrm{C}$	Coriolis-Beschleunigung	[m·s^{-2}]
A_DZ	Gesamtfläche einer Einheitszelle der Probemasse (des Sekundärschwingers) inklusive der Fläche eines Ätzlochs	[m^2]
A_sg	effektive, beim Sagnac-Versuch vom Strahlengang eingeschlossene Fläche	[m^2]
a_z	Beschleunigung auf die bewegliche Struktur in z-Richtung	[m·s^{-2}]
A_Z	Gesamtfläche einer Einheitszelle der Probemasse (des Sekundärschwingers) abzüglich der Fläche eines Ätzlochs	[m^2]
B	Beobachtersystem	
B	Magnetische Induktion	[Tesla]
c	Lichtgeschwindigkeit	[m·s^{-1}]
C	Kapazität	[F]
c_d	Änderung des Elektrodenabstands an einem Punkt der beweglichen Struktur pro Auslenkungswinkel der Primärbewegung	[m·rad^{-1}]
c_f	Verhältnis der durch die Perforation reduzierten Fläche zur Gesamtfläche (= $A_\mathrm{Z}/A_\mathrm{DZ}$)	[-]
$C_{\mathrm{f}i}$	Kapazität zwischen dem i-ten beweglichen Finger und den zwei benachbarten, feststehenden Fingern eines Elektrodenkamms	[F]
C_p	Parasitäre Kapazität zwischen der Mittelelektrode (der beweglichen Struktur) und Masse	[F]
C_p1, C_p2	Kapazitäten zur Auslesung der Primärbewegung	[F]
c_σ	$= k_\sigma / 2E$	[m^{-1}]
C_s1, C_s2	Kapazitäten zur Auslesung der Sekundärbewegung	[F]
d	Abstand der beweglichen Struktur zu den Substratelektroden	[m]
d_1, d_2	Funktionen, die den Elektrodenabstand der Auslesekapazitäten C_s1 bzw. C_s2 in Abhängigkeit von x und y beschreiben	[m]
d_f	Elektrodenabstand zwischen einem beweglichen Finger und einem benachbarten, feststehenden Finger eines Elektrodenkamms	[m]
e	Ladung eines Elektrons	[C]
E	Elastizitätsmodul	[N·m^{-2}]
$\boldsymbol{e}_x$, $\boldsymbol{e}_y$, $\boldsymbol{e}_z$	Einheitsvektoren in x-, y- beziehungsweise z-Richtung	

f	Kraft geteilt durch die bewegte Masse bzw. Drehmoment geteilt durch das bewegte Trägheitsmoment	[m·s^{-2}, rad·s^{-2}]
F	Kraft oder Drehmoment	[N, N·m]
F_B	Kraft durch Abbremsen eines Rades eines Kfz	[N]
$\boldsymbol{F}_C$	Coriolis-Kraft	[N]
f_{cl}	f zum kraftkompensierten Betrieb der Sekundärschwingung	[m·s^{-2}, rad·s^{-2}]
F_D	Dämpfungskraft	[N]
f_{el}	elektrostatisches f mit Wirkung auf die Sekundärbewegung	[m·s^{-2}, rad·s^{-2}]
F_{el}	Elektrostatische Kraft auf die bewegliche Struktur	[N]
f_{fp}	Stör-f mit Wirkung auf die Sekundärbewegung proportional zu und in Phase mit f_p	[m·s^{-2}, rad·s^{-2}]
f_{fp0}	Amplitude von f_{fp}	[m·s^{-2}, rad·s^{-2}]
F_L	Lorentz-Kraft	[N]
F_{lev}	Levitationskraft	[N]
f_p	f zur Anregung der Primärbewegung	[m·s^{-2}, rad·s^{-2}]
f_{p0}	Amplitude von f_p	[m·s^{-2}, rad·s^{-2}]
f_{qp}	Stör-f mit Wirkung auf die Sekundärbewegung proportional zu und in Phase mit der Primärbewegung q_p	[m·s^{-2}, rad·s^{-2}]
f_{qp0}	Amplitude von f_{qp}	[m·s^{-2}, rad·s^{-2}]
f_{qp10}	Beitrag zu f_{qp0} durch einen asymmetrischen Elektrodenabstand der Detektionselektroden der Sekundärbewegung	[rad·s^{-2}]
f_{qp20}	Beitrag zu f_{qp0} durch einen asymmetrischen Querschnitt der Primärbiegebalken	[rad·s^{-2}]
f_r	f zur Erzeugung einer Referenzschwingung für den Betrieb mit Kompensation mit Referenzschwingung	[m·s^{-2}, rad·s^{-2}]
f_{r0}	Amplitude von f_r	[m·s^{-2}, rad·s^{-2}]
f_s	f auf die Sekundärbewegung	[m·s^{-2}, rad·s^{-2}]
$f_{stör}$	Stör-f mit Wirkung auf die Sekundärbewegung	[m·s^{-2}, rad·s^{-2}]
h	Höhe der beweglichen Struktur (= Dicke der Epipoly-Schicht)	[m]
I	Inertialsystem	
I_t	Torsionsflächenmoment eines Balkens (Definition der Abmessungen und der Orientierung s. Abb. 5.1)	[m^4]
I_y, I_z	Flächenmoment eines Balkens (Definition der Abmessungen und der Orientierung s. Abb. 5.1)	[m^4]
J	Trägheitsmoment	[m^2·kg]
$\boldsymbol{J}$	Trägheitstensor	
J_g	(Haupt-)Trägheitsmoment des Gyro-Elements von rotierenden Gyroskopen in bezug auf die y-Achse	[m^2·kg]
J_{ik}	Matrixelemente des Trägheitstensors	[m^2·kg]
J_p, J_s	Hauptträgheitsmoment der Primär- bzw. Sekundärbewegung	[m^2·kg]

$J_{x,y,z}$	Hauptträgheitsmoment der beweglichen Struktur in bezug auf die x-, y- bzw. z-Achse	[$m^2 \cdot kg$]
k	Federsteifigkeit	[$N \cdot m^{-1}$, $N \cdot m \cdot rad^{-1}$]
K	Körperfestes Koordinatensystem	
k_{ag}	Angular-Gain-Faktor	[-]
k_B	Boltzmann-Konstante	[$J \cdot K^{-1}$]
k_{el}	Elektrostatische Federsteifigkeit	[$N \cdot m^{-1}$, $N \cdot m \cdot rad^{-1}$]
k_g	Drehsteifigkeit der Rotationsbewegung α_g des Gyro-Elements von rotierenden Gyroskopen um die y-Achse	[$N \cdot m \cdot rad^{-1}$]
k_p	Mechanische Federsteifigkeit der Primärbewegung	[$N \cdot m \cdot rad^{-1}$]
k_r	Verhältnis der Frequenz der Referenzschwingung zur Antriebsfrequenz beim Betrieb mit Kompensation mit Referenzschwingung	[-]
k_{rx}	Mechanische Federsteifigkeit bei Rotation um x-Achse	[$N \cdot m \cdot rad^{-1}$]
k_s	Mechanische Federsteifigkeit der Sekundärbewegung	[$N \cdot m \cdot rad^{-1}$]
k_σ	Spannungsgradient	[$N \cdot m^{-3}$]
k_t	Federsteifigkeit bei Torsion eines Balkens (Definition der Abmessungen und der Orientierung s. Abb. 5.1)	[$N \cdot m \cdot rad^{-1}$]
k_{Vq}	Proportionalitätsfaktor zwischen mechanischer Auslenkung (primär bzw. sekundär) und elektrischer Spannung	[$V \cdot m^{-1}$, $V \cdot rad^{-1}$]
k_z	Effektive mechanische Federsteifigkeit der beweglichen Struktur in z-Richtung	[$N \cdot m^{-1}$]
l	Länge	[m]
l	Geometrieparameter der beweglichen Struktur: Ausdehnung Sekundäroszillator in y-Richtung (s. Abb. 4.2)	[m]
$\bar{l}$	Mittlere freie Weglänge der Fluidmoleküle	[m]
l_0	Mittlere freie Weglänge der Fluidmoleküle unter Standardbedingungen	[m]
L_C	Drehimpuls bezogen auf den Schwerpunkt eines starren Körpers	[$m^2 \cdot kg \cdot s^{-1}$]
l_{fi}	Überlapp des i-ten beweglichen Fingers eines Elektrodenkamms und den zwei feststehenden, benachbarten Fingern in Ruhestellung des Antriebsrades	[m]
l_R	Kantenlänge eines Resonators eines akustischen Gyroskops	[m]
L_R	Drehimpuls des Rotors von rotierenden Gyroskopen aufgrund der eingeprägten Winkelgeschwindigkeit.	[$m^2 \cdot kg \cdot s^{-1}$]
m	Träge Masse	[kg]
M	Gesamtmasse der beweglichen Struktur	[kg]
M_B	Moment durch Abbremsen eines Rades eines Kfz	[$N \cdot m$]

$\boldsymbol{M}_{\mathrm{C}}$	Drehmoment bezogen auf den Schwerpunkt eines starren Körpers	[N·m]
M_{cd}	Elektrostatisches Antriebsmoment des Ringantriebs	[N·m]
M_{D}	Dämpfungsmoment	[N·m]
m_{e}	Masse eines Elektrons	[kg]
M_{el}	Elektrostatisches Moment auf die bewegliche Struktur um die y-Achse	[N·m]
$M_{\mathrm{stör}}$	Störmoment um die y-Achse von rotierenden Gyroskopen.	[N·m]
n	Teilchendichte	[$\mathrm{m^{-3}}$]
N	Anzahl der Freiheitsgrade	[-]
n_{ak}	Anzahl der Antriebskämme der Primärbewegung pro Antriebsrichtung	[-]
n_{dk}	Anzahl der Kämme zur Detektion der Primärbewegung pro Detektionsrichtung	[-]
n_{f}	Anzahl der Finger pro Elektrodenkamm	[-]
NL	Nichtlinearität berechnet nach der "end point straight line"-Methode	[-]
n_{M}	Modenzahl der sekundären, stehenden Schallwelle eines akustischen Gyroskops	[-]
np	Koeffizient in der Differentialgleichung zur Bestimmung des Sensorsignals, der den Offset NP bestimmt	[$\mathrm{V \cdot s^{-2}}$]
NP	Offset des Sensorsignals	[V]
p	Operator der zeitlichen Ableitung	[$\mathrm{s^{-1}}$]
p	(Betriebs-)Druck	[Pa]
P	Körperfestes Koordinatensystem, verknüpft mit der Primärbewegung eines quasirotierenden Gyroskops	
p_0	Standarddruck	[Pa]
p_{A}	Operator der zeitlichen Ableitung bezüglich des Koordinatensystems A	[$\mathrm{s^{-1}}$]
p_{p}	Akustischer Druck der von einem Lautsprecher erzeugten primären Schallwelle eines akustischen Gyroskops	[Pa]
p_{s}	Akustischer Druck der sekundären Schallwelle eines akustischen Gyroskops	[Pa]
q	Koordinate (Auslenkung)	[m, rad]
Q	Güte einer mechanischen Schwingung	
q_{p}	Koordinate der Primärbewegung	[m, rad]
Q_{p}	Güte der Primärschwingung	[-]
q_{p0}	Amplitude der Primärschwingung	[m, rad]
q_{s}	Koordinate der Sekundärbewegung	[m, rad]
Q_{s}	Güte der Sekundärschwingung	[-]
q_{s0}	Amplitude der Sekundärschwingung	[m, rad]

qu	Koeffizient in der Differentialgleichung zur Bestimmung des Sensorsignals, der die Quadratur QU bestimmt	$[V \cdot s^{-2}]$
QU	Quadratur-Anteil des Sensorsignals	$[V]$
$\boldsymbol{r}$	Ortsvektor	
R	Widerstand	$[\Omega]$
R	Dämpfungskonstante	$[kg \cdot s^{-1}$, $kg \cdot m^2 \cdot s^{-1}]$
R	Rotation (Koordinatentransformation)	
r_1, r_2	Geometrieparameter der beweglichen Struktur (s. Abb. 4.2)	$[m]$
R_1	Widerstand am invertierenden Eingang des ersten Operationsverstärkers	$[\Omega]$
R_{AB}	Koordinatentransformation bei Rotation (B ist das ursprüngliche Koordinatensystem, A das neue Koordinatensystem)	
$\boldsymbol{r}_C$	Ortsvektor bezogen auf den Schwerpunkt eines starren Körpers	$[m]$
Re	Reynoldsche Zahl	$[-]$
R_F	Externer Widerstand zwischen der Mittelelektrode (der beweglichen Struktur) und Masse (Floatwiderstand)	$[\Omega]$
r_i	Abstand des i-ten beweglichen Fingers eines Elektrodenkamms von der Drehachse um die z-Richtung	$[m]$
R_{l1}, R_{l2}	Widerstand der Leiterbahnen, die zu den Ausleseelektroden führen	$[\Omega]$
R_N	Gegenkopplungswiderstand der ersten Verstärkerstufe	$[\Omega]$
S	Körperfestes Koordinatensystem, verbunden mit der Probemasse (Sekundärschwinger) eines quasirotierenden Gyroskops	
s_{cII}	Drehraten-Meßsignal bei der Drehratenmessung mit kraftkompensierter Sekundärschwingung	$[m \cdot s^{-2}$, $rad \cdot s^{-2}]$
sf	Koeffizient in der Differentialgleichung zur Bestimmung des Sensorsignals, der den Skalenfaktor SF bestimmt	$[V \cdot s^{-1}]$
SF	Skalenfaktor des Sensorsignals	$[V \cdot s]$
SF^*	Skalenfaktor des Sensorsignals nach Demodulation mit dem Trägersignal	$[V/(°/s)]$
t	Zeit	$[s]$
T	(Umgebungs-) Temperatur	$[K]$
T_0	Standardtemperatur (293,2 K)	$[K]$
ud	Koeffizient in der Differentialgleichung zur Bestimmung des Sensorsignals, der UD bestimmt	$[V \cdot s^{-2}]$
UD	Anteil des Sensorsignals, der unabhängig von der Drehrate und der Phase der Primärschwingung ist	$[V]$
v	Geschwindigkeit	$[m \cdot s^{-1}]$
$\bar{v}$	Mittlere Geschwindigkeit der Fluidmoleküle	$[m \cdot s^{-1}]$
V	Elektrische Spannung	$[V]$

V_{AC}	Amplitude einer elektrischen Wechselspannung	[V]
V_{DC}	Elektrische Gleichspannung	[V]
V_e	Elektrische Spannung am Eingang des ersten Verstärkers	[V]
V_a	Elektrische Spannung am Ausgang des ersten Verstärkers	[V]
V_p	Meßsignal (elektrische Spannung) der Primärbewegung	[V]
V_{pI}	Demoduliertes In-Phase-Signal von V_p	[V]
V_{pQ}	Demoduliertes Quadratur-Signal von V_p	[V]
V_{qp}	Störsignal proportional zu und in Phase mit der Primärbewegung q_p	[V]
V_{qp0}	Amplitude von V_{qp}	[V]
V_s	Meßsignal (elektrische Spannung) der Sekundärbewegung	[V]
V_s^*	Meßsignal (elektrische Spannung) der Sekundärbewegung nach Demodulation mit dem Trägersignal	[V]
V_{sI}	Demoduliertes In-Phase-Signal von V_s	[V]
V_{sQ}	Demoduliertes Quadratur-Signal von V_s	[V]
V_Z	Zündspannung (Gasentladung)	[V]
W	Elektrostatische Energie einer Elektrodenanordnung	[J]

α	Auslenkungswinkel	[rad]
α_g	Auslenkungswinkel des Gyro-Elements von rotierenden Gyroskopen	[rad]
α_p	Auslenkungswinkel der Primärbewegung	[rad]
α_{p0}	Amplitude der Primärbewegung	[rad]
α_s	Auslenkungswinkel der Sekundärbewegung	[rad]
α_{s0}	Amplitude der Sekundärbewegung	[rad]
α_x	Auslenkungswinkel der beweglichen Struktur um die x-Achse	[rad]
β	Dämpfungskoeffizient	[s^{-1}]
β_p	Dämpfungskoeffizient der Primärschwingung	[s^{-1}]
β_s	Dämpfungskoeffizient der Sekundärschwingung	[s^{-1}]
β_g	Dämpfungskoeffizient der Rotationsbewegung α_g des Gyro-Elements von rotierenden Gyroskopen.	[s^{-1}]
ΔC_{AE0}	Amplitude der Kapazitätsänderung $C_{s1} - C_{s2}$ verursacht durch die Primärbewegung bei asymmetrischen Sekundär-Ausleseelektroden	[F]
Δf	Bandbreite der signalverarbeitenden Elektronik	[Hz]
$\Delta\varphi_p$	$= \varphi_p - \varphi_{p0}$	[rad]

$\Delta\varphi_s$	$= \varphi_s - \varphi_{s0}$	[rad]
ΔSF_a	Änderung des Skalenfaktors durch eine Beschleunigung berechnet nach der ersten Verstärkerstufe	[-]
ΔSF_T^*	Temperaturdrift des Skalenfaktors berechnet nach der ersten Verstärkerstufe	[-]
$\Delta\tau$	Zeitdifferenz der gegenläufigen Strahlen beim Sagnac-Versuch	[s]
ΔT	$= T - T_0$	[K]
Δz	(Effektive) Auslenkung (der beweglichen Struktur) in z-Richtung	[m]
ΔZRO_a	Änderung des Nullpunkts durch eine Beschleunigung berechnet nach erster Verstärkerstufe	[°/s]
ΔZRO_T	Temperaturdrift des Nullpunkts berechnet nach der ersten Verstärkerstufe	[°/s]
ε	$= \varepsilon_0 \cdot \varepsilon_r$	$[A \cdot s \cdot V^{-1} \cdot m^{-1}]$
ε_0	Dielektrizitätskonstante (s. Anhang A)	$[A \cdot s \cdot V^{-1} \cdot m^{-1}]$
ε_r	Relative Dielektrizitätskonstante von Luft (s. Anhang A)	
γ_i	Gyromagnetisches Verhältnis der Kernsorte i	$[Tesla^{-1} \cdot s^{-1}]$
η	Viskosität des dämpfenden Fluids bei p_0, T	$[kg \cdot m^{-1} \cdot s^{-1}]$
η_0	Viskosität des dämpfenden Fluids bei Standardbedingungen (p_0, T_0)	$[kg \cdot m^{-1} \cdot s^{-1}]$
φ	(Phasen-)Winkel	[rad]
φ_{am}	Mittlerer Asymmetriewinkel der Primärbiegebalken	[rad]
φ_p	Phase zwischen der Primärschwingung und der anregenden Kraft bzw. dem anregenden Moment	[rad]
φ_{p0}	Beim Kalibrieren eingestellte Phase der Primärschwingung in bezug auf die sie anregende Kraft	[rad]
φ_r	Phase zwischen der Referenzschwingung und der sie anregenden Kraft beim Betrieb mit Kompensation mit Referenzschwingung	[rad]
φ_s	Phase zwischen Sekundärschwingung und der sie anregenden Kraft bzw. dem sie anregenden Moment	[rad]
φ_s	Sagnac-Phasenshift	[rad]
φ_{s0}	Beim Kalibrieren eingestellte Phase des Referenzsignals zur Demodulation des Sekundärsignals (In-Phase)	[rad]
κ_E	Temperaturkoeffizient des E-Moduls	$[K^{-1}]$
λ	Wellenlänge	[m]
ρ	Dichte der beweglichen Struktur	$[kg \cdot m^{-3}]$
ρ_{fluid}	Dichte des dämpfenden Fluids	$[kg \cdot m^{-3}]$
σ	Intrinsische Spannung	$[N \cdot m^{-2}]$
τ	Exponentielle Zeitkonstante	[s]
ω	Kreisfrequenz	$[s^{-1}]$
Ω	Winkelgeschwindigkeit	$[rad \cdot s^{-1}]$

ω_0	Resonanzfrequenz	[s^{-1}]
Ω_{AB}	Winkelgeschwindigkeit des Koordinatensystems A relativ zum Koordinatensystem B	[$rad \cdot s^{-1}$]
ω_B	Mechanische Bandbreite eines Drehratengyroskops	[s^{-1}]
ω_c	Kreisfrequenz eines Trägersignals	[s^{-1}]
ω_{cp}	Kreisfrequenz des Trägersignals zur Detektion der Primärbewegung	[s^{-1}]
ω_{cs}	Kreisfrequenz des Trägersignals zur Detektion der Sekundärbewegung	[s^{-1}]
ω_d	Kreisfrequenz der die Primärschwingung anregenden Kraft bzw. des Moments	[s^{-1}]
ω_g	Resonanzfrequenz der Rotationsbewegung α_g des Gyro-Elements von rotierenden Gyroskopen.	[s^{-1}]
ω_L	Larmor-Frequenz	[s^{-1}]
ω_p	Resonanzfrequenz der Primärschwingung	[s^{-1}]
ω_r	Kreisfrequenz der Referenzschwingung	[s^{-1}]
Ω_r	Winkelgeschwindigkeit äquivalent zum Sensorrauschen berechnet nach der ersten Verstärkerstufe	[$rad \cdot s^{-1}$]
$\Omega_{r/m/s}$, $\Omega_{r/m/p}$	Winkelgeschwindigkeit äquivalent zum mechanisch-thermischen Rauschanteil der Sekundär- bzw. der Primärbewegung	[$rad \cdot s^{-1}$]
$\Omega_{r/el/s}$, $\Omega_{r/el/p}$	Winkelgeschwindigkeit äquivalent zum elektrischen Rauschanteil der Sekundär- bzw. Primärbewegung, berechnet nach der ersten Verstärkerstufe	[$rad \cdot s^{-1}$]
ω_{rx}	Resonanzfrequenz der Drehschwingung um die x-Achse	[s^{-1}]
$\omega_{s\text{-}eff}$	Effektive Resonanzfrequenz der Sekundärschwingung unter Berücksichtigung der elektrostatischen Kraftkonstanten	[s^{-1}]
ω_s	(Mechanische) Resonanzfrequenz der Sekundärschwingung	[s^{-1}]
$\Omega_{x,y,z}$	Komponenten der Winkelgeschwindigkeit des Beobachtersystems relativ zum Inertialraum.	[s^{-1}]
ω_z	Resonanzfrequenz der linearen Schwingung in z-Richtung (Flying-Mode)	[s^{-1}]

Zusammenfassung

Mikromechanische Gyroskope werden für viele existierende und neu zu entwickelnde Anwendungen von großer Bedeutung sein, insbesondere aufgrund ihrer kleinen Baugröße, der bei großen Stückzahlen äußerst kostengünstigen Herstellungsverfahren und dem großen Leistungspotential. Mit Gyroskopen kann die physikalische Größe Winkelgeschwindigkeit ohne Verwendung einer äußeren Referenz gemessen werden. Mit Navigationssystemen wird durch Integration des Sensorsignals der zurückgelegte Winkel und die Orientierung eines Objekts bestimmt. Es ist vorstellbar, daß in naher Zukunft selbst Mobiltelefone mit miniaturisierten Navigationssystemen ausgerüstet werden und dem Anwender den Weg beispielsweise zurück zu seinem Fahrzeug weisen.

In der vorliegenden Arbeit wird, basierend auf verschiedenen potentiellen, teilweise beschriebenen Anwendungen, eine Targetspezifikation für ein mikromechanisches Gyroskop aufgestellt. Aufbauend auf dem umfassend erläuterten Stand der Technik werden neue Konzepte entwikkelt, die erforderlich sind, um diese Targetspezifikation zu erreichen. Sie betreffen das Design des mechanischen Sensorelements, das Betriebsverfahren sowie die Ausleseelektronik.

Es wird ein theoretisches Modellsystem entwickelt, das eine analytische Beschreibung mikromechanischer Gyroskope erlaubt. Temperatureffekte werden ebenso wie Störbeschleunigungen bei den Berechnungen berücksichtigt. Wie der Vergleich mit den dargestellten Messungen zeigt, können mit dem theoretischen Modell erstmals die Leistungsparameter mikromechanischer Drehratensensoren sehr genau vorherbestimmt werden, wodurch eine effiziente Optimierung möglich ist.

Von entscheidender Bedeutung für die erzielbare Genauigkeit eines mikromechanischen Drehratensensors ist die elektronische Ausleseschaltung. In der vorliegenden Arbeit werden im wesentlichen zwei realisierte Konzepte beschrieben. Bei beiden Konzepten erfolgt die kapazitive Messung der mechanischen Auslenkung der beweglichen Sensorstruktur mit einem sogenannten Träger- oder Amplitudenmodulationsverfahren. Damit sind Abstandsänderungen in der Größenordnung von 10^{-13} m nachweisbar, die nur ca. 10 mal größer sind als die Genauigkeit einer Tunnelstrecke. Bei den beiden Schaltungskonzepten handelt es sich um ein analoges und ein digitales Konzept. Während die analoge Schaltung konzeptionell dem Stand der Technik entspricht, wird mit der digitalen Ausleseelektronik ein neuer Weg bestritten. Durch die digitale Signalverarbeitung werden die Temperaturdriften und das Rauschen der Schaltung minimiert. Außerdem sind komplexe Rechenoperationen möglich, die eine aufwendige, mit analogen Komponenten nicht machbare Fehlerkompensation ermöglichen. Der digitale Ansatz bietet die Voraussetzung für einen programmierbaren und "lernfähigen" Sensor, wodurch eine Selbstkalibrierung während des Betriebs möglich wird. Im Rahmen der vorliegenden Arbeit konnte die Machbarkeit des Konzepts nachgewiesen werden, ohne dessen Potential jedoch wirklich auszuschöpfen. Es wird für die weiteren Entwicklungen einen wesentlichen Beitrag leisten.

Die Sensorchips wurden im Auftrag bei der Robert Bosch GmbH in Reutlingen durch einen oberflächenmikromechanischen Prozeß gefertigt. Als Besonderheit ist eine Dicke des Polysiliziums, aus welchem die beweglichen Strukturen hergestellt werden, von 10 µm zu nennen. Die Montage der Sensorchips sowie die Herstellung der elektronischen Schaltungen und der Sensorgehäuse erfolgte am HSG-IMIT.

Die realisierten Sensoren besitzen einen Meßbereich von ±200 °/s, einen Linearitätsfehler kleiner als 0,1%, bei einer Bandbreite von 50 Hz ein Rauschen kleiner als 0,1 °/s, eine Auflösung besser als 0,01 °/s, eine Drift des Nullpunkts beziehungsweise des Skalenfaktors über den Temperaturbereich von -40°C bis +85°C kleiner als 0,5 °/s beziehungsweise kleiner als 1% sowie eine Beschleunigungsempfindlichkeit des Nullpunkts beziehungsweise des Skalenfaktors kleiner als 0,1 (°/s)/g beziehungsweise kleiner als 0,4 %/g. Damit wird die in dieser Arbeit aufgestellte Targetspezifikation erfüllt. Die Leistungsparameter übertreffen die Parameter von feinmechanischen Drehratensensoren, die zur Zeit für ca. 400 DM angeboten werden, und zählen im internationalen Vergleich mit mikrotechnischen Gyroskopen zu den besten Werten. Daher ist die Produkteinführung durch einen Industriepartner von HSG-IMIT in Kürze geplant.

Im Ausblick der Arbeit wird dargestellt, wie mit mikrotechnischen Drehratengyroskopen eine Genauigkeit besser als 0,02 °/s und damit Leistungsparameter erzielt werden könnten, die derzeit Faseroptische Kreisel mit Marktpreisen im vierstelligen DM-Bereich besitzen. Wesentliche Voraussetzungen dafür sind neue Herstellungsverfahren mit einer größeren Dicke (40 µm bis 100 µm) der Schicht, aus welcher die beweglichen Strukturen gefertigt werden, eine weitere Verbesserung des Designs des mechanischen Sensorelements, sowie das Ausschöpfen des Potentials, welches durch das digitale Ausleseverfahren besteht. Entsprechende Konzepte, teilweise bereits realisiert, werden beschrieben und stützen die Behauptung.

Summary

Introduction

Angular rate sensors or rate gyroscopes are used to measure the angular velocity of their "host", a moving object, without external reference. Low cost and high precision gyroscopes find use in the fields of advanced automotive safety (e.g. airbag systems, electronic stability programme, adaptive cruise control) and comfort systems (e.g. navigational systems), virtual and augmented reality, people-to-people and people-to-device communication (e.g. gloves, helmets, and mobile phones), robotics (home robots and autonomous guided vehicles), and medicine (surgical instruments). Due to the large market scope, various groups are working on new designs, technologies, and readout concepts for micromachined gyroscopes.

In Coriolis Vibratory Gyroscopes (CVG), movement in three degrees of freedom (DoF) is involved. The first is the vibration induced by the system itself, the primary mode. The second is the rotation which is to be detected, the external rotation. The third is the vibration induced by the Coriolis force, the secondary mode, which is measured and evaluated. Comparing to other mechanical sensors like e.g. accelerometers, the forces and the movements induced by the Coriolis force are very small. Therefore CVG are extremely sensitive to cross-talk between the primary and secondary oscillation, to technological imperfection and asymmetries, which cause the so-called quadrature signal, described in more detail below.

Based on the various applications, partially described in this work, a target specification for a micromachined CVG was established (table 1, page 24). To meet this specification new concepts founded on the extensively described state of the art were developed. These concepts refer to the design of the mechanical sensor element, the mode of operation, and the readout electronics.

The new design principle DAVED (decoupled angular velocity detector) is described in more detail with the example of the so-called RR-structure (figure 1). RR indicates, that the sensor features two rotary oscillation modes. The entire movable structure (printed grey) is driven to a rotary oscillation around the *z*-axis by comb drives (primary mode). When the device is turned around the *x*-axis, Coriolis forces arise, which cause an oscillation around the *y*-axis (secondary mode). It is detected by substrate electrodes, which build together with the movable structure a differential condenser, and yields the output signal. In this out of plane direction, the high stiffness of the inner beam suspension effectively suppresses an oscillation of the inner wheel. Only the outer rectangular structure, which is decoupled from the inner wheel by torsional springs, can follow the Coriolis forces. In this concept decoupling means, that the primary oscillator (the inner wheel) has (ideally) only one DoF relative to the substrate. The secondary oscillator has the same one and one additional DoF. Thus, the secondary oscillation does not influence the driving mechanism and parasitic effects of the comb drives like levitation can be suppressed effectively.

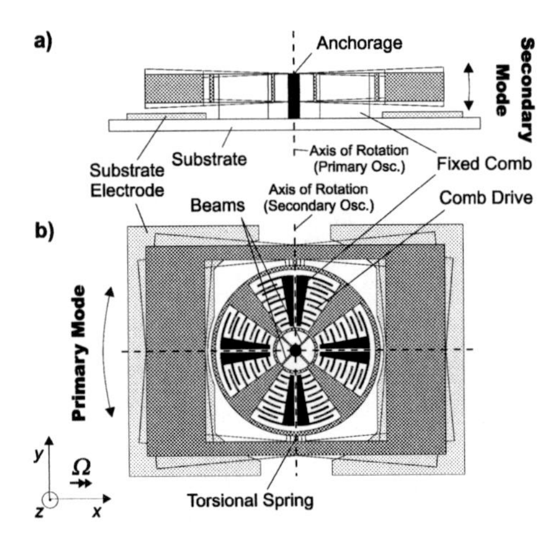

Fig. 1. Schematic drawing of the RR-structure. a) Cross section and b) top view (grey: movable, black: fixed).

Theoretical Model System

Within this work a theoretical model system was developed, which allows the analytical description of micromachined CVG including the influence of temperature and acceleration. In chapter 2 the output signal is calculated for CVG, independent on the mechanical design or the readout technique. The results are given below. They allow to deduce the basic difficulties as well as the basic demands for high performance CVG.

In figure 2 the block diagram of a CVG with controlled primary oscillation and open loop secondary oscillation is shown. The mechanical sensor element including the conversion of the displacement into a voltage is represented by the block entitled CVG. In general the externally applied forces f_p^* and f_s^* do not exactly correspond to the forces f_p and f_s acting onto the primary and secondary oscillation, respectively. Further, in general the output voltages V_p (primary) and V_s (secondary) do not depend exactly linearly on the displacements (q_p respectively q_s).

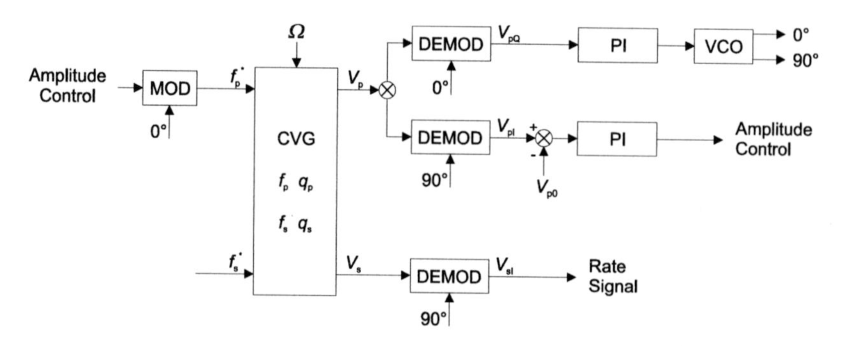

Fig. 2. Block diagram of a CVG with controlled primary oscillation and open loop secondary oscillation.

To control the primary oscillation two control loops are implemented: with the phase closed loop, based on a voltage controlled oscillator (VCO), the sensor is forced to operate in its resonance frequency and a temperature dependent resonance frequency shift is compensated. An amplitude closed loop is necessary to accommodate the amplitude changes due to damping variation over temperature.

The output of the secondary oscillation V_s is calculated to

$$V_s = (SF{\cdot}\Omega + NP) \sin(\omega_d t - \varphi_p - \varphi_s) + QU \cos(\omega_d t - \varphi_p - \varphi_s) \qquad (1)$$

with

$$\textit{Scale faktor} \qquad SF = \frac{2\, k_{Vq}\, k_{ag}\, q_{p0}\, \omega_d}{\sqrt{(\omega_s^2 - \omega_d^2)^2 + 4\, \beta_s^2\, \omega_d^2}} = \frac{sf}{\sqrt{(\omega_s^2 - \omega_d^2)^2 + 4\, \beta_s^2\, \omega_d^2}},$$

$$\textit{Offset} \qquad NP = \frac{-2\, \beta_s\, V_{qp0}\, \omega_d}{\sqrt{(\omega_s^2 - \omega_d^2)^2 + 4\, \beta_s^2\, \omega_d^2}} = \frac{np}{\sqrt{(\omega_s^2 - \omega_d^2)^2 + 4\, \beta_s^2\, \omega_d^2}}, \qquad (2)$$

$$\textit{Quadrature} \qquad QU = \frac{V_{qp0}\, (\omega_s^2 - \omega_d^2) + k_{Vq}\, f_{qp0}}{\sqrt{(\omega_s^2 - \omega_d^2)^2 + 4\, \beta_s^2\, \omega_d^2}} = \frac{qu}{\sqrt{(\omega_s^2 - \omega_d^2)^2 + 4\, \beta_s^2\, \omega_d^2}}.$$

φ_p represents the phase of the primary oscillation with respect to the driving force acting onto the primary oscillator. φ_s corresponds to the phase of the secondary oscillation with respect to the Coriolis force. The primary oscillation is excited with the driving frequency ω_d. ω_s represents the resonance frequency of the secondary oscillator and β_s corresponds to its damping coefficient. The other parameters are not essential for the understanding within this summary and are described in detail in chapter 2 of this work. In order to suppress the so-called quadrature signal QU and to receive a signal linear to the angular velocity Ω, phase sensitive detection through a demodulation stage is used. The corresponding signal V_{sI} is given by:

$$V_{sI} = (SF{\cdot}\Omega + NP) \cos(\Delta\varphi_s) + QU \sin(\Delta\varphi_s) - UD \cos(\Delta\varphi_s) \ . \tag{3}$$

It is assumed, that through the control loops the primary oscillation is perfectly stable. The term $\Delta\varphi_s$ represents the changes of the phase φ_s during operation caused by temperature effects. In order to obtain small bias drifts especially the term QU has to be as small as possible. This leads to one of the most important demands for concepts of micromachined CVG: asymmetries and the effects of technological imperfection have to be kept as small as possible. In this work this is achieved by realizing the entire mechanical sensor element, the driving elements and most of the necessary readout components (the comb drives) within one process step. Only the electrodes to measure the secondary oscillation have to be structured within another process step. By means of measurements and calculations most of the remaining quadrature signal of the RR-structure could be assigned to asymmetric cross-sections of the primary beams.

The advanced mode of operation with "force to rebalance" or closed loop of the secondary oscillation is shown in the block diagram of figure 3. In addition to the primary closed loops one closed loop to cancel the quadrature component and one to control the in-phase component proportional to the Coriolis force has to be implemented. The angular rate signal corresponds to the force necessary to compensate the Coriolis force. It is calculated to

$$s_{\mathrm{cII}} = -\frac{1}{k_{\mathrm{Vq}}} (sf{\cdot}\Omega + np - ud) \ . \tag{4}$$

The critical dependence on $\Delta\varphi_s$ disappears. This can be understood with the fact, that not the displacement driven by the Coriolis force but the Coriolis force itself is measured. For the same reason the scale factor sf does not depend on the damping, in contrast to the scale factor SF in open loop operation.

In chapter 3 of this work the basic equations of motion for the quasi-rotating gyroscope (RR-structure) are derived starting with the Euler equations. The complete result is given in paragraph 3.3. Here the major terms are briefly discussed:

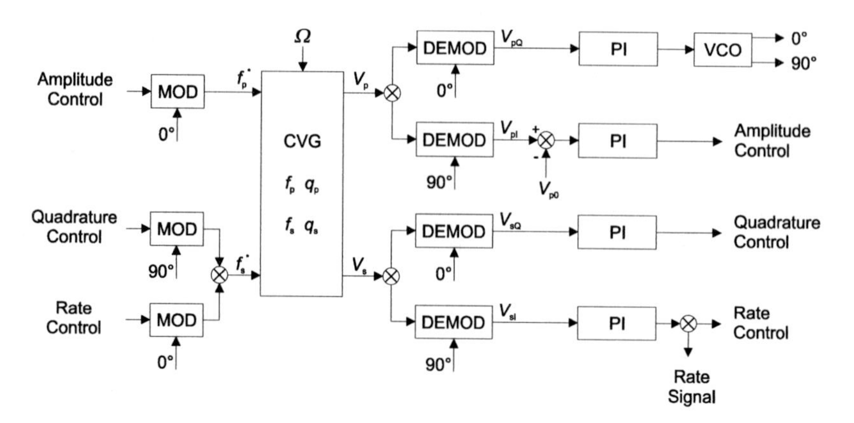

Fig. 3. Block diagram of a CVG with controlled primary oscillation and "force to rebalance" secondary oscillation.

$$\ddot{\alpha}_s + 2\beta_s\dot{\alpha}_s + \omega_s^2\alpha_s = 2\,\Omega_p\Omega_x \tag{5}$$

α_s, β_s and ω_s are the displacement, the damping coefficient and the resonance frequency of the secondary oscillation, respectively. Ω_p is the angular velocity of the primary oscillation and Ω_x corresponds to the measurand, the angular velocity to be detected.

Within the chapters 4 to 7 the coefficients of equation (1)-(5) including their temperature and acceleration dependency are calculated specifically for the RR-structure. Thus the mechanical properties and the sensor performance can be determined. The latter is performed within chapter 8. In chapter 9 the design flow and the optimisation procedure is shown yielding the sensor design and the calculated sensor performance expected for the realized sensors (see table 1, page 24).

The resonance frequencies belong to the most interesting mechanical properties. The one of the primary oscillation was chosen to approximately 3 kHz, the one of the secondary oscillation to 1,8 kHz.

Readout electronics

The readout electronics is an essential part of the sensor and considerably determines the achievable performance. Here the discussion is focused onto the capacitive readout. The other components of the signal processing are shown in the block diagrams of figure 2 and 3.

In the conceptual phase, the trade-offs for three different capacitive readout principles have been considered: A low frequency technique, which converts the mechanical movement directly into an equivalent current or voltage. It features a simple circuitry but low signal to noise ratio. Among high frequency techniques, the best performance could be achieved by frequency modulation but requires highly complex electronics. Therefore, an amplitude modulation has been preferred because of acceptable circuit complexity and still excellent signal to noise ratio. This technique was adapted from readout circuits for accelerometers [Kue94] and is similarly also used by other groups (e.g. [Fun99]).

Carrier signals in the range of 200-800 kHz are used to detect the small capacitance changes as shown in figure 4a. After multiplying with the reference carrier and filtering a signal correspon-ding to V_s of figure 2 or 3 is obtained.

The realization of the electronics with analog components results in the following difficulties:

- each component yields additional noise and especially temperature drift
- the development of the control loops is extremely time-consuming
- the integration of advanced features like self test, self calibration and other adaptive functions is hardly possible or not at all feasible

To avoid these drawbacks parallel a new, digital approach was realized. Thereby the number of analog components is reduced to a minimum and the signal is digitised directly after the first amplification stage. According to Shannon´s theorem [Gro91] and Nyquist´s criteria [Nyq28] a sample rate of at least the double carrier frequency would be required. Since the resulting high processing rate in the range of 1 MHz would exceed the performance of available DSP (Digital Signal Processor), an undersampling technique is exploited (see figure 4b). This technique is known e.g. from telecommunication technology.

The gyroscope supplies an amplitude modulated signal (at the common node of the differential condenser), which is amplified, filtered and then digitised by the analog-to-digital converters (ADC). Here the analog signal is synchronously undersampled.

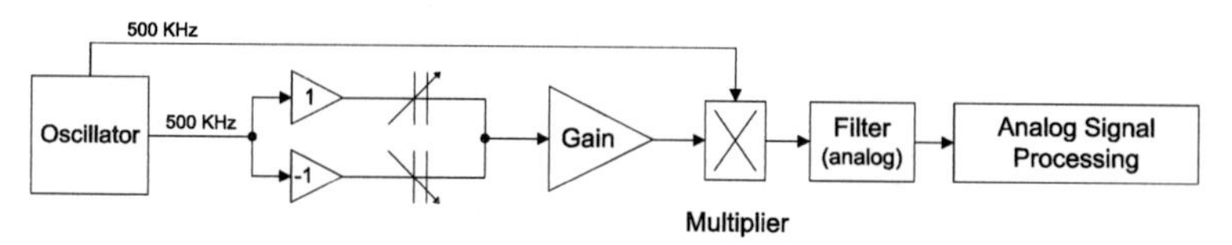

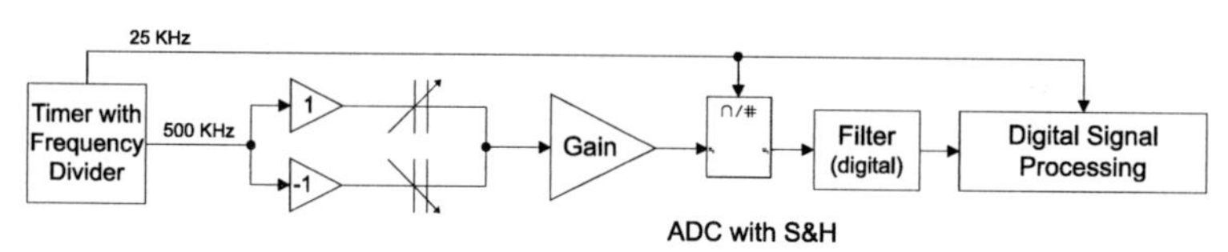

Fig. 4. Block diagram of the a) analog and b) digital amplitude modulation technique.

Both, the analog and the digital electronics have been realized in SMD technology on two printed circuit boards, which are mounted into an aluminium casing.

Realization

The RR-structure was fabricated within the Bosch-Foundry as external service [Off96], [Bos00]. The surface micromaching process (figure 5) features a thickness of the device layer of approximately 10 µm. A SEM graph of the optimised sensor element with a rounded secondary oscillator is shown in figure 6.

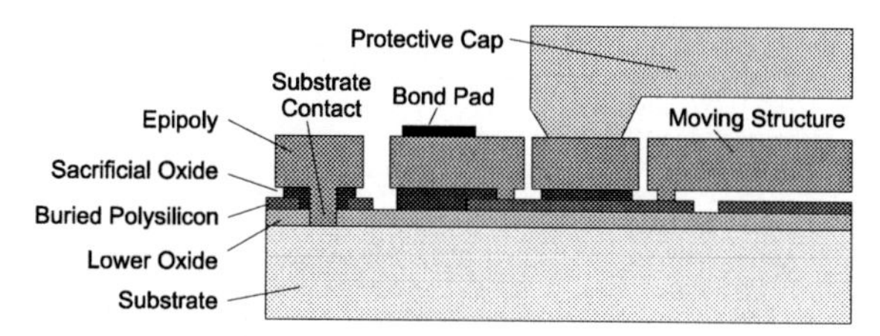

Fig. 5. Schematic cross section of a device fabricated with the surface micromachining process of the Bosch-Foundry.

Fig. 6. SEM graph of the DAVED-RR sensor chip.

Table 1. Technical data of the RR-Sensor: target specification, calculated and measured parameters.

Parameter	Target	Calculated	Measured
Range [°/s]	±200	±200	±200
Scale factor [mV/(°/s)]	20	20	20±0,1
Linearity (end point straight line) [%]	<0,3	<0,0002	<0,1
Bandwidth [Hz]	50	50	50
1 σ-noise at 50 Hz bandwidth [°/s]	0,1	0,081	<0,1
1 σ-resolution [°/s]	0,01	<0,01	<0,01
Quadrature signal *QU* [°/s]	200	20-1800	30-500
Bias drift (-40°C to +85°C) [°/s]	±2	±2	±0,5[1]
Scale factor drift (-40°C to +85°C) [%]	±1	±0,3	±1[1]
g-sensitivity bias [(°/s)/*g*]	±0,2	±0,023	±0,1[1]
g-sensitivity scale factor [%/*g*]	±0,5	±0,37	±0,4[1]
Shock survival (1 ms, ½ sine) [*g*]	1000	>1000	>1000[2]

[1] For quadrature signals smaller than 100 °/s.
[2] Fall test from 1 m onto concrete.

Measurements

It is shown in chapter 13 that an excellent agreement of calculated and measured parameters is achieved. With the exception of two cases this is valid for the analytically derived models. The resonance frequencies had to be determined by FE calculations and the pressure dependent damping had to be described by a phenomenological equation, which gives more accurate results compared to the analytical derived equation. The results of the measured performance parameters are summarized in table 1 and compared with the target specification and the calculated parameters. The pressure enclosed through the vacuum sealing process was determined to approximately 4 hPa by measuring the quality factor of the mechanical oscillations.

Outlook

Because of the excellent sensor performance a project partner plans the commercialisation of the sensors for the near future. Through the further exploitation of the digital readout concept the noise density as well as the temperature stability can be further improved. Parallel to the work on the RR-structure the development of the next generation of micromachined CVG was started. Basis of the development was the concept of a new SOI-technology, which allows a low cost fabrication, the integration of mechanical and electrical components on one chip, and in addition a larger thickness of the layer containing the movable structure. Thus the parasitic capacitances as well as the thermal mechanical noise can be reduced. A schematic cross sectional view of a device fabricated by this technology is shown in figure 7. In figure 8 a top view of a CVG according to the DAVED principle suitable for the SOI technology is given. It is called LL-structure because it features two linear oscillation modes. First LL-sensors have been realized and characterized (see table 2). Based on the presented theoretical model system with its high reliability and the promising results obtained with the LL-sensors an overall accuracy better than 0,02 °/s seems to be feasible. Thus the performance parameters of today's fibre optic gyroscopes (FOG) will be achieved.

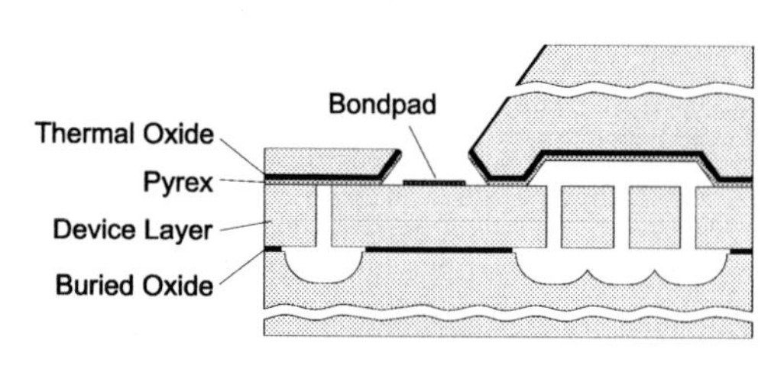

Fig. 7. Schematic cross section of a movable structure realized with the new SOI-technology.

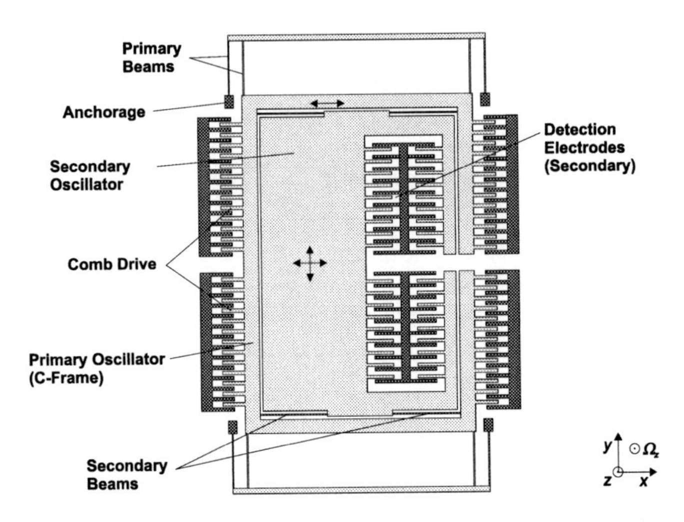

Fig. 8. Schematic top view of the LL-structure (grey: movable, black: fixed).

Table 2. Technical data of the DAVED-LL sensor.

Parameter	DAVED-LL
Range [°/s]	±100
Linearity (end point straight line) [%]	<0,1
Bandwidth [Hz]	50
1 σ-noise at 50 Hz bandwidth [°/s]	0,025
1 σ-resolution [°/s]	0,005
Quadrature signal *QU* [°/s]	<80
Bias drift (-40°C to +85°C) [°/s]	±0,3
g-sensitivity bias [(°/s)/g]	±0,2
g-sensitivity scale factor [%/g]	<0,01

1. Einleitung

Gyroskope sind Sensoren zur Messung von Winkeln und Winkelgeschwindigkeiten ohne äußere Referenz. Das heißt im Gegensatz zu Winkel- oder Drehgebern kann die Drehachse beliebig sein und sich während der Messung ändern. Seit Jahrzehnten werden mechanische Drehratensensoren und Gyroskope in der Navigation von Flugzeugen, Hubschraubern, Schiffen und U-Booten eingesetzt. Diese Anwendungen stellten 1990 etwa 95% des Gesamtmarktes für Gyroskope dar [Leb90].

Mechanische Gyroskope beruhen auf den grundlegenden Arbeiten von Leon Foucault von 1851/52 [Fou51], [Fou52] und von G.H. Bryan von 1890 [Bry90]. Leon Foucault verwendete im Jahre 1851 ein Pendel, um die Erddrehung zu untersuchen [Fou51]. Das Funktionsprinzip dieses sogenannten Foucaultschen Pendels kann man am einfachsten für ein Pendel am Nordpol erklären (Abbildung 1.1). Ein Beobachter auf einem “Fixstern” wird beobachten, daß die Schwingungsebene des Pendels im Raum unverändert bleibt, während sich die Erde unter dem Pendel mit der Winkelgeschwindigkeit Ω wegdreht. Ein Beobachter auf der Erde hingegen sieht eine Drehung der Schwingungsebene des Pendels um 180° pro halben Tag. Eine Koordinatentransformation vom Inertialsystem “Fixstern” auf das rotierende Koordinatensystem Erde ergibt eine Scheinkraft senkrecht zur Geschwindigkeit v des Pendels, die sogenannte Coriolis-Kraft F_C. Mit dieser kann die Drehung der Schwingungsebene des Pendels auf der Erde beschrieben werden. In [Fou51] werden schwingende Massen wie das Foucaultsche Pendel als inertiales Gedächtnis der Schwingungsebene und somit zur Messung von Drehbewegungen diskutiert.

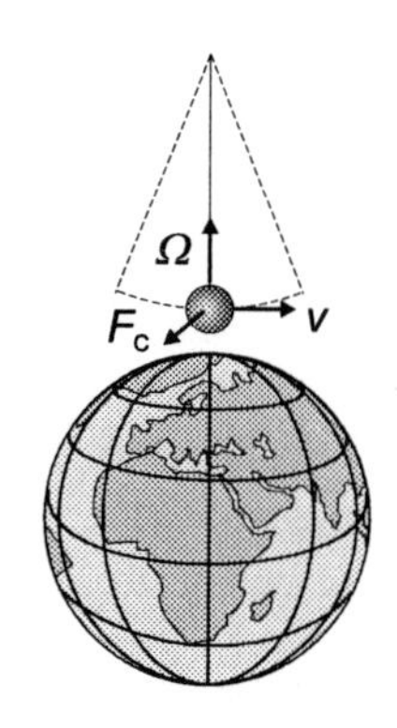

Abb. 1.1.
Foucaultsches Pendel.

Für Anwendungen beispielsweise in der Navigation erschienen damals schwingende Massen wie ein Pendel ungeeignet, da es sehr empfindlich auf Störeinflüsse reagiert. Daher schlug Leon Foucault im Jahre 1852 die Verwendung von rotierenden Massen als inertiales Gedächtnis der Rotationsebene vor und bezeichnete diese als Gyroskope [Fou52]. Der griechische Ursprung des Wortes ist *Gyros skopein*, was soviel wie *Rundes betrachten* oder *untersuchen* bedeutet [Lan90].

Das erste inertiale Navigationsinstrument war der nordsuchende Kreiselkompaß, der ab 1908 durch die Firma von Hermann Anschütz in Deutschland produziert wurde [Wri69]. Dieses Instrument basiert auf einer rotierenden Masse und ist daher auch nach der Definition von Foucault ein Gyroskop. Heute hat sich eine etwas geänderte Terminologie durchgesetzt. Sensoren zur Messung von zurückgelegten Winkeln oder von Winkelgeschwindigkeiten werden unabhängig vom Funktionsprinzip als *Gyroskope* oder auch als *Kreisel* bezeichnet. Man unterscheidet zwischen *Integrierenden Gyroskopen*, mit welchen direkt der Drehwinkel eines Körpers gemessen werden kann, und *Drehratensensoren* oder *Drehratengyroskopen*, welche die Drehwinkelgeschwindigkeit eines Körpers messen.

Weitere grundlegende Arbeiten im Bereich der mechanischen Gyroskope wurden 1890 von G.H. Bryan veröffentlicht [Bry90]. Darin werden Formschwingungen von Halbkugeln und Ringen sowie deren Verhalten bei Drehungen untersucht. Gyroskope, welche auf schwingenden Zylindern, Ringen oder Halbkugeln beruhen, werden heute als *Vibrating Shell Gyroskope* bezeichnet.

Bis in die späten 70er Jahre wurden inertiale Navigationssysteme (INS) ausschließlich basierend auf mechanischen Gyroskopen entwickelt und hergestellt. In den 80er Jahren hatten die sogenannten Ringlasergyroskope (RLG) und in den 90er Jahren die sogenannten Faseroptischen Gyroskope (FOG) ihren Durchbruch. Beide Typen basieren auf dem grundlegenden relativistischen Prinzip, daß die Lichtgeschwindigkeit eine Konstante ist. Sagnac entdeckte 1913, daß die Laufzeiten von zwei Lichtwellen, die durch einen geschlossenen optischen Pfad in entgegengesetzter Richtung propagieren, unterschiedlich sind, wenn der optische Pfad relativ zu einem Inertialsystem gedreht wird [Sag13]. Dieser sogenannte Sagnac Effekt wird in den RLG und FOG zur Messung von Winkelgeschwindigkeiten oder Winkeln verwendet (s. Abschnitt 1.2.4). Vor allem FOG können wesentlich kostengünstiger hergestellt werden als vergleichbare mechanische Kreisel, wodurch neue Anwendungsbereiche erschlossen werden konnten. Auch kleine Flugzeuge werden seitdem mit komplexen, inertialen Navigationssystemen ausgerüstet und fahrerlose Transportsysteme (FTS) übernehmen teilweise den Materialtransport in Fabrikhallen. Die Preise der günstigsten FOG liegen im vierstelligen DM-Bereich.

Während der letzten Jahre wurden vor allem im Automobil- und Konsumgüterbereich neue Anwendungen entwickelt, für welche eine weitere Kostenreduktion und eine Miniaturisierung der Sensoren erforderlich werden. Diese Ziele haben fast zwangsläufig dazu geführt, daß die Möglichkeiten von mikromechanischen Fertigungsverfahren untersucht werden, die beispielsweise in der Produktion von Druck- und Beschleunigungssensoren bereits erfolgreich eingesetzt werden. Im Vergleich zu diesen Sensoren ist die Komplexität von Drehratensensoren ein Vielfaches höher, weshalb trotz weltweiter Entwicklungsanstrengungen seit Mitte der 80er Jahre heute erst ein mikromechanischer Silizium-Drehratensensor im industriellen Maßstab produziert wird (siehe Abschnitt 1.3.4).

Drei der wesentlichen Leistungsparameter von Drehratensensoren sind das Rauschen, die Auflösung und der Nullpunktfehler. Aufgrund fehlender Normierungen werden die entsprechenden Parameter häufig unterschiedlich, teilweise auch falsch angegeben. Seitens der Anwender wird meist eine bestimmte "Genauigkeit" gefordert, welche man eigentlich als die Summe aller Fehler definieren müßte, was in der Praxis meist dem größten der drei genannten Leistungsparameter entspricht. Es stellt sich aber oft heraus, daß beispielsweise die Nullpunktstabilität, die für mikromechanische Sensoren einen sehr kritischen Parameter darstellt, für manche Anwendungen nicht ausschlaggebend ist.

In der vorliegenden Arbeit werden die Leistungsparameter in Anlehnung an die IEEE Spezifikation IEEE Std 671-1985 [IEE91] und IEEE Std 528-1994 [IEE94] angegeben. Die Angabe des Rauschens erfolgt als Effektivwert, üblicherweise als äquivalente Drehrate, und muß die Bandbreite der Rauschmessung enthalten. Bei der Ermittlung der Auflösung, der kleinsten unterscheidbaren Drehratenänderung, wird bei mikromechanischen Sensoren im Gegensatz zu den IEEE-Richtlinien beliebig lange gemittelt. Bei ideal weißem Rauschen und einer idealen Nullpunktstabilität würde man mit zunehmender Integrationszeit eine immer bessere Auflösung erhalten. Vor allem der Nullpunktfehler, der die maximale Abweichung des Ausgangssignals bei Drehrate Null vom vorgegebenen Wert bei spezifizierten Bedingungen (z.B. Zeitspanne, Temperaturbereich) angibt, ist häufig der limitierende Faktor der erzielbaren Auflösung.

Die Anforderungen, welche an mikromechanische Drehratensensoren gestellt werden, reichen von einem Rauschen von etwa 1 °/s bei 100 Hz Bandbreite beispielsweise für die Überschlagerkennung von Kraftfahrzeugen bis zu etwa 0,01 °/s bei 50 Hz Bandbreite für Navigationssysteme oder für den Ersatz von einfachen optischen Gyroskopen in FTS. Die maximale Nullpunktdrift über den Temperaturbereich ist dabei jeweils ca. zehnmal größer.

Insbesondere für Drehratensensoren, die mit der potentiell kostengünstigsten Technologie, der Oberflächenmikromechanik, herstellbar sind, und den Bereich hoher "Genauigkeit" abdecken, wurden bislang keine schlüssigen Konzepte vorgestellt. Die im Vergleich auch zur Silizium-Bulkmikromechanik weitergehende Miniaturisierung verschlechtert das Verhältnis von Meßeffekt zu Störeffekten, weshalb grundlegend neue Sensorgeometrien erforderlich werden.

Durch die vorliegende Arbeit sollen Grundlagen und Konzepte für mikromechanische Drehratensensoren hoher Genauigkeit erarbeitet werden und der Entwicklungsstand dieser Sensoren soll möglichst nahe bis zur Produktionsreife vorangetrieben werden. Die Sensoren basieren auf der Coriolis-Kraft auf schwingende, mechanische Strukturen, weshalb sie als *schwingende Coriolis-Gyroskope* bezeichnet werden. Die Verbesserung der Leistungsparameter wird vor allem durch neue Sensorgeometrien, aber auch durch neue Betriebsverfahren erzielt.

Um die Entwicklungszeit gering zu halten, wurde auf einen Produktionsprozeß zurückgegriffen, der von der Robert Bosch GmbH zur industriellen Fertigung von Beschleunigungssensoren bereits eingesetzt wird und dessen Nutzung auch externen Kunden als Dienstleistung angeboten wird. Diese Fertigungstechnologie umfaßt einen modifizierten oberflächenmikromechanischen Prozeß mit zwei Polysiliziumschichten, der sich von konventionellen Prozessen durch eine vergrößerte Schichtdicke der oberen, die beweglichen Strukturen enthaltenden Polysilizium-Schicht (ca. 10 µm) unterscheidet [Off96], [Bos00].

In den folgenden Abschnitten der Einleitung werden zunächst die wichtigsten neuen Anwendungen und die daraus resultierenden Anforderungen an Gyroskope beschrieben. Nach einer Übersicht über die verschiedenen Funktionsprinzipien wird der Stand der Technik kostengünstiger mechanischer Gyroskope dargestellt. Die Analyse des Stands der Technik führt schließlich zu neuen Sensorgeometrien als Voraussetzung für eine hohe Genauigkeit. Am Ende der Einleitung werden diese neuen Sensorprinzipien diskutiert.

In den Kapiteln 2 bis 9 werden die theoretischen Grundlagen von schwingenden Coriolis-Gyroskopen sowie spezifische Modelle für den realisierten Sensor entwickelt. Zunächst werden in Kapitel 2 die verschiedenen Betriebsmodi von schwingenden Coriolis-Gyroskopen behandelt. Dies sind die freie und die kraftkompensierte Drehratenmessung sowie die Drehwinkelmessung. In Kapitel 3 werden die sogenannten Gyro-Gleichungen abgeleitet, welche die grundlegenden Bewegungsgleichungen für rotierende und quasirotierende Gyroskop-Strukturen darstellen.

Die realisierten Sensoren werden durch einen elektrostatischen Antriebsmechanismus angeregt und kapazitiv ausgelesen. Die zugrundeliegenden Effekte werden zusammen mit den damit verknüpften möglichen Fehlerquellen in Kapitel 4 untersucht. In Kapitel 5 werden die Kraftkonstanten und Resonanzfrequenzen, in Kapitel 6 die Dämpfung und Schwingungsgüte der Strukturen berechnet.

Die Details eines neuen, in Kapitel 2 prinzipiell dargestellten Betriebsmodus werden in Kapitel 7 vorgestellt. Es handelt sich dabei um ein Verfahren, eine stabile, mechanische Schwingung durch mechanische Anschläge zu erzeugen. Damit kann auf aufwendige, elektronische Regelkreise verzichtet werden.

Die Berechnung der Sensorleistungsparameter erfolgt in Kapitel 8. Damit stehen alle Grundlagen und Modelle zur Verfügung, um in Kapitel 9 die Auslegung und das Design der Sensoren zu beschreiben. Am Ende des Kapitels werden die Designparameter, die Betriebsparameter, die berechneten mechanischen Eigenschaften sowie die abgeleiteten Leistungsparameter in einer Tabelle in Übersicht dargestellt.

In Kapitel 10 wird die Ansteuerelektronik beschrieben. Die einfachste Schaltung kommt in Verbindung mit dem neuen Betriebsmodus zum Einsatz. Eine wesentlich komplexere Schaltung ist dagegen für den konventionellen Betrieb erforderlich. Um Temperaturdriften zu reduzieren und die Implementierung von komplexen Fehlerkompensationsverfahren zu ermöglichen, wurde ein neues, digitales Auslesekonzept erarbeitet und realisiert, das am Ende von Kapitel 10 diskutiert wird.

In Kapitel 11 werden die Herstellungsverfahren, das sind die Siliziumtechnologie, die Aufbau- und Verbindungstechnik sowie die Gehäusefertigung, beschrieben. Das Konzept und die Realisierung des Meßaufbaus sowie der zugehörigen Meßverfahren werden in Kapitel 12 dargestellt. In Kapitel 13 werden Messungen der mechanischen Eigenschaften der Sensorstruktur sowie der Leistungsparameter dargestellt und mit theoretischen Ergebnissen verglichen.

Im letzten Kapitel, dem Kapitel 14, werden die Ergebnisse diskutiert sowie Optimierungsansätze und Neuentwicklungen als Ausblick dargestellt.

Die vorliegende Arbeit wurde nach dem Regelwerk der deutschen Rechtschreibung von 1901 und den anschließenden Ergänzungsverordnungen erstellt. Zum Zeitpunkt der Anfertigung dieser Arbeit richtete sich beispielsweise die Frankfurter Allgemeine Zeitung nach diesem Regelwerk.

1.1 Anwendungen von Gyroskopen

Der Fortschritt der Mikromechanik und der Mikrosystemtechnik sowie neue Anwendungen vor allem im Automobilbereich haben die Entwicklung mikromechanischer Drehratensensoren forciert. Im Gegenzug ermöglicht die bevorstehende Markteinführung kleiner und kostengünstiger Kreisel eine Vielzahl weiterer Anwendungen und treibt deren Entwicklung voran.

Nach der Darstellung einiger internationaler Marktanalysen werden im folgenden zunächst die klassischen Anwendungen von Gyroskopen, die Navigation und die Lagestabilisierung kurz beschrieben. Aufgrund der hohen Sensorkosten waren entsprechende Systeme bis vor kurzem auf Spezialanwendungen beschränkt. Als weitere Beispiele werden die Fahrdynamikregelung und die Überschlagerkennung in Kraftfahrzeugen beschrieben. Abschließend werden die verschiedenen Einsatzmöglichkeiten in einer Übersicht dargestellt.

1.1.1 Marktanalysen

Vor allem ältere Marktanalysen fassen das Weltmarktvolumen für mikromechanische Gyroskope und Beschleunigungssensoren zusammen. Es wird in verschiedenen Studien stark unterschiedlich prognostiziert. Für das Jahr 2000 wird in [Bry96] ein Volumen von ca. 0,6 Mrd. US$ angenommen. Die System Planning Corporation (SPC) veröffentlichte 1994 eine Studie, in welcher das entsprechende Volumen mit 2,8 Mrd. US$ angegeben wird [Bur94a]. Dieselbe Organisation prognostizierte 1999 für das Jahr 2003 ein Volumen für mikromechanische Drehratensensoren von 0,75 Mrd. US$ [SPC99]. In einer Studie der koreanischen Firma Samsung wird das Weltmarktvolumen im Jahr 2000 von mikromechanischen Gyroskopen und Beschleunigungssensoren zusammen auf ca. 4 Mrd. US$ geschätzt [Son97]. Etwas weniger als die Hälfte entfällt dabei auf den Automobilbereich, den Rest teilen sich Konsumgüter-, medizintechnische und Industrieanwendungen. Weniger optimistisch sind die Zahlen im Nexus Task Force Bericht von 1998 [Nex98]. Das gesamte Weltmarktvolumen im Jahr 2002 für mikromechanische Gyroskope wird darin auf 0,36 Mrd. US$ prognostiziert.

Als Vergleich zu den genannten Zahlen betrug im Jahr 1996 der weltweite Halbleitermarkt rund 144 Mrd. US$ [Lan99]. Da der Weltmarkt für mikromechanische Drehratensensoren voraussichtlich nur unter wenigen Firmen aufgeteilt werden wird, können sich die hohen Entwicklungskosten jedoch rechtfertigen (ein Marktanteil von 10% entspricht nach den Studien von Nexus und SPC im Jahr 2002 bis 2003 einem Jahresumsatz von ca. 36 bis 75 Mio. US$).

1.1.2 Navigationssysteme

Die ersten Anwendungen von Gyroskopen kommen aus dem Bereich der Navigation. Hier werden meist Gyroskope und Beschleunigungssensoren gleichzeitig verwendet, um mit Beschleunigungssensoren Linearbewegungen und mit Gyroskopen Kurvenbewegungen zu messen. Die besondere Schwierigkeit bei Navigationssystemen besteht darin, daß nicht die Winkelgeschwindigkeit, sondern deren Integral, also der zurückgelegte Winkel, benötigt wird. Bei der Integration von Meßwerten entstehen immer große Fehler, und die Anforderungen an die Nullpunktstabilität der Sensoren sind daher meist sehr hoch. Für die hochpräzise und ausschließlich auf Sensoren basierende Navigation, die sogenannte inertiale Navigation, werden deshalb auch langfristig mikromechanische Gyroskope keine ausreichende Genauigkeit aufweisen. Bis in die 70er Jahre war vor allem für den Einsatz in strategischen Waffen nicht die Kostenreduktion, sondern die Verbesserung der Leistungsparameter ein wesentliches Entwicklungsziel. Die hierbei verwendeten Navigationssysteme akkumulieren freilaufend, das heißt ohne Abgleich mit elektronischem Kartenmaterial oder mit Satellitensignalen, einen Positionsfehler kleiner als 30 m pro Stunde [Gre95].

Eine erste deutliche Kostenreduzierung setzte mit der fortschreitenden Entwicklung der Mikroelektronik und der damit zur Verfügung stehenden Rechenkapazität ein, wodurch die Entwicklung von kostengünstigeren, sogenannten Strapdown-Systemen (engl. strapdown: festgeschnallt) ermöglicht wurde. Im Gegensatz zu den Plattform-Systemen, bei welchen die Inertialsensoren auf einer kardanisch stabilisierten Plattform aufgebracht sind, sind in Strapdown-Systemen die Inertialsensoren fest mit dem sogenannten "Gast" verbunden. Das heißt, die Sensoren messen Beschleunigungen und Winkelgeschwindigkeiten bezüglich eines fest mit dem Gast verbundenen Koordinatensystems. Als körperfeste Achsen werden meist die Längsachse, die Querachse und die Hochachse des Gastes verwendet. Bezüglich dieser Achsen werden Wank- (engl. roll), Nick- (engl. pitch) beziehungsweise Gier- (engl. yaw) Winkel und Winkelgeschwindigkeit definiert (Abbildung 1.2). Aus den im körperfesten System gemessenen Drehraten und Beschleunigungen werden die Position (geographische Länge und Breite) und die Orientierung (meist der Winkel der Längsachse bezüglich des geographischen Nordpols (engl. heading) und die Wank- und Nickwinkel bezüglich des lokalen Horizonts) durch eine Koordinatentransformation berechnet. Da in Strapdown-Systemen dieselbe Auflösung der Gyroskope bei vergrößertem Meßbereich erforderlich ist, erfolgt zusätzlich eine aufwendige Fehlerkorrektur. Dennoch werden außer in strategischen Waffen heute fast ausschließlich Strapdown-Systeme verwendet, da eine ausreichende Rechenleistung vorhanden und der Kosten- und Wartungsaufwand wesentlich geringer ist als bei Plattform-Systemen.

Abb. 1.2. Definition von Gier-, Wank- und Nickwinkel.

Mit der Einführung des satellitengestützten Navigationssytems GPS (Global Positioning System) im Automobilbereich wurde ein kostengünstiges System bereitgestellt. Ursprünglich für militärische Anwendungen entwickelt, werden vom U.S. Department of Defense (DoD) 24 Satelliten betrieben, welche Signale mit Frequenzen zwischen 1,2 und 1,6 GHz senden. Mit entsprechenden GPS-Empfängern können an jedem Punkt der Erde bei freier "Sicht" die Signale von fünf bis acht Satelliten empfangen und daraus die Position, Geschwindigkeit und Zeit berechnet werden. Zunächst nur für vom DoD autorisierte Anwender war eine dreidimensionale Positionsbestimmung mit einer Genauigkeit von ca. 16 Metern möglich (Precision Positioning Service PPS). Für uneingeschränkte, zivile Anwendungen wurden die Signale mit einem Rauschen beaufschlagt, wodurch die Genauigkeit auf ca. 100 m begrenzt wurde (Standard Positioning Service SPS) [Eng99]. Seit Mai 2000 ist auch PPS frei zugänglich.

Zur Navigation wird die aus den GPS-Signalen berechnete Position mit elektronischem Kartenmaterial abgeglichen, wodurch die Genauigkeit erhöht werden kann. Aufgrund von Abschirmung und Reflexion der Signale durch Gebäude ist die Flächendeckung in vielen Städten jedoch unter 50% [Ben97]. Auch im Gebirge, in Tunneln oder auf baumüberhangenen Straßen kann der Empfang der GPS-Signale gestört werden. Um Ausfallzeiten überbrücken zu können, aber auch um die Genauigkeit zu verbessern, sollen auch im Kfz-Bereich Navigationssysteme zusätzlich mit Beschleunigungssensoren und Gyroskopen ausgerüstet werden. Eine breite Markteinführung erfordert jedoch eine drastische Kostenreduktion der Sensoren, die in erster Linie durch oberflächenmikromechanische Fertigungsverfahren erzielt werden kann. Der geforderte Meßbereich der Drehratensensoren beträgt ca. ±100 °/s, was dem Durchfahren einer Haarnadelkurve in etwas weniger als 2 s entspricht. Die erforderliche Nullpunktstabilität hängt von der während der Überbrückungszeit erlaubten Winkelabweichung und von der Überbrückungszeit selbst ab. Sie liegt im Bereich von 0,01 °/s bis 0,1 °/s. Im Gegensatz zu den meisten anderen Kfz-Anwendungen spielt die Baugröße der Sensoren eine entscheidende Rolle, da das komplette Navigationssystem, bestehend aus einem GPS-Empfänger, Inertialsensoren und Recheneinheit, etwa die Größe eines Autoradios haben soll.

1.1.3 Stabilisierung

Auch die Stabilisierung von Fahrzeugen, Antennen, Periskopen, Kameras und anderen Instrumenten war aufgrund der hohen Kosten von mechanischen und optischen Gyroskopen bis vor wenigen Jahren auf wenige, meist militärische Anwendungen beschränkt. Mit der Verfügbarkeit von kostengünstigen Gyroskopen werden im Konsumgüter- und im Automobilbereich zukünftig Stabilisierungssysteme eine breite Markteinführung erfahren.

Das erste Teleobjektiv mit Bildstabilisator für Spiegelreflexkameras wurde Ende 1995 von Canon auf den Markt gebracht, nachdem Canon 1992 das japanische [Fus92] und 1993 das europäische Patent [Fus93] für diese Anwendung erhalten hat. Zwei Gyroskope ermitteln die Winkelgeschwindigkeit der Kamera um die vertikale und die horizontale Achse. Die Daten werden von einem Mikroprozessor analysiert und in Steuersignale für einen Bildstabilisator umgewandelt, so daß eine stabilisierende Linsengruppe entgegen der Kamerabewegung verschoben wird [Lan96]. Bei Camcordern erfolgt die Bildstabilisierung nicht durch bewegliche Linsengruppen, sondern durch eine entsprechende Bildverarbeitung [Reu95].

1.1.4 Fahrdynamikregelung

Um das Schleudern von Kraftfahrzeugen in Kurven und die nachfolgende Gefahr des Kippens zu verhindern, wurden von Mercedes-Benz das sogenannte Elektronische Stabilitätsprogramm ESP [Deg95] und von Bosch die sogenannte Fahrdynamikregelung FDR [vZa94] entwickelt. Bei Kurvenfahrten gibt der Fahrer eine gewünschte Soll-Winkelgeschwindigkeit durch den Lenkradeinschlag und die Bahngeschwindigkeit vor. Kommt das Fahrzeug ins Schleudern, weichen Soll- und Ist-Winkelgeschwindigkeit voneinander ab. Die Messung der tatsächlichen Winkelgeschwindigkeit erfolgt mit einem Gyroskop, die der Bahngeschwindigkeit mit dem Tachometer und die des Lenkradeinschlags mit einem Winkelgeber. Von einem Mikroprozessor werden die Daten der Sensoren ausgewertet und bei Abweichungen zwischen Soll- und Ist-Winkelgeschwindigkeit ein gezieltes Abbremsen einzelner Räder eingeleitet. Bricht beispielsweise in einer Linkskurve das Heck des Fahrzeugs aus, wird das rechte Vorderrad abgebremst (Bremskraft F_B) und durch das entstehende Moment M_B um die Hochachse das Fahrzeug wieder in die Spur gezogen (Abb. 1.3a). Schiebt das Fahrzeug über die Vorderräder, kann durch Abbremsen des kurveninneren Hinterrades der Wagen wieder auf den gewünschten Kurs gebracht werden (Abb. 1.3b).

Bislang kam in beiden Systemen ein von Bosch entwickelter feinmechanischer Drehratensensor zum Einsatz [Reu95]. Durch dessen hohe Kosten im dreistelligen DM-Bereich konnten ausschließlich Fahrzeuge der Oberklasse damit ausgerüstet werden. Mit der Markteinführung mikromechanischer Kreisel werden die Stabilisierungssysteme nach und nach auch Einzug in die Kompaktklasse erhalten.

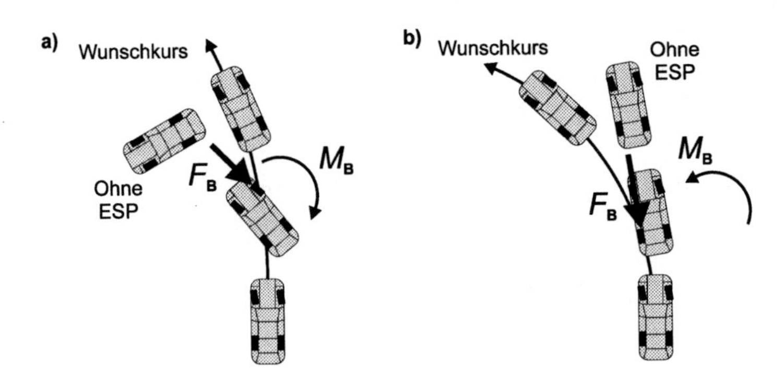

Abb. 1.3. Funktionsprinzip von ESP [Deg95].

1.1.5 Überschlagerkennung

Die Überschlagerkennung von Automobilen ist derzeit Gegenstand intensiver Entwicklung, da annähernd 50 % der Unfälle mit Todesfolge, in die nur jeweils ein Fahrzeug verwickelt ist, mit einem Überschlag in Verbindung stehen. In den ersten Konzepten wird nur der bei weitem am häufigsten auftretende Überschlag um die Fahrzeuglängsachse berücksichtigt. Wird ein solcher Überschlag festgestellt, sollen Gurtstraffer, gegebenenfalls ein Überrollbügel, Seiten-, Kopf- und sogenannte Interaktionsairbags zwischen den Insassen aktiviert werden. Zwei Kriterien werden zur Detektion eines Überschlags herangezogen, ein statisches und ein dynamisches. Mit dem ersten wird überprüft, ob das Lot des Fahrzeugschwerpunkts innerhalb der vier Räder liegt. Zur Beurteilung wird ein Neigungssensor verwendet. Das zweite vergleicht die Rotationsenergie um die Fahrzeuglängsachse, die aus dem Signal eines Drehratensensors berechnet wird, mit der zum Umkippen des Fahrzeugs erforderlichen potentiellen Energie, die man aus der Neigung des Fahrzeugs erhält [Ste98], [Meh98a].

1.1.6 Übersicht

In Tabelle 1.1 sind Anwendungen dargestellt, die kleine oder kostengünstige Gyroskope erfordern. Insbesondere im Automobil- und im Konsumgüterbereich ist häufig der Kostenfaktor entscheidend, während bei Anwendungen in der Medizintechnik und in der Industrie die Baugröße der Sensoren maßgeblich sein kann. Die angegebenen Leistungsparameter Meßbereich, Rauschen und Nullpunktstabilität sind als grobe Richtwerte zu verstehen, da beispielsweise die Randbedingungen (Bandbreite oder Temperaturbereich), auf die das Rauschen beziehungsweise die Nullpunktdrift bezogen werden, unterschiedlich sind. Die kleinen, nachzuweisenden Drehraten kann man mit der Umdrehungsgeschwindigkeit des Minutenzeigers einer Uhr einordnen, die einer Winkelgeschwindigkeit von 0,1 °/s entspricht.

Tabelle 1.1. Neue Anwendungen, welche kleine oder kostengünstige Drehratensensoren erfordern [Söd95], [Son97], [Gri97], [Col93], [Ste98], [Gol98].

Bereich Anforderungen	Anwendungen	Meß-bereich [°/s]	Nullpunkt-stabilität [°/s]	Rauschen [°/s]
Automobil				
Preis	Fahrdynamikregelung	±100	2	0,1
Lebensdauer	Überschlagerkennung	±300	5	1
Zuverlässigkeit	Navigation	±(50-100)	0,1	0,01-0,1
Umgebung	Aktives Fahrwerk	±(50-200)	0,1-2	0,03-0,5
Konsumgüter				
Preis	Camcorder / Kameras	±50	10-100	0,5-2
Lebensdauer	Free-space Pointers	±100	10	1
Low-Power	Fernbedienungen	±100	10	2
Baugröße	Virtual Reality	±100	1-5	0,1
Industrie				
Zuverlässigkeit	Fahrerloses Transport System	±50	0,02-0,1	0,01-0,05
Umgebung	Roboter	±10	0,01-0,1	0,01-0,1
Baugröße	Maschinensteuerung	±10	-	0,01-0,1
	Vibrationsmessungen	-	-	-
	Stabilisierte Plattformen	±20	0,1	0,05
Medizintechnik				
Zuverlässigkeit Low-Power Baugröße	Aufzeichnung von Körper-bewegungen (Diagnostik von Störungen der Körper-haltungskontrolle (Posturographie), sportmedizinische Untersuchung)	±100	1	1
	Vibrationsdiagnostik	±50	0,5	0,05
	Chirurgische Instrumente	±20	0,5	0,1
	Rollstühle	±50	0,2-1	0,2
	Steuerungen für Paralytiker	±100	0,2	2
Militärtechnik				
Zuverlässigkeit	Intelligente Munition	-	-	-
Umgebung	Neue Waffensysteme	-	-	-
Baugröße				

1.2 Funktionsprinzipien von Gyroskopen

Im Prinzip kann jeder physikalische Effekt, der vom Rotationszustand des zugrundeliegenden Systems abhängt, dazu benutzt werden, Rotationen im Raum zu messen. In diesem Abschnitt werden die Effekte beziehungsweise die Funktionsprinzipien der folgenden Gyroskope kurz erläutert:

- Coriolis-Kraft auf bewegte mechanische Strukturen / Mechanische Gyroskope
- Coriolis-Kraft auf bewegte Gas-Moleküle / Akustische und Gasstrahl-Gyroskope
- Coriolis-Effekt bei Oberflächenwellen (OFW) / OFW-Gyroskope
- Sagnac-Effekt / Optische Gyroskope
- Faraday Gesetz / Magnetohydrodynamische Gyroskope
- Larmor-Frequenz von magnetischen Kernmomenten / Kernspinkreisel

Vektoren werden im folgenden durch Fettschrift gekennzeichnet, und die zeitliche Ableitung wird durch einen Operator p repräsentiert. Bei einer zeitlichen Ableitung eines Vektors erhält p einen tiefgestellten Buchstaben, der das Koordinatensystem angibt, auf das die zeitliche Änderung bezogen wird.

1.2.1 Mechanische Gyroskope

Bei der Berechnung von mechanischen Gyroskopen werden drei unterschiedliche Ansätze verwendet, die jedoch alle aus dem Coriolis-Theorem oder auch der Coriolis-Kraft abgeleitet werden können. Diese drei Ansätze betreffen Strukturen

- mit linearen Schwingungen und mit Biegeschwingungen,
- mit Rotationsschwingungen oder rotierenden Massen
- und Strukturen mit Formschwingungen, die sogenannten Vibrating Shell Gyroskope.

Lineare Schwingungen

Zunächst soll die Coriolis-Kraft abgeleitet werden, welche den Ausgangspunkt bei der Berechnung von Gyroskopen mit linearen Schwingungen darstellt. Die Coriolis-Kraft ist eine Scheinkraft ähnlich der Zentrifugalkraft, die in rotierenden Bezugssystemen auftritt. Diese Scheinkräfte erhält man durch eine Koordinatentransformation der Newtonschen Bewegungsgleichungen. Ohne Beschränkung der Allgemeinheit wird eine reine Rotation des bewegten Beobachtersystems B mit der Winkelgeschwindigkeit $\boldsymbol{\Omega}_{\mathrm{IB}}$ gegenüber dem Inertialsystem I angenommen. Beide Koordinatensysteme sollen denselben Koordinatenursprung besitzen. Für den Zusammenhang der zeitlichen Änderung eines Vektors $\boldsymbol{a}$ im Inertialsystem I und im rotierenden System B gilt das Coriolis-Theorem [Wri69]:

$$p_{\mathrm{I}}\boldsymbol{a} = p_{\mathrm{B}}\boldsymbol{a} + \boldsymbol{\Omega}_{\mathbf{IB}} \times \boldsymbol{a} \ . \tag{1.1}$$

Hier wird der auf S. 39 definierte Operator p verwendet. Für einen Vektor $\boldsymbol{a}$, der fest mit dem Beobachtersystem B verbunden ist, das heißt $p_{\mathrm{B}}\boldsymbol{a} = 0$, kann diese Beziehung mit der Abbildung 1.4 veranschaulicht werden. Rotiert das Koordinatensystem B und damit der Vektor $\boldsymbol{a}$ um einen Winkel $d\boldsymbol{\alpha}$ um die mit dem System I gemeinsame z-Achse, dann ist die Änderung des Vektors im Inertialsystem I gegeben durch $\mathrm{d}\boldsymbol{a} = \mathrm{d}\boldsymbol{\alpha} \times \boldsymbol{a}$, und die zeitliche Änderung ist

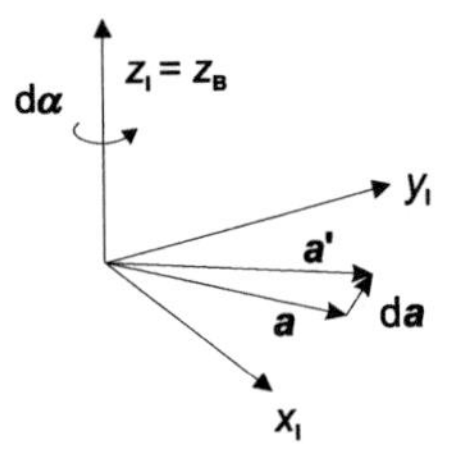

Abb. 1.4. Darstellung zum Coriolis-Theorem.

$$\frac{\mathrm{d}\boldsymbol{a}}{\mathrm{d}t} = \frac{\mathrm{d}\boldsymbol{\alpha}}{\mathrm{d}t} \times \boldsymbol{a} \qquad \textit{oder} \qquad p_{\mathrm{I}}\boldsymbol{a} = \boldsymbol{\Omega}_{\mathbf{IB}} \times \boldsymbol{a} \ . \tag{1.2}$$

Die Newtonschen Bewegungsgleichungen im Inertialsystem I für eine Masse m mit dem Ortsvektor $\boldsymbol{r}$, auf welche die äußere Gesamtkraft $\boldsymbol{F}$ wirkt, sind gegeben durch

$$m\ p_{\mathrm{I}}^{2}\boldsymbol{r} = \boldsymbol{F} \ . \tag{1.3}$$

Dies ist der Spezialfall des Newtonschen Lex Secunda für eine zeitlich konstante Masse. Es besagt, daß die Impulsänderung eines Teilchens gleich der Kraft ist, die auf das Teilchen wirkt.

Unter zweimaliger Verwendung des Coriolis-Theorems, Gleichung (1.1), erhält man:

$$\begin{aligned} m\, p_{\mathrm{I}}^{2} \boldsymbol{r} &= m\, p_{\mathrm{I}}\, (p_{\mathrm{B}} \boldsymbol{r} + \boldsymbol{\Omega}_{\mathrm{IB}} \times \boldsymbol{r}) \\ &= m\, (p_{\mathrm{B}} + \boldsymbol{\Omega}_{\mathrm{IB}} \times)\, (p_{\mathrm{B}} \boldsymbol{r} + \boldsymbol{\Omega}_{\mathrm{IB}} \times \boldsymbol{r})\ . \end{aligned} \tag{1.4}$$

Einsetzen in Gleichung (1.3) liefert nach Umstellen der Terme

$$m\, p_{\mathrm{B}}^{2} \boldsymbol{r} = \boldsymbol{F} + \underbrace{2\, m\, (p_{\mathrm{B}} \boldsymbol{r} \times \boldsymbol{\Omega}_{\mathrm{IB}})}_{\mathbf{1}} + \underbrace{m\, \boldsymbol{\Omega}_{\mathrm{IB}} \times (\boldsymbol{r} \times \boldsymbol{\Omega}_{\mathrm{IB}})}_{\mathbf{2}} + \underbrace{m\, (\boldsymbol{r} \times p_{\mathrm{B}} \boldsymbol{\Omega}_{\mathrm{IB}})}_{\mathbf{3}}\ . \tag{1.5}$$

Im rotierenden Koordinatensystem treten neben den äußeren Kräften $\boldsymbol{F}$ zusätzlich Scheinkräfte auf:

1 ist die Coriolis-Kraft, benannt nach dem französischen Physiker und Ingenieur G.G. Coriolis (1792-1843). Die Coriolis-Kraft bewirkt beispielsweise eine in Bewegungsrichtung gesehene Rechtsdrehung von Luftströmungen auf der Nordhalbkugel und führt dazu, daß auf der Nordhalbkugel Flußufer rechts stärker ausgewaschen sind. Auf der Südhalbkugel ist beides umgekehrt.

2 ist die Zentrifugalkraft. Für den Spezialfall $\boldsymbol{\Omega}_{\mathrm{IB}} \perp \boldsymbol{r}$ geht der Ausdruck in die bekannte Form $m\, \boldsymbol{\Omega}_{\mathrm{IB}}^{2}\, \boldsymbol{r}$ über.

3 ist die aus der Winkelbeschleunigung resultierende Kraft.

Die Winkelgeschwindigkeit kann prinzipiell mit allen drei Kräften bestimmt werden. Winkelbeschleunigungen können beispielsweise mit zwei Beschleunigungssensoren gemessen werden, die in einem festen Abstand senkrecht zu ihrer sensitiven Achse positioniert sind. Der Mittelwert der beiden Sensorsignale ergibt die Linearbeschleunigung, die Differenz ist proportional zur Winkelbeschleunigung. Dies gilt allerdings nur dann, wenn die Drehachse die Verbindungsgerade der beiden Sensoren schneidet. Ohne diese Einschränkung erfolgt die Messung mit Winkelbeschleunigungssensoren, die beispielsweise in einer Offenlegungsschrift von der Robert Bosch GmbH beschrieben werden [Mar92]. Die darin vorgestellten Strukturen bestehen aus einer beweglichen Masse mit einem Rotationsfreiheitsgrad. Durch die Integration der Winkelbeschleunigung über die Ausdehnung der Masse verschwindet deren Abstandsabhängigkeit weitgehend.

Bei beiden Verfahren erhält man die Winkelgeschwindigkeit durch die zeitliche Integration der Meßwerte. Wie bereits erwähnt wurde, führt solch eine Integration immer zu großen Fehlern, insbesondere bei der Nullpunktstabilität. Daher kommen diese Verfahren für "genaue" Messungen nicht in Frage.

Um aus der Zentrifugalkraft auf die Winkelgeschwindigkeit rückschließen zu können, muß ihre Abstandsabhängigkeit ähnlich wie im zuvor beschriebenen Fall durch die Verwendung von zwei Beschleunigungssensoren eliminiert werden. Die Differenz der Zentrifugalbeschleunigung beispielsweise auf der kurveninneren und -äußeren Fahrzeugseite ist proportional zum Quadrat der Winkelgeschwindigkeit. Da sie wesentlich kleiner als eine entsprechende, mit mikromechanischen Sensoren erzielbare Coriolis-Beschleunigung ist, fällt dieses Verfahren ebenfalls aus.

Die Coriolis-Kraft ist als einzige der Kräfte nicht vom Ortsvektor abhängig, sondern ausschließlich von der Masse m, der Winkelgeschwindigkeit $\boldsymbol{\Omega}_{\mathrm{IB}}$ und der Geschwindigkeit $p_{\mathrm{B}}\boldsymbol{r}$ im rotierenden Koordinatensystem B:

$$\boldsymbol{F}_{\mathrm{C}} = 2\ m\ (p_{\mathrm{B}}\boldsymbol{r} \times \boldsymbol{\Omega}_{\mathrm{IB}})\ . \tag{1.6}$$

Um mit der Coriolis-Kraft eine Winkelgeschwindigkeit Ω zu messen, wird eine Probemasse im Beobachtersystem zu einer Schwingung angeregt, der sogenannten Primärschwingung, und dadurch mit einer bestimmten, zeitlich sich ändernden Geschwindigkeit beaufschlagt. Das Funktionsprinzip wird an einem Beispiel erläutert, dem in Abbildung 1.5 dargestellten mikromechanischen Drehratensensor, der von der japanischen Firma Murata entwickelt wurde [Tan95a], [Tan95b]. Die Probemasse ist über vier Federbalken beweglich gegenüber einem Substrat gehaltert. Durch elektrostatische Kammantriebe (s. Kapitel 4) wird die Probemasse in eine lineare Schwingung entlang der x-Achse versetzt (Primärschwingung). Diese Schwingung führt zusammen mit einer Drehung Ω um die y-Achse zu Coriolis-Kräften in z-Richtung. Als Folge wird die sogenannte Sekundärschwingung in z-Richtung angeregt, deren Amplitude proportional zur Winkelgeschwindigkeit Ω ist und mit einer Elektrode unter der beweglichen Struktur kapazitiv gemessen wird.

Im Bereich der Mikromechanik sind Schwingungen mit einer Amplitude bis ca. 10 µm bei einer Frequenz von ca. 10 kHz realisierbar. Bei einer Winkelgeschwindigkeit entsprechend 0,1 °/s erhält man für die Coriolisbeschleunigung

$$\boldsymbol{a}_{\mathrm{C}} = 2\ (p_{\mathrm{B}}\boldsymbol{r} \times \boldsymbol{\Omega}_{\mathrm{IB}}) \tag{1.7}$$

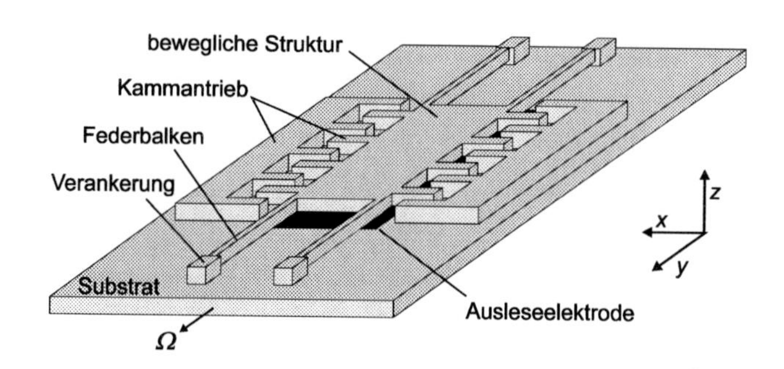

Abb. 1.5. Schematische Darstellung eines mikromechanischen Drehratensensors mit linearer Primär- und Sekundärmode [Tan95a], [Tan95b].

rechnerisch einen Wert von ca. $2 \cdot 10^{-3}$ m/s². Hier wird bereits deutlich, daß extrem kleine Beschleunigungen nachzuweisen sind und daß Störbeschleunigungen, die über vier Größenordnungen größer sein können, entsprechend kompensiert werden müssen.

Strukturen, die zu Biegeschwingungen angeregt werden, beruhen auf demselben beschriebenen Prinzip. Zur Berechnung der Auslenkung durch die Coriolisbeschleunigung wird über die Struktur integriert.

Rotierende Massen oder Rotationsschwingungen

Neben den linearen Schwingungen werden auch rotierende und quasirotierende Probemassen mit einem Drehimpuls $\boldsymbol{L}$ beziehungsweise $\boldsymbol{L}(t)$ zur Messung der Coriolis-Beschleunigung eingesetzt. Die mathematische Beschreibung erfolgt nicht mehr mit Translationsgrößen, sondern mit den entsprechenden Rotationsgrößen. Der Drehimpuls $\boldsymbol{L}_\mathrm{C}$ eines starren Körpers, bezogen auf seinen Schwerpunkt, ist definiert als

$$\boldsymbol{L}_\mathrm{C} = \int \boldsymbol{r}_\mathrm{C} \times p_\mathrm{I} \boldsymbol{r}_\mathrm{C} \, \mathrm{d}m \ . \tag{1.8}$$

Die Ortsvektoren $\boldsymbol{r}_\mathrm{C}$ beziehen sich dabei auf den Körperschwerpunkt. Ausgangspunkt der Betrachtungen ist das Bewegungsgesetz für starre Körper bei reiner Rotation:

$$p_\mathrm{I} \boldsymbol{L}_\mathrm{C} = \boldsymbol{M}_\mathrm{C} \ . \tag{1.9}$$

In Worten: Die zeitliche Änderung des Drehimpulses $\boldsymbol{L}_C$ bezüglich des Schwerpunktes ist gleich dem äußeren Drehmoment $\boldsymbol{M}_C$ um den Schwerpunkt. Die Transformation in ein rotierendes Koordinatensystem erfolgt wieder mit dem Coriolis-Theorem (1.1), das auf Gleichung (1.9) angewendet wird:

$$p_B \boldsymbol{L}_C = \boldsymbol{M}_C - \boldsymbol{\Omega}_{IB} \times \boldsymbol{L}_C \,. \tag{1.10}$$

Im rotierenden Koordinatensystem wird ein Scheinmoment beobachtet, das senkrecht zum Drehimpuls $\boldsymbol{L}_C$ und zur Winkelgeschwindigkeit $\boldsymbol{\Omega}_{IB}$ wirkt. Wird dieses Moment durch äußere Momente nicht kompensiert, rotiert oder präzediert der Drehimpuls im *rotierenden Koordinatensystem B* mit der Winkelgeschwindigkeit $-\boldsymbol{\Omega}_{IB}$, wie man anhand der Gleichung (1.10) leicht überprüfen kann. Dies entspricht der Tatsache, daß sich Richtung und Betrag des Drehimpulses eines kräfte-, beziehungsweise momentfreien Kreisels im *Inertialsystem* nicht ändern.

Ändert sich der Drehimpuls im Bezugssystem B nicht, gilt

$$\boldsymbol{\Omega}_{IB} \times \boldsymbol{L}_C = \boldsymbol{M}_C \,. \tag{1.11}$$

Die geometrische Interpretation dieser Gleichung ist, daß eine Rotation $\boldsymbol{\Omega}_{IB}$ des Drehimpulses relativ zum Inertialraum durch ein Moment senkrecht zum Drehimpuls und zur Rotationsachse erzeugt wird. Ein bekanntes Beispiel hierfür ist ein rotierendes Rad mit einem Drehimpuls in Richtung einer ersten Achse. Will man dieses Rad um eine zweite, zur ersten senkrechten Achse drehen, muß man ein Moment in Richtung der dritten, zur ersten und zweiten senkrechten Achse ausüben. Dieses Moment wird bei Gyroskopen gemessen, womit zusammen mit dem bekannten Drehimpuls die Winkelgeschwindigkeit bestimmt werden kann.

Abbildung 1.6 zeigt ein konventionelles, feinmechanisches Gyroskop [Wri69], dessen Rotor von einem Antrieb (nicht dargestellt) ein zeitlich konstanter Drehimpulsbetrag $\boldsymbol{L}_R$ aufgeprägt wird. Eine Drehung des Sensors und damit des Drehimpulses um die x-Achse ist mit einem entsprechenden Moment in Richtung der y-Achse verknüpft, das den kardanisch gehalterten Rotor um den Winkel α_g auslenkt. Aus der Messung von α_g erhält man die Information über die zu ihm proportionale Winkelgeschwindigkeit.

Eine ausführliche Beschreibung von konventionellen Kreiselgeräten findet man in [Wri69] und in [Mag71].

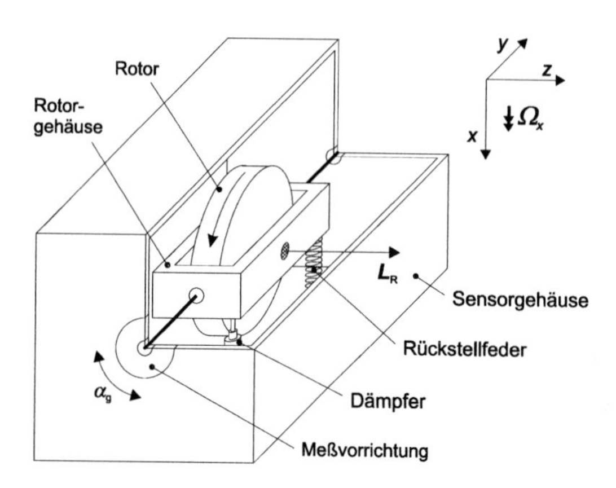

Abb. 1.6. Schematische Darstellung eines konventionellen Gyroskops mit rotierender Masse [Wri69].

Vibrating Shell Gyroskope

Vibrating Shell Gyroskope basieren auf den grundlegenden Arbeiten von G.H. Bryan [Bry90]. Sie haben die Form eines Weinglases [Lop83], eines Hohlzylinders [Bur86], [And93], [Hop94] oder eines Ringes [Put95], [Hop97]. Am besten kann man das Funktionsprinzip anhand eines Weinglases verstehen, das eine Formschwingung entsprechend Abbildung 1.7 ausführt. Der Rand des Glases schwingt in einer elliptischen Form mit vier Bewegungsknoten und vier Bewegungsbäuchen. Wenn das Weinglas gedreht wird, sieht ein mitrotierender Beobachter eine Verschiebung der Schwingungsknoten und Bäuche, ähnlich wie dies für die Schwingungsebene des Foucaultschen Pendels gilt. In Gyroskopen wird eine Primärschwingung entsprechend der Abbildung 1.7 angeregt und zur Bestimmung der Winkelgeschwindigkeit die Amplitude an den Schwingungsknoten dieser Primärschwingung ausgewertet.

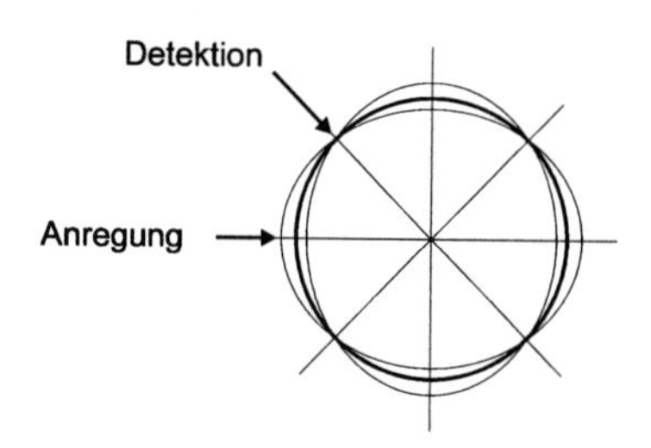

Abb. 1.7. Schematische Darstellung eines Vibrating Shell Gyroskops.

1.2.2 Akustische und Gasstrahl-Gyroskope

Akustische und Gasstrahl-Gyroskope nutzen die Coriolis-Kraft auf bewegte Gaspartikel zur Messung von Winkelgeschwindigkeiten. Abbildung 1.8 zeigt den schematischen Aufbau eines akustischen Gyroskops, bestehend aus einem gasgefüllten Resonator R, einem Lautsprecher L sowie Mikrophonen Mz und My. Unter Rückkopplung des Signals von Mz wird durch den Lautsprecher eine stehende, akustische Welle in z-Richtung mit einer Druckamplitude p_p angeregt. Bei ruhendem System hat die Geschwindigkeit der Gaspartikel nur eine z-Komponente. Coriolis-Kräfte erzeugen bei einer Drehung um die x-Achse eine zusätzliche Geschwindigkeitskomponente in y-Richtung, und eine zweite stehende Welle in diese Richtung bildet sich aus. Der mit dem Mikrophon My gemessene akustische Druck p_s dieser Welle ist proportional zur Winkelgeschwindigkeit Ω. Für einen kubischen Resonator erhält man [Bru86]:

$$\frac{p_s}{p_p} \propto n_M^{-\frac{5}{2}} \sqrt{p}\, l_R^{\frac{3}{2}}\, \Omega \, . \tag{1.12}$$

n_M ist die Modenzahl der Sekundärwelle und muß ungerade sein. p ist der Umgebungsdruck und l_R ist die Kantenlänge des Resonators.

Durch ein zusätzliches Mikrophon Mx gelangt man zu einem zweiachsigen Gyroskop. Im Vergleich zu konventionellen Kreiseln mit rotierenden Komponenten werden eine hohe Zuverlässigkeit und ein geringer Wartungsaufwand erreicht. Der Verzicht auf bewegliche Strukturen führt außerdem zu einer äußerst geringen Empfindlichkeit gegenüber Beschleunigungen und Vibrationen. Ein von Sextant Avionique hergestelltes zylinderförmiges akustisches Gyroskop (60 mm Länge, 50 mm Durchmesser) besitzt bei einer Bandbreite von 30 Hz ein Rauschen von

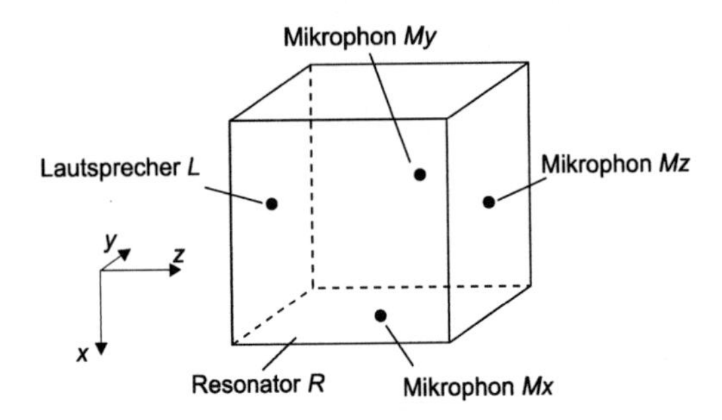

Abb. 1.8. Schematischer Aufbau eines akustischen Gyroskops.

ca. 0,08 °/s (Rauschpegel 50 (°/h)/√Hz) und wurde bereits in einem aktiven Fahrwerk eingesetzt [Leb90], [Col93]. Als weiterer Entwicklungsschwerpunkt wird vor allem mit dem Ziel der Kostenreduzierung die Herstellung von mikromechanischen Mikrophonen genannt. Damit besteht das Potential, Preise zu erzielen, die denen von hybrid aufgebauten, mikromechanischen Gyroskopen (beispielsweise schwingende Strukturen, die zur Anregung einen Magneten erfordern) entsprechen.

Mit Gyroskopen, bei welchen ein Gasstrahl durch Coriolis-Kräfte abgelenkt wird, wurde bereits eine Nullpunktdrift kleiner 3 °/h demonstriert. Bei dem in [Ten87] beschriebenen Aufbau wird von einer Wirbel-Pumpe ein laminarer Gasstrahl erzeugt, der über eine Düse in eine Kavität geführt wird. Dort kann er durch Coriolis-Kräfte abgelenkt werden. Am Ende der Kavität wird der Strahl aufgespaltet und zwei Mikrophonen zugeführt, die jeweils den von einem Teilstrahl erzeugten Druck in ein Spannungssignal umwandeln. Das Summensignal ist proportional zur Volumengeschwindigkeit des Gesamtstrahls, und das Differenzsignal ist proportional zur Winkelgeschwindigkeit.

Honda hat 1991 das japanische und 1992 das europäische Patent auf einen miniaturisierten Gasstrahl-Drehratensensor erhalten [Hos91], [Hos92]. Der Gasstrahl soll hier durch eine Mikropumpe erzeugt werden. Die Düse, die Kavität und zwei als Strömungssensoren verwendete Temperaturwiderstände werden mikromechanisch durch einen Zwei-Wafer-Aufbau hergestellt. Bei ruhendem Sensor verläuft der Gasstrahl symmetrisch über die beiden Temperaturwiderstände und führt bei beiden dieselbe Wärme ab. Eine Drehrate führt zu einer Ablenkung des Gasstrahls. Dadurch werden unterschiedliche Wärmemengen von den beiden Temperaturwiderständen abtransportiert, was zu einer differentiellen Änderung der beiden Widerstände führt und mit einer Brückenschaltung gemessen wird.

1.2.3 OFW-Gyroskope

Die Technik der akustischen Oberflächenwellen (OFW) auf piezoelektrischen Einkristallen hat sich zu einem dynamisch wachsenden Gebiet mit zahlreichen Anwendungen entwickelt. OFW-Filter werden beispielsweise in Fernsehern, Satellitenempfängern und Mobiltelefonen eingesetzt, OFW-Resonatoren als frequenzgebende Bauteile in Garagenöffnern, Funkfernbedienungen und in elektronischen Autoschlüsseln [Bul94].

In theoretischen Abhandlungen haben Lao 1980 [Lao80] sowie Wren und Burdess 1987 [Wre87] gezeigt, daß die Amplitude und die Wellenzahl einer Oberflächenwelle verändert werden, wenn das Bauteil um eine Achse parallel zu seiner Oberfläche und senkrecht zur Wellenausbreitung gedreht wird. Es handelt sich hierbei allerdings um einen äußerst geringen Effekt, und es wurden bislang keine entsprechenden Sensoren vorgestellt. Coriolis-Kräfte bei Drehung um eine Achse senkrecht zum Substrat bewirken eine wesentlich größere Bewegung der Teilchen an der Substratoberfläche.

In [Kur97] wird ein entsprechendes Gyroskop von japanischen Forschungseinrichtungen beschrieben. Durch Interdigital Transducer (IDTs) zusammen mit Reflektoren wird eine stehende Oberflächenwelle in x-Richtung angeregt (Abbildung 1.9). Eine Winkelgeschwindigkeit parallel zur z-Achse hat Coriolis-Kräfte in y-Richtung auf die Teilchen an der Substratoberfläche zur Folge. Wie in der Literaturstelle beschrieben wird, besteht die wesentliche Schwierigkeit darin, daß die von zwei Teilchen ausgehenden Wellen sich gegenseitig auslöschen, falls die Teilchen einen Abstand entsprechend der halben Wellenlänge besitzen. Im Prinzip erkennt man dies auch an Gleichung (1.12), die denselben Sachverhalt für Schallwellen beschreibt. Bei einem Aufbau wie in Abbildung 1.9 muß eine hohe Modenzahl verwendet werden, das heißt n_M liegt in der Größenordnung 50 bis 100. Dadurch wird der Coriolis-Effekt sehr klein. Um dennoch ein ausreichendes Ausgangssignal zu erhalten, sind im Resonatorbereich zusätzliche Massen angebracht. Aufgrund ihrer größeren Masse sind sie Ausgangspunkt von Corioliswellen, die eine größere Amplitude besitzen als die Wellen von anderen Bereichen. Die zusätzlichen Massen sind so plaziert, daß sich die von ihnen ausgehenden Wellen konstruktiv überla-

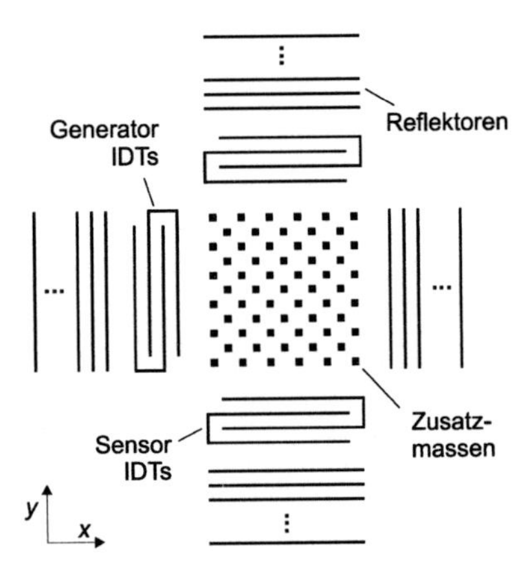

Abb. 1.9. Schematischer Aufbau eines OFW-Gyroskops [Kur97].

gern und verstärken. Eine weitere Verstärkung des Effekts wird durch Reflektoren erzielt, die einen Resonator in y-Richtung bilden. Die erwartete Empfindlichkeit wird mit ca. 2 µV/(°/s) angegeben.

1.2.4 Optische Gyroskope

Michelson und Morley hatten 1881 die Lichtausbreitung auf der Erde in verschiedene Richtungen und damit mit verschiedenen Relativgeschwindigkeiten zu einem vermuteten Äther untersucht. Das negative Ergebnis wurde 1905 von Einstein mit der speziellen Relativitätstheorie und seinen Postulaten erklärt, denen zufolge die Lichtgeschwindigkeit c in allen Inertialsystemen gleich ist. Dies sagt jedoch nichts aus über die Lichtfortpflanzung in rotierenden Medien. Hier wäre nicht die spezielle, sondern die allgemeine Relativitätstheorie heranzuziehen mit ihren den mechanischen Zentrifugalkräften entsprechenden Zusatzgliedern. Da es sich beim Sagnac-Versuch und allen Anwendungen in Gyroskopen um Geschwindigkeiten $v \ll c$ handelt, kann man jedoch klassisch rechnen.

Der Aufbau des Sagnac-Versuchs [Sag13] ist in Abbildung 1.10 dargestellt. Auf einer Drehscheibe D sind in den Ecken eines Quadrats eine halbdurchlässige Platte H und drei Metallspiegel S angebracht, erstere radial, letztere tangential. Zusätzlich sind eine monochromatische Lichtquelle L und eine Photoplatte Ph auf der Drehscheibe befestigt. Die zwei von H ausgehen-

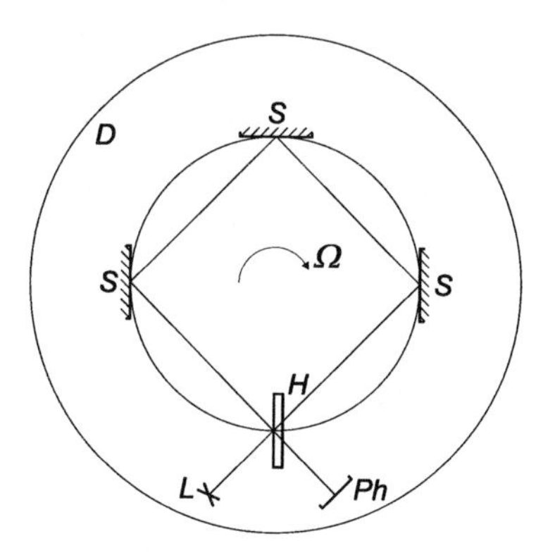

Abb. 1.10. Schematischer Aufbau des Sagnac-Versuchs [Som59].

den, durch H geteilten Strahlengänge werden auf Ph zur Interferenz gebracht. Wird die Scheibe in Rotation versetzt, so hat der mit ihr gleichläufige Strahl den längeren, der gegenläufige Strahl den kürzeren Weg zurückzulegen. Die Interferenzstreifen auf der Platte verschieben sich entsprechend der Winkelgeschwindigkeit Ω der Platte. Für den Zeitunterschied $\Delta\tau$ der beiden Strahlen erhält man [Som59]

$$\Delta\tau = \frac{4\,A_{sg}}{c^2}\,\Omega\,. \qquad (1.13)$$

In dieser Gleichung ist A_{sg} die Fläche, die durch den Strahlengang eingeschlossen wird. Mit der Wellenlänge λ der Lichtquelle erhält man den Sagnac-Phasenshift φ_s zwischen den beiden Strahlen:

$$\varphi_s = \frac{8\pi A_{sg}}{\lambda\cdot c}\,\Omega\,. \qquad (1.14)$$

1976 haben Vali und Shorthill gezeigt, daß der Sagnac-Phasenshift durch die Verwendung einer Glasfaserspule, in welcher die beiden Strahlen mehrfach in entgegengesetzter Richtung umlaufen, verstärkt werden kann [Val76]. Der erste faseroptische Kreisel (FOG) wurde 1981 von der Stanford Universität vorgestellt [Ber81]. In [Bur95], [Emg96], [Haf95], [Oho95] und [vHi93] sind der Aufbau und Anwendungen von modernen FOG beschrieben. Im Vergleich zu mechanischen Gyroskopen stellen FOG eine preiswerte Alternative dar. Kosten im vierstelligen DM-Bereich ermöglichen jedoch keine Markteinführung beispielsweise im Automobilbereich, wenn extrem kostengünstige Sensoren erforderlich sind.

Bei einem Ringlaser-Gyroskop (RLG) wird ein aktiver Laser in den Strahlengang eingebracht. Durch eine Drehung ändert sich aufgrund der effektiven optischen Weglänge die Frequenz des Laserlichts. Im Unterschied zu den faseroptischen Kreiseln, welche auf einem Interferometer-Prinzip beruhen, arbeiten die RLG nach einem Resonatorprinzip. Das RLG gehört zu den genauesten Drehratensensoren und wird in der Luftfahrt sowie in nicht zivilen Anwendungen bereits seit Jahren erfolgreich eingesetzt. Ringlaser-Gyroskope mit Durchmessern von einem Meter und mehr werden zur Messung von Fluktuationen der Erddrehrate und für verschiedene Gravitationsexperimente verwendet. Durch eine weitere Vergrößerung der optischen Weglänge wird erwartet, Auflösungen entsprechend dem 10^{10} ten Teil der Erddrehrate zu erreichen [Bil96], [Sch97], [Sch99a].

1.2.5 Magnetohydrodynamischer Sensor

Magnetohydrodynamische Sensoren bestehen im wesentlichen aus einem Permanentmagneten und einer elektrisch leitenden Flüssigkeit, die in einen Ring eingeschlossen ist [Pin94], [Lau93], [Lau92]. Die Trägheit der Flüssigkeit führt bei Drehungen zu einer Relativbewegung der leitenden Flüssigkeit und des Magnetfelds, welche ein elektrisches Feld senkrecht zum Magnetfeld und der Bewegungsrichtung zur Folge hat. Mit Elektroden an der Außen- und Innenseite des Rings wird das elektrische Feld beziehungsweise die Spannung gemessen. Durch Reibungseffekte wird die Flüssigkeit teilweise von den Ringwänden mitgeführt, weshalb es sich eigentlich um einen Winkelbeschleunigungssensor handelt. Entwickelt wurde der Sensor unter anderem für den Einsatz in Unfall-Dummies, da sein Ausgangssignal äußerst unempfindlich gegenüber Beschleunigungen ist.

1.2.6 Elektronen-Gyroskop

Für Gyroskope, die auf der Coriolis-Kraft auf bewegte Elektronen basieren, wurden 1989 der Messerschmitt-Bölkow-Blohm GmbH [Mes89] und 1991 der japanischen Firma Tamagawa Seiki Co., Ltd. [Kum91a], [Kum91b] Patente erteilt. Der Sensoraufbau und das Funktionsprinzip sind ähnlich wie bei einem Hall-Sensor, mit dem Unterschied, daß die Auslenkung der Elektronen nicht durch Lorentz-Kräfte F_L, sondern durch Coriolis-Kräfte F_C erfolgen soll. Vergleicht man die beiden Kräfte, werden die wesentlichen Schwierigkeiten deutlich. Unter der Annahme, daß die Geschwindigkeit $\boldsymbol{v}$ der Elektronen und das Magnetfeld $\boldsymbol{B}$ beziehungsweise der Winkelgeschwindigkeitsvektor $\boldsymbol{\Omega}$ senkrecht zueinander stehen, erhält man mit

$$\begin{aligned} F_\mathrm{L} &= F_\mathrm{C} \\ evB &= 2m_\mathrm{e} v\Omega \\ B &= \frac{2}{e/m_\mathrm{e}}\Omega \approx 0{,}2\frac{\mathrm{pT}}{°/\mathrm{s}}\,\Omega\,[°/\mathrm{s}] \end{aligned} \tag{1.15}$$

das Magnetfeld B, das dieselbe Kraft auf ein Elektron ausübt wie die Drehrate Ω. e und m_e sind die Ladung bzw. die Masse eines Elektrons. Eine Drehrate von 1 °/s entspricht einem Magnetfeld von ca. 0,2 pT. Hall-Sensoren haben eine Nachweisgrenze von ca. 0,5 µT, das heißt die Messung der Coriolis-Kraft bei Drehraten der Größenordnung 1 °/s ist damit nicht möglich. Außerdem muß eine extrem hohe Abschirmung des Erdmagnetfeldes (ca. 60 µT) und anderer

Störfelder gewährleistet sein. Trotz der offensichtlichen Schwierigkeiten handelt es sich aber um ein äußerst interessantes Prinzip, da durch fehlende bewegliche Strukturen eine hohe Zuverlässigkeit und eine vernachlässigbar geringe Empfindlichkeit gegenüber Beschleunigungen und Vibrationen zu erwarten sind. Eine low-cost Produktion wäre ebenfalls sichergestellt.

1.2.7 Kernspinkreisel

In einem ruhenden System ist die Larmor-Frequenz von magnetischen Kernmomenten gegeben durch $\omega_L^{(i)} = \gamma_i B_0$, wobei γ_i das gyromagnetische Verhältnis der betrachteten Kernsorte (i) und B_0 das am Kernort herrschende Magnetfeld ist. Bei Rotationen mit der Winkelgeschwindigkeit Ω um die Richtung des Magnetfeldes beobachtet man eine verschobene Larmor-Frequenz

$$\omega_L^{(i)*} = \gamma_i B_0 \pm \Omega , \tag{1.16}$$

wobei das Vorzeichen vom Drehsinn abhängt. Im Versuchsaufbau der Universität Stuttgart wird ein Halbleiterlaser benutzt, um durch optisches Pumpen eine hohe Spinpolarisation zu erreichen und um die Kernspinpräzession optisch zu detektieren [Wae96]. Versuche zeigen eine Auflösung von ca. 1 °/s bei Integrationszeiten von 100 s. Die Verfügbarkeit von Faser- und Laserkreiseln hat industrielle Entwicklungsansätze in Richtung Kernspingyroskop abbrechen lassen.

1.3 Mechanische Gyroskope - Stand der Technik

1.3.1 Rotierende Massen

Wie in Abschnitt 1.2.1 beschrieben, bestehen konventionelle mechanische Gyroskope im wesentlichen aus Scheiben oder Vollzylinder, die entsprechend gelagert um ihre Symmetrieachse rotieren. Eine kardanische Aufhängung ermöglicht als Folge von Coriolis-Kräften ein Verkippen der Symmetrieachse, das gemessen wird und damit das Sensorsignal liefert. Konzepte zur Verwendung von rotierenden Scheiben in mikromechanischen Gyroskopen wurden von der amerikanischen Firma SatCon Technology Corp. [Haw94], [Haw92] und von der University of Sheffield vorgestellt [Yat95], [Wil96], [Wil97]. In beiden Konzepten wird keine mechanische Lagerung der Scheiben verwendet, da die hohe Reibung von mikromechanischen Lagern keine ausreichende Lebensdauer gewährleistet.

Das in [Haw94], [Haw92] beschriebene Gyroskop besitzt einen Rotor aus abwechselnd leitenden und isolierenden Schichten, Elektroden über und unter dem Rotor, mit welchen seine axiale Lage und das Verkippen gemessen und kontrolliert werden, sowie radial angeordnete Elektroden, mit welchen der Rotor angeregt und seine radiale Lage kontrolliert wird (Abb. 1.11). Der Durchmesser des Rotors und damit auch die Kapazitäten der Ausleseelektroden werden durch Schichtspannungen des Mehrlagenaufbaus auf ca. 200 μm bzw. 0,03 pF beschränkt. Eine auf dem Chip integrierte Auswerteelektronik ist daher zwingend erforderlich. Theoretische Untersuchungen sagen eine Auflösung von 0,01 °/s voraus.

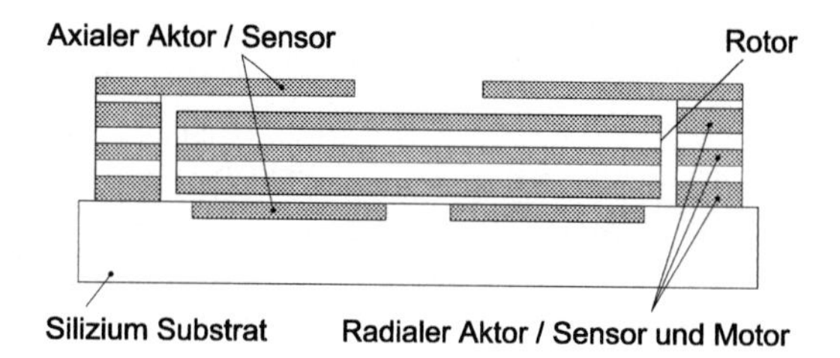

Abb. 1.11. Schematische Darstellung eines mikromechanischen Gyroskops mit einem elektrostatisch schwebend gehalterten Rotor [Haw94].

In [Yat95], [Wil96], [Wil97], [She99] wird ein Gyroskop mit einem Aluminium-Rotor beschrieben. Mit Leiterbahnen unter dem Rotor wird dieser durch elektromagnetische Induktion angehoben, stabilisiert und in Rotation versetzt. Mit dem vorgestellten Aufbau kann der Sensor nur in horizontaler Ausrichtung betrieben werden. Durch Elektroden unter dem Rotor sollen bei zukünftigen Sensoren elektrostatische Gegenkräfte erzeugt werden, mit welchen der Rotor auch in axialer Richtung stabilisiert werden kann. Mit einer auf dem Chip integrierten Elektronik wird eine Auflösung von 0,4 °/s angestrebt.

Beide Sensoren können prinzipiell mit den Verfahren der Oberflächenmikromechanik gefertigt werden, wobei wesentliche Technologieschritte noch zu entwickeln sind.

1.3.2 Formschwingungen

Die amerikanische Firma Delco Electronics stellte 1982 das HRG vor, eine schwingende Halbkugel [Lop82], [Lop83]. Im Jahre 1993 veröffentlichte die englische Firma GEC-Marconi das Gyroskop START, bestehend aus einen Stahlzylinder mit seitlich angebrachten Piezotransducern, die zur Erzeugung und Detektion der Formschwingung verwendet werden [And93]. Bei einer Bandbreite von 50 Hz beträgt das Rauschen ca. 0,01 °/s. Der Preis des START-Sensors liegt bei einigen tausend DM.

Bereits 1984 wurde von Burdess, University of Newcastle, vorgeschlagen, den Zylinder selbst aus einer Piezokeramik zu fertigen und durch Elektroden an der Außenwand das Schwingungsmuster anzuregen und auszulesen [Bur86]. Ein entsprechendes Gyroskop wurde 1994 von der British Aerospace Systems and Equipment Ltd. (BASE) vorgestellt [Hop94].

In demselben Jahr wurde von der University of Michigan das erste mikromechanische Ring-Gyroskop veröffentlicht [Put94]. Bemerkenswert ist vor allem auch die technologische Realisierung. Der Ring kann galvanisch mit einem "Deep-UV-Verfahren", einem LIGA-ähnlichen Photolackverfahren, auf der Oberfläche einer CMOS-Schaltung hergestellt werden. Die Anregung und Auslesung erfolgen elektrostatisch bzw. kapazitiv. Als Entwicklungsziel wird ein Rauschen in der Größenordnung 0,1 °/s genannt [Put95]. Für dasselbe Gyroskop wurde 1997 von der amerikanischen Firma Delco Electronics Corp. das Rauschen mit ca. 0,5 °/s bei einer Bandbreite von 25 Hz angegeben [Spa97].

Dem eleganten Herstellungsverfahren steht eine wesentliche Einschränkung gegenüber. Bei der galvanischen Herstellung von beweglichen Strukturen wird meistens Nickel verwendet, das nur relativ kleine Schwingungsgüten von ca. 1000 bis 2000 ermöglicht [Ber93], [Put95]. Zudem zeigen die mechanischen Eigenschaften von Nickel eine sehr starke Temperaturabhängigkeit. Mit Siliziumstrukturen werden dagegen Gütefaktoren bis ca. $5 \cdot 10^5$ erzielt [Bus90], [Ber93].

Diese vorteilhafte Eigenschaft kommt in einem Silizium-Ring mit elektromagnetischer Anregung und Auslesung zum Tragen, der 1997 von BASE präsentiert wurde [Hop97]. Der Siliziumwafer, der die beweglichen Strukturen enthält, wird vor dem Vereinzeln auf ein Pyrex-Substrat gebondet. Ein in das Gehäuse integrierter Permanentmagnet ermöglicht die elektromagnetische Anregung der Primärschwingung und die Detektion der Sekundärschwingung. Als vorläufiges Ergebnis wird das Rauschen mit 0,15 °/s in einer Bandbreite von 30 Hz angegeben. Eine zweite Generation weist einen elektrostatischen Antrieb und eine kapazitive Detektion auf. Das damit erzielte Rauschen beträgt 0,4 °/s bei einer Bandbreite von 50 Hz [Fel99].

Aufgrund der genannten Nachteile von Nickel entwickelt die Universitiy of Michigan, basierend auf dem zuvor entwickelten Nickel-Gyroskop, ein Polysilizium-Ring-Gyroskop [Aya98], das wie das erstere elektrostatisch angeregt und kapazitiv ausgelesen wird. Die bewegliche Struktur wird dabei aus Polysilizium hergestellt, mit welchem zuvor geätzte und mit einer Opferschicht aus Silizium-Oxid belegte Trenches aufgefüllt werden (Refill-Technologie). Dadurch ist es möglich, die Elektrodenabstände nicht durch den Silizium-Ätzschritt, sondern durch die Dicke des Oxids zu definieren. Angestrebt wird ein Rauschen von 0,0025 °/s bei einer Bandbreite von 10 Hz. Diese neue Technologie ermöglicht eine kostengünstige Herstellung ähnlich wie mit anderen oberflächenmikromechanischen Prozessen.

1.3.3 Biegeschwingungen

Das erste funktionsfähige Stimmgabel-Gyroskop, das sogenannte Gyrotron, wurde Anfang der 50er Jahre in England von der Sperry Rand Corp. entwickelt [Bar53], [Bar57]. Die Anregung der gegenphasigen Schwingung der beiden Zinken erfolgte elektromagnetisch. Bei einer Drehung des Sensors um die Längsachse der Stimmgabel erzeugt die Coriolis-Beschleunigung ein oszillierendes Moment um diese Achse, das durch Reluktanzsensoren an der Einspannung der Gabel gemessen wird. Unter Laborbedingungen konnten Drehraten in der Größenordnung der Erddrehung (15 °/h = $4{,}166 \cdot 10^{-3}$ °/s) nachgewiesen werden.

Nachfolgende Entwicklungen konzentrierten sich auf eine Kostenreduzierung, die Verwendung anderer Detektionsverfahren, wie beispielsweise piezoelektrische, und auf eine Minimierung des im folgenden beschriebenen mechanischen Nachteils der Anordnung. Durch die Coriolis-Schwingung der gesamten Gabel um ihre Längsachse besteht an der Verankerung der Gabel eine starke mechanische Kopplung zwischen der Gabel und der sie tragenden Struktur. Dies hat einerseits Energieverluste und damit eine Reduzierung der Schwingungsgüte zur Folge. Andererseits können über eine schlechte mechanische Isolierung Störeinflüsse (Vibrationen, temperaturabhängiger Streß) aus der Umgebung in die schwingende Struktur einkoppeln.

Durch eine spezielle Montage der Stimmgabel wird bei der von der Watson Industries Inc. patentierten Struktur [Wat82] eine Coriolis-Kraft-induzierte Bewegung der ganzen Gabel um ihre Längsachse verhindert und der Energieverlust über die Befestigung weitgehend reduziert. Angeregt und gemessen werden die Bewegungen der Zinken, entweder elektromagnetisch oder piezoelektrisch. Es handelt sich hier um die erste Ausführung, bei der die Zinken aus piezoelektrischem Material sind und nicht aufgeklebte Piezokeramiken verwendet werden.

Weitere Verbesserungen der Entkopplung können mit einer H-förmigen Stimmgabel erzielt werden, die in ihrem Schwerpunkt gehaltert ist [Kon92], oder mit einer vierzinkigen Gabel [Lég96] (Abmessungen ca. 60 x 60 x 60 mm^3, Rauschen < 0.006 °/s in 100 Hz Bandbreite).

Die ersten Drehratensensoren im low-cost-Bereich bestehen aus Stäben, die zu einer Biegeschwingung angeregt werden und in Schwingungsknoten gehaltert sind. Ein Metallstab mit quadratischem Querschnitt und vier seitlich angebrachten Piezoplättchen wurde 1968 von General Electric [Gat68] und 1987 von den japanischen Universitäten Ishinomaki und Hachioji [Sug87], [Sug91], [Sug93] vorgestellt. Jeweils zwei gegenüberliegende Piezotransducer werden zur Anregung der Primärschwingung beziehungsweise zur Detektion der Sekundärschwingung verwendet.

Um das Abgleichen der Frequenzen von Primär- und Sekundärmode zu vereinfachen, wird von Murata ein Drehratensensor, bestehend aus einem Metallstab mit dreieckigem Querschnitt, produziert [Fuj91], [Mur94]. Ein schneller Abgleich ist möglich, da ein Materialabtrag in der Mitte einer Kante die Resonanzfrequenz nur in eine Richtung wesentlich verändert. Mit Piezoplättchen auf zwei Seiten des Stabes wird eine Biegeschwingung parallel zur dritten Seite angeregt. Coriolis-Kräfte erzeugen eine Schwingung senkrecht zu dieser dritten Seite, die piezoelektrisch gemessen wird. Je nach Anforderung werden Stäbe mit Längen zwischen 17 und 40 mm verwendet. Bei den großen Ausführungen entspricht das Ausgangsrauschen bei einer Bandbreite von 7 Hz einer Drehrate von ca. 0,6 °/s. Die Preise liegen bei ca. 70 bis 500 DM.

Insbesondere um das Herstellungsverfahren zu vereinfachen und um eine bessere Reproduzierbarkeit zu erzielen, wurde von der japanischen Firma Tokin Corp. ein Stab aus piezoelektrischem Material mit kreisförmigem Querschnitt 1994 patentiert [Shi94]. Dadurch entfällt das Aufkleben von Piezoplättchen. Elektroden können durch Siebdruck oder photolithographische Verfahren hergestellt werden. Ein Stab mit 16 mm Länge und 2 mm Durchmesser wird als Bildstabilisator in Camcordern eingesetzt [Shu95]. Bei einem Meßbereich von ±90 °/s wird die Nullpunktdrift bei konstanter Temperatur mit 270 °/s angegeben [Tok99].

Durch die Technologie der Quarzuhren war es naheliegend, mit Quarzstimmgabeln eine weitere Miniaturisierung anzustreben. Söderkvist erhielt 1992 das Patent [Söd92] für eine zweizinkige Stimmgabel aus Quarz, bei welcher durch mehrere, an allen Seiten der Zinken angebrachte Elektroden die Anregung der Primärschwingung und die Detektion der Sekundärschwingung ermöglicht wird. Die Hauptschwierigkeiten sind im wesentlichen dieselben, die bereits bei feinmechanischen Stimmgabeln beobachtet wurden, eine ungenügende mechanische Entkopplung der Stimmgabel und des Gehäuses. Dies führt unter anderem zu einem relativ großen Ausgangssignal bei Drehrate Null (der sogenannte Zero Rate Output ZRO) und zu einer starken Temperaturempfindlichkeit. Dagegen genügt die erzielte Auflösung mit 0,3 °/s vielen Anforderungen [Söd90a], [Söd90b], [Söd94], [Söd95].

Ein sehr ähnliches Konzept wird von der Firma Temic verfolgt [Tem95], [Ste98]. Der Sensor besitzt bei einem Meßbereich von ±75 °/s und einer Bandbreite von 10 Hz ein Rauschen von ca. 0,16 °/s.

Bereits 1985 erhielt die amerikanische Firma PTI/Systron-Donner das Patent für eine H-förmige Stimmgabel aus Quarz [Sta85], [Sys95], bevor NEC ein ähnliches Patent für feinmechanische Sensoren erteilt wurde. Die Sensoren von PTI werden seit einigen Jahren zu Preisen von einigen Tausend DM vertrieben. Ihr Rauschen beträgt ca. 0,1 °/s bei einer Bandbreite von 100 Hz und einem Meßbereich von ±100 °/s. Die Auflösung wird mit 0,004 °/s angegeben. Über den Temperaturbereich von -40°C bis +85°C wird die Nullpunktdrift mit 3 °/s spezifiziert.

Ein wesentlicher Vorteil von mikromechanischen Quarzstimmgabeln besteht in den hohen Gütefaktoren von ca. 15000 [Söd94] bei Umgebungsdruck. Nachteilig sind die eingeschränkten Designmöglichkeiten und die relativ aufwendige, kostenintensive Strukturierung der Elektroden an allen Seiten der Zinken. Beides könnte mit Verfahren der Silizium-Mikromechanik verbessert werden.

Japanische Forschungseinrichtungen entwickelten zusammen mit Tamagawa Seiki Co. Ltd. einen Drehratensensor mit einem einseitig eingespannten Silizium-Biegebalken [Mae93], [Mae94]. Der Balken wird durch anisotropes Ätzen (TMAH) aus einem (110) Silizium-Wafer strukturiert, der zuvor auf ein mit Elektroden versehenes Glassubstrat gebondet wird. Mit einem unter dem Glassubstrat angeklebten Piezoaktor wird die Primärschwingung des Balkens in vertikaler Richtung angeregt. Die Messung der Sekundärschwingung erfolgt kapazitiv. Mit einer Variante mit seitlich befestigtem Piezoaktor wird ein Meßbereich von ±500 °/s und ein Rauschen von 3 °/s bei einer Bandbreite von 30 Hz erreicht [Mae95]. Der Sensor zeigt eine extreme Empfindlichkeit gegenüber linearen Beschleunigungen (>100 °/s bei 1 g statisch) und eine starke Offset-Drift. Dies ist auf die geringe Resonanzfrequenz von ca. 2,2 kHz, die einfache Struktur des Sensors, die keine Kompensation von Linearbeschleunigungen ermöglicht, sowie auf den hybriden Aufbau zurückzuführen, wodurch fertigungsbedingt erhebliche Asymmetrien entstehen.

Herkömmliche, zweizinkige Stimmgabeln in Silizium-Mikromechanik wurden von DaimlerChrysler/Temic [Vos97], [Sas99], [Sas00] und von LITEF in Zusammenarbeit mit der Technischen Universität Chemnitz [Meh98b], [Bil97], [Bre98], [Bre99] realisiert. In beiden Konzepten werden zwei SOI-Wafer aufeinandergebondet, die zuvor jeweils identisch strukturiert werden und je eine Zinke der Stimmgabel enthalten. Die Anregung der gegenphasigen Primärschwingung der Zinken erfolgt piezoelektrisch durch eine AlN-Schicht [Vos97], [Sas99], beziehungsweise elektrostatisch [Meh98b], [Bil97], [Bre98]. Eine Drehfeder verbindet die Stimmgabel an deren Fuß mit einer Trägerstruktur. Bei Drehung um die Längsachse führen Coriolis-Kräfte zu einem Moment, wodurch die Stimmgabel entsprechend ausgelenkt und die Drehfeder tordiert wird. Die Messung erfolgt piezoresistiv [Vos97] beziehungsweise kapazitiv [Meh98b], [Bil97], [Bre98]. Die Linearität des Sensors von DaimlerChrysler/Temic wird mit 0,6% bei einem Meßbereich von 50 °/s angegeben [Sas99]. Von LITEF wird als Ziel eine Genauigkeit von 50 °/h angegeben. Weitere Ergebnisse und angestrebte Leistungsparameter sind in den angegebenen Quellen von LITEF und DaimlerChrysler/Temic nicht zu finden. In beiden Fällen wird der hohe technologische Aufwand nur bei herausragenden Leistungsparametern gerechtfertigt sein. In [Vos97] wird geschildert, daß die beiden Zinken und zusätzlich die Resonanzfrequenzen von Primär- und Sekundärschwingung abgeglichen werden müssen. Während dies bei der elektrostatischen Variante kapazitiv möglich ist [Meh98b], [Bil97],

[Bre98], soll das Trimmen bei [Vos97] durch laserinduzierten Materialabtrag realisiert werden. Neben den hohen Fertigungsaufwand treten somit erhebliche Kalibrierkosten.

Neben der Miniaturisierung konventioneller Gyroskope wurden auch neue Strukturen entwickelt, welche nur noch entfernte Ähnlichkeiten mit ihren Vorgängern aufweisen. Dies sind zum einen Strukturen, welche lineare Schwingungen ausführen und somit entfernt dem Stimmgabelprinzip entsprechen, zum anderen sogenannte quasirotierende Strukturen, welche zu Drehschwingungen angeregt werden und damit eine gewisse Ähnlichkeit mit den rotierenden Massen zeigen.

1.3.4 Lineare Primärschwingung

Ein Silizium-Gyroskop mit linearer Primär- und Sekundärschwingung wird von der Universität Neuchâtel entwickelt [Pao96a]. Das Fertigungsverfahren ähnelt dem von piezoelektrischen Drucksensoren. Zwei seitlich nebeneinander plazierte Probemassen, die jeweils über vier Balken zweiseitig eingespannt sind, werden elektromagnetisch zur gegenphasigen Schwingung angeregt. Mit einem Wechselstrom durch eine U-förmige Leiterbahn, die über die Befestigungsbalken der einen Masse und zurück über die der zweiten Masse führt, wird zusammen mit einem über dem Siliziumbauteil befestigten Magneten die entsprechende Lorentz-Kraft erzeugt. Eine Drehung um eine Achse in der Chipebene und senkrecht zur Primärschwingung führt zu einer gegenphasigen Schwingung der Massen senkrecht zur Chipebene. Diese Sekundärschwingung wird über Piezowiderstände gemessen, die an der Einspannung der Federbalken angeordnet sind. Messungen, die in [Pao96b] vorgestellt werden, zeigen eine Drift des Offsets entsprechend ca. 100 °/s innerhalb von 15 Minuten. Das Rauschen des Sensors liegt bei 10 °/s. Im Temperaturbereich zwischen 0°C und +40°C ändert sich der Offset um ca. 35 °/s und die Resonanzfrequenz der Primärschwingung um ca. 11% [Mar97]. Die wesentlichen Schwierigkeiten bei diesem Sensorkonzept sind die Temperaturabhängigkeit und die fertigungsbedingte Asymmetrie der Piezowiderstände sowie temperaturabhängiger Streß in der Aufhängung der Probemasse. Nachteilig ist auch, daß die beiden Probemassen mechanisch nicht gekoppelt sind, sondern unabhängig voneinander schwingen. Herstellungsbedingte Asymmetrien der Massen oder Federbalken führen zu unterschiedlichen Resonanzfrequenzen.

Viel Beachtung hat die Ankündigung von Bosch erfahren, ab Mitte 1998 einen Silizium-Drehratensensor zu produzieren, der sich insbesondere auch für die Fahrdynamikregelung eignet [Lut97], [Gol98]. Mit zahlreichen Patentanmeldungen wurde zuvor die Struktur [Zab92], [Zab95], [Bue95] und das Herstellungsverfahren [Mue97] geschützt. Letzteres stellt eine Kombination von Silizium-Bulk- und Oberflächenmikromechanik dar und ist in [Lut97] beschrieben. Zunächst werden auf die Waferoberfläche eine Opferschicht aus Siliziumoxid, eine 12 µm dicke Polysiliziumschicht und Aluminium aufgebracht. Nach der Strukturierung des Aluminiums werden durch KOH-Ätzen von der Rückseite 50 µm dicke Membrane strukturiert. Anschließend werden durch Trockenätzen von der Vorderseite zunächst die Polysiliziumschicht und dann die Membrane strukturiert. Durch teilweises Entfernen der Opferschicht in HF-Dampf erhält man schließlich je einen Beschleunigungssensor in der Polysiliziumschicht auf einer beweglichen Probemasse, die aus der 50 µm dicken Membran strukturiert ist. Ein Sensor besteht aus zwei dieser Probemassen, die durch eine entsprechende Federbalkenaufhängung mechanisch gekoppelt und im wesentlichen nur in eine Richtung auslenkbar sind. Die Probemassen werden ähnlich wie bei dem zuvor beschriebenen Sensor elektromagnetisch zu einer gegenphasigen Primärschwingung in der Chipebene angeregt. Allerdings handelt es sich hier aufgrund der mechanischen Kopplung um eine Hauptschwingung des gekoppelten Systems. Die Beschleunigungssensoren auf den Probemassen besitzen eine sensitive Achse in der Chipebene senkrecht zur Primärschwingungsrichtung. Winkelgeschwindigkeiten senkrecht zur Chipebene erzeugen daher eine periodische Auslenkung der Beschleunigungssensoren, die mit kammförmigen Elektroden kapazitiv gemessen wird. Der Meßbereich des Sensors beträgt ±100 °/s bei einem Rauschen von 0,02 (°/s)/√Hz. Das entspricht ca. 0,14 °/s bei einer Bandbreite von 50 Hz. Über den Temperaturbereich von -40°C bis +85°C ist die Temperaturabhängigkeit des Offsets kleiner als 0,5 °/s. Mit diesen Leistungsparametern werden die Anforderungen von vielen der dargestellten Anwendungen erfüllt. Ein Nachteil des Sensors ist das im Vergleich zur reinen Oberflächenmikromechanik teuere Herstellungsverfahren.

Ein Sensor, der ebenfalls zwei gekoppelte, elektromagnetisch angeregte und gegenphasig schwingende Massen aufweist, bei dem die Sekundärschwingung aber eine Drehschwingung ist, wurde von der Universität Tokio präsentiert [Has94], [Has95]. Das heißt, bei diesem Sensor wird das Stimmgabelprinzip weitgehend nachempfunden. Die Detektion der Sekundärbewegung erfolgt kapazitiv über Substratelektroden. Die Empfindlichkeit wird mit 0,7 fF/(°/s) angegeben. Meßwerte sind nur bei ±500 °/s und betragsmäßig größeren Drehraten dargestellt und zeigen eine starke Nichtlinearität.

Das erste Silizium-Gyroskop mit elektrostatischen Kammantrieben zur Erzeugung der Primärschwingung wurde 1993 von der Charles Stark Draper Laboratory, Inc. vorgestellt [Ber93]. Zwei Probemassen werden elektrostatisch gegenphasig in der Chipebene angeregt. Nach dem

Stimmgabelprinzip ist für die Sekundärschwingung ein Rotationsfreiheitsgrad der beiden Massen um eine Achse in der Chipebene vorgesehen. Die Detektion erfolgt kapazitiv mit Substratelektroden. Auch das Herstellungsverfahren, das potentiell zu den günstigsten gehört, ist äußerst interessant. Ein Siliziumwafer wird zunächst durch KOH-Ätzen an der Oberfläche strukturiert. Die Bereiche, die dabei nicht zurückgeätzt werden, definieren die späteren Bondflächen, in den zurückgeätzten Bereichen können bewegliche Strukturen hergestellt werden. Es folgen eine p++ Dotierung mit Bor und ein Trenchätzen tiefer als die Dotierung. Der Wafer wird mit der Oberfläche auf einen Pyrexwafer gebondet, der zuvor mit Metallelektroden versehen wird. Im anschließendem Ätzen in EDP (Ethylen Diamin Pyrocatechol) wird der Siliziumwafer bis auf die p++ dotierten Bereiche aufgelöst, wodurch die durch die Dotierung und das Trenchätzen bestimmten beweglichen Strukturen entstehen. In Veröffentlichungen wird bei einer Bandbreite von 60 Hz das Rauschen zwischen 0,1 °/s [Gre96a], [Ash99] und 0,022 °/s [Wei96] angegeben, letzteres mit der Einschränkung auf einzelne Exemplare.

Das Fraunhofer Institut für Siliziumtechnologie in Itzehoe ließ dieselbe Struktur bei der Robert Bosch GmbH fertigen. Dabei wurde dieselbe Dienstleistung wie in der vorliegenden Arbeit in Anspruch genommen. Bei einer Bandbreite von 10 Hz beträgt das Rauschen 2 °/s [Eic00].

In Abschnitt 1.2.1 wurde bereits der Sensor von Murata beschrieben, der ebenfalls Kammantriebe und Substratelektroden, allerdings nur eine Probemasse besitzt. Die Primär- und Sekundärschwingung stellen jeweils lineare Schwingungen dar. Zur Herstellung wird eine oberflächenmikromechanische Technologie mit einer 5 μm dicken Polysiliziumschicht verwendet. Nach der Fertigung werden durch sogenanntes Ion Milling mit Argon die Resonanzfrequenzen abgeglichen. Getestet wird der Sensor in Vakuum bei Drücken kleiner 10^{-3} mbar. Der Sensor besitzt einen Meßbereich von ±100 °/s und ein Rauschen von 2 °/s, wobei keine Angabe über die Bandbreite gemacht wird [Tan95a], [Tan95b]. Die gezeigten Meßkurven der Drehrate zeigen sehr deutliche Abweichungen von einem linearen Verlauf, entsprechend einer Nichtlinearität von einigen Prozent.

Für eine ähnliche Struktur, mit einem ähnlichen Herstellungsverfahren realisiert, bei welchem die Polysiliziumschichtdicke 7,5 μm beträgt, wurde von der koreanischen Firma Samsung eine als Auflösung bezeichnete Größe mit 0,1 °/s angegeben [Oh97]. Die Messung wurde mit einer sinusförmig modulierten Winkelgeschwindigkeit durchgeführt. Als Meßgerät wurde ein Spektrum-Analyzer verwendet. Die Auflösung wurde definiert als der Abstand des Signals bei der Frequenz der Winkelgeschwindigkeit zu den Signalen anderer Frequenzen. Dadurch werden

Werte erreicht, die deutlich unter dem Rauschen bei einer Bandbreite von der Größenordnung 50 Hz und auch unter der tatsächlichen Auflösung des Sensors liegen (vergleiche Kapitel 13).

Von Samsung wurde mit derselben Technologie ein weiterer Sensor mit einer Probemasse hergestellt, bei welchem die beiden linearen Schwingungen in der Chipebene liegen [Par97]. Um eine Bewegung der Probemasse in beide Richtungen der Chipebene zu ermöglichen, haben die vier Federbalken die Form eines Angelhakens. Die kapazitive Auslesung erfolgt über Kammelektroden, die innerhalb der Probemasse plaziert sind. Eine Besonderheit stellt die Verwendung der sogenannten *Prominence Shape Comb-Drives* dar, Kammantriebe, bei welchen jeder Zinken zwei unterschiedliche Breiten aufweist (Abbildung 1.12). Dadurch erhält man im Betrieb einen effektiven Elektrodenabstand kleiner als die durch die Technologie vorgegebene minimale Trenchbreite. Wieder nach dem oben beschriebenen Verfahren ermittelt, wurde eine Auflösung von ebenfalls 0,1 °/s angegeben.

Eine ähnliche Struktur wurde von der Universität Berkeley in der BiMEMS Technologie von Analog Devices, Inc. entwickelt [Cla97]. Das Rauschen des Ausgangssignals wird mit 1 (°/s)/√Hz angegeben, was bei einer Bandbreite von 50 Hz ca. 7 °/s entsprechen würde.

Ein technologisch interessanter Ansatz wird von der Universität Pittsburgh verfolgt [Kra97]. Mit dem CMOS-Prozeß MOSIS von Hewlett-Packard wird zunächst die Ausleseschaltung hergestellt und die nachfolgende Realisierung von beweglichen Strukturen vorbereitet. Diese können aus den drei Metallisierungsebenen sowie den dielektrischen Zwischenschichten durch Trockenätzen hergestellt werden. Dabei dient die obere Metallisierung als Ätzmaske. Nach dem Ätzen der Schichten bis auf das Siliziumsubstrat werden durch einen isotropen Silizium-

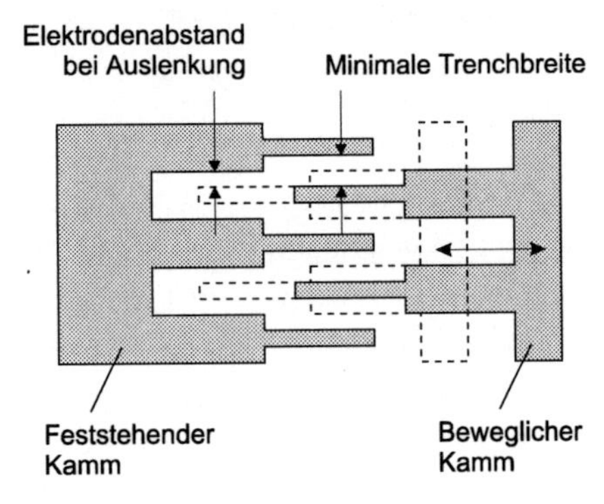

Abb. 1.12. Schematische Darstellung des Prominence Shape Comb-Drives [Par97].

Ätzschritt Bereiche unterätzt, wodurch bewegliche Strukturen entstehen. Minimale Trenchbreiten von 1,5 µm werden bei einer Dicke der Schichten von ca. 5 µm erzielt. Ein besonderes Merkmal stellt die Möglichkeit dar, auf einer beweglichen Struktur Bereiche zu realisieren, die gegenseitig elektrisch isoliert sind. Dadurch wird die Designfreiheit gegenüber anderen oberflächenmikromechanischen Prozessen erweitert. Zwei Gyroskope mit jeweils zwei linearen Schwingungen in der Chipebene wurden hergestellt, Messungen wurden bislang allerdings nicht veröffentlicht. Als wesentliche technologische Schwierigkeit werden Schichtspannungen genannt, die ein Verbiegen der Finger von Antrieb- und Auslesekämmen verursachen. In einem weiteren Design wurde diese Verbiegung verwendet, um einen Kammantrieb mit Wirkrichtung senkrecht zum Substrat zu realisieren. Drehratenmessungen über einen Meßbereich von ±400 °/s zeigen Fehler in der Größenordnung von 100 °/s [Xie01].

1.3.5 Drehschwingung der Primärmode

Das erste Silizium-Gyroskop wurde 1988 von der Charles Stark Draper Laboratory, Inc. vorgestellt [Box88]. Die sogenannte *Gimbal Struktur* (Abbildung 1.13) besteht aus einem beweglichen Rahmen, der mit Federbalken an zwei Seiten drehbar um eine erste Achse in der Substratebene (z-Achse) gehaltert ist. Der Rahmen trägt im Inneren die eigentliche Probemasse. Diese ist relativ zum Rahmen drehbar um die zweite Achse in der Substratebene (y-Achse) gehaltert. Durch Elektroden unter dem Rahmen wird dieser elektrostatisch zu einer Drehschwingung angeregt, welche über die Halterung auf die Probemasse übertragen wird. Drehungen um die Achse senkrecht zum Substrat (x-Achse) führen zu einer Drehschwingung der inneren Probe-

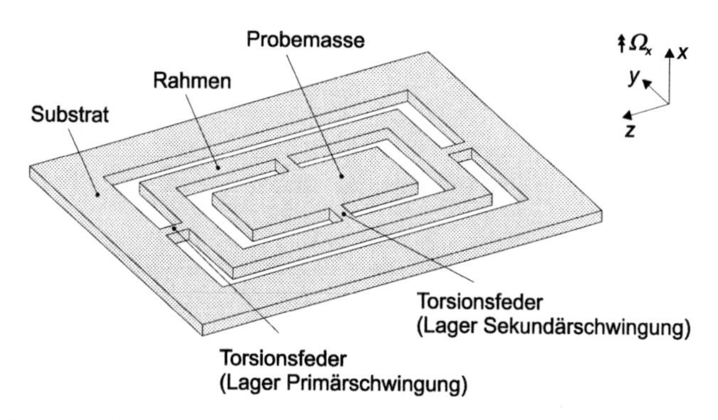

Abb. 1.13. Schematische Darstellung der "Gimbal"-Struktur [Box88].

masse um die y-Achse. Diese wird kapazitiv mit Substratelektroden ausgelesen. Mit einem etwas geänderten Design und verbesserter Technologie wurde 1991 ein Rauschen von 4 °/s bei einer Bandbreite von 1 Hz erreicht [Gre91]. Die relativ komplexe Technologie führte zur Entwicklung des bereits beschriebenen ersten Gyroskops mit Kammantrieb (Abschnitt 1.3.4). Dieselbe Struktur wurde später auch von der finnischen Firma VTI Hämlin mit einem anderen Herstellungsverfahren realisiert [Vei96], [Kui97]. Die bewegliche Struktur wird durch beidseitiges KOH-Ätzen hergestellt, einen Prozeß, den VTI Hämlin auch zur Produktion von kapazitiven Beschleunigungssensoren verwendet. Zur Realisierung der Elektroden sowie zum Schutz beim Vereinzeln und gegen Verschmutzung werden auf die Vorder- und Rückseite Glaswafer mit entsprechend strukturierten Metallisierungen gebondet. Angaben der Leistungsparameter des Sensors sind in den angegebenen Quellen nicht vorhanden.

Ebenfalls zwei Drehschwingungen aus der Substratebene heraus weist das von Jet Propulsion Laboratory, Pasadena, entwickelte Gyroskop auf [Tan97]. Die bewegliche Struktur besitzt die Form eines vierblättrigen Kleeblatts, das mit vier symmetrisch angeordneten Balken nahe der Mitte gehaltert ist. In das Siliziumkleeblatt wird in eine mittige Aussparung ein Metallstab von 5 mm Länge eingeklebt, um den Coriolis-Effekt zu vergrößern. Mit insgesamt vier Elektroden unterhalb der vier Blätter werden die Schwingungen angeregt beziehungsweise ausgelesen. Bei einer Differenz der Resonanzfrequenzen von nur 7 Hz beträgt das Rauschen 0,1 (°/s)/√Hz.

Ein grundlegendes Patent über Gyroskope, die mit einem Kammantrieb zu einer Rotationsschwingung um eine Achse senkrecht zur Substratebene angeregt werden, wurde 1991 von Motorola angemeldet und 1995 erteilt [Dun95]. Die darin beschriebenen Ausführungsbeispiele sind vor allem an der Oberflächenmikromechanik von Motorola mit drei Polysiliziumschichten ausgerichtet. Aus der mittleren Polysiliziumschicht werden bewegliche Strukturen, aus der oberen und unteren Schicht feststehende Ausleseelektroden gebildet. Drehungen des Bauteils um die erste Achse in der Substratebene führen zu Drehschwingungen der beweglichen Struktur um die zweite Achse in der Substratebene. Entsprechend führen Drehungen um die zweite Achse zu Rotationsschwingungen um die erste Achse. Prinzipiell können also Winkelgeschwindigkeiten in zwei Richtungen gemessen werden. Bislang wurden noch keine Sensordaten veröffentlicht.

Erste Simulationen und Messungen zu quasirotierenden Gyroskopen mit Kammantrieb wurden 1995 beziehungsweise 1996 von der Universität Berkeley präsentiert [Lju95], [Jun96]. Die Sensoren wurden teilweise von Analog Devices und teilweise von den Sandia National Laboratories in konventioneller Oberflächenmikromechanik gefertigt, wobei die Elektronik auf dem

Chip integriert ist. Inzwischen wurde durch elektrostatisches Nivellieren der Resonanzfrequenzen ein Rauschen von ca. 0,03 (°/s)/√Hz erzielt, wobei die rein mechanische Bandbreite weniger als 1 Hz und die Querachsenempfindlichkeit mehr als 16% beträgt. Bei größerer Bandbreite und geringerer Querachsenempfindlichkeit steigt dieser Wert auf ca. 1,8 (°/s)/√Hz [Jun97].

Eine ähnliche Struktur, hergestellt in einem oberflächenmikromechanischen Prozeß mit einer oberen Siliziumschicht von 10-20 μm Dicke, wurde ebenfalls 1995 von Bosch vorgestellt [Fun95a], [Fun95b]. Das Rauschen des Sensors wird mit 1,26 °/s (Bandbreite von 10 Hz) [Fun99] und die Nullpunktdrift (-40°C bis +85°C) mit 2 °/s angegeben [Sch99b]. Die Sensoren werden mit der Technologie hergestellt, die Bosch als Dienstleistung anbietet und die im Rahmen der vorliegenden Arbeit genutzt wurde.

Auch Samsung hat ein solches quasirotierendes Gyroskop in Oberflächenmikromechanik gefertigt, wobei die Schichtdicke des die bewegliche Struktur enthaltenden Polysiliziums 7 μm beträgt. Die angegebene Auflösung von 0,1 °/s wird wieder mit einer sinusförmig modellierten Drehrate mit einem Spectrum-Analyzer erreicht [An98].

Die Charles Stark Draper Laboratory, Inc. stellte 1996 ebenfalls ein quasirotierendes Gyroskop vor, mit welchem eine bessere mechanische Entkopplung von Anregungsenergie und Sekundärschwingung erzielt werden soll [Gre96a], und erhielt im selben Jahr die entsprechenden Patente [Gre96b], [Gre96c]. Die Federbalken, welche die Auslenkung der Primärschwingung bestimmen, sind in Richtung der Sekundärschwingung sehr steif ausgeführt. Sie sind an der einen Seite mit der Probemasse verbunden, auf der anderen Seite jedoch nicht direkt mit dem Substrat, sondern über Zwischenstücke mit zweiten Federbalken, die dann am Substrat befestigt sind. Diese zweiten Federbalken sind wiederum steif in Richtung der Primärschwingung, ermöglichen aber eine Sekundärschwingung. Neben der mechanischen Entkopplung können somit die Resonanzfrequenzen durch die Geometrie der verschiedenen Balken unabhängig definiert werden. Im Vergleich zum Stimmgabel-Gyroskop verspricht man sich zudem durch die höhere Symmetrie des Designs eine größere Toleranz gegenüber Fertigungsschwankungen. In der oben genannten Veröffentlichung von 1996 wird für beide Gyroskope dasselbe Rauschen von 0,1 °/s bei einer Bandbreite von 60 Hz angegeben.

1.3.6 Zusammenfassung

In den Tabellen 1.2 und 1.3 sind die in diesem und im folgenden Abschnitt aufgeführten Beispiele zusammengefaßt, gegliedert nach der zugrundeliegenden mechanischen Struktur und dem Herstellungsverfahren. Es ist deutlich zu erkennen, daß einige Strukturen, wie beispielsweise die vibrierenden Zylinder und Ringe, in fast jeder der genannten Technologien realisiert wurden. Andere hingegen, wie etwa die quasirotierenden Strukturen, wurden nur in Silizium-Mikromechanik hergestellt.

In der untersten Reihe der Tabellen findet man Sensoren, die in Oberflächenmikromechanik und mit ähnlichen Verfahren gefertigt werden, das heißt mit den potentiell kostengünstigsten Technologien. Bemerkenswert ist, daß mit Ausnahme der schwebenden Scheiben alle diese Sensoren einen elektrostatischen Antrieb in der Gestalt eines Kammantriebs aufweisen und daß bei allen Sensoren die Sekundärschwingung kapazitiv erfaßt wird. Als weitere Gemeinsamkeit ist zu nennen, daß mit einer Ausnahme alle Sensoren der letzten Reihe unter Vakuum betrieben werden müssen, um die Luftreibung zu reduzieren und die erzielbaren Auslenkungen und damit die Empfindlichkeit zu erhöhen. Da oberflächenmikromechanische Strukturen typischerweise Luftspalte von 1-2 µm aufweisen, ist die Dämpfung sehr hoch. Die Notwendigkeit, die Sensoren zu evakuieren, ist somit direkt durch die Technologie bedingt. Mit einer von HSG-IMIT entwickelten Technologie kann der Abstand zwischen der beweglichen Struktur und dem Substrat auf 10-20 µm vergrößert werden (s. Kapitel 14). Daher kann das in Kapitel 14 beschriebene Gyroskop mit zwei linearen Schwingungen bei Umgebungsdruck betrieben werden.

Bislang wurden nur von der Charles Stark Draper Laboratory, Inc., und von HSG-IMIT Rauschwerte im Bereich von 0,1 °/s mit zugehörigen Bandbreiten im Bereich von 50 Hz veröffentlicht. Das im nächsten Abschnitt beschriebene Entkopplungsprinzip der Sensoren von HSG-IMIT ist ein wesentlicher Grund dafür, daß bereits nach einem Jahr Entwicklungszeit entsprechende Werte erzielt wurden. Sensoren, die dieses Merkmal aufweisen, sind in Tabelle 1.3 mit einem Stern gekennzeichnet. Zwischenzeitlich haben andere Firmen das Prinzip übernommen.

Tabelle 1.2. Mechanische Gyroskope aufgeführt nach Funktionsprinzip und Fertigungsverfahren (Übersicht 1).

Primärbewegung	Rotierende Masse		Formschwingnung	Biegeschwingung						
Merkmale	kardanisch gelagert	schwebend								
Abbildung										
Sekundärbewegung	Rotation		Formschwingung	Biegeschwingung						
Feinmechanik	[Wri69]		GEC-M. [And93] BASE [Hop94] Bosch [Rep95]		Sperry G. C. [Bar53]	NEC [Kon92]	Sagem [Lég96]	Gen. El. [Gat68]	Murata [Fuj91]	Tokin [Shi94]
Quarz-Mikromechanik					Uppsala [Söd92] TEMIC [Ste98]	PTI [Sta85]				
LIGA u.ä.			Michigan [Put94] Delco El. [Spa97]							
Si-Bulk/ Hybrid			BASE [Hop97]	T. Seiki [Mae93]	Daimler [Vos97] Litef [Bil97]					
Si-Oberflächenmikromechanik u.ä.		SatCon [Haw94] Sheffield [Yat95]	Michigan [Aya98]							

Tabelle 1.3. Mechanische Gyroskope aufgeführt nach Funktionsprinzip und Fertigungsverfahren (Übersicht 2).

Primär- bewegung	Lineare Schwingung			Drehschwingung	
Merkmale	1 Probe -masse	2 Probemassen gegenphasig		Primärbewe- gung aus Sub- stratebene	Primärbewe- gung in Sub- stratebene
Abbildung					
Sekundär- bewegung	Lineare Schwingung	Lineare Schwingung	Dreh- schwingung	Dreh- schwingung	Dreh- schwingung
Feinmechanik					
Quarz-Mikro- mechanik					
LIGA u.ä.			Ch. St. Draper [Ber93]		
Si-Bulk/ Hybrid		Neuchâtel [Pao96] Bosch [Lut97]	Toyota/Tohoku [Has94]	Ch. St. Draper [Box88] Newcastle [Har95] VTI [Kui97] JPL/UCLA [Tan9 7]	
Si-Ober- flächenmikro- mechanik u.ä.	Murata [Tan95a] HSG-IMIT LdV[1][P3]* Samsung [Oh97],[Par97] Berkeley [Cla97] Pittsburgh [Kra97] Murata [Moc99]* Samsung [Par99]* Analog Devices [Sul99]		Ch. St. Draper [Ber93] Bosch [Fun95a] HSG-IMIT LdV[1][P3]*		Motorola [Du95] Berkeley [Lju95] Bosch [Fun95a] HSG-IMIT LdV[1][P3]* Ch. St. Draper [Gre96a] Samsung [An98]

* Gyroskope in OMM mit Entkopplung des Antriebsmechanismus und der Sekundärschwingung.

[1] Liste der Veröffentlichungen, S. 299.

1.4 DAVED®-Drehratengyroskop

Basierend auf dem Stand der Technik sollten mit einer Neuentwicklung folgende Punkte realisiert werden:

- Verwendung eines verfügbaren, möglichst kostengünstigen Herstellungsverfahrens.
- Strukturierung der beweglichen Struktur in einer gemeinsamen Prozeßabfolge über eine Maske, um eine möglichst gute Maßhaltigkeit zu erreichen und einen kostenintensiven Abgleich beispielsweise durch Laserablation zu vermeiden.
- Kapazitives Meßverfahren und elektrostatischer Anregungsmechanismus, um keine zusätzlichen Temperaturabhängigkeiten zu erhalten.

Im folgenden Abschnitt wird eine der Hauptschwierigkeiten geschildert, die mit einer der kostengünstigsten Technologien, der Oberflächenmikromechanik, und den dabei meist verwendeten elektrostatischen Kammantrieben zusammenhängt. Anschließend wird das neue Designprinzip vorgestellt, mit welchem diese Schwierigkeiten umgangen und die drei Punkte in Verbindung mit der von Bosch angebotenen oberflächenmikromechanische Technologie erfüllt werden können. Am Ende des Abschnitts wird die Targetspezifikation angegeben.

1.4.1 Kopplung von Antriebsmechanismus und Sekundärschwingung

Kammantriebe zur Erzeugung der Primärschwingung führen zu unerwünschten Kopplungen des Antriebsmechanismus und der Sekundärschwingung. Betrachtet man die in Abbildung 1.5, S. 43 dargestellte Struktur, erkennt man, daß durch eine Sekundärschwingung mit einer Amplitude größer Null der Überlapp von beweglichen und feststehenden Kämmen in z-Richtung verändert wird. Dadurch wird die an der Struktur angreifende Coriolis-Kraft eine nichtlineare Funktion der Winkelgeschwindigkeit, wodurch die Linearität der Sensorkennlinie verschlechtert wird. Bei Strukturen mit zwei linearen Schwingungen in der Substratebene ändert die Sekundärschwingung nicht den Überlapp, sondern den Elektrodenabstand der Antriebskämme. Neben der Verschlechterung der Linearität kann dies auch zur Instabilität des Antriebs führen. Kom-

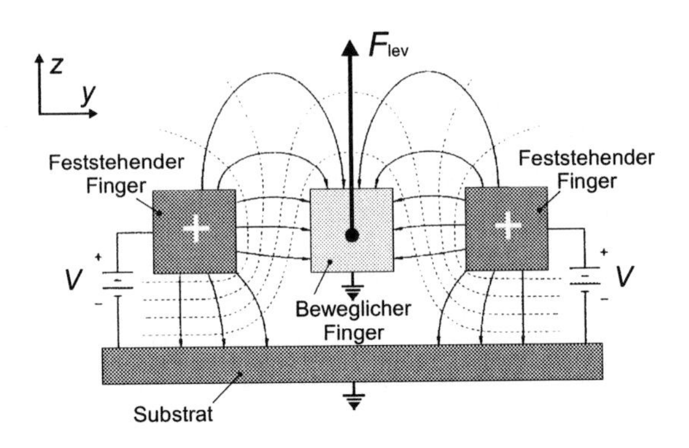

Abb. 1.14. Schematische Darstellung zur Levitation.

men dann die Finger eines feststehenden und eines beweglichen Kamms in Kontakt, kann durch sogenanntes Sticking oder Verschweißen das Bauteil beschädigt werden.

Eine andere Art der elektromechanischen Kopplung stellt die sogenannte *Levitation* dar. Das Substrat unterhalb der beweglichen Strukturen bricht die Symmetrie der Anordnung hinsichtlich einer Ebene parallel zum Substrat. Dadurch führt eine Potentialdifferenz zwischen den Antriebskämmen zu einem asymmetrischen elektrischen Potential- und Feldverlauf (Abbildung 1.14). Es resultieren elektrostatische Kräfte auf die bewegliche Struktur senkrecht zum Substrat. Wird diese Kraft nicht durch konstruktive Maßnahmen kompensiert, wird die dem elektrostatischen Antrieb zugeführte Energie zum Teil in eine vertikale Schwingung umgewandelt. Dadurch wird das Nullpunktsignal und das sogenannte Quadratursignal vergrößert, was eine Verschlechterung der Nullpunktstabilität bewirkt (vergleiche Kapitel 2).

1.4.2 Entkopplung (DAVED®)

Grundlegende Fehlerquellen von kammgetriebenen Drehratensensoren, wie die oben dargestellten, waren Motivation für neue Sensorstrukturen, um mit konstruktiven Maßnahmen diese Einflüsse zu minimieren und die im nächsten Abschnitt dargestellte Targetspezifikation zu erreichen. Dabei wurde ein neues, grundlegendes Konstruktionsprinzip entworfen, das eine Entkopplung des Antriebsmechanismus und der Sekundärschwingung enthält. HSG-IMIT

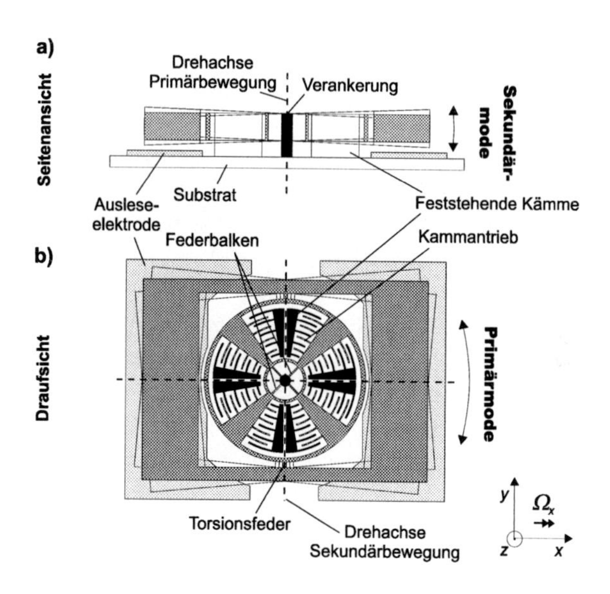

Abb. 1.15. Schematische Darstellung eines Sensors DAVED-RR mit zwei Rotationsschwingungen: a) Seitenansicht und b) Draufsicht.

reichte 1996 ein entsprechendes Patent ein, das 1998 erteilt wurde (siehe Liste der Veröffentlichungen (LdV) [P2]-[P4], [P8]). Aus den zahlreichen Varianten, die aus dem Prinzip abgeleitet werden können, wurde eine Struktur mit zwei Rotationsschwingungen zur Fertigung durch die Bosch Foundry ausgewählt, da unter den gegebenen technologischen Randbedingungen für diese Struktur die besten Leistungsparameter resultieren (siehe LdV [4-5]). Anhand der Beschreibung dieser Variante wird im folgenden das Entkopplungs-Prinzip erläutert. Für Sensoren, basierend auf diesem Designprinzip, wurde die Marke DAVED® angemeldet, was für "***D***ecoupled ***A***ngular ***V***elocity ***D***etector" steht [HSG99].

Abbildung 1.15 zeigt schematisch einen Querschnitt (Abbildung 1.15a) entlang der gestrichelten Linie in der Draufsicht (Abbildung 1.15b) eines Sensors DAVED-RR. Durch "RR" wird kenntlich gemacht, daß es sich um einen Sensor mit zwei Rotationsschwingungen handelt. Die bewegliche Struktur, dunkelgrau dargestellt, ist über vier Biegebalken in ihrem Zentrum gehaltert. Bereiche wie die Verankerung, die fest mit dem Substrat verbunden sind, sind schwarz gezeichnet. Die wesentlichen Komponenten des Sensors sind der radförmige Antrieb in der Mitte und die äußere, rechteckige Struktur, die Sekundärschwinger oder -oszillator genannt wird. Seitlich an den Speichen des Rads sind Kämme angebracht, die jeweils in einen gegenüberliegenden, feststehenden Kamm greifen. Diese Kammstrukturen dienen zur elektrostatischen Anregung und kapazitiven Messung der Primärschwingung. Wichtig ist zu verstehen, daß die gesamte bewegliche Struktur dabei eine Drehschwingung um die z-Achse ausführt. Die inneren Biegebalken sind im Idealfall so dimensioniert, daß sie diese Drehschwingung führen, aber keine andere Auslenkung des Rads erlauben. Durch zwei Torsionsfedern ist der Sekundärschwinger mit dem Antriebsrad verbunden. Diese Torsionsfedern ermöglichen eine Drehbewegung des Sekundärschwingers relativ zum Antriebsrad um die gedachte Verbindungslinie der beiden Federn. Andere Relativbewegungen sind durch entsprechend hohe Federsteifigkeiten idealisiert unterbunden. Das heißt vor allem auch, daß der Sekundärschwinger stets dieselbe Drehbewegung um die z-Achse ausführt wie das Antriebsrad. Unter Einwirkung einer Winkelgeschwindigkeit um die x-Achse wirkt ein Coriolis-Moment auf die gesamte Struktur um die y-Achse. Da das innere Rad jedoch nur um die z-Achse auslenkbar ist, verbleibt das Rad in der Ebene. Das auf den Sekundärschwinger wirkende Coriolis-Moment lenkt diesen aber relativ zum Antriebsrad aus. Die Folge ist eine Drehschwingung um die momentane Verbindungslinie der beiden Torsionsfedern. Mit Substratelektroden, die so gestaltet sind, daß die Primärschwingung keine Kapazitätsänderung bewirkt, wird diese Schwingung gemessen.

Durch die mechanische Konstruktion wird jede Bewegung des Antriebsrads und damit der Antriebskämme in z-Richtung verhindert und dadurch die in Abschnitt 1.4.1 geschilderten elektromechanischen Kopplungseffekte weitgehend reduziert. Das grundlegende Prinzip besteht darin, daß eine Antriebseinheit so verankert wird, daß sie nur einen Bewegungsfreiheitsgrad besitzt. An dieser Antriebseinheit ist ein Sekundärschwinger befestigt, welcher dieselbe Bewegung wie die Antriebseinheit ausführt und einen Freiheitsgrad relativ zur Antriebseinheit und senkrecht zur Primärschwingung besitzt. Insbesondere mit neuen Herstellungsprozessen mit größeren Schichtdicken läßt sich dieses Prinzip auch auf Sensoren mit linearen Schwingungen vorteilhaft anwenden (s. Kapitel 14).

Solche Sensoren mit zwei linearen Schwingungen, die in [P2-P4] (LdV) 1996 beschrieben wurden, stellten Murata (Rauschen in 10 Hz Bandbreite von 0,07 °/s) [Moc99] und Samsung [Par99] im Jahre 1999 vor. Bemerkenswert sind Messungen in [Moc99], die einen Vergleich von zwei von Murata entwickelten Sensoren zeigen. Mit einer entkoppelten Struktur konnte im Vergleich zu der älteren Struktur ohne Entkopplung (Abbildung 1.5) die vom Antriebsmechanismus erzeugte, unerwünschte Bewegung in z-Richtung um einen Faktor größer als 5 reduziert werden.

1.4.3 Targetspezifikation

Die in Tabelle 1.4 gegebene Spezifikation stellt das Ziel für ein Produkt dar, das, basierend auf der vorliegenden Arbeit, entwickelt werden wird. Diese Targetspezifikation wurde zusammen mit Projektpartnern (etp, Freiburg und ViCon Engineering GmbH, München) eines vom Land Baden-Württemberg geförderten Vorhabens (Projekt MST-Foundry, 1998-2001) erarbeitet. Als Anwendung ist ein auf einem GPS-Empfänger und auf Inertialsensoren basierendes Navigationssystem vorgesehen. Ein Vergleich zeigt, daß mit der Targetspezifikation auch die Anforderungen vieler der in Tabelle 1.1, S. 38 aufgeführten Anwendungen erfüllt werden.

Tabelle 1.4. Targetspezifikation DAVED®

TARGETSPEZIFIKATION			
Leistungsparameter			
Bandbreite	-3dB bis +2dB	50	Hz
Rauschen	1 σ	0,1	°/s
Auflösung		0,01	°/s
Meßbereich		±200	°/s
Skalenfaktor		20	mV/(°/s)
Linearität	end point straight line	< 0,3	%
Leistungsaufnahme			
Versorgungsspannung		+5	V
Strom		150	mA
Umgebungsbedingungen			
Nullpunktdrift	-40°C bis +85°C	±2	°/s
Skalenfaktordrift	-40°C bis +85°C	±1	%
Schockbeständigkeit	(1 ms, 1/2 sine)	1000	*g*
Max. Beschleunigung im Betrieb	statisch, alle Achsen	3	*g*
Beschleunigungsempfindlichkeit Nullpunkt	statisch, alle Achsen	0,2	(°/s)/*g*
Beschleunigungsempfindlichkeit Skalenfaktor	statisch, alle Achsen	0,5	%/*g*
Max. Winkelbeschleunigung im Betrieb	statisch, alle Achsen	10000	$°/s^2$
Winkelbeschleunigungsempfindlichkeit	statisch, alle Achsen	10^{-4}	$(°/s)/(°/s^2)$

2. Betriebsmodi von schwingenden Coriolis-Gyroskopen

Im vorliegenden Kapitel werden die verschiedenen Betriebsmodi von schwingenden Coriolis-Gyroskopen (engl. Coriolis Vibratory Gyroscope, CVG) beschrieben. Als CVG werden mechanische Gyroskope bezeichnet, welche auf mechanischen Schwingungen und nicht auf einem konstanten Drehimpuls beruhen. Die CVG werden in zwei Klassen unterteilt. Bei der ersten Klasse sind die beiden Schwingungsmoden verschieden. Ein Beispiel für diese Klasse ist das Stimmgabel-Gyroskop, bei welchem die Primärschwingung der Stimmgabel-Mode entspricht und die Sekundärschwingung eine Rotationsschwingung der Gabel um ihre Symmetrieachse darstellt. Bei der zweiten Klasse sind die beiden Moden identisch und bilden zwei orthogonale, degenerierte Moden eines axialsymmetrischen Systems. Beispiele sind das Foucaultsche Pendel und die Vibrating Shell Gyroskope.

Man unterscheidet drei verschiedene Betriebsmodi von CVG:

1. Drehratenmessung mit freier Sekundärschwingung,
2. Drehratenmessung mit kraftkompensierter Sekundärschwingung,
3. Drehwinkelmessung (integrierende Drehratenmessung).

Im folgenden werden diese drei Betriebsmodi beschrieben und anschließend für die beiden erstgenannten Modi die Meßsignale berechnet.

2.1 Beschreibung der Betriebsmodi

2.1.1 Drehratenmessung mit freier Sekundärschwingung

Bei der Drehratenmessung mit freier Sekundärschwingung wird die Primärschwingung meist durch eine Regelung mit einer festen Schwingungsamplitude auf deren Resonanzstelle angeregt. Bei verschwindender Drehrate ist im Idealfall die Amplitude der Sekundärschwingung gleich Null. Bei nichtverschwindender Drehrate wird durch die Coriolis-Beschleunigung Energie aus der Primär- in die Sekundärschwingung übertragen, und eine Schwingungsamplitude der Sekundärmode proportional zur Drehrate bildet sich aus. Die Messung dieser Schwingungsamplitude liefert die gewünschte Drehrateninformation. Die Abnahme der Energie in der Primärschwingung wird durch die Regelung ausgeglichen.

Die höchste Empfindlichkeit des Sensors erhält man, wenn die Resonanzfrequenz ω_s der Sekundärmode der Frequenz ω_d der erzwungenen Primärschwingung entspricht (der Index "d" steht für "Drive"). Dann gilt für das Verhältnis q_{s0} / q_{p0} der beiden Schwingungsamplituden

$$\frac{q_{s0}}{q_{p0}} = \frac{2\, k_{ag}\, \Omega\, Q_s}{\omega_s} \approx 3 \cdot 10^{-6} - 3 \cdot 10^{-3} \,. \tag{2.1}$$

k_{ag} ist der sogenannte Angular-Gain-Faktor. Für ein Gyroskop mit zwei linearen Schwingungsfreiheitsgraden ist k_{ag} gleich 1. Ω ist die Drehrate und Q_s ist die Güte der Sekundärschwingung. In diesem resonanten Betrieb wird die Amplitude der Sekundärschwingung um den Gütefaktor überhöht. Der angegebene Wert gilt für $k_{ag} = 1$, $\Omega = 0{,}1\text{-}100$ °/s, $Q_s = 10$ und $\omega_s = 2\pi \cdot 2000\ s^{-1}$. Selbst wenn man das Verhältnis der Schwingungsamplituden auf makroskopische Dimensionen skaliert, wird deutlich, daß die Detektion der Sekundärschwingung erhebliche Anforderungen an das Fertigungsverfahren und an die Ausleseelektronik stellt. Würde man einen Körper zu einer Schwingung mit einer Amplitude von 1 m anregen, müßte man gleichzeitig eine zweite Schwingung mit einer Amplitude von 3 µm - 3 mm messen.

Bei doppeltresonantem Betrieb ($\omega_d = \omega_s$) ist die mechanische Systembandbreite dadurch beschränkt, daß nach einer Änderung der Drehrate der Einschwingvorgang, der zu einer stationären Sekundärschwingung führt, mit einer endlichen, exponentiellen Zeitkonstanten τ erfolgt:

$$\tau = \frac{2\,Q_s}{\omega_s}\,. \tag{2.2}$$

Um bei einer freien Sekundärschwingung eine ausreichende Bandbreite ω_B

$$\omega_B = \frac{1}{\tau} = \frac{\omega_s}{2\,Q_s} \tag{2.3}$$

zu erhalten, muß entweder die Güte der Sekundärschwingung angepaßt werden, oder die beiden Resonanzstellen müssen weit genug auseinander liegen. Im zweiten Fall erhält man als Näherung für $Q_s \to \infty$

$$\omega_B \geq 0{,}2706 \cdot \omega_d \cdot \left| 1 - \frac{\omega_s^2}{\omega_d^2} \right|\,. \tag{2.4}$$

Die Formel stellt eine untere Schranke für endliche Gütefaktoren dar.

2.1.2 Drehratenmessung mit kraftkompensierter Sekundärschwingung

Wie im Fall der Drehratenmessung mit freier Sekundärschwingung wird die Primärschwingung auf eine feste Amplitude geregelt. Allerdings wird bei diesem Modus keine freie Sekundärschwingung zugelassen, sondern die Coriolis-Kraft wird durch eine geregelte, der Sekundärmode eingeprägten Kraft kompensiert. Die Amplitude dieser Kompensationskraft ist proportional zur Drehrate und dient als Meßgröße. Da im Idealfall keine Zeit für die Ausbildung der stationären Sekundärschwingung erforderlich ist, kann die Sensorbandbreite theoretisch bis auf die Bandbreite der Regelelektronik erhöht werden. Allerdings nimmt bei der Erhöhung der Bandbreite das Rauschen des Sensorausgangssignals durch die erforderliche Verstärkung im Regelkreis zu. In [Put95] wird gezeigt, daß das Rauschen bei kraftkompensierter Sekundärschwingung bei gleichbleibender Bandbreite dem Rauschen beim Betrieb mit freier Sekundärschwingung entspricht und bei vergrößerter Bandbreite linear mit der Bandbreite ansteigt. Das heißt, das Sensorrauschen kann beim kraftkompensierten Betrieb im Vergleich zum freien Betrieb nicht reduziert werden. Verbessert werden können dagegen die Linearität und vor allem der Nullpunktfehler, wie im Abschnitt 2.2.3 gezeigt wird.

2.1.3 Drehwinkelmessung (integrierende Drehratenmessung)

Das wohl bekannteste Beispiel für die integrierende Drehratenmessung stellt das Foucaultsche Pendel dar. Hier kann durch die Coriolis-Kraft Energie frei zwischen den beiden Moden übertragen werden. Das Verhältnis der Schwingungsamplituden ist ein Maß für den Drehwinkel. Durch Regelkreise werden Dämpfungsverluste ausgeglichen. Die Schwierigkeit besteht darin, daß die momentane Phasenbeziehung der beiden Schwingungen durch die Regelkräfte nicht verändert werden darf. Hierfür ist innerhalb der Regelkreise eine aufwendige Transformation der Sensorsignale erforderlich, um die richtigen Kraftamplituden phasenrichtig den beiden Schwingungen zuzuführen. Besonders schwierig ist diese Transformation bei CVG mit unterschiedlichen Moden, weshalb bislang nur CVG mit identischen Moden im integrierenden Modus betrieben werden.

2.2 Meßsignal bei Drehratenmessungen

Bei der Berechnung des Sensorsignals müssen verschiedene Störeffekte berücksichtigt werden, die im wesentlichen durch herstellungsbedingte Asymmetrien hervorgerufen werden. Vereinfachende Rechnungen mit der Annahme, daß diese Asymmetrien vollständig durch zwei Winkel bzw. Rotationen beschrieben werden können, werden in [Lyn95] und [Lyn98] durchgeführt. Dabei wird angenommen, daß die orthogonalen Achsen der beiden Moden um einen Winkel θ_ω und die orthogonalen Hauptdämpfungsrichtungen um den Winkel θ_β gegenüber den Ausleserichtungen verdreht sind. Auch für CVG mit verschiedenen Schwingungsmoden können dann die Bewegungsgleichungen durch Rotationen in zwei symmetrische Differentialgleichungen für die beiden Meßsignale von Primär- und Sekundärschwingung überführt werden. Dadurch wird deutlich, daß die integrierende Drehratenmessung für beide Arten von CVG möglich ist. Durch weitere Koordinatentransformationen erhält man acht Differentialgleichungen erster Ordnung. Nach deren numerischen Integration kann die oben beschriebene Koordinatentransformation für die integrierende Drehratenmessung durchgeführt werden.

Bei DAVED® und den meisten CVG mit verschiedenen Moden sind diese Asymmetrien wesentlich komplexer und können nicht durch reine Rotationen dargestellt werden. Ein Versatz der vergrabenen Ausleseelektroden bei DAVED-RR kann beispielsweise die Primärschwingung teilweise im Ausgangssignal der Sekundärschwingung erscheinen lassen, ohne daß gleichzeitig die Sekundärschwingung in das Ausgangssignal der Primärschwingung überkoppelt. Es wäre zu prüfen, ob dennoch durch geeignete Koordinatentransformationen symmetrische Differentialgleichungen aufgestellt werden können und ob eine integrierende Drehratenmessung möglich wäre. Aus einem anderen Grund ist jedoch dieser Betriebsmodus bei den meisten kammangetriebenen CVG ungünstig. Bei der integrierenden Drehratenmessung muß die gesamte Energie der Primärschwingung in die Energie der Sekundärschwingung überführbar sein, das heißt, ähnliche Schwingungsamplituden müssen in beiden Moden möglich sein. Dies wäre nur dann erreichbar, wenn der Elektrodenabstand der Ausleseelektroden für die Sekundärschwingung etwa 5-10 mal größer als die Amplitude der Primärschwingung ist. Demnach müßte entweder die Amplitude der Primärschwingung entsprechend klein oder der Elektrodenabstand der Ausleseelektroden entsprechend groß gewählt werden. In beiden Fällen würde die Empfindlichkeit von DAVED-RR um ca. zwei Größenordnungen schlechter werden.

Aus den genannten Gründen wird auf eine weiterführende Darstellung der integrierenden Drehratenmessung verzichtet und statt dessen werden die beiden anderen Betriebsmodi detailliert untersucht. Die Abbildung 2.1 zeigt symbolisch das Verhalten eines realen CVG. Zwischen den Koordinaten der beiden Schwingungsmoden q_p, q_s und den zugehörigen Meßsignalen V_p, V_s besteht im allgemeinen kein linearer Zusammenhang. Entsprechendes gilt für die von außen angelegten Kräfte f_p^*, f_s^* und die auf die Sensorstruktur tatsächlich einwirkenden Kräfte f_p, f_s. Die daraus resultierenden Anforderungen an die Ausleseverfahren sowie die Berechnung der Meßsignale ist Gegenstand des restlichen Kapitels.

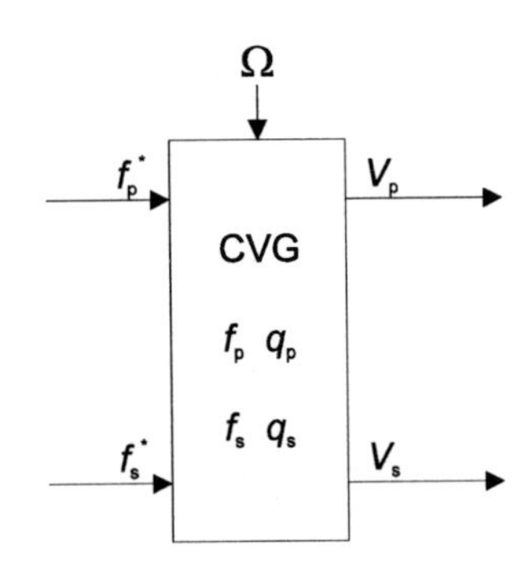

Abb. 2.1. Symbolische Darstellung eines CVG.

Beginnend mit der Primärschwingung wird angenommen, daß ihre Amplitude q_{p0} ideal geregelt wird. Daher wird an dieser Stelle auf die Angabe einer konkreten Bewegungsgleichung der Primärschwingung und deren Lösung verzichtet und statt dessen werden die folgenden allgemeinen Beziehungen verwendet:

$$\begin{aligned} f_\mathrm{p} &= f_\mathrm{p0}\cos(\omega_\mathrm{d} t) \\ q_\mathrm{p} &= q_\mathrm{p0}\cos(\omega_\mathrm{d} t - \varphi_\mathrm{p}) \\ \dot{q}_\mathrm{p} &= -q_\mathrm{p0}\,\omega_\mathrm{d}\sin(\omega_\mathrm{d} t - \varphi_\mathrm{p}) \\ \ddot{q}_\mathrm{p} &= -\,q_\mathrm{p0}\,\omega_\mathrm{d}^2\cos(\omega_\mathrm{d} t - \varphi_\mathrm{p})\ . \end{aligned} \tag{2.5}$$

f_p ist die anregende Kraft und ω_d deren Kreisfrequenz. Mit φ_p wird die Phase der Primärschwingung in bezug auf f_p bezeichnet.

Die Bewegungsgleichung der Sekundärschwingung lautet bei Vernachlässigung von Termen proportional zur Winkel-, Zentrifugal- und Linearbeschleunigung bei Annahme einer linearen Rückstellkraft und einer geschwindigkeitsproportionalen Dämpfung:

$$\ddot{q}_\mathrm{s} + 2\,\beta_\mathrm{s}\,\dot{q}_\mathrm{s} + \omega_\mathrm{s}^2\,q_\mathrm{s} = 2\,k_\mathrm{ag}\,\Omega\,q_\mathrm{p0}\,\omega_\mathrm{d}\sin(\omega_\mathrm{d} t - \varphi_\mathrm{p}) + f_\mathrm{el} + f_\mathrm{stör}\ . \tag{2.6}$$

Dies ist die bekannte Differentialgleichung eines gedämpften, harmonischen Oszillators. q_s, ω_s beziehungsweise β_s sind die Auslenkung, die Resonanzfrequenz beziehungsweise der Dämpfungskoeffizient der Sekundärschwingung. Den geometrieabhängigen Verstärkungsfaktor k_ag (Angular-Gain) erhält man beispielsweise durch Integration der Coriolisbeschleunigung über die gesamte bewegliche Struktur. In Abschnitt 3.3 wird k_ag für quasirotierende Gyroskope abgeleitet. In (2.6) steht ein kleingeschriebenes f jeweils für eine Kraft geteilt durch die Masse des Sekundärschwingers beziehungsweise für ein Moment geteilt durch das entsprechende Trägheitsmoment. Neben den Störkräften $f_\mathrm{stör}$ werden elektrostatische Kräfte f_el berücksichtigt, die aus den zur Detektion oder zur Kraftkompensation angelegten elektrischen Spannungen resultieren.

Folgende Störeffekte werden bei der Berechnung des Signals der Sekundärschwingung berücksichtigt:

1. Störkraft bzw. -moment f_fp proportional zu und in Phase mit der Antriebskraft f_p:
   (Kann bei DAVED-RR beispielsweise durch eine Asymmetrie der Leiterbahnen verursacht werden, welche die *Antriebsspannungen* führen und teilweise unter der beweglichen Struktur verlaufen.)

$$f_\mathrm{fp} = f_\mathrm{fp0}\cos(\omega_\mathrm{d} t) \tag{2.7}$$

2. Störkraft bzw. -moment f_{qp} proportional zu und in Phase mit der Primärschwingung q_p: (Asymmetrische Ausleseelektroden (Überlapp oder Elektrodenabstand) können bei DAVED-RR über die elektrostatischen Kräfte der *Auslesespannungen* zu solch einem Moment führen. Außerdem kann bei asymmetrischen Querschnitten der Primärbalken die Primärschwingungsebene gegenüber der Substratebene verkippt sein, woraus ebenfalls ein solches Störmoment resultiert.)

$$f_{qp} = f_{qp0} \cos(\omega_d t - \varphi_p) \tag{2.8}$$

3. Störsignal V_{qp} proportional zu und in Phase mit der Primärschwingung q_p. (Kann bei DAVED-RR durch eine periodische Kapazitätsänderung mit der Amplitude ΔC_{AE0} herrühren, die durch eine Asymmetrie der vergrabenen Ausleseelektroden verursacht sein kann.)

Bei Annahme einer linearen Abhängigkeit des Ausgangssignals V_s von der Auslenkung q_s mit dem Proportionalitätsfaktor k_{Vq} erhält man für das Signal V_s:

$$V_s = k_{Vq}\, q_s + V_{qp0} \cos(\omega_d t - \varphi_p) \quad . \tag{2.9}$$

Aus der inversen Transformation und deren Ableitungen

$$\begin{aligned} q_s &= \frac{V_s}{k_{Vq}} - \frac{V_{qp0}}{k_{Vq}} \cos(\omega_d t - \varphi_p) \ , \\ \dot{q}_s &= \frac{\dot{V}_s}{k_{Vq}} + \frac{V_{qp0}}{k_{Vq}} \omega_d \sin(\omega_d t - \varphi_p) \ , \\ \ddot{q}_s &= \frac{\ddot{V}_s}{k_{Vq}} + \frac{V_{qp0}}{k_{Vq}} \omega_d^2 \cos(\omega_d t - \varphi_p) \end{aligned} \tag{2.10}$$

erhält man mit (2.6), (2.7), (2.8) die Differentialgleichung zur Bestimmung des Sensorsignals

$$\begin{aligned} \ddot{V}_s + 2\beta_s \dot{V}_s + \omega_s^2 V_s = \ & (2 k_{Vq} k_{ag} \Omega\, q_{p0} - 2\beta_s V_{qp0}) \omega_d \sin(\omega_d t - \varphi_p) \\ & + (V_{qp0}(\omega_s^2 - \omega_d^2) + k_{Vq} f_{qp0}) \cos(\omega_d t - \varphi_p) \\ & + k_{Vq} f_{fp0} \cos(\omega_d t) + k_{Vq} f_{el} \quad . \end{aligned} \tag{2.11}$$

Mit den Parametern

$$\begin{aligned} sf &= 2\, k_{\mathrm{Vq}}\, k_{\mathrm{ag}}\, q_{\mathrm{p0}}\, \omega_{\mathrm{d}} \,, \\ np &= -2\, \beta_{\mathrm{s}}\, V_{\mathrm{qp0}}\, \omega_{\mathrm{d}} \,, \\ qu &= V_{\mathrm{qp0}}\, (\omega_{\mathrm{s}}^2 - \omega_{\mathrm{d}}^2) + k_{\mathrm{Vq}}\, f_{\mathrm{qp0}} \,, \\ ud &= k_{\mathrm{Vq}}\, f_{\mathrm{fp0}} \end{aligned} \tag{2.12}$$

wird (2.11) überführt in

$$\begin{aligned} \ddot{V}_{\mathrm{s}} + 2\, \beta_{\mathrm{s}}\, \dot{V}_{\mathrm{s}} + \omega_{\mathrm{s}}^2\, V_{\mathrm{s}} = {} & (sf{\cdot}\Omega + np)\, \sin(\omega_{\mathrm{d}} t - \varphi_{\mathrm{p}}) + qu\, \cos(\omega_{\mathrm{d}} t - \varphi_{\mathrm{p}}) \\ & + ud\, \cos(\omega_{\mathrm{d}} t) + k_{\mathrm{Vq}}\, f_{\mathrm{el}} \,. \end{aligned} \tag{2.13}$$

Setzt man die elektrostatische Kraft f_{el} zunächst Null, erhält man für den eingeschwungenen Zustand die bekannten Lösungen

$$\begin{aligned} V_{\mathrm{s}} = {} & (\, SF{\cdot}\Omega + NP\,)\, \sin(\omega_{\mathrm{d}} t - \varphi_{\mathrm{p}} - \varphi_{\mathrm{s}}) + QU\, \cos(\omega_{\mathrm{d}} t - \varphi_{\mathrm{p}} - \varphi_{\mathrm{s}}) \\ & + UD\, \cos(\omega_{\mathrm{d}} t - \varphi_{\mathrm{s}}) \end{aligned} \tag{2.14}$$

mit den Amplituden

$$\begin{aligned} &\textit{Skalenfaktor} && SF = \frac{2\, k_{\mathrm{Vq}}\, k_{\mathrm{ag}}\, q_{\mathrm{p0}}\, \omega_{\mathrm{d}}}{\sqrt{(\omega_{\mathrm{s}}^2 - \omega_{\mathrm{d}}^2)^2 + 4\, \beta_{\mathrm{s}}^2\, \omega_{\mathrm{d}}^2}} \,, \\ &\textit{Offset} && NP = \frac{-2\, \beta_{\mathrm{s}}\, V_{\mathrm{qp0}}\, \omega_{\mathrm{d}}}{\sqrt{(\omega_{\mathrm{s}}^2 - \omega_{\mathrm{d}}^2)^2 + 4\, \beta_{\mathrm{s}}^2\, \omega_{\mathrm{d}}^2}} \,, \\ &\textit{Quadratur} && QU = \frac{V_{\mathrm{qp0}}\, (\omega_{\mathrm{s}}^2 - \omega_{\mathrm{d}}^2) + k_{\mathrm{Vq}}\, f_{\mathrm{qp0}}}{\sqrt{(\omega_{\mathrm{s}}^2 - \omega_{\mathrm{d}}^2)^2 + 4\, \beta_{\mathrm{s}}^2\, \omega_{\mathrm{d}}^2}} \,, \\ & && UD = \frac{k_{\mathrm{Vq}}\, f_{\mathrm{fp0}}}{\sqrt{(\omega_{\mathrm{s}}^2 - \omega_{\mathrm{d}}^2)^2 + 4\, \beta_{\mathrm{s}}^2\, \omega_{\mathrm{d}}^2}} \end{aligned} \tag{2.15}$$

und dem Phasenwinkel

$$\varphi_s = \arctan\left[\frac{2\,\beta_s\,\omega_d}{\omega_s^2 - \omega_d^2}\right]. \tag{2.16}$$

Vor allem der Quadratur kommt bei mikromechanischen Sensoren besondere Bedeutung zu. Es handelt sich um ein Störsignal, das eine Phase von 90° in bezug auf die durch die Coriolis-Kraft erzwungene Schwingung aufweist.

Am Term proportional zu f_{qp0} erkennt man diesen Sachverhalt direkt, da die Kraft f_{qp} als phasengleich zur Primärbewegung definiert wurde. Damit ist f_{qp} immer 90° phasenverschoben zur Primärgeschwindigkeit und somit zur Coriolis-Kraft.

Mit dem Term proportional zu $(\omega_s^2 - \omega_d^2)$ wird die ungewollte Messung der Primärbewegung im Sekundärzweig beschrieben. Die relative Phase dieses Fehlersignal in bezug auf das eigentliche Meßsignal hängt von der Phase der durch die Coriolis-Kraft erzwungenen Schwingung in bezug auf die Primärschwingung ab. Im doppeltresonanten Betrieb sind Primär- und Coriolisschwingung in Phase zueinander. Wird die Primärbewegung im Sekundärpfad gemessen, ist der resultierende Quadraturanteil Null, was durch die Abhängigkeit von $(\omega_s^2 - \omega_d^2)$ richtig beschrieben wird. Liegen die Resonanzfrequenzen von Primär- und Sekundärschwingung weit auseinander, weist die Coriolisschwingung eine Phase von ±90° in bezug auf die Primärschwingung auf. Damit erscheint die Primärschwingung, falls sie im Sekundärzweig gemessen wird, um ±90° verschoben zur Coriolisschwingung und damit als Quadratur.

In Abbildung 2.2 sind der normierte Verlauf von *SF*, *NP*, *QU* und *UD* sowie die Phase φ_s in Abhängigkeit von ω_d und damit von der Resonanzfrequenz der Primärschwingung dargestellt. Dabei wurde die Resonanzfrequenz $\omega_s = 2\pi \cdot 2000\ s^{-1}$ und die Güte $Q_s = 10$ gesetzt. Der Verlauf der Phase φ_s entspricht dem Phasengang eines linearen Oszillators und der Verlauf von *UD* dessen Amplitudengang. *SF* und *NP* weichen von diesem Amplitudengang durch den Faktor ω_d ab. Der Frequenzgang von *QU* hängt vom Verhältnis der beiden Summanden im Zähler von *QU* ab. Dominiert der Summand proportional zu $(\omega_s^2 - \omega_d^2)$, geht *QU* für $\omega_d = \omega_s$ gegen Null (QU_2 im mittleren Diagramm in Abbildung 2.2). Dominiert dagegen der Term proportional zu f_{qp0}, ähnelt der Verlauf dem von *UD* mit einem Maximum in der Nähe von $\omega_d = \omega_s$ (QU_1 im mittleren Diagramm in Abbildung 2.2).

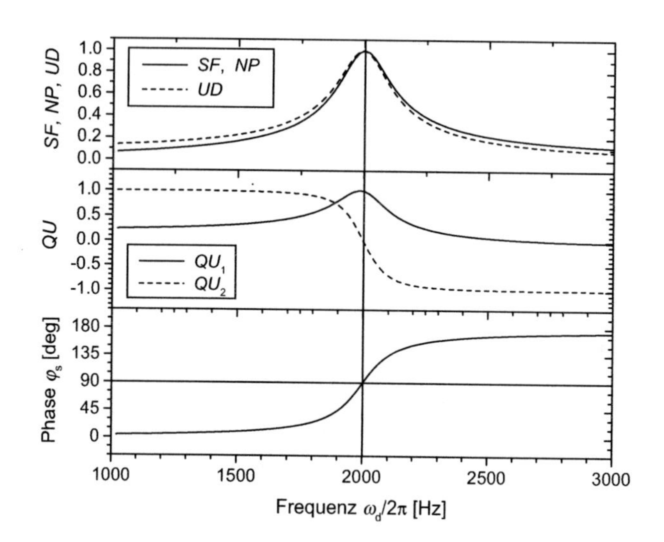

Abb. 2.2. *SF*, *NP*, *QU*, *UD* und φ_s in Abhängigkeit von der Anregungsfrequenz ω_d (Resonanzfrequenz $\omega_s=2\pi\cdot 2000$ s^{-1} und Güte $Q_s=10$).

Anhand der Überlagerung zweier Sinusfunktionen mit der gleichen Kreisfrequenz [Bro85]

$$A_1 \sin(\omega t - \varphi_1) + A_2 \sin(\omega t - \varphi_2) = A \sin(\omega t - \varphi)$$

mit

$$A = \sqrt{A_1^2 + A_2^2 + 2A_1A_2\cos(\varphi_2 - \varphi_1)} \tag{2.17}$$

und

$$\tan\varphi = \frac{A_1 \sin(\varphi_1) + A_2 \sin(\varphi_2)}{A_1 \cos(\varphi_1) + A_2 \cos(\varphi_2)}$$

erkennt man in (2.14), daß der Zusammenhang zwischen der Amplitude von V_s und der zu messenden Drehrate Ω im allgemeinen nicht linear ist und daher die Amplitude als Meßsignal nicht geeignet ist. Deshalb wird in der weiteren Signalaufbereitung V_s durch Demodulation phasensensitiv detektiert. Für die Demodulation wird angenommen, daß diese mit einer festen Phase bezüglich der Zwangskraft erfolgt. Mit

$$\varphi_p = \varphi_{p0} + \Delta\varphi_p \qquad \text{und} \qquad \varphi_s = \varphi_{s0} + \Delta\varphi_s \tag{2.18}$$

werden die Phasen von Primär- und Sekundärschwingung zerlegt in konstante Anteile φ_{p0}, φ_{s0} und in veränderliche Anteile $\Delta\varphi_p$, $\Delta\varphi_s$, die beispielsweise eine Temperaturdrift darstellen. Die Demodulation erfolgt dann für das Signal in Phase mit dem Ω-Term durch die Multiplikation

$$V_s \cdot \sin(\omega_d t - \varphi_{p0} - \varphi_{s0}) \tag{2.19}$$

und einem anschließenden Tiefpaßfilter. Durch die Unterdrückung der bei der Multiplikation entstehenden Oberwellen wird der Filter in den folgenden Rechnungen berücksichtigt. Man erhält für das sogenannte In-Phase-Signal, das eigentlichen Sensorsignal,

$$\begin{aligned} V_{sI} = {} & (SF\cdot\Omega + NP) \cos(\Delta\varphi_p + \Delta\varphi_s) + QU \sin(\Delta\varphi_p + \Delta\varphi_s) \\ & - UD \sin(\varphi_{p0} - \Delta\varphi_s) \ . \end{aligned} \tag{2.20}$$

Entsprechend führt die Demodulation mit der Multiplikation

$$V_s \cdot \cos(\omega_d t - \varphi_{p0} - \varphi_{s0}) \tag{2.21}$$

auf das sogenannte Quadratur-Signal

$$\begin{aligned} V_{sQ} = {} & - (SF\cdot\Omega + NP) \sin(\Delta\varphi_p + \Delta\varphi_s) + QU \cos(\Delta\varphi_p + \Delta\varphi_s) \\ & + UD \cos(\varphi_{p0} - \Delta\varphi_s) \ . \end{aligned} \tag{2.22}$$

Vernachlässigt man den (im Vergleich zu QU meist sehr kleinen) UD-Term, können (2.20) und (2.22) zusammengefaßt werden zu

$$\begin{pmatrix} V_{sI} \\ V_{sQ} \end{pmatrix} = \begin{pmatrix} \cos(\Delta\varphi_p + \Delta\varphi_s) & \sin(\Delta\varphi_p + \Delta\varphi_s) \\ -\sin(\Delta\varphi_p + \Delta\varphi_s) & \cos(\Delta\varphi_p + \Delta\varphi_s) \end{pmatrix} \cdot \begin{pmatrix} SF\cdot\Omega + NP \\ QU \end{pmatrix} . \tag{2.23}$$

An der inversen Transformation

$$\begin{pmatrix} SF\cdot\Omega + NP \\ QU \end{pmatrix} = \begin{pmatrix} \cos(\Delta\varphi_p + \Delta\varphi_s) & -\sin(\Delta\varphi_p + \Delta\varphi_s) \\ \sin(\Delta\varphi_p + \Delta\varphi_s) & \cos(\Delta\varphi_p + \Delta\varphi_s) \end{pmatrix} \cdot \begin{pmatrix} V_{sI} \\ V_{sQ} \end{pmatrix} \tag{2.24}$$

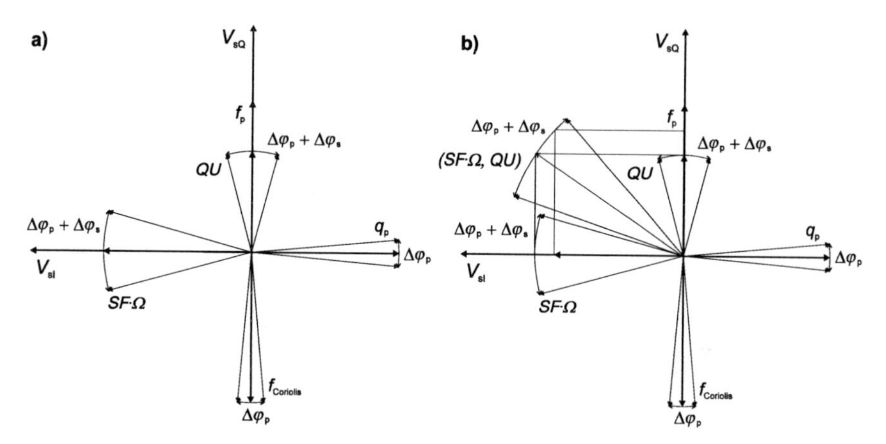

Abb. 2.3. a) Zeigerdiagramm-Darstellung der Antriebskraft, der Primärschwingung, der Coriolis-Kraft sowie der In-Phase- und der Quadraturkomponente. b) Auswirkung einer Rotation (einer Phasendrift) $\Delta\varphi_p+\Delta\varphi_s$ auf das Meßsignal (Projektion auf die Achse V_{sI}).

erkennt man, daß durch eine Rotation der gemessenen Werte (V_{sI}, V_{sQ}) um den (nicht direkt meßbaren) Winkel $\Delta\varphi_p+\Delta\varphi_s$ die durch die Phasendrift bewirkten Fehler eliminiert werden können. In Abschnitt 2.2.4 wird gezeigt, wie mit (2.24) eine effektive Kompensation der Phasendrift realisiert werden kann.

In der Zeigerdiagramm-Darstellung in Abbildung 2.3a werden die Berechnungen, die auf (2.20), (2.22)-(2.24) führten, sowie die Phasenbeziehungen veranschaulicht. Ausgehend von der Antriebskraft f_p ist die Primärschwingung q_p um 90° phasenverschoben, wenn sie auf ihrer Resonanzstelle betrieben wird. Mit $\Delta\varphi_p$ werden Abweichungen von einer idealen Regelung berücksichtigt. Die Geschwindigkeit der Primärschwingung und damit die Coriolis-Kraft besitzen eine feste Phase von 90° in Bezug auf die Primärschwingung, die keinen zusätzlichen Schwankungen unterliegt. Im doppeltresonanten Betrieb ist die Komponente $SF{\cdot}\Omega$ der Sekundärbewegung um weitere 90° gegenüber der Coriolis-Kraft verschoben. Die Quadraturkomponente QU ist in Phase mit der Primärgeschwindigkeit oder um 180° gegenüber der Coriolis-Kraft verschoben. In der Darstellung sind die Komponenten UD und NP nicht berücksichtig. Da die Phase der Sekundärschwingung beispielsweise durch temperaturbedingte Änderungen der Resonanzfrequenz und der Dämpfung um einen Winkel $\Delta\varphi_s$ schwanken kann, ergibt sich eine Unsicherheit des Phasenwinkels der Komponenten $SF\cdot\Omega$ und QU bezüglich der Antriebskraft von $\Delta\varphi_p + \Delta\varphi_s$. In Abbildung 2.3b sind die Auswirkungen auf das Meßsignal verdeutlicht. Beim Abgleich der Sensoren wird der Winkel des In-Phase-Signals V_{sI} und gegebenenfalls des Quadratursignals V_{sQ} festgelegt, im dargestellten Beispiel 270° und 0° bezüglich der Antriebskraft. Gemessen werden die Komponenten bezüglich der so definierten Achsen eines Vektors der Länge

$$\sqrt{(SF \cdot \Omega)^2 + QU^2}\ , \tag{2.25}$$

dessen Phase um den Winkel $\Delta\varphi_p + \Delta\varphi_s$ schwanken kann. Bei solch einer Phasendrift ändert sich auch bei gleichbleibender Drehrate das Ausgangssignal. Der Nullpunktfehler, d.h. der Fehler bei Drehrate Null, ist proportional zu QU. Eines der wesentlichen Ziele bei der Entwicklung von CVG muß daher eine möglichst kleine Quadratur QU sein. Man erkennt ferner, daß selbst bei einer Messung von V_{sI} und V_{sQ} die Phasendrift nicht kompensiert werden kann, da die Länge des Vektors von der Drehrate Ω abhängt und daher nicht bekannt ist. Zusätzlich sind die Parameter SF und QU von der Temperatur und der Beschleunigung abhängig.

Im folgenden werden die Sensorsignale für konkrete Beispiele berechnet und diskutiert. Durch den dabei beschriebenen kraftkompensierten Betrieb sowie durch ein Verfahren mit zusätzlicher Referenzschwingung kann die Drift des Sensorsignals verbessert werden.

2.2.1 Freie Sekundärschwingung, elektrisch geregelte Primärschwingung

Die elektrische Regelung der Primärschwingung erfolgt meist durch zwei Regelkreise. Die Frequenz und die Phase der Primärschwingung werden durch eine Phasenregelschleife (engl. Phase Locked Loop, PLL) mit einem spannungsgesteuerten Oszillator (Voltage Controlled Oscillator, VCO) auf Resonanz geregelt (Abbildung 2.4). Durch einen zweiten Regelkreis wird die Amplitude auf den gewünschten Wert eingestellt. In beiden Regelkreisen werden üblicherweise Glieder mit proportionalem und integralem Verhalten (PI-Glied) verwendet. Dadurch geht die Regeldifferenz der Frequenz, der Phase und der Amplitude im stationären Zustand gegen Null. Ausführliche Beschreibungen solcher Regelkreise findet man beispielsweise in [Xan93] und [Put95].

Bei der Berechnung des Sensorsignals wird die Phase der Demodulation $\varphi_{p0} = \pi/2$ gesetzt, und es wird angenommen, daß der Phasenfehler $\Delta\varphi_p = 0$ ist. Aus Gleichung (2.20) folgt mit den Parametern (2.15)

$$V_{sI} = (SF{\cdot}\Omega + NP) \cos(\Delta\varphi_s) + QU \sin(\Delta\varphi_s) - UD \cos(\Delta\varphi_s) . \qquad (2.26)$$

Durch die ideale Regelung der Primärschwinger wird der Phasenfehler $\Delta\varphi_p$ eliminiert. Ein Spezialfall stellt der doppeltresonante Betrieb dar, das heißt, die Resonanzfrequenzen von Primär- und Sekundärschwingung stimmen überein. Der Wurzelausdruck in (2.15) wird dann zu

$$\sqrt{(\omega_s^2 - \omega_d^2)^2 + 4\,\beta_s^2\,\omega_d^2} = 2\,\beta_s\,\omega_d . \qquad (2.27)$$

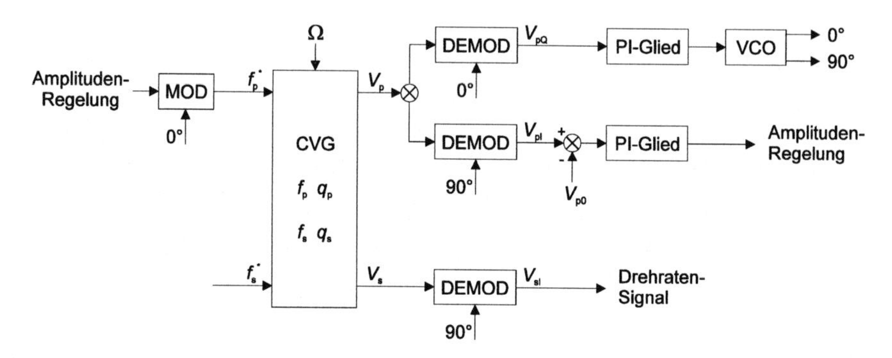

Abb. 2.4. Blockdiagramm: Betriebsmodus mit elektrisch geregelter Primärschwingung, freier Sekundärschwingung und mit abgeglichenen Resonanzfrequenzen.

Bei doppeltresonantem Betrieb erhält man die höchste Empfindlichkeit *SF* des Sensors, aber auch die größten Werte für *NP* und *UD*.

Neben der bereits geschilderten Problematik der Sensorbandbreite ist die hohe Empfindlichkeit bei doppeltresonantem Betrieb mit weiteren Schwierigkeiten verbunden. Gleichung (2.27) zusammen mit (2.15) zeigt, daß bei doppeltresonantem Betrieb die Abhängigkeit der Parameter *SF*, *QU* und *UD* von der Dämpfung β_s am stärksten ist. Temperaturabhängige Schwankungen der Dämpfung gehen dann direkt in die Empfindlichkeit und die Nullpunktdrift ein. Außerdem ist im Bereich der Resonanzstelle ω_s die Frequenzabhängigkeit und damit die Temperaturdrift insbesondere der Phase am stärksten, was bei nichtverschwindender Quadratur *QU* zu einer großen Temperaturdrift führt. Ein doppeltresonanter Betrieb mit freier Sekundärschwingung ist daher nur sinnvoll, wenn die Resonanzfrequenz der Sekundärschwingung elektrostatisch geregelt wird (LdV [4-5]). Die elektrostatische Verschiebung der Resonanzfrequenz wird in Abschnitt 4.2.2 beschrieben.

2.2.2 Freie Sekundärschwingung, mechanisch stabilisierte Primärschwingung

In der vorliegenden Arbeit wird ein mechanischer Anschlag zur Einstellung der Amplitude der Primärschwingung vorgestellt. Dieser Anschlag begrenzt mechanisch die Amplitude auf einen definierten maximalen Wert. Wenn die zugeführte Energie größer ist als die zur Erzielung dieser Maximalauslenkung erforderliche Energie, stellt sich die Maximalamplitude als stationäre Schwingungsamplitude ein. Es ist keine Regelung der Amplitude und der Frequenz der anregenden Kraft erforderlich. Die Phase der Primärschwingung muß über den erforderlichen Temperaturgang möglichst stabil sein. Das Ziel dieses Ansatzes ist vor allem die Einsparung von Entwicklungs- und Fertigungskosten. Die Messung der Primärschwingung dient ausschließlich dem Funktionstest, weshalb die Demodulation auch durch einen einfachen Gleichrichter (Rect) ersetzt werden kann. Das heißt, die beiden Regelkreise und die beiden hochpräzisen Meßstrecken können durch eine einfache Meßstrecke ersetzt werden. Die Theorie des mechanischen Anschlags wird in Kapitel 7 beschrieben.

Bei der Phase der Demodulation der Sekundärschwingung wird $\varphi_{p0} = 0$ gesetzt. Der Phasenfehler $\Delta\varphi_p$ wird berücksichtigt. Aus Gleichung (2.20) folgt

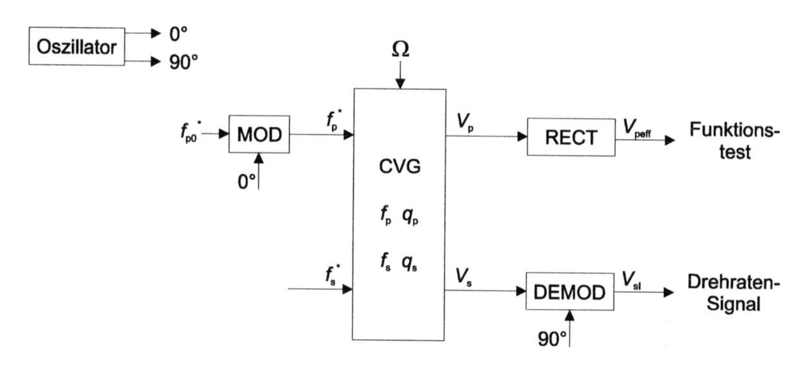

Abb. 2.5. Blockdiagramm: Betriebsmodus mit mechanisch stabilisierter Primärschwingung und freier Sekundärschwingung bei weit auseinanderliegenden Resonanzfrequenzen ($|\omega_s - \omega_d| \gg 0$).

$$V_{sI} = (SF{\cdot}\Omega + NP)\cos(\Delta\varphi_p + \Delta\varphi_s) + QU\sin(\Delta\varphi_p + \Delta\varphi_s) + UD\sin(\Delta\varphi_s)\ . \quad (2.28)$$

Da die Hauptschwierigkeit nicht das Erzielen einer ausreichenden Auflösung und eines hinreichend geringen Rauschen ist, sondern das einer hinreichend geringen Nullpunktdrift, sind die Resonanzstellen der beiden Moden weit auseinanderliegend gewählt. Dann kann die Temperaturabhängigkeit des Wurzelausdrucks in Gleichung (2.15) vernachlässigt werden. Ferner sind bei der mechanischen Regelung die Antriebsfrequenz ω_d und auch die Amplitude der Primärschwingung q_{p0} annähernd konstant. Die einzig verbleibende relevante Temperaturabhängigkeit der Empfindlichkeit SF stellt somit der Wandlungsfaktor k_{Vq} dar (vgl. Gleichung (2.12), (2.15)).

Man erkennt an dem Term proportional zu $\sin(\Delta\varphi_p + \Delta\varphi_s)$ in (2.28), daß eine kleine Phasendrift von $\Delta\varphi_p$, die in Kapitel 7 für diesen Betriebsmodus berechnet wird, Voraussetzung für eine gute Nullpunktstabilität ist.

Für Resonanzfrequenzen, die weit auseinander liegen, zeigt Abbildung 2.5 das Blockschaltbild für den beschriebenen Betriebsmodus. Der Vergleich mit Abbildung 2.4 macht die erhebliche Reduzierung der Komponenten deutlich. Neben der Kosteneinsparung in der Fertigung ermöglicht der einfachere Aufbau im Vergleich zu den komplexen Regelkreisen ein schnelles Anpassen der Elektronik an modifizierte Sensoren.

2.2.3 Kraftkompensierte Sekundärschwingung

Bei diesem Betriebsmodus werden üblicherweise identische Resonanzfrequenzen von Primär- und Sekundärmode gewählt, da der wesentliche Vorteil des Betriebsmodus darin besteht, daß insbesondere bei doppeltresonantem Betrieb die Nullpunktstabilität gegenüber dem Betrieb mit unkompensierter Sekundärschwingung verbessert werden kann. Zusätzlich zu der elektrischen Regelung der Primärschwingung wird angenommen, daß die Sekundärschwingung durch eine Regelung mit unendlichem Verstärkungsfaktor und unendlicher Bandbreite auf Null geregelt wird. Durch diese Regelung werden die auf der rechten Seite von Gleichung (2.13) stehenden Kräfte vollständig kompensiert. Die Regelkraft beträgt somit

$$f_{\mathrm{cl}} = f_{\mathrm{el}} = -\frac{1}{k_{\mathrm{Vq}}}\left[\left(sf{\cdot}\Omega + np - ud\right)\cos(\omega_{\mathrm{d}}t) + qu\,\sin(\omega_{\mathrm{d}}t)\right] . \qquad (2.29)$$

Das Meßsignal s_{clI} entspricht der Demodulation dieser Kraft entsprechend der Multiplikation

$$f_{\mathrm{cl}} \cdot \cos(\omega_{\mathrm{d}}t) \qquad (2.30)$$

und anschließendem Tiefpaß. Man erhält

$$s_{\mathrm{clI}} = -\frac{1}{k_{\mathrm{Vq}}}\left(sf{\cdot}\Omega + np - ud\right) . \qquad (2.31)$$

Ein wesentlicher Vorteil gegenüber dem unkompensierten Betrieb besteht darin, daß die Empfindlichkeit sf des Sensors nicht mehr von der Dämpfung abhängt (s. (2.12)). Lediglich die Komponente np zeigt noch diese Abhängigkeit. Darüber hinaus entfällt die kritische Abhängigkeit des Ausgangssignals von der Phase der Sekundärschwingung. Diese Vorteile sind in der Annahme begründet, daß direkt die Coriolis-Kraft gemessen wird und nicht wie bei den anderen Modi die durch die Coriolis-Kraft erzeugte Auslenkung. Daraus folgt auch, daß das Ausgangssignal unabhängig von der Masse (bzw. dem Trägheitsmoment) und der Steifigkeit der Sekundärschwingung wird, wodurch der Einfluß von Technologieschwankungen reduziert wird.

Im Blockschaltbild der Abbildung 2.6 ist das beschriebene Verfahren dargestellt. Um die Regelkraft (2.29) zu realisieren, sind zwei zusätzliche Regelkreise erforderlich. Neben den genannten Vorteilen bietet dieses Verfahren die Möglichkeit, die Bandbreite zu erweitern, die Linearität des Ausgangssignals zu verbessern und den Meßbereich zu vergrößern.

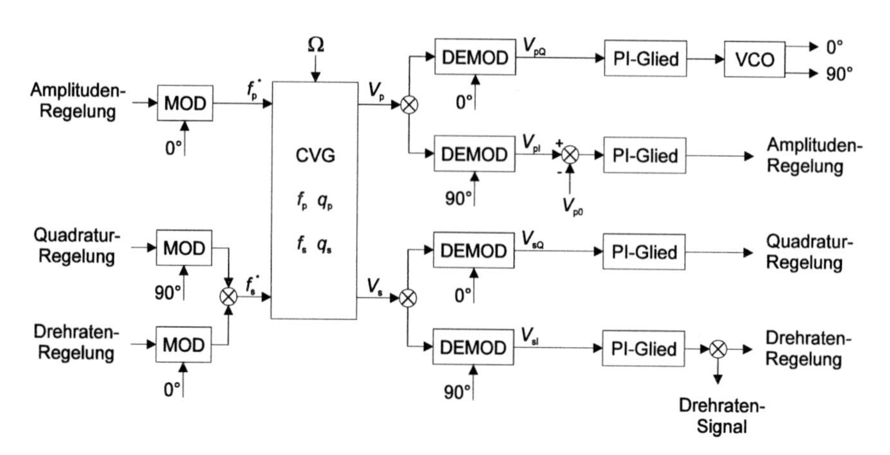

Abb. 2.6. Blockdiagramm: Betriebsmodus mit elektrisch geregelter Primärschwingung und kraftkompensierter Sekundärschwingung bei identischen Resonanzfrequenzen.

2.2.4 Kompensation mit Referenzschwingung

Als Alternative zum Betriebsmodus mit kraftkompensierter Sekundärschwingung kann ein Verfahren mit einer dem Sekundäroszillator eingeprägten Referenzschwingung verwendet werden. Dieses Verfahren bietet eine ähnlich effektive Kompensation der Temperatur- und Beschleunigungsempfindlichkeit. Es erlaubt jedoch nicht, die Bandbreite oder den Meßbereich zu erweitern. Sein wesentlicher Vorteil besteht in der einfacheren Implementierung, da die aufwendige Dimensionierung der Regelkreise entfällt.

Bei diesem Verfahren wird der Sekundäroszillator mit einer periodischen Kraft f_r konstanter Amplitude f_{r0} zu einer Referenzschwingung angeregt. Die Frequenz ω_r der Referenzschwingung wird von der Antriebsfrequenz ω_d abgeleitet und besitzt ein festes Verhältnis k_r zur Antriebsfrequenz:

$$f_r = f_{r0} \cos(k_r \omega_d t) \ . \tag{2.32}$$

Aus der Messung durch zwei Demodulationen mit Referenzsignalen, die um 90° phasenverschoben sind, kann die Amplitude und die Phase der resultierenden Schwingung bestimmt werden. Für die gemessene Amplitude A_r erhält man

$$A_r = \frac{k_{Vq} f_{r0}}{\sqrt{(\omega_s^2 - \omega_r^2)^2 + 4 \beta_s^2 \omega_r^2}}, \tag{2.33}$$

und für die Phase φ_r gilt

$$\varphi_r = \arctan\left[\frac{2 \beta_s \omega_r}{\omega_s^2 - \omega_r^2}\right]. \tag{2.34}$$

Aus der Phase der Referenzschwingung kann die (nicht direkt meßbare) Phase der Coriolisschwingung exakt berechnet werden:

$$\varphi_s = \arctan\left[\frac{\omega_s^2 - k_r^2 \omega_r^2}{\omega_s^2 - \omega_d^2} \frac{1}{k_r} \tan\varphi_r\right]. \tag{2.35}$$

Setzt man wieder eine ideale Regelung der Primärschwingung voraus, kann allein mit dieser Information die durch die Phasenfehler bedingte Drift des Ausgangssignals vollständig eliminiert werden. Für $\Delta\varphi_p = 0$ erhält man mit (2.24) und (2.18) durch eine Rotation der als Vektor zusammengefaßten, gemessenen Signale V_{sI}, V_{sQ} die korrigierten Werte:

$$\begin{pmatrix} SF \cdot \Omega + NP \\ QU \end{pmatrix} = \begin{pmatrix} \cos(\Delta\varphi_s) & -\sin(\Delta\varphi_s) \\ \sin(\Delta\varphi_s) & \cos(\Delta\varphi_s) \end{pmatrix} \cdot \begin{pmatrix} V_{sI} \\ V_{sQ} \end{pmatrix}. \tag{2.36}$$

Die verbleibende temperatur- und beschleunigungsabhängige Drift kann mit der gemessenen Amplitude der Referenzschwingung kompensiert werden. Theoretisch kann ebenfalls eine vollständige Kompensation erzielt werden, wenn man ein exaktes Modell für die Temperaturabhängigkeit der mechanischen Resonanzfrequenzen verwenden kann. Im folgenden wird die in Abschnitt 5.4 abgeleitete Näherung

$$\omega_0(T) = \omega_0(T_0) \cdot \sqrt{1 + \kappa_E \cdot \Delta T} \tag{2.37}$$

für den Zusammenhang zwischen Resonanzfrequenz ω_0 und Temperatur T verwendet. Hier ist T_0 die Referenztemperatur (20°C), $\Delta T = T - T_0$ die Temperaturänderung, und κ_E ist der Temperaturkoeffizient des E-Moduls. Aus (2.34) folgt mit (2.37)

$$\frac{\beta_s}{\beta_{s0}} = \frac{\tan\varphi_r}{\tan\varphi_{r0}} \cdot \sqrt{1 + \kappa_E \cdot \Delta T} \ . \tag{2.38}$$

Größen, die beim Abgleich der Sensoren vorliegen, sind wieder durch den Index Null gekennzeichnet. Mit (2.32)-(2.38) läßt sich zeigen, daß mit der Funktion

$$c_r(\omega) = \sqrt{\frac{(\omega_{s0}^2 - \omega^2)^2 + 4\,\beta_{s0}^2\,\omega^2}{(\omega_{s0}^2 - \omega^2)^2 + 4\,\beta_{s0}^2\,\omega^2\,\dfrac{\tan^2\varphi_r}{\tan^2\varphi_{r0}}}} \ , \tag{2.39}$$

wobei β_{s0} durch

$$\beta_{s0} = \frac{\omega_{s0}^2 - \omega_{r0}^2}{2\omega_{r0}} \tan\varphi_{r0} \tag{2.40}$$

bestimmt wird, für die kompensierten Werte (Index k) gilt:

$$(SF{\cdot}\Omega + NP)_k = \frac{SF{\cdot}\Omega + NP}{\dfrac{A_r}{A_{r0}}\,\dfrac{c_r(\omega_{p0})}{c_r(\omega_{r0})}} \ . \tag{2.41}$$

Bemerkenswert ist, daß das beschriebene Verfahren weder eine Kalibrierung noch zusätzliche Sensoren erfordert und daß gleichzeitig Temperaturschwankungen und Beschleunigungen (siehe Abschnitt 8.5 und 8.6) kompensiert werden. Die Implementierung kann über einen Mikrokontroller oder einen Digitalen Signalprozessor (DSP) erfolgen.

3. Gyro-Gleichungen

In diesem Kapitel werden die Bewegungsgleichungen für Gyroskope mit rotierenden und quasirotierenden Massen hergeleitet, die sogenannten Gyro-Gleichungen. Zunächst werden die grundlegenden Begriffe und Formeln zur Beschreibung von Drehbewegungen dargestellt. Es folgt die Ableitung der Gyro-Gleichung für konventionelle, auf rotierenden Massen beruhenden Gyroskope. Im letzten Abschnitt werden quasirotierende Gyroskope behandelt. Es wird gezeigt, daß die für konventionelle Gyroskope verwendeten Näherungen nicht zutreffen und ein anderer Ansatz aufgestellt werden muß.

Im folgenden wird die am Anfang von Abschnitt 1.2 beschriebene Notation in erweiterter Form verwendet. Das heißt, Vektoren werden durch Fettschrift gekennzeichnet, und die zeitliche Ableitung wird durch einen Operator p repräsentiert. p erhält bei einer zeitlichen Ableitung eines Vektors einen tiefgestellten Buchstaben, der das Koordinatensystem angibt, auf das die zeitliche Änderung bezogen wird. In der Koordinatendarstellung eines Vektors stellt ein hochgestellter Buchstabe das zugehörige Koordinatensystem dar. Bei einer Koordinatentransformation weist der zweite tiefgestellte Buchstabe das ursprüngliche, der erste tiefgestellte Buchstabe das neue Koordinatensystem aus.

3.1 Drehimpuls und Eulersche Gleichungen

Der starre Körper stellt ein spezielles Teilchensystem dar, in welchem alle Abstände zwischen den Teilchen konstant sind. Betrachtet man den starren Körper als Kontinuum, gilt diese Definition für die Massenelemente dm, aus welchen der Körper zusammengesetzt ist. Der Drehimpuls $\boldsymbol{L}_C$ eines starren Körpers im Inertialsystem I in bezug auf seinen Schwerpunkt ist definiert als:

$$\boldsymbol{L}_{\mathrm{C}} = \int \boldsymbol{r}_{\mathrm{C}} \times p_{\mathrm{I}} \boldsymbol{r}_{\mathrm{C}} \, \mathrm{d}m \,. \tag{3.1}$$

Die Ortsvektoren $\boldsymbol{r}_{\mathrm{C}}$ beziehen sich dabei auf den Schwerpunkt des Körpers. Werden ausschließlich Rotationen betrachtet, lautet die Bewegungsgleichung mit dem auf den Schwerpunkt bezogenen äußeren Momemt $\boldsymbol{M}_{\mathrm{C}}$

$$p_{\mathrm{I}} \boldsymbol{L}_{\mathrm{C}} = \boldsymbol{M}_{\mathrm{C}} \,. \tag{3.2}$$

Diese Bewegungsgleichung wird durch eine Koordinatentransformation in die Eulerschen Gleichungen überführt, die als Ausgangspunkt für die Herleitung der Gyro-Gleichungen dienen. Betrachtet wird das körperfeste Koordinatensystem K, dessen Ursprung mit dem Schwerpunkt des starren Körpers zusammenfällt und dessen Achsen starr mit diesem verbunden sind. Rotiert K mit $\boldsymbol{\Omega}_{\mathrm{IK}}$ relativ zu I, lautet das Coriolis-Theorem (1.1) angewandt auf $\boldsymbol{r}_{\mathrm{C}}$

$$p_{\mathrm{I}} \boldsymbol{r}_{\mathrm{C}} = p_{\mathrm{K}} \boldsymbol{r}_{\mathrm{C}} + \boldsymbol{\Omega}_{\mathrm{IK}} \times \boldsymbol{r}_{\mathrm{C}} \,. \tag{3.3}$$

Da nach Definition des starren Körpers $p_{\mathrm{K}} \boldsymbol{r}_{\mathrm{C}} = 0$ gilt, folgt mit (3.1)

$$\begin{aligned} \boldsymbol{L}_{\mathrm{C}} &= \int \boldsymbol{r}_{\mathrm{C}} \times (\boldsymbol{\Omega}_{\mathrm{IK}} \times \boldsymbol{r}_{\mathrm{C}}) \, \mathrm{d}m \\ &= \int (\boldsymbol{\Omega}_{\mathrm{IK}} \, (\boldsymbol{r}_{\mathrm{C}} \boldsymbol{r}_{\mathrm{C}}) - \boldsymbol{r}_{\mathrm{C}} \, (\boldsymbol{\Omega}_{\mathrm{IK}} \boldsymbol{r}_{\mathrm{C}})) \mathrm{d}m \,. \end{aligned} \tag{3.4}$$

Der zweite Term in der zweiten Zeile zeigt, daß der Drehimpuls $\boldsymbol{L}_{\mathrm{C}}$ und die Winkelgeschwindigkeit $\boldsymbol{\Omega}_{\mathrm{IK}}$ im allgemeinen nicht kollinear sind. Mit den Einheitsvektoren $\boldsymbol{e}_x$, $\boldsymbol{e}_y$ und $\boldsymbol{e}_z$ entlang der x-, y- und z-Achse des körperfesten Systems K sei

$$\boldsymbol{r}_{\mathrm{C}} = x\boldsymbol{e}_x + y\boldsymbol{e}_y + z\boldsymbol{e}_z \qquad \text{oder} \qquad \boldsymbol{r}_{\mathrm{C}}^{\mathrm{K}} = \begin{pmatrix} x \\ y \\ z \end{pmatrix} \tag{3.5}$$

und

$$\boldsymbol{\Omega}_{\mathrm{IK}} = \Omega_{(\mathrm{IK})x} \boldsymbol{e}_x + \Omega_{(\mathrm{IK})y} \boldsymbol{e}_y + \Omega_{(\mathrm{IK})z} \boldsymbol{e}_z \qquad \text{oder} \qquad \boldsymbol{\Omega}_{\mathrm{IK}}^{\mathrm{K}} = \begin{pmatrix} \Omega_{(\mathrm{IK})x} \\ \Omega_{(\mathrm{IK})y} \\ \Omega_{(\mathrm{IK})z} \end{pmatrix} . \tag{3.6}$$

Unter Verwendung von (3.4) folgt daraus

$$\boldsymbol{L}_{\mathrm{C}}^{\mathrm{K}} = J\, \boldsymbol{\Omega}_{\mathrm{IK}}^{\mathrm{K}} \,, \tag{3.7}$$

mit dem *Trägheitstensor* J

$$J = \begin{pmatrix} J_{xx} & J_{xy} & J_{xz} \\ J_{yx} & J_{yy} & J_{yz} \\ J_{zx} & J_{zy} & J_{zz} \end{pmatrix},$$

$$\begin{aligned} J_{xx} &= \int (y^2 + z^2)\,\mathrm{d}m \,, & J_{xy} &= J_{yx} = \int xy\,\mathrm{d}m \,, \\ J_{yy} &= \int (x^2 + z^2)\,\mathrm{d}m \,, & J_{xz} &= J_{zx} = \int xz\,\mathrm{d}m \,, \\ J_{zz} &= \int (x^2 + y^2)\,\mathrm{d}m \,, & J_{yz} &= J_{zy} = \int yz\,\mathrm{d}m \,. \end{aligned} \tag{3.8}$$

Die Diagonalelemente J_{xx}, J_{yy} und J_{zz} werden Trägheitsmomente in bezug auf die entsprechende Achse genannt. Die Außerdiagonalelemente J_{xy}, J_{xz} und J_{yz} nennt man Deviationselemente. Wie jeder symmetrische Tensor kann J durch geeignete Wahl der Achsenrichtungen $\boldsymbol{e}_x$, $\boldsymbol{e}_y$ und $\boldsymbol{e}_z$ auf Diagonalform gebracht werden. Die entsprechenden Achsen heißen *Hauptträgheitsachsen* und die entsprechenden Werte des Tensors *Hauptträgheitsmomente* J_x, J_y und J_z. Ist K entlang der Hauptträgheitsachsen ausgerichtet, folgt mit (3.7)

$$\boldsymbol{L}_{\mathrm{C}} = J_x \Omega_{(\mathrm{IK})x} \boldsymbol{e}_x + J_y \Omega_{(\mathrm{IK})y} \boldsymbol{e}_y + J_z \Omega_{(\mathrm{IK})z} \boldsymbol{e}_z \qquad \text{oder} \qquad \boldsymbol{L}_{\mathrm{C}}^{\mathrm{K}} = \begin{pmatrix} J_x \Omega_{(\mathrm{IK})x} \\ J_y \Omega_{(\mathrm{IK})y} \\ J_z \Omega_{(\mathrm{IK})z} \end{pmatrix}. \tag{3.9}$$

Ein Körper mit drei verschiedenen Hauptträgheitsmomenten heißt unsymmetrischer Kreisel. Nach (3.9) zeigen Drehimpuls und Winkelgeschwindigkeit eines unsymmetrischen Kreisels nur dann in dieselbe Richtung, wenn der Körper um eine Hauptträgheitsachse rotiert. Bei zwei gleichen Hauptträgheitsmomenten spricht man von einem symmetrischen Kreisel. Ein Körper mit drei gleichen Hauptträgheitsmomenten heißt Kugelkreisel. Drei beliebige, aufeinander senkrecht stehende Achsen können als Hauptträgheitsachsen gewählt werden. Der Drehimpuls und die Winkelgeschwindigkeit zeigen stets in dieselbe Richtung.

Mit dem Coriolis-Theorem (1.1), angewandt auf (3.2), erhält man

$$p_K \boldsymbol{L}_C + \boldsymbol{\Omega}_{IK} \times \boldsymbol{L}_C = \boldsymbol{M}_C \,. \tag{3.10}$$

Sind die körperfesten Achsen Hauptträgheitsachsen, gelangt man durch die Komponentendarstellung (3.9) zu den sogenannten Eulerschen Gleichungen:

$$\begin{aligned} J_x p\Omega_{(IK)x} + (J_z - J_y)\Omega_{(IK)y}\Omega_{(IK)z} &= M_{Cx} \\ J_y p\Omega_{(IK)y} + (J_x - J_z)\Omega_{(IK)x}\Omega_{(IK)z} &= M_{Cy} \\ J_z p\Omega_{(IK)z} + (J_y - J_x)\Omega_{(IK)x}\Omega_{(IK)y} &= M_{Cz} \,. \end{aligned} \tag{3.11}$$

Im allgemeinen Fall bildet (3.11) ein gekoppeltes, nichtlineares Differentialgleichungssystem, welches nur schwer gelöst werden kann [Wri69]. Außerdem entspricht die Lösung der Winkelgeschwindigkeit des Körpers relativ zum Inertialraum in Komponenten des körperfesten Koordinatensystems. Bei Gyroskopen ist dagegen die Winkelgeschwindigkeit des Körpers relativ zu einem zweiten, ebenfalls rotierenden Bezugssystem von Interesse.

3.2 Gyro-Gleichung für rotierende Systeme

Ein konventionelles, einachsiges Gyroskop (Wendekreisel) besitzt einen Rotor, der mit hoher Drehzahl um eine Symmetrieachse rotiert und so gelagert ist, daß diese Symmetrie- und Rotationsachse einen weiteren Rotationsfreiheitsgrad besitzt. Die wesentlichen Komponenten sind (s. Abbildung 1.6, S. 45):

A. Das sogenannte *Gyro-Element:* Es besteht aus einem Rotor, seinem Antriebsmechanismus (nicht dargestellt), der Lagerung seiner Drehachse und dem Rotor-Gehäuse.

B. Kardanische Aufhängungen des Gyro-Elements: Diese ermöglichen den zweiten Rotationsfreiheitsgrad des Rotors.

C. Periphere Komponenten: Signal- und Momentgenerator, signalverarbeitende Elektronik u.a.

Die Ableitung der Gyro-Gleichung erfolgt mit den folgenden Annahmen:

1. Der Rotor ist ein symmetrischer Kreisel und rotiert um die Symmetrieachse.
2. Der Rotor dreht sich mit konstanter Winkelgeschwindigkeit.
3. Der entsprechende Drehimpuls des Rotors $\boldsymbol{L}_{\mathrm{R}}$ ist wesentlich größer als alle sonst auftretenden Drehimpulse.
4. Der Schwerpunkt des Rotors und des Gyro-Elementes fallen zusammen.
5. Die Lagerung des Rotors ist ideal.

Mit diesen Annahmen und daraus abgeleiteten Näherungen erhält man aus den Eulerschen Gleichungen (3.11) für einen Drehraten-Betrieb die folgende Gyro-Gleichung [Wri69]:

$$p^2\alpha_g + 2\beta_g p\alpha_g + \omega_g^2\alpha_g = \frac{L_{\mathrm{R}}}{J_g}(\Omega_x - \alpha_g\Omega_z) + \frac{M_{\mathrm{stör}}}{J_g} - p\Omega_y \,. \tag{3.12}$$

Es bedeuten (s. Abbildung 1.6):

α_g Gyro-Ausgangswinkel, definiert als der Winkel zwischen dem Drehimpuls $\boldsymbol{L}_{\mathrm{R}}$ und der z-Achse des Beobachtersystems. Das Beobachtersystem ist fest mit dem Sensorgehäuse verbunden.

β_g Dämpfungskoeffizient der Rotationsbewegung α_g des Gyro-Elements.

ω_g $= \sqrt{k_g/J_g}$; Resonanzfrequenz der Rotationsbewegung α_g des Gyro-Elementes.

k_g Drehsteifigkeit der Rotationsbewegung α_g des Gyro-Elementes um die y-Achse.

J_g (Haupt-)Trägheitsmoment des Gyro-Elementes in bezug auf die y-Achse.

L_{R} Drehimpuls des Rotors aufgrund der eingeprägten Winkelgeschwindigkeit.

$\Omega_{x,y,z}$ Komponenten der Winkelgeschwindigkeit des Beobachtersystems relativ zum Inertialraum.

$M_{\mathrm{stör}}$ Störmoment um die y-Achse, das einen Driftwinkel erzeugt und durch Asymmetrien, Reibung etc. hervorgerufen wird.

Das Verhalten des Gyro-Elementes entspricht im wesentlichen dem eines gedämpften Oszillators. Die linke Seite der Gleichung (3.12) enthält einen Trägheits-, einen Dämpfungs- und einen elastischen Rückstellterm. Der Gyro-Ausgangswinkel α_g hängt direkt von der Eingangswinkelgeschwindigkeit Ω_x ab, wie der erste Term auf der rechten Seite von Gleichung (3.12) zeigt.

Durch den zweiten Term der rechten Seite wird die Querempfindlichkeit des Drehraten-Gyroskops bei gleichzeitiger Drehung des Beobachtersystems um die x- und z-Achse beschrieben. Diese Querempfindlichkeit stammt daher, daß ein Verkippen des Gyro-Elementes eine Komponente des Drehimpulses des Rotors $\boldsymbol{L}_R$ in x-Richtung zur Folge hat. Bei der Konstruktion muß ein Kompromiß zwischen der Empfindlichkeit des Sensors, die proportional zu α_g ist, und dieser Querempfindlichkeit gefunden werden, die ebenfalls mit α_g ansteigt.

Der dritte Term schließlich rührt von Asymmetrien des Rotors her und stellt Störmomente um die y-Achse dar. Eine wesentliche Entwicklungsaufgabe ist es, diese Störmomente zu minimieren. Der letzte Term schließlich zeigt, daß das Gyroskop auch auf Winkelbeschleunigungen um die y-Achse reagiert.

3.3 Gyro-Gleichung für quasirotierende Systeme

In diesem Abschnitt werden die Gyro-Gleichungen für die beiden in Abschnitt 1.3.5 beschriebenen Typen quasirotierender Gyroskope abgeleitet (siehe auch Tabelle 1.3). Ein quasirotierendes Gyroskop wird wie folgt definiert: Es besitzt eine bewegliche Struktur, der eine Drehschwingung um eine erste Hauptträgheitsachse (z-Achse) aufgeprägt wird (Primärschwingung). Zumindest ein Teil der so in Schwingung versetzten Struktur, die Probemasse, ist derart gelagert, daß sie um eine zweite Hauptträgheitsachse (y-Achse) schwingen kann (Sekundärschwingung). Die beiden Typen sind in Abbildung 3.1 dargestellt. Bei Typ 1 (Abbildung 3.1a) liegen beide Drehachsen in der Substratebene, bei Typ 2 (Abbildung 3.1b) steht die Drehachse der Primärschwingung senkrecht zur Substratebene.

Die wesentlichen Komponenten eines solchen Gyroskops sind:

A. Das sogenannte *Gyro-Element:* Es besteht aus einer beweglichen Struktur, ihrem Antriebsmechanismus, der Probemasse und den Lagerungen, die zwei Rotationsfreiheitsgrade der Probemasse ermöglichen.

B. Substrat, an welchem das Gyro-Element verankert ist.

C. Periphere Komponenten: Signal- und Momentgenerator, signalverarbeitende Elektronik, Gehäuse u. a.

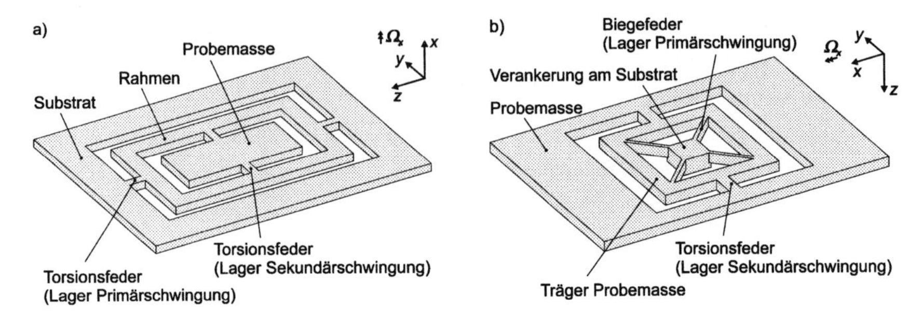

Abb. 3.1. Schematische Darstellung von quasirotierenden Gyroskopen: a) Primärschwingung um eine Achse in der Substratebene und b) um eine Achse senkrecht zur Substratebene.

Die Annahmen 1 bis 3, die bei der Herleitung der Gyro-Gleichungen für ein rotierendes System angewendet werden, treffen für quasirotierende Systeme im allgemeinen nicht zu, da

- diese Strukturen im allgemeinen unsymmetrische Kreisel darstellen,
- um eine Hauptträgheitsachse schwingen, jedoch nicht rotieren,
- der Drehimpuls des "Rotors" per Definition zeitlich nicht konstant, sondern sinusförmig moduliert ist,
- und deshalb nicht zu jedem Zeitpunkt sicherzustellen ist, daß er größer als alle sonst auftretenden Drehimpulse ist.

Die Definition des physikalischen Modells für quasirotierende Gyroskope erfolgt deshalb mit neuen Annahmen:

1. Das Beobachtersystem B, fest mit dem Substrat verbunden und mit Ursprung im Schwerpunkt der beweglichen Struktur, bewegt sich mit Ω_{IB} relativ zum Inertialsystem I, welches denselben Ursprung besitzt.
2. Die bewegliche Struktur führt eine Rotationsschwingung Ω_p um die z-Achse des *Beobachtersystems* B mit konstanter Amplitude aus. Durch diese Primärschwingung ist das Koordinatensystem P definiert, das sich relativ zu B mit Ω_p bewegt und denselben Ursprung hat. Im Beispiel der Abbildung 3.1a ist P fest mit dem Rahmen verbunden, im Beispiel der Abbildung 3.1b fest mit dem Träger der Probemasse.
3. Die Probemasse bewegt sich mit der Winkelgeschwindigkeit Ω_s relativ zum Koordinatensystem P. Der Ursprung des fest mit der Probemasse verbundenen Koordinaten-

systems S stimmt mit dem Ursprung von P, B und I überein. Ist die Probemasse nicht ausgelenkt, fallen die Achsen der Koordinatensysteme S, P und B zusammen.

4. Die Lagerungen der beweglichen Struktur werden als ideal betrachtet.
5. Die Bewegung der Probemasse relativ zum Beobachtersystem B ist sehr klein.

Zur Herleitung der Gyro-Gleichung für quasirotierende Systeme werden ebenfalls die Eulerschen Gleichungen verwendet. Wie bereits erwähnt, besteht die Schwierigkeit bei der Verwendung der Eulerschen Gleichungen zum einen darin, daß die Bewegung relativ zum Inertialraum in körperfesten Koordinaten beschrieben wird. Außerdem stellen sie ein nichtlineares, gekoppeltes Gleichungssystem dar. Die erste Schwierigkeit kann dadurch umgangen werden, daß durch eine entsprechende Koordinatentransformation vom Beobachtersystem B in das körperfeste System S die körperfesten Koordinaten in den Eulerschen Gleichungen als Funktion der Beobachterkoordinaten dargestellt werden. Wie im folgenden gezeigt wird, können dann die Gleichungen nach den Winkeln zwischen den Achsen des Beobachterkoordinatensystems B und des körperfesten Systems S aufgelöst werden. Genau diese Winkel beschreiben aber die Relativbewegung der beweglichen Struktur zum Substrat und damit die meßbaren Größen. Die zweite Schwierigkeit wird im wesentlichen durch Annahme 2 umgangen, mit welcher die Differentialgleichungen weitgehend entkoppelt werden.

Zunächst werden die oben beschriebenen Winkelgeschwindigkeiten in Koordinatendarstellungen angegeben:

$$\boldsymbol{\Omega}_{\mathrm{IB}}^{\mathrm{B}} = \begin{pmatrix} \Omega_x \\ \Omega_y \\ \Omega_z \end{pmatrix} , \quad \boldsymbol{\Omega}_{\mathrm{BP}}^{\mathrm{P}} = \begin{pmatrix} 0 \\ 0 \\ \Omega_{\mathrm{p}} \end{pmatrix} , \quad \boldsymbol{\Omega}_{\mathrm{PS}}^{\mathrm{P}} = \begin{pmatrix} 0 \\ \Omega_{\mathrm{s}} \\ 0 \end{pmatrix} , \quad \boldsymbol{\Omega}_{\mathrm{BS}}^{\mathrm{P}} = \boldsymbol{\Omega}_{\mathrm{BP}}^{\mathrm{P}} + \boldsymbol{\Omega}_{\mathrm{PS}}^{\mathrm{P}} = \begin{pmatrix} 0 \\ \Omega_{\mathrm{s}} \\ \Omega_{\mathrm{p}} \end{pmatrix} . \tag{3.13}$$

Mit $p\alpha_{\mathrm{s}} = \Omega_{\mathrm{s}}$ und $p\alpha_{\mathrm{p}} = \Omega_{\mathrm{p}}$ gelten folgende Koordinatentransformationen, die in Abbildung 3.2 veranschaulicht werden:

$$R_{\mathrm{PB}} = \begin{pmatrix} \cos(\alpha_{\mathrm{p}}) & \sin(\alpha_{\mathrm{p}}) & 0 \\ -\sin(\alpha_{\mathrm{p}}) & \cos(\alpha_{\mathrm{p}}) & 0 \\ 0 & 0 & 1 \end{pmatrix} , \qquad R_{\mathrm{SP}} = \begin{pmatrix} \cos(\alpha_{\mathrm{s}}) & 0 & -\sin(\alpha_{\mathrm{s}}) \\ 0 & 1 & 0 \\ \sin(\alpha_{\mathrm{s}}) & 0 & \cos(\alpha_{\mathrm{s}}) \end{pmatrix} . \tag{3.14}$$

Die Winkelgeschwindigkeit der Probemasse relativ zum Inertialraum I ergibt sich in Komponenten des körperfesten Systems S zu:

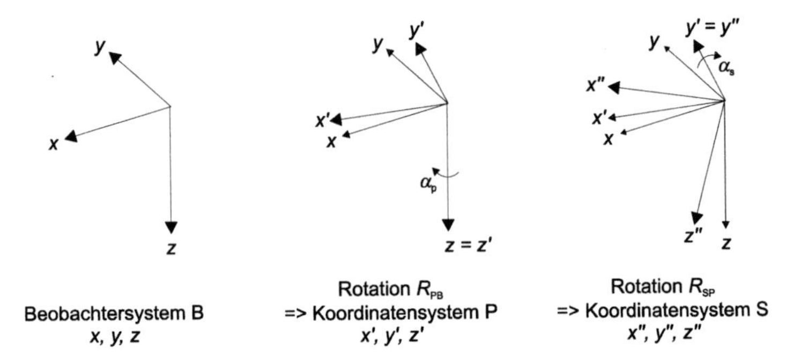

Abb. 3.2. Darstellung der Koordinatentransformationen zur Ableitung der Gyro-Gleichung für quasirotierende Gyroskope.

$$\boldsymbol{\Omega}_{\mathrm{IS}}^{\mathrm{S}} = R_{\mathrm{SP}}\boldsymbol{\Omega}_{\mathrm{BS}}^{\mathrm{P}} + R_{\mathrm{SP}}R_{\mathrm{PB}}\boldsymbol{\Omega}_{\mathrm{IB}}^{\mathrm{B}} \approx \begin{pmatrix} -\alpha_{\mathrm{s}}\Omega_{\mathrm{p}} \\ \Omega_{\mathrm{s}} \\ \Omega_{\mathrm{p}} \end{pmatrix} + \begin{pmatrix} \Omega_x + \alpha_{\mathrm{p}}\Omega_y - \alpha_{\mathrm{s}}\Omega_z \\ \Omega_y - \alpha_{\mathrm{p}}\Omega_x \\ \Omega_z + \alpha_{\mathrm{s}}\Omega_x \end{pmatrix} . \tag{3.15}$$

Entsprechend Annahme 5 wird in der Näherungslösung der Sinus durch den Winkel und der Kosinus durch 1 genähert. Produkte zweier kleiner Größen, α_{s} und α_{p}, werden vernachlässigt. Mit der Gleichung (3.15) liegt die Komponentendarstellung im körperfesten System vor, die in die Eulerschen Gleichungen (3.11) eingesetzt werden kann. Es genügt, die y-Komponente zu betrachten, da die Primärschwingung fest vorgegeben und eine Drehung um die körperfeste x-Achse ausgeschlossen wurde. Werden Produkte der Winkel α_{p} und α_{s} wieder vernachlässigt, erhält man:

$$\begin{aligned} p\Omega_{\mathrm{s}} = {} & \frac{M_{\mathrm{C}y}}{J_y} + 2\,\frac{J_y + J_z - J_x}{2\,J_y}\,\Omega_{\mathrm{p}}\Omega_x \\ & + \frac{J_z - J_x}{J_y}\,[\,\Omega_z\Omega_x + \alpha_{\mathrm{p}}(\Omega_{\mathrm{p}} + \Omega_z)\Omega_y - \alpha_{\mathrm{s}}(\Omega_{\mathrm{p}} + \Omega_z)^2 + \alpha_{\mathrm{s}}\Omega_x^2\,] \\ & - p\Omega_y + \alpha_{\mathrm{p}}p\Omega_x \quad . \end{aligned} \tag{3.16}$$

Die äußeren Momente um den Schwerpunkt sind bei Annahme einer geschwindigkeitsproportionalen Dämpfung, einer auslenkungsproportionalen Rückstellkraft und einem kapazitiven Ausleseverfahren gegeben durch

$$\frac{M_{Cy}}{J_y} = -2\beta_s p\alpha_s - \omega_s^2\alpha_s + f_{el} + f_{stör} \,. \tag{3.17}$$

Dabei werden die folgenden Größen verwendet:

- β_s Dämpfungskoeffizient der Rotationsschwingung der beweglichen Struktur um die körperfeste y-Achse.
- ω_s $= \sqrt{k_s/J_y}$; Resonanzfrequenz der Rotationsschwingung der beweglichen Struktur um die körperfeste y-Achse.
- k_s Drehsteifigkeit der Rotation der beweglichen Struktur um die körperfeste y-Achse.
- J_y Hauptträgheitsmoment der Probemasse in bezug auf die körperfeste y-Achse.
- f_{el} Elektrostatisches Moment um die körperfeste y-Achse, das durch elektrische Spannungen, die über den Auslesekapazitäten abfallen, erzeugt werden, geteilt durch J_y.
- $f_{stör}$ Störmoment um die körperfeste y-Achse, das einen Driftwinkel erzeugt und durch Asymmetrien, Reibung etc. hervorgerufen wird, geteilt durch J_y.

Setzt man Gleichung (3.17) in Gleichung (3.16) ein, erhält man die vollständige Bewegungsgleichung für die Rotationsschwingung um die körperfeste y-Achse. Da keine Ableitungen von Vektoren mehr auftreten, wird anstelle des Operators p die übliche Schreibweise mit einem hochgestellten Punkt zur Kennzeichnung einer zeitlichen Ableitung verwendet.

$$\begin{aligned} \ddot{\alpha}_s + 2\beta_s\dot{\alpha}_s + \omega_s^2\alpha_s = \; & f_{el} + f_{stör} + 2\,\frac{J_y + J_z - J_x}{2\,J_y}\,\Omega_p\Omega_x \\ & + \frac{J_z - J_x}{J_y}\,[\,\Omega_z\Omega_x + \alpha_p(\Omega_p + \Omega_z)\Omega_y - 2\alpha_s\Omega_p\Omega_z \\ & \qquad - \alpha_s(\Omega_p^2 + \Omega_z^2) + \alpha_s\Omega_x^2\,] \\ & - \dot{\Omega}_y + \alpha_p\dot{\Omega}_x \end{aligned} \tag{3.18}$$

Die linke Seite entspricht der üblichen Bewegungsgleichung eines gedämpften harmonischen Oszillators. Der eigentliche Meßeffekt ist mit dem dritten Term der rechten Seite verknüpft. In der zweiten Zeile stehen weitere Coriolis-Terme, die dritte Zeile enthält Zentrifugalbeschleunigungen, und die vierte Zeile beschreibt das Verhalten bei Winkelbeschleunigungen. Eine weiterführende Diskussion der Auswirkung dieser Terme erfolgt bei der Betrachtung der verschiedenen Querempfindlichkeiten in Kapitel 8, Abschnitt 8.7.

Aus (3.18) und (3.8) erhält man für den in Abschnitt 2.1 eingeführten Angular-Gain-Faktor

$$k_{\mathrm{ag}} = \frac{J_y + J_z - J_x}{2\,J_y} = \frac{\int x^2 \mathrm{d}m}{\int (x^2 + z^2)\mathrm{d}m}\,, \tag{3.19}$$

und für den Vorfaktor der zweiten Zeile in (3.18) ergibt sich

$$\frac{J_z - J_x}{J_y} = \frac{\int (x^2 - z^2)\mathrm{d}m}{\int (x^2 + z^2)\mathrm{d}m}\,. \tag{3.20}$$

Betrachtet man oberflächenmikromechanische Herstellungstechnologien, so gilt $x \ll z$ für quasirotierende Gyroskope vom Typ 1. Damit geht (3.19) gegen Null und (3.20) gegen -1. Deshalb werden Gyroskope vom Typ 1 nur in Silizium-Bulk-Technologie und ähnlichen Verfahren realisiert. Bei dem in [Box88], [Gre91] beschriebenem Gyroskop vom Typ 1 wird der Angular-Gain Faktor erhöht, indem die Probemasse galvanisch in x-Richtung verstärkt wird. An (3.20) erkennt man, daß dadurch gleichzeitig die Querempfindlichkeiten reduziert werden.

Bei Gyroskopen vom Typ 2 gilt entsprechend $z \ll x$, womit der Angular-Gain-Faktor und (3.20) gegen 1 gehen. Für die spätere Betrachtungen wird daher die Gyro-Gleichung

$$\begin{aligned}\ddot{\alpha}_{\mathrm{s}} + 2\beta_{\mathrm{s}}\dot{\alpha}_{\mathrm{s}} + \omega_{\mathrm{s}}^2\alpha_{\mathrm{s}} = \;& f_{\mathrm{el}} + f_{\mathrm{stör}} + 2\,\Omega_{\mathrm{p}}\Omega_x \\ & + \Omega_z\Omega_x + \alpha_{\mathrm{p}}(\Omega_{\mathrm{p}} + \Omega_z)\Omega_y - 2\alpha_{\mathrm{s}}\Omega_{\mathrm{p}}\Omega_z \\ & - \alpha_{\mathrm{s}}(\Omega_{\mathrm{p}}^2 + \Omega_z^2) + \alpha_{\mathrm{s}}\Omega_x^2 \\ & - \dot{\Omega}_y + \alpha_{\mathrm{p}}\dot{\Omega}_x\end{aligned} \tag{3.21}$$

verwendet.

4. Kapazitäten und elektrostatische Kräfte

Die Berechnung der elektrostatischen Eigenschaften des Sensors ist Gegenstand des vorliegenden Kapitels. Zunächst werden die Kapazitäten in Abhängigkeit von der mechanischen Bewegung und anschließend die elektrostatischen Kräfte und Momente in Abhängigkeit von den angelegten elektrischen Spannungen berechnet. Bei der Behandlung des elektrostatischen Kammantriebs kommt den ihm immanenten Störeffekten besondere Beachtung zu.

Im vorliegenden Kapitel sowie in den Kapiteln 5 bis 8 werden Beispiele berechnet, die sich auf die in Kapitel 9 gegebenen Sensorvarianten DAVED/C01, DAVED/C02 und DAVED/C03 beziehen. Falls keine zusätzlichen Angaben gemacht werden, beruhen die Berechnungen auf den Layoutparametern aus Tabelle 9.1 (S. 210), den Technologieparametern aus Tabelle 9.2 (S. 212) sowie den Standardbetriebsparametern aus Tabelle 9.3 (S. 213). Die verwendeten physikalischen Konstanten und Materialdaten sind im Anhang A aufgeführt.

4.1 Kapazitäten

4.1.1 Kammelektroden

Mit der Höhe h der Kammelektroden, dem Abstand r_i eines beweglichen Fingers von der Drehachse, dem Überlapp l_{fi} eines feststehenden und eines beweglichen Fingers der Kämme, deren Abstand d_f und dem Rotationswinkel α_p um die z-Achse gilt für die Kapazität zwischen dem i-ten beweglichen Finger und den zwei benachbarten, feststehenden Fingern bei Rotation um die z-Achse (s. Abbildung 4.1)

$$C_{fi} = \frac{2\varepsilon h l_{fi}}{d_f} \left(1 \pm \frac{r_i \alpha_p}{l_{fi}} \right) . \tag{4.1}$$

ε ist definiert als das Produkt der Dielektrizitätskonstanten ε_0 und der relativen Dielektrizitätskonstanten ε_r. Das Pluszeichen gilt für einen Finger, bei welchem für positive Drehwinkel α_p der Überlapp und damit die effektive Kondensatorfläche vergrößert wird. Das Minuszeichen gilt, wenn dabei der Überlapp verkleinert wird. Zur Berechnung des kapazitiven Meßsignals werden die Summe und die Differenz der differentiellen Detektionskapazitäten C_{p1} und C_{p2} benötigt. Da die Kämme zur Detektion der Primärschwingung jeweils die gleiche Anzahl an Fingern besitzen, ist die Gesamtkapazität unabhängig von der Auslenkung:

$$C_{p1} + C_{p2} = \frac{4\varepsilon h}{d_f} n_{dk} \sum_{i=1}^{n_f} l_{fi} . \tag{4.2}$$

Dabei ist n_f die Anzahl der Finger pro Kamm und n_{dk} ist die Zahl der Kämme pro Detektionsrichtung. Für die differentielle Kapazitätsänderung erhält man:

$$C_{p1} - C_{p2} = \frac{4\varepsilon h}{d_f} n_{dk} \alpha_p \sum_{i=1}^{n_f} r_i . \tag{4.3}$$

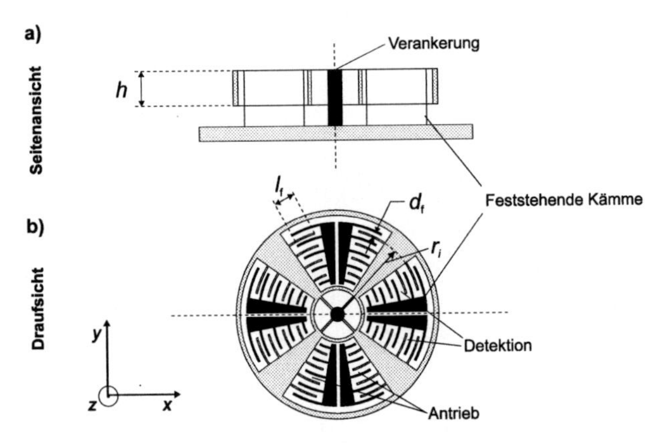

Abb. 4.1. Schematische Darstellung des Antriebsrads von DAVED-RR mit Detektions- und Antriebskämmen.

Beim Design DAVED/C01 ist $n_{\mathrm{dk}} = 2$, und man erhält

$$C_{\mathrm{p1}} + C_{\mathrm{p2}} = 181\ \mathrm{fF}\ , \qquad C_{\mathrm{p1}} - C_{\mathrm{p2}} = 66{,}6\ \mathrm{fF}\ , \tag{4.4}$$

wobei eine Auslenkung $\alpha_{\mathrm{p}} = 1°$ angenommen ist.

4.1.2 Detektionselektroden

In diesem Abschnitt werden die Kapazitätsänderungen bei den folgenden Bewegungen des Sekundäroszillators relativ zum Substrat berechnet:

- Rotationen um die x-, y- und z-Achse sowie
- lineare Bewegung in z-Richtung.

Lineare Bewegungen in x- und y-Richtung werden vernachlässigt.

Die Elektrodenflächen des Sekundäroszillators werden in infinitesimale Flächenelemente $\mathrm{d}A$ unterteilt, welche als Parallelschaltung von Plattenkondensatoren aufgefaßt werden. Mit dem Faktor c_{f} wird die einheitliche, technologiebedingte Perforation (s. Kapitel 11) des Sekundärschwingers berücksichtigt (für die Definition von c_{f} siehe Abbildung 6.2, S.156). Im Gegensatz zur Kapazitätsänderung der Kammelektroden, die durch eine Änderung der effektiven Kondensatorfläche verursacht wird, sind die Kapazitätsänderungen überwiegend auf eine Änderung des Plattenabstands zurückzuführen. Mit dem Flächenelement $\mathrm{d}A = c_{\mathrm{f}}\, \mathrm{d}x\, \mathrm{d}y$ wird für die Gesamtkapazität der beiden Ausleseelektroden (Teilkapazitäten C_1 und C_2) zunächst allgemein angesetzt:

$$C_{\mathrm{s1}} + C_{\mathrm{s2}} = \varepsilon \int\limits_{A_{\mathrm{C1}}} \frac{\mathrm{d}A}{d_1^*(x,y)} + \varepsilon \int\limits_{A_{\mathrm{C2}}} \frac{\mathrm{d}A}{d_2^*(x,y)}\ . \tag{4.5}$$

Für die differentielle Kapazitätsänderung verwendet man

$$C_{\mathrm{s1}} - C_{\mathrm{s2}} = \varepsilon \int\limits_{A_{\mathrm{C1}}} \frac{\mathrm{d}A}{d_1^*(x,y)} - \varepsilon \int\limits_{A_{\mathrm{C2}}} \frac{\mathrm{d}A}{d_2^*(x,y)}\ . \tag{4.6}$$

Dabei ist zu beachten, daß die Integration jeweils über den *momentanen* Überlapp A_{C1} bzw. A_{C2} der beweglichen Struktur mit den beiden Substratelektroden auszuführen ist. Das heißt, bei einer nicht ideal symmetrischen Anordnung ist die Integrationsfläche im allgemeinen Fall eine

Funktion der Primärauslenkung und damit der Zeit. Ebenso gehen die Funktionen d_1^* und d_2^* nicht zwingend durch Spiegelung an der y-Achse auseinander hervor, d.h. im allgemeinen gilt nicht $d_1^*(x,y)=d_2^*(-x,y)$. Für viele Untersuchungen, wie beispielsweise die durch die Primärauslenkung verursachte Kapazitätsänderung, können (4.5) und (4.6) nur numerisch ausgewertet werden. Die Fälle, für welche durch vereinfachende Annahmen eine analytische Auswertung sinnvoll und möglich ist, werden im folgenden betrachtet.

Kann die Integration in (4.5) und (4.6) auf die in Abbildung 4.2 schraffierten Bereiche der beweglichen Struktur beschränkt werden, erhält man (die verwendenten Integrationsgrenzen gehen aus der Abbildung 4.2 hervor)

$$C_{s1} + C_{s2} = \varepsilon\, c_f \int_{r_1}^{r_2} \int_{-l/2}^{l/2} \left(\frac{1}{d_1(x,y)} + \frac{1}{d_2(x,y)} \right) \mathrm{d}x\, \mathrm{d}y \tag{4.7}$$

und

$$C_{s1} - C_{s2} = \varepsilon\, c_f \int_{r_1}^{r_2} \int_{-l/2}^{l/2} \left(\frac{1}{d_1(x,y)} - \frac{1}{d_2(x,y)} \right) \mathrm{d}x\, \mathrm{d}y\ . \tag{4.8}$$

Die Funktionen d_1 und d_2 sind wie folgt definiert:

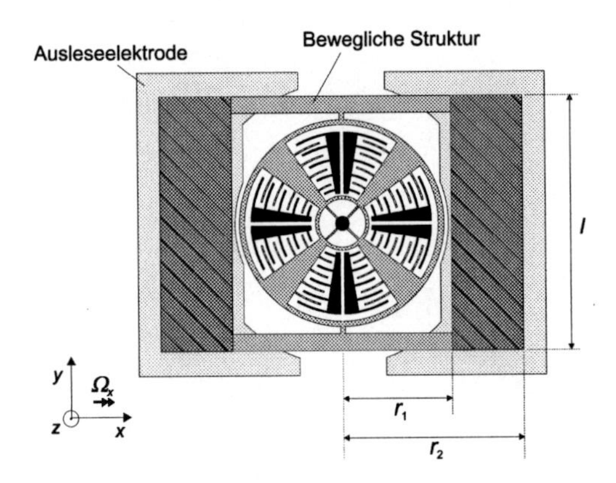

Abb. 4.2. Schematische Darstellung von DAVED-RR mit Definition der äußeren Abmessungen zur Berechnung der Detektionskapazitäten.

$$d_1(x,y) = d_{10} - \alpha_s x + \alpha_x y + c_\sigma(x^2 + y^2) + c_d(\arctan(y/x) - \alpha_p) + \Delta z(a_z,V) \,,$$
$$d_2(x,y) = d_{20} + \alpha_s x + \alpha_x y + c_\sigma(x^2 + y^2) + c_d(\arctan(y/x) + \alpha_p) + \Delta z(a_z,V) \,. \tag{4.9}$$

Hier sind d_{10}, d_{20} Konstanten, α_x, α_s und α_p sind die Drehwinkel des Sekundäroszillators um seine x-, y- beziehungsweise z-Achse. Der Term $c_\sigma(x^2 + y^2)$ beschreibt eine Verwölbung der Struktur, die durch einen Streßgradienten verursacht wird. Die Konstante c_σ wird in Abschnitt 5.5 definiert. Mit $c_d \arctan(y/x)$ wird berücksichtigt, daß sich der Elektrodenabstand an einem Punkt (x,y) auf der beweglichen Struktur bei Drehung um die z-Achse ändern kann. Ursachen hierfür sind die Inhomogenität der Opferschicht (s. Abschnitt 11.1.1) sowie ein inhomogener Streßgradient, der zu einer asymmetrischen Verwölbung führen kann. Der Ansatz mit der Funktion $\arctan(y/x)$ ist willkürlich und wurde gewählt, da die Integration für Spezialfälle analytisch durchgeführt werden kann. Mit der Konstanten c_d wird die Änderung des Elektrodenabstands pro rad angegeben. Beschleunigungen in z-Richtung sowie elektrostatische Kräfte durch eine elektrische Spannung V werden durch eine lineare Verschiebung der gesamten beweglichen Struktur in z-Richtung um $\Delta z(a_z, V)$ vereinfachend berücksichtigt.

Für $d_{10} = d_{20} = d$, $c_\sigma = c_d = \Delta z = 0$ erhält man nach Integration und Taylorentwicklung aus (4.7) und (4.8) bei Berücksichtigung von Termen bis zur zweiten, beziehungsweise dritten Potenz der Winkel α_s, α_x

$$C_{s1} + C_{s2} = \frac{2\varepsilon c_f l(r_2 - r_1)}{d}\left(1 + \frac{l^2\alpha_x^2}{12d^2} + \frac{(r_1^2 + r_1 r_2 + r_2^2)\alpha_s^2}{3d^2}\right) \tag{4.10}$$

und

$$C_{s1} - C_{s2} = \frac{\varepsilon c_f l(r_2^2 - r_1^2)}{d^2}\left(\alpha_s + \frac{l^2}{4d^2}\alpha_x^2\alpha_s + \frac{(r_2^2 + r_1^2)}{4d^2}\alpha_s^3\right) \,. \tag{4.11}$$

Für fast alle Berechnungen, beispielsweise die des Skalenfaktors, der Nichtlinearität, der Beschleunigungs- oder der Querempfindlichkeit, sind (4.10) und (4.11) ausreichend, wenn man dort d durch einen effektiven Abstand d_{eff} ersetzt, bei welchem beispielsweise der Streßgradient oder die Beschleunigung in z-Richtung berücksichtigt wird. Mit dem in Abschnitt 13.1.2 für das

Design DAVED/C01 abgeleiteten mittleren Elektrodenabstand $d_{eff} = 4{,}3$ µm erhält man für die Gesamtkapazität des Designs

$$C_{s1} + C_{s2} = 2{,}1 \text{ pF} . \tag{4.12}$$

Bei einem Winkel $\alpha_s = 2 \cdot 10^{-5\circ}$, einem typischen Wert für eine Winkelgeschwindigkeit von 1 °/s, beträgt die Kapazitätsänderung

$$C_{s1} - C_{s2} = 51 \text{ aF} . \tag{4.13}$$

Für die Berechnung der Kapazitätsänderung durch die Primärbewegung α_p setzt man in (4.9) $d_{10} = d_{20} = d$, $\alpha_s = \alpha_x = c_\sigma = \Delta z = 0$ und erhält damit bei Berücksichtung von Termen bis zur ersten Ordnung in α_p aus (4.7) und (4.8)

$$C_{s1} + C_{s2} = \frac{2 \varepsilon c_f l (r_2 - r_1)}{d} \tag{4.14}$$

und

$$C_{s1} - C_{s2} = \frac{2 \varepsilon c_f l (r_2 - r_1)}{d^2} c_d \alpha_p . \tag{4.15}$$

Wenn man in (4.15) für α_p die Amplitude der Primärschwingung einsetzt, erhält man die in Abschnitt 2.2 eingeführte Kapazitätsänderung ΔC_{AE0} aufgrund eines asymmetrischen Elektrodenabstands. ΔC_{AE0} erzeugt ein Störsignal proportional zur Primärschwingung und geht wesentlich in die Quadratur *QU* und den Nullpunkt *NP* im Ausgangsignal ein.

4.2 Elektrostatische Kräfte

Gegeben sei eine Elektrodenanordnung mit festen elektrostatischen Potentialen der elektrostatischen Energie W. Die auf einen Körper der Elektrodenanordnung wirkende Kraft beträgt [Jac83] ($\nabla = (\partial/\partial x, \partial/\partial y, \partial/\partial z)$ ist der Gradient und $\partial/\partial x_i$ sind die partiellen Ableitungen):

$$\boldsymbol{F}_{\text{el}} = \nabla W \; . \tag{4.16}$$

Für einen idealen Plattenkondensator, zwischen dessen Elektroden eine Potentialdifferenz V besteht, beträgt die elektrostatische Energie

$$W = \frac{1}{2} C V^2 \; . \tag{4.17}$$

Bei Vernachlässigung der Randfelder gilt für die Kapazität der in Abbildung 4.3 dargestellten, planparallelen Elektrodenanordnung

$$C = \varepsilon \, \frac{l(x)\, h(y)}{d(z)} \; . \tag{4.18}$$

Hier ist $d(z)$ der Plattenabstand, und A_C = l(x) h(y) ist die effektive Plattenfläche. Mit den Einheitsvektoren $\boldsymbol{e}_x$, $\boldsymbol{e}_y$, $\boldsymbol{e}_z$ folgt aus (4.16)-(4.18) für die untere Elektrode in Abbildung 4.3

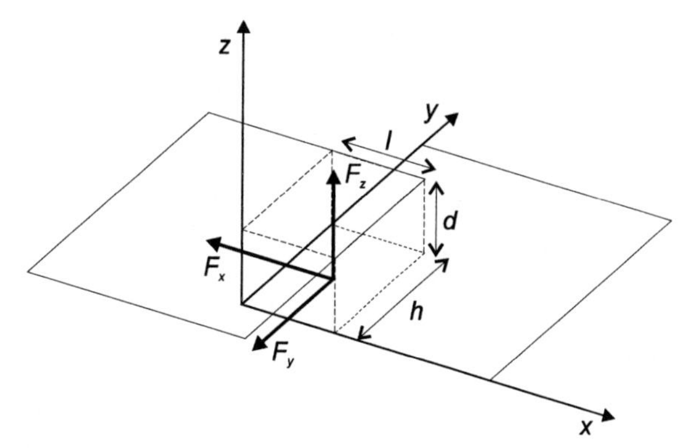

Abb. 4.3. Schematische Darstellung einer planparallelen Elektrodenanordnung zur Definition der Abmessungen und der elektrostatischen Kräfte.

$$\begin{aligned} \boldsymbol{F}_{\text{el}} &= \nabla\left(\frac{1}{2}CV^2\right) \\ &= \frac{1}{2}\,\varepsilon V^2 \left(\frac{1}{d(z)} \left[h(y)\frac{\partial l(x)}{\partial x}\,\boldsymbol{e}_x + l(x)\frac{\partial h(y)}{\partial y}\,\boldsymbol{e}_y \right] - \frac{l(x)\,h(y)}{d(z)^2}\frac{\partial d(z)}{\partial z}\,\boldsymbol{e}_z \right) . \end{aligned} \tag{4.19}$$

Die elektrostatische Kraft ist stets so gerichtet, daß der Plattenabstand durch sie verkleinert und die Plattenfläche vergrößert wird.

4.2.1 Kammantrieb

Die Berechnung des elektrostatischen Ring-Kammantriebs erfolgt näherungsweise in Anlehnung an einen linearen Kammantrieb. Letzerer ist in Abbildung 4.4.a in der Seitenansicht und in der Draufsicht dargestellt, während Abbildung 4.4.b die Grundstruktur zeigt. Bei einer idealen Führung, die Bewegungen in y- und z-Richtung unterbindet, sind $h(z) = h$ und $d(y) = d$ konstant (man beachte die unterschiedlichen Koordinatensysteme in Abbildung 4.3 und 4.4). Damit folgt aus (4.19) für die elektrostatische Kraft der Grundstruktur (Index "-g")

$$\boldsymbol{F}_{\text{cd-g}} = -\varepsilon\frac{h}{d}\,V^2\,\boldsymbol{e}_x . \tag{4.20}$$

Bemerkenswert dabei ist, daß die Kraft unabhängig von der Auslenkung ist. Dies gilt allerdings nur im Rahmen der Annahme eines idealen Plattenkondensators. Nehmen h oder l Werte der Größenordnung von d und kleiner an, wird die Kraft abstandsabhängig. Auf eine weitere Darstellung dieses Sachverhalts wird verzichtet, da die Kammantriebe so dimensioniert sind, daß stets $h,\ l \gg d$ gilt.

Um eine elektrostatische Kraft mit der Frequenz der angelegten Spannung zu erhalten, was bei der Erzeugung der Primärschwingung vorteilhaft ist, werden Kammantriebe meist zweiseitig ausgelegt. Mit einem Kamm werden Kräfte beziehungsweise Momente in positiver Auslenkungsrichtung (F_1) und mit dem zweiten Kamm in negativer Auslenkungsrichtung (F_2) erzeugt. Mit den Spannungen V_1 und V_2, die an je einen der beiden (abgesehen von der Wirkrichtung identischen) Kämmen angelegt wird, und mit der Anzahl n_f der Finger je Kamm erhält man für den Betrag der Gesamtkraft eines linearen Antriebs

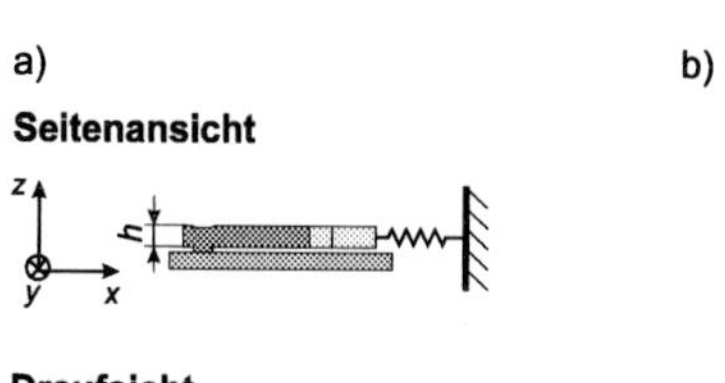

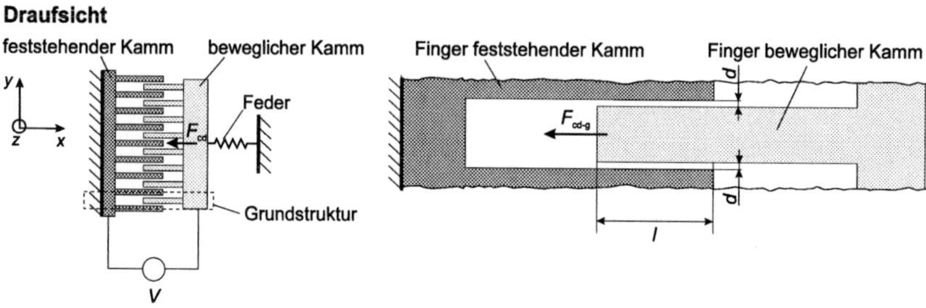

Abb. 4.4. Schematische Darstellung eines linearen Kammantriebs: a) Seitenansicht und Draufsicht, b) Grundstruktur.

$$F_{\mathrm{cd}} = F_1 - F_2 = \varepsilon \frac{h}{d} n_{\mathrm{f}} (V_1^2 - V_2^2) \; . \tag{4.21}$$

Für den Ringantrieb wird die Kraft einer Grundstruktur nach (4.20) berechnet und mit dem mittleren Abstand r_i der i-ten Grundstruktur von der Drehachse multipliziert, um das Moment zu erhalten. Das Gesamtmoment des Ringantriebs ist dann

$$M_{\mathrm{cd}} = \varepsilon \frac{h}{d} \left(\sum_{i=1}^{n_{\mathrm{f}}} r_i \right) (V_1^2 - V_2^2) \; . \tag{4.22}$$

Verwendet man mehrere Kämme pro Antriebsrichtung, muß (4.22) beziehungsweise (4.21) mit der Anzahl der Antriebskämme n_{ak} pro Richtung multipliziert werden.

Für die Spannungen V_1 und V_2 wählt man einen periodischen zeitlichen Verlauf mit der Kreisfrequenz ω und einem Offset V_{DC} gemäß

$$\begin{aligned} V_1(t) &= V_{\mathrm{DC}} + V_{\mathrm{AC}} \cos(\omega t) \; , \\ V_2(t) &= V_{\mathrm{DC}} - V_{\mathrm{AC}} \cos(\omega t) \; . \end{aligned} \tag{4.23}$$

Damit wird aus (4.21)

$$F_{\mathrm{cd}} = 4\,\varepsilon \frac{h}{d} n_{\mathrm{f}}\, n_{\mathrm{ak}}\, V_{\mathrm{DC}}\, V_{\mathrm{AC}} \cos(\omega\, t) \tag{4.24}$$

und aus (4.22)

$$M_{\mathrm{cd}} = 4\,\varepsilon \frac{h}{d} n_{\mathrm{ak}} \left(\sum_{i=1}^{n_{\mathrm{f}}} r_i \right) V_{\mathrm{DC}}\, V_{\mathrm{AC}} \cos(\omega\, t)\ . \tag{4.25}$$

Mit (4.24) und (4.25) erhält man eine periodische Antriebskraft beziehungsweise ein periodisches Antriebsmoment mit einer linearen Abhängigkeit von V_{DC} und V_{AC} sowie mit der Kreisfrequenz ω der Antriebsspannung. Damit kann die in Kapitel 2 vorausgesetzte elektronische Regelung der Primärschwingung realisiert werden.

4.2.1.1 Instabilität des elektrostatischen Antriebs

Im vorangegangenem Abschnitt werden idealisierte Kammantriebe mit idealen Eigenschaften der Führung und unendlicher Steifigkeit der einzelnen Kammelektroden betrachtet. Abweichungen von diesem Verhalten sind Gegenstand des vorliegenden Abschnitts und des Abschnitts 4.2.1.2.

Zunächst werden die an den einzelnen Kammelektroden (Finger) angreifenden Kräfte bei einer Verrückung Δy des gesamten beweglichen Fingers in y-Richtung untersucht (Koordinatensystem entsprechend Abb. 4.4 und 4.1). Aus (4.19) folgt für die y-Komponente der elektrostatischen Kraft (A_{C} ist die effektive Plattenfläche)

$$F_{\mathrm{el\text{-}g},y} = \frac{1}{2}\,\varepsilon A_{\mathrm{C}}\, V^2 \left(\frac{1}{(d - \Delta y)^2} - \frac{1}{(d + \Delta y)^2} \right)\ . \tag{4.26}$$

Daraus wird eine elektrostatische Kraftkonstante wie folgt definiert:

$$k_{\mathrm{el\text{-}g}} = -\frac{\mathrm{d}F_{\mathrm{el\text{-}g},y}}{\mathrm{d}(\Delta y)}\bigg|_{\Delta y=0} = -2\,\varepsilon A_{\mathrm{C}}\, V^2\, \frac{1}{d^3}\ . \tag{4.27}$$

Das negative Vorzeichen entspricht dem Sachverhalt, daß die resultierende elektrostatische Kraft *in Richtung* der Auslenkung weist und nicht wie beispielsweise mechanische Rückstellfedern der Auslenkung entgegenwirkt. Die elektrostatische Kraftkonstante k_{el} des gesamten Kammantriebs erhält man durch Multiplikation von (4.27) mit der Anzahl der Antriebe und mit der Anzahl der Elektroden n_f pro Kamm.

Um die Funktion des Antriebs zu gewährleisten, müssen zwei Stabilitätskriterien erfüllt sein:

1. Die mechanische Kraftkonstante k_{mech} der gesamten beweglichen Struktur in y-Richtung muß größer sein als der Betrag der elektrostatischen Kraftkonstante k_{el}:

$$k_{mech} > |k_{el}| \; . \tag{4.28}$$

2. Die mechanische Kraftkonstante $k_{mech\text{-}g}$ eines einzelnen Fingers in y-Richtung muß größer sein als der Betrag der elektrostatischen Kraftkonstante $k_{el\text{-}g}$:

$$k_{mech\text{-}g} > |k_{el\text{-}g}| \; . \tag{4.29}$$

Zur Untersuchung der Stabilität in bezug auf eine Verschiebung der gesamten beweglichen Struktur in y-Richtung wird die mechanische Kraftkonstante durch eine FEM-Analyse bestimmt, während die elektrostatische Kraftkonstante analytisch berechnet wird.

Beim Betrieb von DAVED-RR werden die größten Spannungen (bis zu 20 V) an die Antriebselektroden (Abbildung 4.1) angelegt. Die Berechnung der zugehörigen elektrostatischen Kraftkonstante erfolgt durch Multiplikation von (4.27) mit $4 \cdot n_f$ (die 4 entspricht der Anzahl der entlang der y-Richtung angeordneten Kämme). Mit einer maximalen Spannung von 20 V erhält man für das Design DAVED/C01:

$$k_{el} = -8\, n_f\, \varepsilon A_C\, V^2\, \frac{1}{d^3} \approx -23{,}4\, \frac{\mathrm{N}}{\mathrm{m}} \; . \tag{4.30}$$

Zur Berechnung der mechanischen Kraftkonstante wird eine FEM-Analyse (FEM-Modell siehe Abschnitt 5.2) mit einer statischen Beschleunigung a durchgeführt, die auf die gesamte mechanische Struktur wirkt. Aus der resultierenden Auslenkung Δy errechnet man mit der Gesamtmasse m der beweglichen Struktur die mechanische Kraftkonstante $k_{mech,y}$. Für das Design DAVED/C01 erhält man

$$k_{\mathrm{mech,y}} = \frac{a \cdot m}{\Delta y} = \frac{10000\ \frac{\mathrm{m}}{\mathrm{s}^2} \cdot 52 \cdot 10^{-9}\ \mathrm{kg}}{0{,}047\ \mu\mathrm{m}} = 11 \cdot 10^3\ \frac{\mathrm{N}}{\mathrm{m}} . \tag{4.31}$$

Das Stabilitätskriterium wird erfüllt, da der Betrag der mechanischen Kraftkonstante ca. 500 mal größer ist als der der elektrostatischen Kraftkonstante.

Verbiegt sich ein einzelner Finger, müßte die elektrostatische Kraft als nichtkonstante Streckenlast über die Länge des Fingers integriert werden. Setzt man in (4.27) die gesamte Fingerfläche ein (und nicht nur die effektive Kondensatorfläche A_C), erhält man eine obere Abschätzung für den Betrag der elektrostatischen Kraftkonstante. Für die mechanische Kraftkonstante wird dagegen eine Abschätzung durchgeführt, die eine untere Grenze des zu erwartenden Werts darstellt. Sie wird definiert als der Quotient der auf den Finger wirkenden Kraft und der maximalen Auslenkung des Fingers. Unter einer über die Fingerlänge l_{el} konstanten Streckenlast $q = F/l_{\mathrm{el}}$ wird der Finger an der Spitze um Δy

$$\Delta y = \frac{3\ q\ l_{\mathrm{el}}^4}{2\ E\ h\ b^3} = \frac{3\ F\ l_{\mathrm{el}}^3}{2\ E\ h\ b^3} \tag{4.32}$$

verbogen [Bei87]. E stellt das Elastizitätsmodul dar, und b ist die Breite eines Fingers. Die mechanische Kraftkonstante kann damit durch

$$k_{\mathrm{mech}} = \frac{2\ E\ h\ b^3}{3\ l_{\mathrm{el}}^3} \tag{4.33}$$

abgeschätzt werden. Mit (4.27) läßt sich das Stabilitätskriterium schreiben als

$$\frac{2\ E\ h\ b^3}{3\ l_{\mathrm{el}}^3} > 2\,\varepsilon h\, l_{\mathrm{el}}\, V^2\ \frac{1}{d^3} \qquad \text{oder} \qquad V^2 < \frac{E\ b^3\ d^3}{3\ \varepsilon\ l_{\mathrm{el}}^4} . \tag{4.34}$$

Bei der kleinsten realisierbaren Strukturbreite von $b = 2{,}3\ \mu\mathrm{m}$ erhält man mit dem kleinstmöglichen Elektrodenabstand $d = 2{,}7\ \mu\mathrm{m}$ (s. Tabelle 11.2, S. 235), mit $l_{\mathrm{el}} = 40\ \mu\mathrm{m}$, $\varepsilon = \varepsilon_0$ und $E = 1{,}62 \cdot 10^{11}\ \mathrm{N/m^2}$ rechnerisch $V < 755$ V. Als Ergebnis kann damit festgehalten werden, daß die Stabilität der einzelnen Elektroden unkritisch ist.

4.2.1.2 Levitation

Elektrostatische Kammantriebe besitzen aufgrund des Substrats, das unter den beweglichen Strukturen liegt, keine Symmetrieebene parallel zur Substratebene. Als Folge sind auch die elektrostatischen Potential- und Feldlinien asymmetrisch (s. Abbildung 1.14, S. 70). Es resultiert die sogenannte Levitationskraft F_{lev} auf die beweglichen Finger, die versucht, diese anzuheben [Tan92]. Die Berechnung der Levitationskräfte für verschiedene Spannungen und Auslenkungen in z-Richtung erfolgt mit einem zweidimensionalen Finite Elemente Modell (s. Abbildung 4.5), das mit dem Programm ANSYS [Ans99] erstellt und berechnet wurde. Mit einer Höhe der Finger von 10,3 µm, einer Breite von 3,3 µm und einem Elektrodenabstand von 2,7 µm erhält man für die durch ein Polynom zweiten Grades approximierte Levitationskraft pro Fingerlänge:

$$\frac{F_{lev}}{l_{el}} = p_0 + p_1 V + p_2 V^2 + p_3 \Delta z + p_4 V \Delta z + p_5 \Delta z^2 \tag{4.35}$$

mit den Koeffizienten

$$p_0 = -0{,}3097, p_1 = +0{,}9533, p_2 = +1.171, p_3 = +16{,}05, p_4 = -7{,}626, p_5 = -3{,}194.$$

Die Kraft pro Länge ist gegeben in pN/µm, wenn die vertikale Auslenkung Δz in µm und die angelegte Spannung in Volt eingesetzt werden. Wie in LdV [4-5] gezeigt wird, kann die Levitationskraft bei Gyroskopen mit Ringantrieb, bestehend aus zwei Kämmen (Abbildung 4.6.a), und nicht entkoppelten Primär- und Sekundärschwingungen einen Offset in der Größenordnung von einigen 10 °/s verursachen. Werden Antriebe mit insgesamt vier Kämmen verwendet (Abbildung 4.6.b), können jeweils zwei mit derselben Anregungsspannung beaufschlagte Kämme diagonal gegenüberliegend plaziert werden. Dadurch kann die Levitationskraft weitgehend kompensiert und ein resultierender Offset stark reduziert werden. Terme höherer Ordnung, die in (4.35) nicht berücksichtigt werden, können bei DAVED® durch die Entkopplung kompensiert werden. Diese erlaubt, die Halterung der Antriebseinheit in Richtung der Sekundärbewegung möglichst steif auszulegen, was bei fehlender Entkopplung nicht möglich ist.

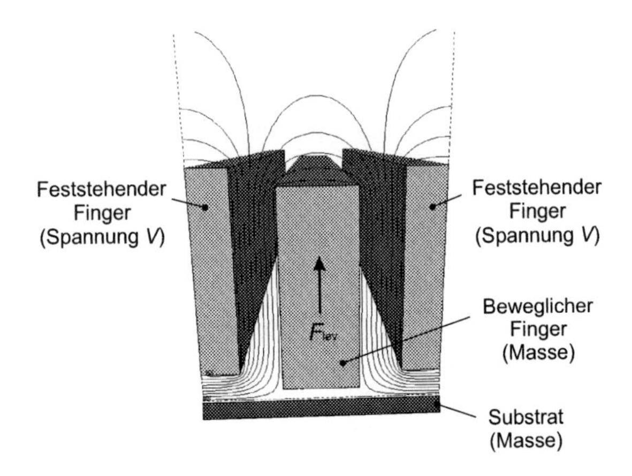

Abb. 4.5. Zweidimensionales FEM-Modell zur Berechnung der Levitationskraft (in dritte Dimension extrudiert).

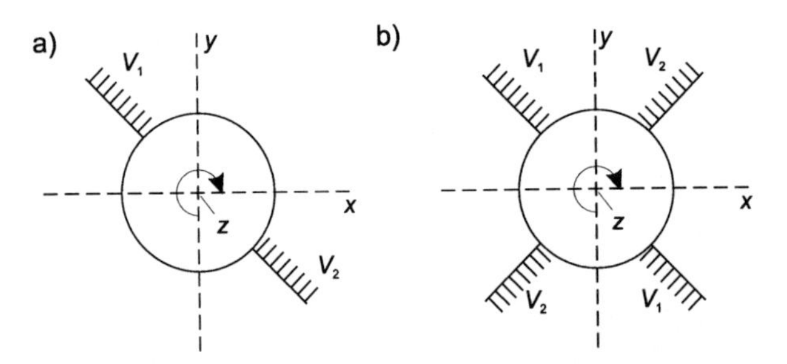

Abb. 4.6. Schematische Darstellung von Ring-Kammantrieben mit a) zwei und b) vier Kämmen.

4.2.1.3 Durchschlagspannung

Ein weiterer limitierender Faktor bei elektrostatischen Kammantrieben ist durch die Durchschlagspannung gegeben, die nicht überschritten werden darf, wenn Langzeitschäden vermieden werden sollen. Die Gasentladung, ein Mechanismus, der zum Durchschlag führt, wurde bereits vor der Jahrhundertwende untersucht und ist gut verstanden. Die Durchschlag- oder Zündspannung V_Z wird durch das Paschensche Gesetz beschrieben [Eic81]:

$$V_Z = \frac{B \cdot p \cdot d}{\ln(p \cdot d) - \ln(M/A)} . \tag{4.36}$$

Mit den Konstanten *B, M,* und *A* werden die Ionisierungsspannung, die Masse und die Elektronenaffinität der Gasmoleküle sowie die Geometrie, die Oberflächenbeschaffenheit, die Temperatur der Elektroden und die Austrittsarbeit der Elektronen beschrieben. Neben diesen Materialeigenschaften hängt die Zündspannung V_Z vom Produkt des Elektrodenabstands d und des Drucks p ab. Ein typischer Verlauf für Stickstoff ist in Abbildung 4.7 dargestellt [Gän53]. Nach Gleichung (4.36) kann die Zündspannung für $pd \to \infty$ und für $pd \to M/A$ unendlich groß werden. Dazwischen durchläuft V_Z ein Minimum, das einfach zu erklären ist: Die Zündspannung nimmt mit wachsendem Druck p zunächst ab, weil die Zahl der ionisierenden Stöße mit der Teilchenzahl wächst. Bei höheren Drücken nimmt sie dagegen mit wachsendem Druck zu, weil die Elektronen infolge der hohen Teilchenkonzentration längs ihrer freien Weglänge nicht mehr genügend Energie für die Ionisierung aufnehmen können.

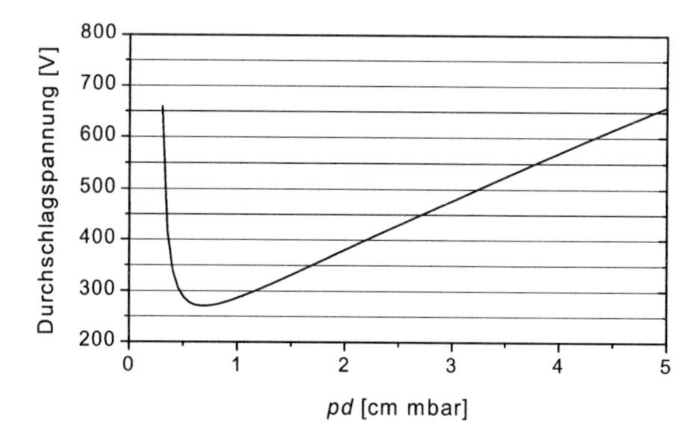

Abb. 4.7. Paschen-Kurve für Stickstoff [Gän53].

Für Stickstoff und Luft liegt die Zündspannung bei einem Elektrodenabstand von ca. 1 mm bis 10 mm über 200 V. Bei kleineren Elektrodenabständen treten Abweichungen vom Paschenschen Gesetz auf, die meist dem Einsetzen der Feldemission zugeschrieben werden. In [Dha94] werden Messungen mit Kupfer-, Aluminium- und Eisenelektroden bei Abständen von 1 μm und größer beschrieben. Die Durchschlagspannung liegt bei einem Abstand von 1 μm bei 20 V und bei einem Abstand von 2 μm bei 140 V. Ähnliche Untersuchungen mit Polysilizium als Elektrodenmaterial ergaben eine Durchschlagspannung von 300 V bei 2 μm Elektrodenabstand [Tai88].

Beim Betrieb des Sensors DAVED-RR werden Antriebsspannungen bis maximal 20 V verwendet. Die kleinsten Elektrodenabstände betragen 2,7 μm (s. Tabelle 11.2, S. 235). In Übereinstimmung mit den Ergebnissen der genannten Literaturstellen werden keine Durchschläge und keine Instabilität des Antriebs beobachtet.

4.2.2 Ausleseelektroden

An die Ausleseelektroden werden elektrische Spannungen zum Zweck der Detektion der Sekundärschwingung und zu deren direkten Beeinflussung (beispielsweise beim kraftkompensierten Betrieb oder zur elektrostatischen Resonanzfrequenzverschiebung) angelegt. Über die daraus resultierenden elektrostatischen Kräfte wird in beiden Fällen die Dynamik der Sekundärschwingung in Abhängigkeit von der anliegenden Spannung verändert.

Die elektrostatische Kraft in z-Richtung auf ein Flächenelement $\mathrm{d}x\mathrm{d}y$ der beweglichen Strukur erhält man aus (4.19):

$$\mathrm{d}F_{\mathrm{el}} = \frac{1}{2}\varepsilon c_{\mathrm{f}} V^2 \frac{\mathrm{d}x\,\mathrm{d}y}{d^*(x,y)^2} \,. \tag{4.37}$$

Mit d^* werden die beiden Funktionen d_1^* und d_2^*, die bei der Berechnung der Kapazität eingeführt wurden, zusammengefaßt (s. (4.5), (4.6)). Das auf die bewegliche Struktur wirkende elektrostatische Moment erhält man aus der Integration über die gesamte bewegliche Struktur

$$M_{\mathrm{el}} = \int\limits_{\substack{\text{bewegliche}\\ \text{Struktur}}} x\,\mathrm{d}F_{\mathrm{el}} \,. \tag{4.38}$$

Da die Asymmetrie der äußeren Abmessungen (l in y-Richtung, $2r_2$ in x-Richtung (Abb. 4.8)) der beweglichen Struktur vernachlässigt werden kann, nützt man die Symmetrie bezüglich der y-Achse und schreibt

$$M_{\mathrm{el}} = \frac{1}{2}\varepsilon c_{\mathrm{f}} \int_0^{r_2}\int_{-l/2}^{l/2} \left(\frac{V_1(x,y)^2 x}{d_1(x,y)^2} - \frac{V_2(x,y)^2 x}{d_2(x,y)^2} \right) \mathrm{d}x\,\mathrm{d}y \,, \tag{4.39}$$

wobei die Funktionen d_1 und d_2 entsprechend (4.9) verwendet werden. Es wird der allgemeine Fall betrachtet, daß unterschiedliche Spannungen V_1, V_2 angelegt werden. Im Unterschied zur Berechnung der Auslesekapazitäten kann nicht ohne weiteres nur über die dort gewählten Bereiche integriert werden, da beispielsweise die Leiterbahnen berücksichtigt werden müssen, welche die Anregungsspannungen führen und unter der beweglichen Struktur verlaufen. Gleichung (4.39) und insbesondere (4.38) können im allgemeinen nur numerisch integriert werden. Im folgenden werden für Spezialfälle Näherungslösungen berechnet.

4.2.2.1 Elektrostatische Kraftkonstante

Zunächst wird eine ideale Sensorstruktur ($d_{10} = d_{20} = d$, $c_\sigma = c_\mathrm{d} = \Delta z = 0$) betrachtet, und Auslenkungen um die x-Achse werden vernachlässigt. Legt man eine Gleichspannung V von demselben Betrag an beide Ausleseelektroden, heben sich dann die resultierenden Momente in der Ruhelage gegenseitig auf. Ist der Sekundärschwinger um einen Winkel α_s ausgelenkt, erhält man dagegen ein Moment, das in Richtung der Auslenkung wirkt. Zur Berechnung verwendet man die elektrostatische Kraft $\mathrm{d}F_\mathrm{el}$ eines Streifens parallel zur Drehachse in y-Richtung (vergleiche Abbildung 4.8). Seine Fläche sei $\mathrm{d}A_\mathrm{C}$, und sein Abstand von der Drehachse sei $r \approx x$. Ist l die Breite der beweglichen Struktur und damit die Länge des betrachteten Streifens, erhält man:

$$\mathrm{d}F_\mathrm{el} = \frac{1}{2}\varepsilon c_\mathrm{f}\,\mathrm{d}A_\mathrm{C}\,V^2 \frac{1}{(d - \alpha_\mathrm{s}x)^2} = \frac{1}{2}\varepsilon c_\mathrm{f}\,l\,V^2 \frac{\mathrm{d}x}{(d - \alpha_\mathrm{s}x)^2}\,. \tag{4.40}$$

Multiplikation mit dem Hebelarm x und Integration ergibt unter Verwendung der Symmetrieeigenschaften das Gesamtmoment:

$$\begin{aligned} M_\mathrm{el} &= \frac{1}{2}\varepsilon c_\mathrm{f}\,l\,V^2 \int_{r_1}^{r_2} \left(\frac{x}{(d - \alpha_\mathrm{s}x)^2} - \frac{x}{(d + \alpha_\mathrm{s}x)^2} \right) \mathrm{d}x \\ &= \frac{1}{2}\varepsilon c_\mathrm{f}\,l\,V^2 \frac{1}{\alpha_\mathrm{s}^2} \left[\frac{d}{d - \alpha_\mathrm{s}x} - \frac{d}{d + \alpha_\mathrm{s}x} - \ln \frac{d + \alpha_\mathrm{s}x}{d - \alpha_\mathrm{s}x} \right]_{r_1}^{r_2}\,. \end{aligned} \tag{4.41}$$

Die Integration wird wieder auf die in Abbildung 4.2 schraffiert dargestellten Bereiche beschränkt. Entwickelt man den Ausdruck in der Klammer der zweiten Zeile von (4.41) bis zu Termen der dritten Potenz von $(\alpha_\mathrm{s}x/d)$, erhält man als Näherung

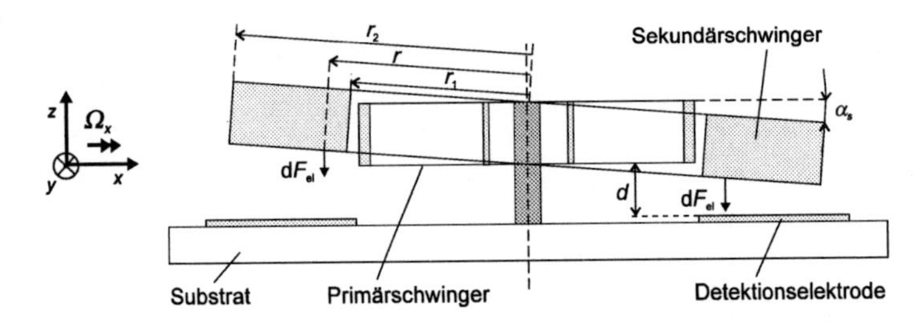

Abb. 4.8. Schematische Seitenansicht von DAVED-RR mit Definition der Linienkraft $\mathrm{d}F_\mathrm{el}$.

$$M_{\mathrm{el}} \approx \frac{2}{3} \varepsilon c_{\mathrm{f}} l V^2 \, \frac{r_2^3 - r_1^3}{d^3} \, \alpha_{\mathrm{s}} \,. \tag{4.42}$$

Aus (4.42) kann man eine elektrostatische Federsteifigkeit ableiten beziehungsweise definieren:

$$k_{\mathrm{el}} = -\frac{\mathrm{d}M_{\mathrm{el}}}{\mathrm{d}\alpha_{\mathrm{s}}}\bigg|_{\alpha_{\mathrm{s}}=0} = -\frac{2}{3} \varepsilon c_{\mathrm{f}} l V^2 \, \frac{r_2^3 - r_1^3}{d^3} \,. \tag{4.43}$$

Die Gleichspannung wirkt demnach wie eine negative Federkonstante, welche die effektive Resonanzfrequenz zu kleineren Werten verschiebt.

Da für reale Strukturen die mechanische Kraftkonstante in z-Richtung nicht unendlich ist, führen die elektrostatischen Kräfte auch zu einer Auslenkung der gesamten Struktur in z-Richtung und damit zur Änderung des Elektrodenabstands. Für analytische Rechnungen wird die dabei auftretende Verformung der Struktur vernachlässigt und eine gleichförmige Auslenkung Δz angenommen (vergleiche Abbildung 4.9). Ist k_z die mechanische Federsteifigkeit in z-Richtung und A_{C} die effektive Kondensatorfläche einer der beiden differentiellen Auslesekapazitäten, gilt im Kräftegleichgewicht (mit $d_{10} = d_{20} = d$, $\alpha_{\mathrm{s}} = \alpha_x = c_\sigma = c_{\mathrm{d}} = 0$)

$$\frac{1}{2} \varepsilon 2 \mathrm{A}_{\mathrm{C}} V^2 \, \frac{1}{(d - \Delta z)^2} = k_z \Delta z \tag{4.44}$$

oder

$$\Delta z^3 - 2d\Delta z^2 + d^2 \Delta z - \frac{\varepsilon A_{\mathrm{C}} V^2}{k_z} = 0 \,. \tag{4.45}$$

(4.45) wird am einfachsten mit numerischen Verfahren gelöst. Die Verschiebung in z-Richtung ändert die elektrostatische Kraftkonstante und kann in (4.40) bis (4.43) zumindest näherungsweise berücksichtigt werden, indem dort d durch $(d\text{-}\Delta z)$ ersetzt wird. Berücksichtigt man zusätzlich Beschleunigungen in z-Richtung, erhält man näherungsweise für die resultierende elektrostatische Kraftkonstante

$$k_{\mathrm{el}} = -\frac{\mathrm{d}M_{\mathrm{el0}}}{d\alpha_{\mathrm{s}}}\bigg|_{\alpha_{\mathrm{s}}=0} = -\frac{2}{3} \varepsilon c_{\mathrm{f}} l V^2 \, \frac{r_2^3 - r_1^3}{(d - \Delta z(a_z, V))^3} \,. \tag{4.46}$$

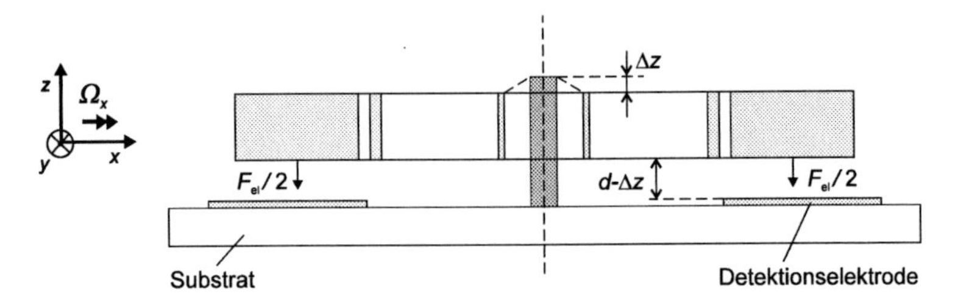

Abb. 4.9. Schematische Seitenansicht von DAVED-RR mit Definition der Auslenkung in z-Richtung durch elektrostatische Kräfte.

Die Auslenkung durch eine Beschleunigung in z-Richtung und die daraus resultierenden Meßfehler werden in Abschnitt 8.6 behandelt.

4.2.2.2 Berechnung von f_{qp10}

Um die Beiträge zum Störmoment f_{qp0} zu berechnen (s. (2.8)), die durch einen asymmetrischen Elektrodenabstand erzeugt werden, wird für $d_{10} = d_{20} = d$, $c_\sigma = \alpha_s = \alpha_x = 0$, $c_d \neq 0$ das elektrostatische Moment in Abhängigkeit vom Drehwinkel α_p um die z-Achse berechnet. Aus (4.39) erhält man nach Integration und Taylorentwicklung bis zur ersten Potenz in $(c_d\alpha_p/d)$

$$M_{el} = f_{qp10}\, J_y \approx \varepsilon c_f\, l\, V^2 \frac{r_2^2 - r_1^2}{d^2}\, c_d\, \alpha_p \,. \tag{4.47}$$

Setzt man für α_p die Amplitude der Primärschwingung ein, entspricht das Moment (4.47) dem Produkt aus f_{qp0} und dem Trägheitsmoment J_y des Sekundäroszillators um die y-Achse. f_{qp10} wird zusätzlich mit einer "1" indiziert, um kenntlich zu machen, daß es sich um einen Beitrag zum Gesamtmoment f_{qp0} handelt.

4.2.2.3 Steuer- und Regelkräfte

In Abschnitt 2.2.3, Gleichung (2.29) ist die für einen kraftkompensierten Betrieb erforderliche Regelkraft beziehungsweise das Regelmoment gegeben. Unter Vernachlässigung der Offset-Terme *NP, UD* muß die Kraft beziehungsweise das Moment

$$f_{\mathrm{cl}} = -\frac{1}{k_{\mathrm{Vq}}}\, sf{\cdot}\Omega \cos(\omega_{\mathrm{d}} t) \tag{4.48}$$

der Sekundärschwingung eingeprägt werden. Ähnlich wie für die Anregung der Primärschwingung wählt man zwei komplementäre Spannungen V_1 und V_2, die an die beiden Ausleseelektroden angelegt werden:

$$\begin{aligned} V_1(t) &= V_{\mathrm{DC}} + V_{\mathrm{AC}} \cos(\omega t)\ , \\ V_2(t) &= V_{\mathrm{DC}} - V_{\mathrm{AC}} \cos(\omega t)\ . \end{aligned} \tag{4.49}$$

Entsprechend der Herleitung zu (4.41) erhält man mit $d_{10} = d_{20} = d$, $c_\sigma = c_{\mathrm{d}} = \alpha_x = 0$ als resultierendes Moment

$$\begin{aligned} M_{\mathrm{el}} &= \frac{1}{2}\frac{\varepsilon c_{\mathrm{f}} l}{d^2} \int_{r_1}^{r_2} \left(\frac{V_1^2 r}{\left(1 - \frac{\alpha_{\mathrm{s}} r}{d}\right)^2} - \frac{V_2^2 r}{\left(1 + \frac{\alpha_{\mathrm{s}} r}{d}\right)^2} \right) \mathrm{d}r \\ &= \frac{1}{2}\frac{\varepsilon c_{\mathrm{f}} l}{\alpha_{\mathrm{s}}^2} \left[\frac{V_1^2}{1 - \frac{\alpha_{\mathrm{s}} r}{d}} - \frac{V_2^2}{1 + \frac{\alpha_{\mathrm{s}} r}{d}} + V_1^2 \ln\left(1 - \frac{\alpha_{\mathrm{s}} r}{d}\right) - V_2^2 \ln\left(1 + \frac{\alpha_{\mathrm{s}} r}{d}\right) \right]_{r_1}^{r_2} . \end{aligned} \tag{4.50}$$

Setzt man (4.49) ein und entwickelt die rechteckige Klammer von (4.50) bis zu Termen der dritten Potenz von $(\alpha_{\mathrm{s}} r/d)$, erhält man

$$\begin{aligned} M_{\mathrm{el}} \approx{} & \varepsilon c_{\mathrm{f}} l \,\frac{r_2^2 - r_1^2}{d^2}\, V_{\mathrm{DC}} V_{\mathrm{AC}} \cos(\omega t) \\ & + \frac{2}{3} \varepsilon c_{\mathrm{f}} l \,\frac{r_2^3 - r_1^3}{d^3}\, \alpha_{\mathrm{s}} \left(V_{\mathrm{DC}}^2 + V_{\mathrm{AC}}^2 \cos^2(\omega t) \right) . \end{aligned} \tag{4.51}$$

Der Term der zweiten Zeile ist selbst bei Auslenkungen entsprechend einer Drehrate von 100 °/s bei *freier* Sekundärschwingung mehr als zwei Größenordnungen kleiner als der Term der ersten Zeile und ist daher vernachlässigbar:

$$M_{\mathrm{el}} \approx \varepsilon c_{\mathrm{f}} l \frac{r_2^2 - r_1^2}{d^2} V_{\mathrm{DC}} V_{\mathrm{AC}} \cos(\omega t) . \tag{4.52}$$

Somit steht ein Moment der Frequenz ω zur Verfügung, das linear von V_{DC} und V_{AC} abhängt. Diese lineare Abhängigkeit ermöglicht eine Regelkreisentwicklung nach bekannten Verfahren. Dabei kann eine der beiden Größen V_{DC} oder V_{AC} als Stellgröße verwendet werden.

4.2.2.4 Berechnung von f_{fp0}

Durch die Antriebsspannungen auf den Leiterbahnen, welche teilweise unter der beweglichen Struktur verlaufen, wird ein Moment auf den Sekundärschwinger erzeugt, das die Frequenz der Antriebsspannung aufweist. Um dieses Moment möglichst gering zu halten, sind die Leiterbahnen mit derselben Antriebsspannung jeweils symmetrisch bezüglich der z-Achse angeordnet (Abbildung 4.10). Bei einer idealen Struktur kompensieren sich dadurch die Momente der jeweils diagonal gegenüberliegenden Leiterbahnen. Sind dagegen die bewegliche Struktur und die Leiterbahnen aufgrund der Justiergenauigkeit gegeneinander versetzt oder sind die Elektrodenabstände verschieden, erhält man ein resultierendes Moment, welches proportional zu f_{fp0} ist, dem Parameter, der den Faktor *UD* bestimmt.

Aus (4.9) erhält man mit $d_{10} = d_{20} = d$, $\alpha_{\mathrm{s}} = \alpha_x = c_\sigma = \Delta z = 0$ für die Elektrodenabstände in der Nähe der y-Achse bei $y = \pm l/2$

$$\begin{aligned} d_1 &= d + c_{\mathrm{d}} \pi/2 , \\ d_2 &= d - c_{\mathrm{d}} \pi/2 . \end{aligned} \tag{4.53}$$

Mit der Annahme, daß die Leiterbahnen gegenüber der beweglichen Struktur um Δr_{just} entlang der x-Achse verschoben sind, ergibt sich das Gesamtmoment auf den Sekundärschwinger näherungsweise durch (s. Abb. 4.10)

$$M_{\mathrm{el}} = \frac{1}{2}\,\varepsilon c_{\mathrm{f}} w_{\mathrm{LB}} w_{\mathrm{QB}} \left[\left(\frac{r_{\mathrm{LB}} - \Delta r_{\mathrm{just}}}{(d - c_{\mathrm{d}}\pi/2)^2} + \frac{r_{\mathrm{LB}} + \Delta r_{\mathrm{just}}}{(d + c_{\mathrm{d}}\pi/2)^2} \right) V_1^2 - \left(\frac{r_{\mathrm{LB}} + \Delta r_{\mathrm{just}}}{(d - c_{\mathrm{d}}\pi/2)^2} + \frac{r_{\mathrm{LB}} - \Delta r_{\mathrm{just}}}{(d + c_{\mathrm{d}}\pi/2)^2} \right) V_2^2 \right] . \tag{4.54}$$

w_{LB} ist dabei die Breite einer Leiterbahn, w_{QB} die Breite der beweglichen Struktur und r_{LB} der mittlere Abstand der Leiterbahn von der y-Achse bei $\Delta r_{\mathrm{just}} = 0$ µm. Mit den Antriebsspannungen (4.23) erhält man bei Vernachlässigung von Termen ab der dritten Potenz von $(c_{\mathrm{d}}\,\pi)/(2\,d)$

$$M_{\mathrm{el}} = \varepsilon c_{\mathrm{f}} w_{\mathrm{LB}} w_{\mathrm{QB}} \left[\frac{8\, r_{\mathrm{LB}}\, c_{\mathrm{f}}\, \pi/2}{d^3} V_{\mathrm{DC}} V_{\mathrm{AC}} \cos(\omega t) - \frac{2\,\Delta r_{\mathrm{just}}}{d^2} \left(V_{\mathrm{DC}}^2 + V_{\mathrm{AC}}^2 \cos^2(\omega t) \right) \right] . \tag{4.55}$$

Der zweite Term in der eckigen Klammer führt zu einer statischen Verkippung und einer Oszillation mit der Frequenz 2ω. Der erste Term entspricht dem gesuchten Störmoment. Der Vergleich mit der Definition von f_{fp0} (2.7) ergibt

$$f_{\mathrm{fp0}} = \frac{8\,\varepsilon c_{\mathrm{f}} w_{\mathrm{LB}} w_{\mathrm{QB}}}{J_{\mathrm{y}}} \frac{r_{\mathrm{LB}}\, c_{\mathrm{f}}\, \pi/2}{d^3} V_{\mathrm{DC}} V_{\mathrm{AC}} \ . \tag{4.56}$$

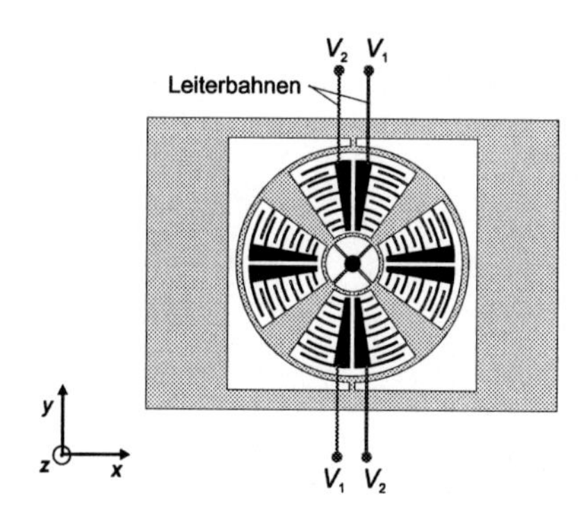

Abb. 4.10. Schematische Draufsicht DAVED-RR mit den Leiterbahnen, welche die Antriebsspannungen führen.

5. Strukturmechanik

Zu Beginn dieses Kapitels werden Begriffe und Formeln der Festigkeitslehre dargestellt, welche für die anschließende Berechnung der mechanischen Federsteifigkeiten und Resonanzfrequenzen verwendet werden. Die analytischen Ergebnisse werden mit FEM-Analysen verglichen. Anschließend wird die Resonanzfrequenzverschiebung der Sekundärmode durch eine an die Ausleseelektroden angelegte Gleichspannung untersucht, die Temperaturabhängigkeit der Resonanzfrequenzen berechnet und die Verwölbung der beweglichen Struktur durch einen Spannungsgradienten bestimmt. Im letzten Abschnitt des Kapitels wird die Auswirkung eines technologiebedingten asymmetrischen Querschnitts der Primärbiegebalken auf die Sekundärbewegung diskutiert.

5.1 Mechanische Kraftkonstanten

Die axialen Flächenmomente I_y, I_z eines Balkens mit rechteckigem Querschnitt der Breite b und der Höhe h mit der in Abbildung 5.1 dargestellten Orientierung betragen [Bei87]

$$I_y = \frac{b\,h^3}{12} \qquad \text{und} \qquad I_z = \frac{b^3\,h}{12} \,. \tag{5.1}$$

Sein Torsionsflächenmoment I_t ist [Bei87]

$$I_t = c_1\,h\,b^3 \,. \tag{5.2}$$

Die Konstante c_1 ist abhängig vom Verhältnis h/b und ist tabelliert [Bei87]. Eine gute Näherungsfunktion für die tabellierten Werte erhält man mit

$$c_1 = \frac{1}{3} - 0{,}21 \frac{b}{h} \left(1 - \frac{b^4}{12h} \right) . \tag{5.3}$$

Die Federsteifigkeit k_t bei Torsion des Balkens ist definiert als das Verhältnis von tordierendem Moment M zu resultierendem Torsionswinkel α. Für einen Balken der Länge l ist es gegeben durch [Bei87]

$$k_t = \frac{M}{\alpha} = \frac{G I_t}{l} \qquad \text{mit} \qquad G = \frac{E}{2(1+\nu)} . \tag{5.4}$$

Hier ist E das Elastizitätsmodul, G die Schubspannung und ν die Querdehnungs- oder Poissonzahl. In den weiteren Berechnungen werden die Federsteifigkeiten der in Abbildung 5.2 dargestellten Belastungsfälle benötigt. Der Balken ist jeweils am Punkt B fest eingespannt. Am Punkt A greift eine Kraft beziehungsweise ein Moment unter den eingezeichneten Randbedingungen an.

Im Fall a) gilt [Bei87]

$$k = \frac{F}{\Delta z} = E\, I_y \frac{3}{l^3} , \tag{5.5}$$

im Fall b) [Bei87]

$$k = \frac{F}{\Delta z} = E\, I_y \frac{12}{l^3} \tag{5.6}$$

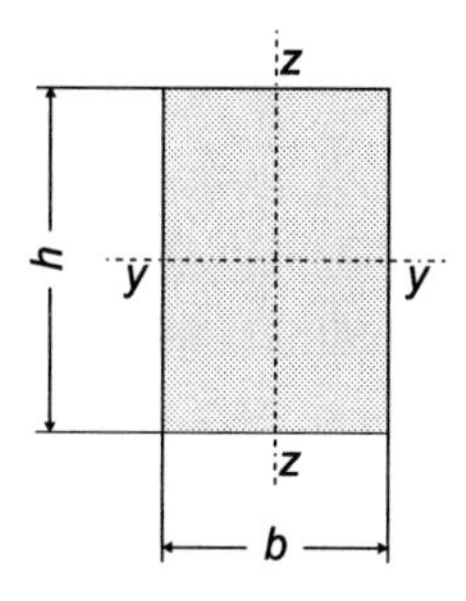

Abb. 5.1. Definition der Abmessungen eines Balkens zur Berechnung der Flächenmomente.

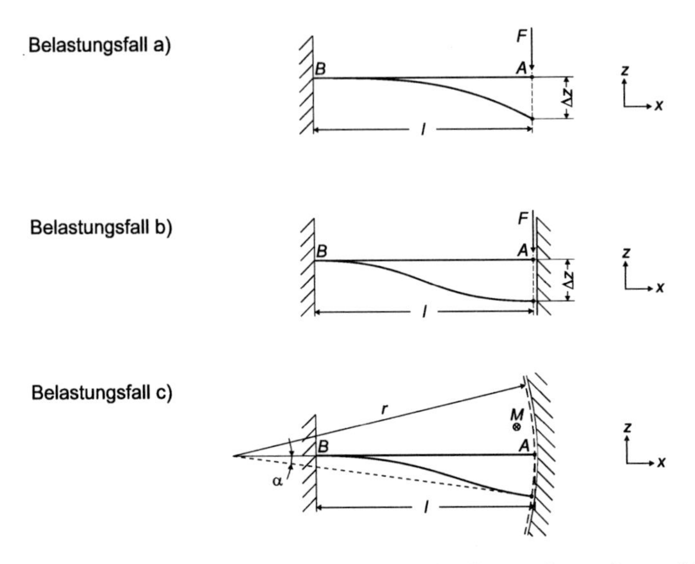

Abb. 5.2. Darstellung der Belastungsfälle von Balken für die Berechnung der zugehörigen Kraftkonstanten.

und im Fall c) [Lin99]

$$k = \frac{M}{\alpha} = E\, I_y \left(\frac{12\, r^2}{l^3} - \frac{12\, r}{l^2} + \frac{4}{l} \right) . \tag{5.7}$$

Wird der Balken in y-Richtung ausgelenkt, ist in (5.5) bis (5.7) I_z statt I_y zu verwenden. Mit den drei Gleichungen werden im folgenden die Kraftkonstanten für die ersten vier Schwingungsmoden des Sensors berechnet.

Primärschwingung

Die Federbalken der Primärschwinger-Aufhängung bilden eine Parallelschaltung von vier Federn. Man erhält die Federsteifigkeit der Primärschwingung k_p aus Gleichung (5.7) mit dem axialen Flächenmoment I_z nach Multiplikation mit der Anzahl der Balken:

$$k_p = 4\, E\, I_z \left(\frac{12\, r^2}{l^3} - \frac{12\, r}{l^2} + \frac{4}{l} \right) . \tag{5.8}$$

Sekundärschwingung

Während die zur Primärschwingung gehörende Steifigkeit in sehr guter Näherung allein aus der Steifigkeit der Primärfedern abgeleitet werden kann, müssen bei der Sekundärschwingung neben den Beiträgen der Sekundär- oder Torsionsfedern die Beiträge der Primärbalken, der Speichen des Antriebsrads und die der Querbalken berücksichtigt werden (s. Abbildung 5.3).

Aus der Reihenschaltung der einzelnen Beiträge erhält man für die resultierende Steifigkeit k_s der Sekundärmode

$$\frac{1}{k_s} = \frac{1}{4\cos(\psi_{pf})k_{pf,ry}} + \frac{1}{2\sqrt{2}\,k_{sp,ry}} + \frac{1}{2k_{sf,ry}} + \frac{1}{4k_{qb,z}\,l_{qb}^2} \,. \tag{5.9}$$

$k_{sf,ry}$ ist die Torsionssteifigkeit einer Sekundärfeder und wird nach Gleichung (5.4) berechnet. Die Beiträge der Primärfedern $k_{pf,ry}$ und der Speichen $k_{sp,ry}$ werden nach dem Belastungsfall c) für eine Rotation um die y-Achse bestimmt. Durch den Kosinus des Winkels ψ_{pf} zwischen einem Primärbalken und der x-Achse wird die Orientierung der Balken näherungsweise berücksichtigt. Da der Betrag des Winkels zwischen einer Speiche und der y-Achse nicht variiert wird und jeweils 45° beträgt, wird die Kraftkonstante $k_{sp,ry}$ mit 4·cos(45°) multipliziert.

Den Beitrag eines Querbalkens erhält man aus der Federsteifigkeit $k_{qb,z}$, die entsprechend dem Belastungsfall a) nach (5.5) bei Beanspruchung in z-Richtung berechnet wird. Nach Multiplikation mit der Anzahl der Querbalken und mit dem Quadrat des Abstands des "freien" Endes von

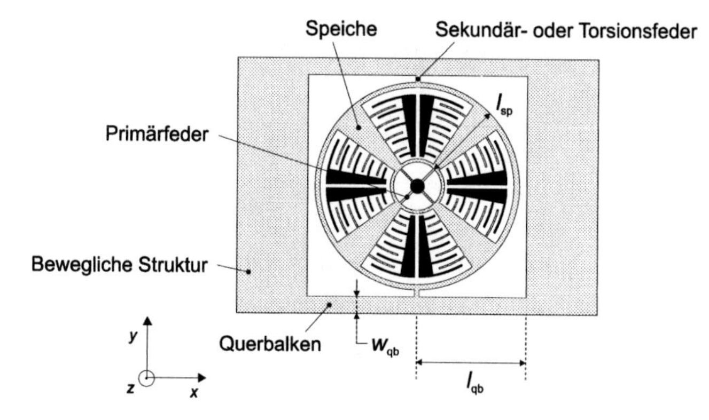

Abb. 5.3. Schematische Draufsicht DAVED-RR mit Definition der elastischen Elemente zur Berechnung der Federsteifigkeiten.

der y-Achse erhält man die zugehörige Kraftkonstante für die Rotation um die y-Achse. l_{qb} ist die Länge eines Querbalkens (Abb. 5.3). Um die technologiebedingte Perforation der Speichen und der Querbalken (siehe Kapitel 11) belastungsgerecht zu berücksichtigen, wird für sie eine effektive Breite angenommen, die der jeweiligen Gesamtbreite abzüglich der Breite der Ätzlöcher entspricht.

Gleichung (5.9) stellt eine recht grobe Näherung dar. Es hat sich aber gezeigt, daß durch die wenn auch stark vereinfachende Berücksichtigung der verschiedenen Beiträge die Steifigkeit analytisch bereits sehr gut bestimmt werden kann. So können vor allem Zusammenhänge verstanden und damit Optimierungsschritte schneller durchgeführt werden, als dies mit FEM-Analysen möglich wäre. Beispielsweise hat sich die effektive Breite der Speichen als kritischer Designparameter erwiesen. Sie darf nicht zu klein gewählt werden, um eine effiziente Entkopplung zu gewährleisten.

Rotation um die x-Achse

Die Drehschwingung der beweglichen Struktur um die x-Achse wird aus den Beiträgen der Primärfedern und der Speichen entsprechend dem Ansatz für die Kraftkonstante der Sekundärbewegung berechnet:

$$\frac{1}{k_{rx}} = \frac{1}{4\sin(\psi_{pf})k_{pf,ry}} + \frac{1}{2\sqrt{2}\,k_{sp,ry}} . \tag{5.10}$$

Durch die Vernachlässigung der Steifigkeit des äußeren Rahmens ist damit zu rechnen, daß im Vergleich zu FEM-Ergebnissen und gemessenen Werten Gleichung (5.10) etwas zu große Kraftkonstanten liefert.

Flying Mode

Im Gegensatz zu den bislang behandelten Moden stellt diese Mode eine lineare Bewegung dar, die in z-Richtung verläuft. In der analytischen Rechnung wird die Steifigkeit der Primärfedern $k_{pf,z}$, der Speichen $k_{sp2,z}$, der Torsionsfedern $k_{sf,z}$ und der Querbalken $k_{qb,z}$ berücksichtigt:

$$\frac{1}{k_z} = \frac{1}{4k_{pf,z}} + \frac{1}{4k_{sp,z}} + \frac{1}{2k_{sf,z}} + \frac{1}{4k_{qb,z}} . \tag{5.11}$$

$k_{\mathrm{pf},z}$, $k_{\mathrm{sp},z}$ und $k_{\mathrm{sf},z}$ werden als zweiseitig eingespannter Balken nach (5.6) und $k_{\mathrm{qb},z}$ als einseitig eingespannter Balken nach (5.5) berechnet, wobei für die Speichen und die Querbalken wieder deren effektive Breite verwendet wird.

Mit den Gleichungen (5.8) bis (5.11) können die Kraftkonstanten der vier ersten Moden berechnet werden. In Tabelle 5.1 sind diese Kraftkonstanten und deren einzelnen Beiträge (die Kehrwerte der jeweiligen Terme in (5.9) bis (5.11)) für das Design DAVED/C01 und DAVED/C02 in Übersicht dargestellt (Geometrieparameter siehe Tabelle 9.1). Besonders erwähnenswert ist, daß die Steifigkeit der Sekundärmode insbesondere für das größere Design DAVED/C01 durch die Querbalken und die Speichen wesentlich bestimmt wird und daß die Kraftkonstante für die lineare Bewegung in z-Richtung fast ausschließlich durch die Steifigkeit der Querbalken festgelegt wird.

Der effektive Grad der Entkopplung durch die Verwendung von Primär- und Sekundärfedern kann definiert werden als das Verhältnis der Gesamtauslenkung α_s zur maximalen Auslenkung des Antriebsrads α_{ar} (jeweils um die y-Achse):

$$g_{\mathrm{Entkopplung}} = \frac{\alpha_s}{\alpha_{\mathrm{ar}}} = \frac{\dfrac{1}{k_s}}{\dfrac{1}{4\cos(\psi_{\mathrm{pf}})\,k_{\mathrm{pf,r}y}} + \dfrac{1}{2\sqrt{2}\,k_{\mathrm{sp,r}y}}} \,. \tag{5.12}$$

Für das Design DAVED/C01 erhält man einen Entkopplungsgrad von 5, während er beim Design DAVED/C02 mit 8,4 deutlich größer ist.

Tabelle 5.1. Kraftkonstanten der Designs DAVED/C01 und DAVED/C02.

		DAVED/C01	**DAVED/C02**	
Primärbewegung	k_p	$5{,}407 \cdot 10^{-6}$	$1{,}327 \cdot 10^{-6}$	Nm/rad
Sekundärbewegung	k_s	$9{,}513 \cdot 10^{-7}$	$1{,}019 \cdot 10^{-6}$	Nm/rad
	1. Term (Primärfedern)	$1{,}727 \cdot 10^{-5}$	$9{,}684 \cdot 10^{-6}$	Nm/rad
	2. Term (Speichen)	$2{,}606 \cdot 10^{-5}$	$7{,}370 \cdot 10^{-5}$	Nm/rad
	3. Term (Sekundärfedern)	$1{,}276 \cdot 10^{-6}$	$1{,}382 \cdot 10^{-6}$	Nm/rad
	4. Term (Querbalken)	$5{,}840 \cdot 10^{-6}$	$7{,}101 \cdot 10^{-6}$	Nm/rad
Rotation um y-Achse	k_{ry}	$1{,}039 \cdot 10^{-5}$	$8{,}560 \cdot 10^{-6}$	Nm/rad
	1. Term (Primärfedern)	$1{,}727 \cdot 10^{-5}$	$9{,}684 \cdot 10^{-6}$	Nm/rad
	2. Term (Speichen)	$2{,}606 \cdot 10^{-5}$	$7{,}370 \cdot 10^{-5}$	Nm/rad
Flying Mode	k_z	$6{,}269 \cdot 10^{0}$	$3{,}569 \cdot 10^{1}$	N/m
	1. Term (Primärfedern)	$5{,}351 \cdot 10^{3}$	$6{,}357 \cdot 10^{3}$	N/m
	2. Term (Speichen)	$1{,}865 \cdot 10^{2}$	$1{,}801 \cdot 10^{3}$	N/m
	3. Term (Sekundärfedern)	$7{,}917 \cdot 10^{4}$	$2{,}323 \cdot 10^{5}$	N/m
	4. Term (Querbalken)	$6{,}495 \cdot 10^{0}$	$3{,}662 \cdot 10^{1}$	N/m

5.2 Resonanzfrequenzen

Für die analytische Berechnung der Resonanzfrequenzen wird ein Feder-Masse-Modell mit konzentrierten Parametern und jeweils einem Freiheitsgrad verwendet. Die gesamte Struktur wird jeweils mit einer Federsteifigkeit k und einem Trägheitsmoment J beziehungsweise einer Masse M beschrieben. Die Resonanzfrequenz ω ist dann gegeben durch

$$\omega = \sqrt{\frac{k}{J}} \qquad \text{bzw.} \qquad \omega = \sqrt{\frac{k}{M}} \,. \tag{5.13}$$

Zur Berechnung der vierten Mode (lineare Schwingung in z-Richtung) ist die gesamte Masse der beweglichen Struktur einzusetzen. Für die Primär- und Sekundärschwingung sowie für die dritte Mode (Drehschwingung um x-Achse) sind die Trägheitsmomente J_z, J_y beziehungsweise J_x der beweglichen Struktur bezüglich ihres Schwerpunkts zu verwenden. Die Definition der Trägheitsmomente ist in Kapitel 3.1, Gleichung (3.8) gegeben. Für die praktische Berechnung wird die Struktur in elementare Bestandteile wie Quader oder Ringe zerlegt, für welche die Integration nach (3.8) bezüglich ihres Schwerpunkts auf eine geschlossene Formel führt. Unter Verwendung des Satz von Steiner [Bei87] und durch Summation über die Bestandteile erhält man die Momente J_z, J_y und J_x der beweglichen Struktur. In Tabelle 5.2 sind die Hauptträgheitsmomente zusammen mit der Gesamtmasse M aufgeführt. Die berechneten Resonanzfrequenzen sind in Tabelle 5.3 angegeben.

Da in die analytische Berechnung der Kraftkonstanten weitgehende Näherungen einfließen, werden die Resonanzfrequenzen zusätzlich mit FEM-Modellen ermittelt. Durch die Perforation der beweglichen Struktur müssen auch hier Vereinfachungen getroffen werden, um die Anzahl

Tabelle 5.2. Berechnete Trägheitsmomente und Masse der Designs DAVED/C01 und DAVED/C02.

		DAVED/C01	**DAVED/C02**	
Hauptträgheitsmoment Rotation um x-Achse	J_x	$1{,}92 \cdot 10^{-14}$	$2{,}47 \cdot 10^{-15}$	kg·m²
Hauptträgheitsmoment Rotation um y-Achse	J_y	$2{,}84 \cdot 10^{-14}$	$7{,}76 \cdot 10^{-15}$	kg·m²
Hauptträgheitsmoment Rotation um z-Achse	J_z	$6{,}12 \cdot 10^{-14}$	$8{,}67 \cdot 10^{-15}$	kg·m²
Gesamtmasse	M	$51{,}8 \cdot 10^{-9}$	$22{,}2 \cdot 10^{-9}$	kg

Tabelle 5.3. Berechnete Resonanzfrequenzen der Designs DAVED/C01 und DAVED/C02.

		DAVED/C01		**DAVED/C02**		
		Analyt.	FEM	Analyt.	FEM	
Primärschwingung	ω_p	1496	1428	1969	1971	Hz
Sekundärschwingung	ω_s	920	977	1823	1651	Hz
Drehschwingung um x-Achse	ω_{rx}	3702	2065	9363	6114	Hz
Lineare Schwingung in z-Richtung	ω_z	1750	2166	6378	7420	Hz
5. Mode	ω_5		4350		16423	Hz
6. Mode	ω_6		6704		24335	Hz
7. Mode	ω_7		7723			Hz

der Elemente der Modelle und damit die Berechnungsdauer zu begrenzen. Die Abbildung 5.4 zeigt das in ANSYS erstellte FEM-Modell des Designs DAVED/C02. Abgesehen von den Primär- und Sekundärfedern wird die Struktur ausschließlich durch Schalenelemente modelliert. Um die unterschiedliche Perforation beispielsweise der Speichen und der äußeren Rahmenstruktur zu berücksichtigen, werden Schalenelemente mit verschiedener Dichte und effektivem Elastizitätsmodul verwendet (verschiedene Grautöne in Abbildung 5.4). Die Dichte wird analytisch berechnet, während das effektive Elastizitätsmodul durch FEM-Berechnungen ermittelt wird.

Für die Sekundärfedern werden Balkenelemente mit effektiven Steifigkeiten verwendet, die durch eigene FEM-Modelle zuvor bestimmt werden (siehe Abbildung 5.5 und 5.6). Dadurch werden die nicht ideal starren Einspannbedingungen der Balken abgebildet. Bei der Variante DAVED/C01 ist die Sekundärfeder perforiert, wodurch eine getrennte Berechnung der effektiven Steifigkeit zusätzlich erforderlich wird.

Die Primärfedern sind ebenfalls als Balkenelemente ausgeführt. Im Vergleich zu den Sekundärfedern ist die Einspannung wesentlich starrer, weshalb im FEM-Modell die Primärfedern starr mit der Verankerung und den Schalenelementen verbunden sind.

Die Ergebnisse der Modalanalyse sind in Tabelle 5.3 aufgeführt und in Abbildung 5.7 dargestellt. Der Vergleich mit den analytisch berechneten Resonanzfrequenzen zeigt die beste

Übereinstimmung für die Primärschwingung (Abweichung < 5%) und die schlechteste für die Drehschwingung um die x-Achse (Abweichung ca. 25%). Es war zu erwarten, daß Bewegungen in der Substratebene durch ein Feder-Punktmasse-Modell besser beschrieben werden können, da im Vergleich zu Bewegungen aus der Ebene heraus die "Punktmasse" eher als starr angesehen werden kann.

Abb. 5.4. FEM-Modell Design DAVED/C02. Die verschiedenen Grautöne stellen Bereiche unterschiedlicher Dichte und/oder Bereiche mit verschiedenem effektivem Elastizitätsmodul dar.

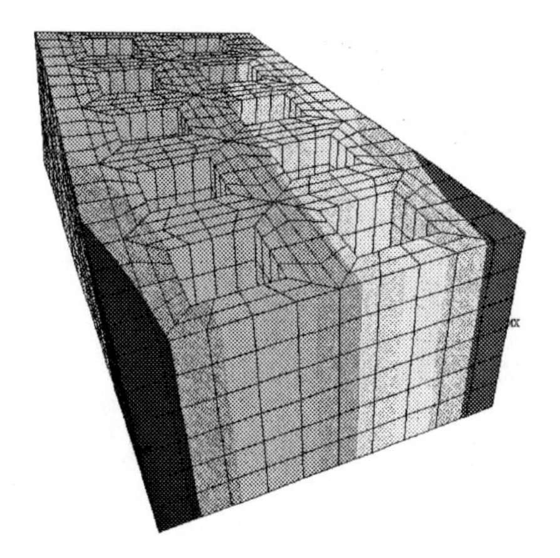

Abb. 5.5. FEM-Simulationsergebnis einer tordierten Sekundärfeder Design DAVED/C01. Die verschiedenen Grautöne stellen Bereiche mit verschiedener Auslenkung dar.

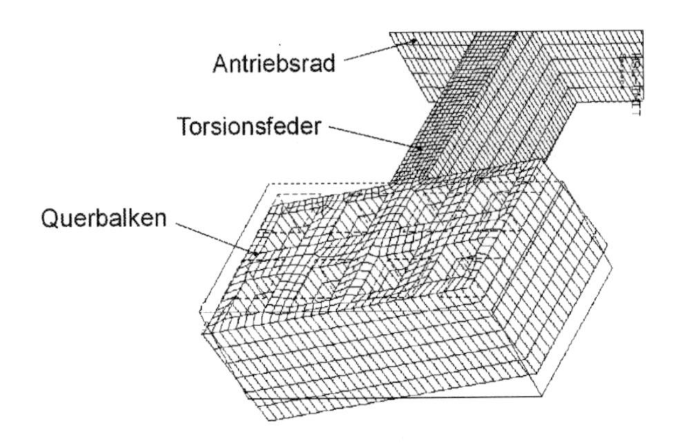

Abb. 5.6. FEM-Modell Sekundärfeder Design DAVED/C02.

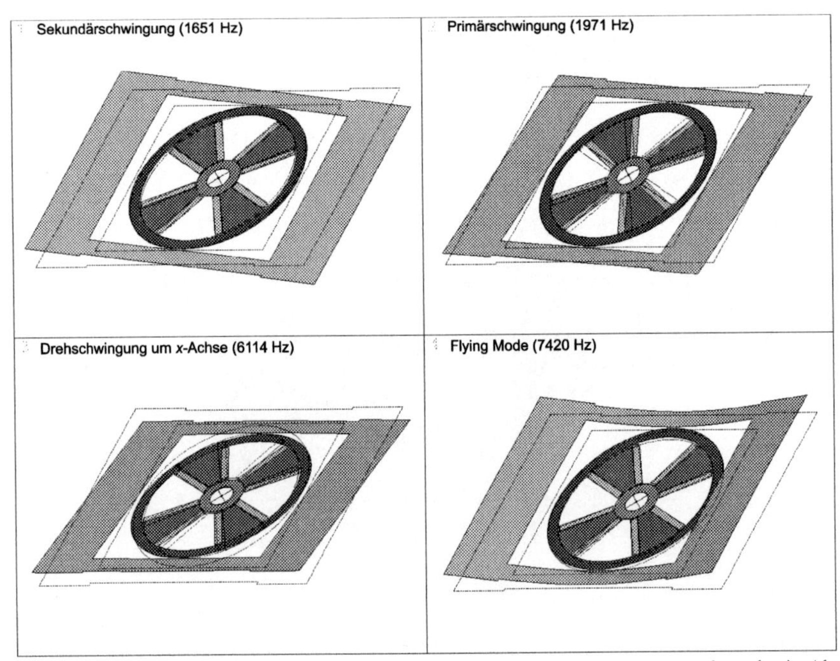

Abb. 5.7. Ergebnis einer Modalanalyse für das Design DAVED/C02 unter Verwendung des in Abbildung 5.4 dargestellten FEM-Modells.

5.3 Elektrostatische Resonanzfrequenzverschiebung

Mit der in Abschnitt 4.2.2.1 berechneten elektrostatischen Kraftkonstante, die aus einer Gleichspannung an den beiden Ausleseelektroden resultiert, kann die effektive Resonanzfrequenz $\omega_{\text{s-eff}}$ der Sekundärschwingung verändert und damit über den Betrag der angelegten Spannung manipuliert werden. Mit (5.9), (5.13), (4.46) erhält man

$$\omega_{\text{s-eff}} = \sqrt{\frac{k_{\text{s}} + k_{\text{el}}}{J_y}} = \sqrt{\omega_{\text{s}}^2 - \frac{2}{3}\frac{\varepsilon l V^2}{J_y}\frac{r_2^3 - r_1^3}{(d - \Delta z)^3}}\ . \tag{5.14}$$

Da in Gleichung (5.14) alle Größen außer dem Elektrodenabstand d sehr genau bestimmt werden können, eignet sie sich auch zur experimentellen Überprüfung von d. In Abbildung 5.8 ist die berechnete Frequenzänderung für das Design DAVED/C01 bei verschiedenen Elektrodenabständen dargestellt. Wie in Abschnitt 5.5 beziehungsweise in 13.1.3 gezeigt wird, weicht d aufgrund des Spannungsgradienten in der Epipolyschicht vom nominellen Wert (1,6 µm ± 160 nm, vgl. Abschnitt 11.2) ab und beträgt beim Design DAVED/C01 ca. 4,3 µm. Bei der gestrichelt gezeichneten Linie wurde für d = 4,3 µm die lineare Verschiebung Δz der

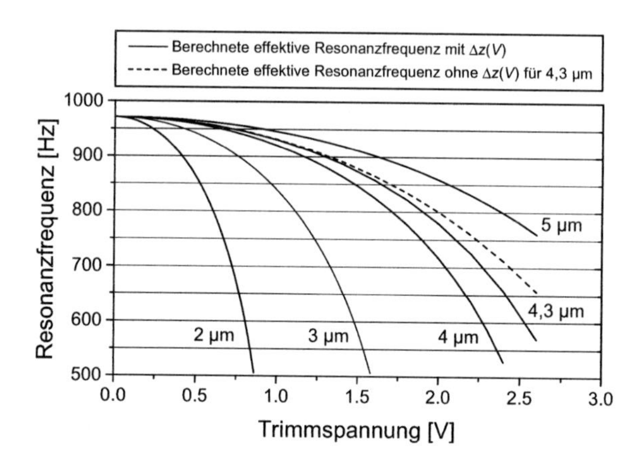

Abb. 5.8. Berechnete effektive Resonanzfrequenz der Sekundärschwingung in Abhängigkeit von der Trimmspannung für verschiedene effektive Elektrodenabstände (Design DAVED/C01).

beweglichen Struktur, die aus der angelegten Gleichspannung resultiert (vgl. mit Gleichung (4.46)), zu Null gesetzt. Der Vergleich mit der Kurve, die unter Berücksichtigung der elektrostatischen Auslenkung Δz berechnet ist, zeigt, daß der Effekt für größere Spannungen berücksichtigt werden muß.

Die Sekundärbewegung wird immer unter Verwendung von (5.14) berechnet, da auch die angelegte Auslesespannung mit ihrem Effektivwert zu einer Änderung der effektiven Resonanzfrequenz führt.

5.4 Temperaturabhängigkeit der Resonanzfrequenzen

Die kleinste erzielbare Drift des Drehratensensors wird durch die Temperaturabhängigkeit der Resonanzfrequenzen und der Dämpfung bestimmt. Sie kann dann erreicht werden, wenn die Drift der Ausleseelektronik im Vergleich zur mechanisch bedingten Drift vernachlässigbar ist oder kompensiert werden kann. In diesem Abschnitt wird die Temperaturabhängigkeit der Resonanzfrequenzen untersucht. Die Dämpfung und deren Temperaturabhängigkeit werden in Kapitel 6 beschrieben. In Abschnitt 8.5 wird aus der Temperaturabhängigkeit der Resonanzfrequenzen und der Dämpfung die Sensordrift berechnet und in Abschnitt 13.2.4 mit Messungen verglichen.

Eine temperaturbedingte Änderung der mechanischen Resonanzfrequenz wird durch zwei Effekte verursacht:

- durch die Temperaturabhängigkeit des Elastizitätsmoduls E, die gegeben ist durch [Guc91]

$$E(T) = E(T_0) \cdot (1 + \kappa_E \cdot \Delta T) \; . \tag{5.15}$$

Hier sind T_0 die Referenztemperatur (20°C), $\Delta T = T - T_0$ die Temperaturänderung und κ_E der Temperaturkoeffizient des E-Moduls. Für polykristallines Silizium ist κ_E stark vom Abscheideprozeß abhängig und liegt zwischen −42 ppm/K und −55 ppm/K [Guc91].

- durch die thermische Ausdehnung von Polysilizium. Mit dem thermischen Ausdehnungskoeffizient α_T läßt sich die temperaturabhängige Abmessung einer Struktur darstellen als

$$l(T) = l(T_0) \cdot (1 + \alpha_T \cdot \Delta T) \,, \tag{5.16}$$

  wobei für l jeweils die Länge, Breite beziehungsweise die Höhe der Struktur einzusetzen ist. Die Werte von α_T liegen für Polysilizium zwischen 2,3 ppm/K [Bie95] bis 4 ppm/K [Ann98].

Der dominierende Effekt ist die Temperaturabhängigkeit des E-Moduls. Bei Vernachlässigung der thermischen Ausdehnung erhält man für die temperaturabhängige, mechanische Resonanzfrequenz aus (5.15) und (5.13)

$$\omega(T) = \omega(T_0) \cdot \sqrt{1 + \kappa_E \cdot \Delta T} \approx \omega(T_0) \cdot \left(1 + \frac{1}{2}\kappa_E \cdot \Delta T\right) \,. \tag{5.17}$$

Die Änderung der Resonanzfrequenz beträgt damit −21 ppm/K bis −28 ppm/K. Da Messungen tendenziell den betragsmäßig größeren Wert ergaben, wurde bei allen Berechnungen für den Temperaturkoeffizient des Elastizitätsmodul $\kappa_E = -55$ ppm/K verwendet.

5.5 Verwölbung durch Spannungsgradient

Die Epipolyschicht steht unter Druckspannung und weist einen Spannungsgradienten auf. Die intrinsische Spannung σ ist gegeben durch

$$\sigma = \sigma_0 + k_\sigma z \,, \qquad k_\sigma = \frac{\partial \sigma}{\partial z} \,. \tag{5.18}$$

Bei einer ideal zentrischen Halterung der gesamten beweglichen Struktur wirkt sich der konstante Anteil σ_0 nicht wesentlich auf die mechanischen Eigenschaften aus. Je nach Vorzeichen führt er lediglich zu einer geringen Ausdehnung beziehungsweise Schrumpfung der Struktur.

Dagegen führt ein Spannungsgradient zu einer Verwölbung von frei beweglichen Strukturen. Für die Biegelinie w_b eines in x-Richtung ausgerichteten, einseitig bei $x = 0$ eingespannten Balkens erhält man aus (5.18) [Lin99]

$$w_b(x) = -\frac{k_\sigma}{2E} x^2 \,. \qquad (5.19)$$

Als erste Näherung für die Verwölbung einer Fläche werden die Biegelinien von zwei senkrecht zueinander stehenden Balken addiert. Für den Abstand d der beweglichen Struktur zu den Substratelektroden erhält man mit dem Abstand d_0 im Zentrum:

$$d(x,y) = d_0 + c_\sigma\,(x^2 + y^2)\,, \qquad \text{mit} \quad c_\sigma = \frac{k_\sigma}{2E}\,. \qquad (5.20)$$

Die aus (5.20) resultierende Verwölbung führt dazu, daß die äußeren Bereiche des Sekundäroszillators kaum mehr zur Auslesekapazität beitragen. Im Vergleich zu einer ebenen Struktur ($k_\sigma = 0$) verkleinert sich mit dem nominellen Spannungsgradienten die Grundkapazität einer Elektrode durch die Verwölbung um den Faktor 2,3 (DAVED/C02) beziehungsweise 4,5 (DAVED/C01). Daran ist zu erkennen, daß technologiebedingte Variationen des Spannungsgradienten die Sensoreigenschaften wesentlich beeinflussen.

5.6 Asymmetrie der Primärbalken

Durch eine Asymmetrie des Trenchätzprozesses (siehe Kapitel 11) treten bei der Fertigung der Sensorelemente Asymmetrien der Biegebalkenquerschnitte auf, die in Abbildung 5.9a dargestellt sind. Wirkt auf diesen Balken eine Kraft F senkrecht zu seiner Längsrichtung in der Substratebene, weist seine Auslenkung q eine Komponente senkrecht zum Substrat auf. Wie mit FEM-Berechnungen nachgewiesen werden kann, verhält sich der Balken in guter Näherung wie das in Abbildung 5.9b dargestellte Ersatzmodell mit dem mittleren Asymmetriewinkel φ_{am} und der mittleren Breite b_m. Für eine Kraft F in y-Richtung folgt dann näherungsweise für die Komponenten q_y und q_z

$$q_z = \varphi_{am}\, q_y \, . \qquad (5.21)$$

Durch die Asymmetrie erhält die Primärbewegung eine Komponente senkrecht zur Substratebene. Für die Asymmetrie gibt es eine Vorzugsrichtung. Balken entlang dieser Vorzugsrichtung weisen die maximale Asymmetrie auf, und für Balken senkrecht zur Vorzugsrichtung ist φ_{am} näherungsweise gleich Null. Im ungünstigsten Fall beträgt die Amplitude der resultierenden Drehschwingung des Antriebsrads um die y-Achse

$$\alpha_{ya0} = \frac{2\,\varphi_{am}}{\pi}\,\alpha_{p0} \, . \qquad (5.22)$$

Dies führt zu einer Erregung des Sekundäroszillators durch den periodisch bewegten Aufhängepunkt der Sekundärfedern. Das zugehörige Moment auf den Sekundäroszillator trägt zu dem in Abschnitt 2.2 eingeführten Störmoment f_{qp} bei. Für die Amplitude des Moments (geteilt durch das Trägheitsmoment J_y) erhält man

$$f_{qp20} = \omega_{s\text{-eff}}^2\,\frac{2\,\varphi_{am}}{\pi}\,\alpha_{p0} \, . \qquad (5.23)$$

Zur Unterscheidung mit dem in Abschnitt 4.2.2.2 beschriebenen elektrostatischen Störmoment wird diese Komponente mit einer “2” indiziert. Wie in Abschnitt 8.4 gezeigt wird, liefert bei der derzeitigen Asymmetrie des Trenchätzprozesses f_{qp2} den größten Anteil zum Quadratursignal.

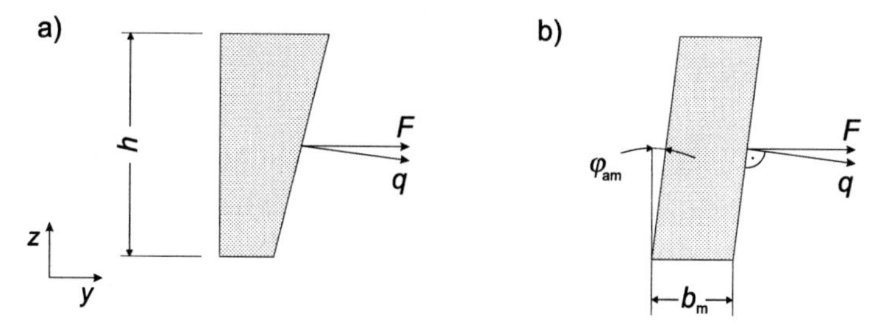

Abb. 5.9. a) Schematische Querschnittsdarstellung eines asymmetrischen Primärbalkens und b) Modell zur analytischen Berechnung der Auslenkung senkrecht zur Substratebene.

6. Dämpfung und Güte

Zu Beginn dieses Kapitels werden grundlegende Begriffe der Dämpfung und der Güte eines mechanischen Oszillators erläutert. Anschließend wird in Abschnitt 6.2 ein Modell zur Beschreibung der druckabhängigen Dämpfung und Güte der Primärschwingung entwickelt. Es wird sich zeigen, daß es zwei Druckbereiche mit konstanten Gütefaktoren gibt und einen dritten, dazwischenliegenden Bereich, in dem die Güte druckabhängig ist. Am Ende des Abschnittes wird die Güte durch einen geschlossenen Ausdruck für den gesamten Druckbereich angegeben. Eine entsprechende Beschreibung der Sekundärschwingung erfolgt in Abschnitt 6.3.

6.1 Einführung in die Problematik

Die mechanische Dämpfung ist die Energiedissipation von bewegten Strukturen. Dieser Sachverhalt kommt in der Definition der mit der Dämpfung eng verknüpften, mechanischen Güte Q eines Oszillators sehr anschaulich zum Ausdruck:

$$Q = \frac{\text{Gesamtenergie des Oszillators}}{\text{Energieverlust pro Schwingungsperiode}} . \qquad (6.1)$$

In bezug auf die Abhängigkeit von der Geschwindigkeit und der Auslenkung werden drei Arten der Dämpfung eines Oszillators unterschieden [Mag96], [Sta87], [Pee92]:

I.I Festreibung oder Coulombsche Reibung tritt auf, wenn sich feste Körper berühren und gegeneinander bewegen. Die Reibungskräfte sind annähernd unabhängig von der Größe der Geschwindigkeit und der Auslenkung. Ihre Richtung ist der Geschwindigkeit entgegengesetzt.

I.II Geschwindigkeitsproportionale Dämpfung.

I.III Geschwindigkeitsproportionale und auslenkungsabhängige Dämpfung.

Die Wechselwirkung eines Oszillators mit einem Fluid kann auch ausschließlich von der Auslenkung abhängen, wie zum Beispiel bei der Kompression eines Gases in einem Kolbenmotor. Dabei wird jedoch keine Energie dissipiert, weshalb diese Wechselwirkung keine Dämpfung darstellt. Das Fluid verhält sich in mechanischer Hinsicht wie eine mechanische Feder und verändert die Resonanzfrequenz des Oszillators [Meh98b].

Da die untersuchten Strukturen keine Berührungsflächen besitzen, tritt keine Coulombsche Reibung auf. Für die Sekundärschwingung wird in Abschnitt 6.3 überprüft, welchen Einfluß die auslenkungsabhängige Abstandsänderung der dämpfenden Platten auf die Güte hat. Dagegen kann für die Primärschwingung auf jeden Fall eine ausschließlich von der Geschwindigkeit abhängige Dämpfungskraft angenommen werden, da durch die Primärbewegung keine für den Dämpfungsmechanismus relevanten Abstände verändert werden.

Eine zweite Klassifizierung der Dämpfung unterscheidet den Ort, an dem der Dämpfungsmechanismus vorherrscht:

II.I Dämpfung von elastischen Elementen (Balken oder Membrane)
Dies umfaßt die Energieabgabe an das umgebende Fluid (Flüssigkeit oder Gas) durch viskose oder turbulente Strömung und akustische Wellen (externe Dämpfung) sowie die innere Dämpfung durch thermoelastische Kopplung, Kristalldefekte oder Mehrlagensysteme.

II.II Dämpfung von steifen Elementen (Platten)
Hier treten dieselben externen Dämpfungsmechanismen wie für elastische Elemente auf. Da bei den betrachteten Sensorstrukturen die Oberfläche der steifen Elemente wesentlich größer ist als die der elastischen Elemente, kann die externe Dämpfung der elastischen Elemente vernachlässigt werden.

II.III Dämpfung an der Verankerung
Damit wird die Energiedissipation in das Substrat berücksichtigt. Dieser Mechanismus beruht auf unkompensierten Kräften und Momenten, die an der Verankerung auftreten.

Zur Berechnung der gesamten auf einen Körper wirkenden Dämpfungskraft F_D müssen die Kräfte der verschiedenen Dämpfungsmechanismen addiert werden. Falls alle auftretenden Dämpfungskräfte proportional zur Geschwindigkeit v sind, können auch die sogenannten Dämpfungskonstanten R_i addiert werden:

$$\begin{aligned} F_D &= F_{D1} + F_{D2} + F_{D3} + \dots \\ &= R_1\, v + R_2\, v + R_3\, v + \dots = (R_1 + R_2 + R_3 + \dots)\, v \,. \end{aligned} \tag{6.2}$$

Entsprechendes gilt bei Drehbewegungen für das Dämpfungsmoment M_D und die Winkelgeschwindigkeit $\dot{\alpha}$:

$$\begin{aligned} M_D &= M_{D1} + M_{D2} + M_{D3} + \dots \\ &= R_1\, \dot{\alpha} + R_2\, \dot{\alpha} + R_3\, \dot{\alpha} + \dots = (R_1 + R_2 + R_3 + \dots)\, \dot{\alpha} \,. \end{aligned} \tag{6.3}$$

Für lineare Bewegungen von Strukturen der Masse m ist der Dämpfungskoeffizient β definiert als

$$\beta = \frac{R}{2\,m} \,. \tag{6.4}$$

Für rotierende oder quasirotierende Strukturen mit dem Trägheitsmoment J ist der Dämpfungskoeffizient gegeben durch

$$\beta = \frac{R}{2\,J} \,. \tag{6.5}$$

Die Güte kann mit dem Dämpfungskoeffizienten β und der Resonanzfrequenz $\omega_0 = 2\pi f_0$ angegeben werden als

$$Q = \frac{\omega_0}{2\,\beta} \,. \tag{6.6}$$

Der Kehrwert des Dämpfungskoeffizienten entspricht der Abklingzeit τ einer freien, gedämpften Schwingung:

$$\tau = \frac{1}{\beta} = \frac{2\,Q}{\omega_0} = \frac{Q}{\pi\, f_0} \,. \tag{6.7}$$

Damit gewinnt der Quotient Q/f_0 eine sehr anschauliche Bedeutung: Nach der Zeit Q/f_0 ist die Schwingungsamplitude einer freien, gedämpften Schwingung auf ca. 12% abgefallen.

Aus Gleichung (6.2) beziehungsweise (6.3) folgt unmittelbar, daß bei rein geschwindigkeitsproportionaler Dämpfung die Kehrwerte der Gütefaktoren der verschiedenen Dämpfungsmechanismen addiert werden müssen, um den Kehrwert der resultierenden Güte zu erhalten:

$$\frac{1}{Q} = \frac{1}{Q_1} + \frac{1}{Q_2} + \frac{1}{Q_3} + \ldots \quad . \tag{6.8}$$

Die oben genannte Klassifizierung nach dem Ort, an welchem der Dämpfungsmechanismus angreift, führt bei näherer Betrachtung zu einer Einteilung in verschiedene Druckbereiche, die nach dem dominierenden Dämpfungsmechanismus benannt werden können:

III.I Viskoser Bereich
Bei hohen Umgebungsdrücken ist für mikromechanische Strukturen meist die Wechselwirkung des Oszillators mit dem umgebenden Gas der dominierende Effekt. Das Gas kann dabei als kontinuierliches Medium betrachtet werden. Aufgrund der wesentlich größeren Abmessungen muß dabei meist nur die Dämpfung der steifen Elemente (Platten) berücksichtigt werden.

III.II Molekularer Bereich
Mit abnehmendem Druck wird die mittlere freie Weglänge der Gasmoleküle größer, bis sie die Größenordung von charakteristischen Abmessungen des Oszillators erreichen (beispielsweise den Abstand d zwischen beweglicher Struktur und Substrat). Mit weiter abnehmendem Druck werden Stöße der Gasmoleküle untereinander im Vergleich zu Stößen der Moleküle mit dem Oszillator immer unwahrscheinlicher. Das Gas kann nicht mehr als kontinuier-

lich betrachtet werden, sondern die molekularen Eigenschaften treten hervor. Auch in diesem Bereich genügt meist die Berücksichtigung der steifen Elemente.

III.III Innerer Bereich
Die innere Dämpfung in den elastischen Elementen sowie die Energieverluste in das Substrat sind unabhängig von dem umgebeneden Fluid und somit unabhängig vom Umgebungsdruck. Diese Effekte werden demnach bei sehr niederen Drücken dominieren, wenn die Wechselwirkung des Oszillators mit dem umgebenden Gas vernachlässigt werden kann.

Im viskosen Bereich erfolgt eine Klassifikation der Strömungsform durch die dimensionslose Reynoldsche Zahl Re:

$$Re = \frac{\rho_{\text{fluid}}\, v\, l}{\eta} \,. \tag{6.9}$$

Die Reynoldsche Zahl verbindet die Eigenschaften des Fluids (Dichte ρ_{fluid} und Viskosität η), der Strömung (Relativgeschwindigkeit v von Körper und Flüssigkeit) und des eintauchenden Körpers (Linearausdehnung l). Im Bereich $Re \ll 1200$ herrscht laminare Strömung, $Re > 1200$ bedeutet turbulente Strömung und für $Re \to \infty$ gelten die Strömungsgesetze des idealen Gases.

6.2 Primärschwingung

Mit den Eigenschaften von Luft unter Standardbedingungen (s. Tabelle A.2, Anhang A) erhält man für die Primärschwingung bei einer maximalen Auslenkung von 1 °, einer Betriebsfrequenz von 2 kHz und einer Ausdehnung von 1,73 mm (maximale Ausdehnung der beweglichen Struktur beim Design DAVED/C01 bezogen auf die Verankerung) die Reynoldsche Zahl $Re = 50$. Das heißt, die Strömung des Gases ist mit den Gesetzen für laminare Flüssigkeiten zu beschreiben.

In der Literatur sind zwei Modelle bekannt, welche die Dämpfungskraft auf eine Platte beschreiben, die sich parallel zu einer ebenen Unterlage in einem Fluid bewegt [Cho93], [Cho94a], [Cho94b]. Bei der *Couette-Dämpfung* wird angenommen, daß das Geschwindigkeitsprofil zwischen der bewegten Platte und der Unterlage linear und zeitunabhängig ist und daß der Beitrag der Wechselwirkung oberhalb der Platte vernachlässigbar ist. Beim zweiten Modell, der *Stokes-Dämpfung*, wird die Dämpfung oberhalb der Platte nicht vernachlässigt. Außerdem wird bei einer harmonischen Bewegung der Platte eine Phasenverschiebungen zwischen der Plattengeschwindigkeit und dem Geschwindigkeitsprofil im Fluid berücksichtigt. Man definiert eine Eindringtiefe Δ, innerhalb welcher die Geschwindigkeit oberhalb der Platte auf 1% der Plattengeschwindigkeit abgefallen ist [Cho94a]:

$$\Delta = 6.48 \sqrt{\frac{\eta}{\rho_{\text{fluid}}\ \omega}} \ . \qquad (6.10)$$

Neben den Eigenschaften des Fluids (Dichte ρ_{fluid} und Viskosität η) geht die Kreisfrequenz ω, mit der die Platte schwingt, in die Eindringtiefe Δ ein. Für Eindringtiefen, die wesentlich größer sind als der Abstand zur Unterlage, sind die Ergebnisse von Stokes- und Couette-Dämpfung identisch.

Mit einer Kreisfrequenz von $2\pi \cdot 2000\ \text{s}^{-1}$ erhält man für Luft unter Standardbedingungen eine Eindringtiefe $\Delta \approx 225\ \mu\text{m}$. Der Vergleich mit dem mittleren Plattenabstand $d = 4{,}3\ \mu\text{m}$ (DAVED/C01) zeigt, daß das Modell der Couette-Dämpfung ausreichend ist.

Der aus der Couette-Dämpfung folgende Ausdruck für die Dämpfungskraft ist auch als Newtonsches Gesetz bekannt [Sta87], [Cho94a]:

$$F = \eta\ A\ \frac{v}{d} \ . \qquad (6.11)$$

Das Newtonsche Gesetz beschreibt die Dämpfungskraft F auf eine Platte der Fläche A, die sich parallel zu einer ebenen Unterlage mit gleichförmiger Geschwindigkeit v bewegt. d ist der Abstand zwischen der bewegten Platte und der Unterlage.

Die Viskosität η wird mit der kinetischen Gastheorie berechnet. Für rein laminare Strömungen ist sie abhängig von der Teilchendichte n der Gasmoleküle, deren Masse m, deren mittleren Geschwindigkeit $\bar{v}$ und deren mittleren freien Weglänge $\bar{l}$ [Sta87]:

$$\eta = \frac{1}{3}\, n\, m\, \bar{v}\, \bar{l}\, . \tag{6.12}$$

Die mittlere Geschwindigkeit der Gasmoleküle hängt von der Temperatur T und der Teilchenmasse m ab

$$\bar{v} = \sqrt{\frac{8 k_B T}{\pi m}} \tag{6.13}$$

(k_B ist die Boltzmann-Konstante), während die mittlere freie Weglänge umgekehrt proportional zur Teilchendichte n und zum Streu- oder Wirkungsquerschnitt σ_{mm} ist:

$$\bar{l} = \frac{1}{\sigma_{mm} n}\, . \tag{6.14}$$

Bei Umgebungsdruck beträgt die mittlere freie Weglänge für Luft ca. 62 nm [Los65].

Setzt man (6.13) und (6.14) in (6.12) ein, erkennt man, daß die Viskosität neben σ_{mm} und m nur von der Temperatur T, nicht aber vom Druck p abhängt:

$$\eta = \sqrt{\frac{8 k_B T m}{9 \pi \sigma_{mm}^2}}\, . \tag{6.15}$$

Dies gilt, solange die mittlere freie Weglänge $\bar{l}$ klein gegen den Plattenabstand d ist. Im folgenden werden die Dämpfungsverluste, die eintreten, wenn diese Voraussetzung nicht mehr erfüllt ist, und die durch Stöße der Moleküle mit der bewegten Platte verursacht werden, durch eine Erweiterung der Definition des Streuquerschnitts berücksichtigt. Für reine Molekül-Molekül-Wechselwirkungen stellt der Streuquerschnitt σ_{mm} anschaulich die von einem Molekül (Radius r_m) versperrte Fläche dar:

$$\sigma_{mm} = \pi (2\, r_m)^2\, . \tag{6.16}$$

Der Zusammenhang mit der mittleren freien Weglänge ist durch Gleichung (6.14) gegeben und lautet umgeformt

$$\sigma_{\mathrm{mm}} = \frac{1}{\bar{l}\,n} \,. \qquad (6.17)$$

Ausgehend von dieser Darstellung des Streuquerschnitts ist es naheliegend, in (6.17) $\bar{l}$ durch den Plattenabstand d zu ersetzen, falls die freie Weglänge der Moleküle nicht durch Molekül-Molekül-Wechselwirkungen, sondern durch die geometrische Abmessung d, das heißt durch die Wechselwirkung der Moleküle mit den Wänden bestimmt wird. Für diese Wechselwirkung wird der Streuquerschnitt σ_{mw}

$$\sigma_{\mathrm{mw}} = \frac{1}{d\,n} \qquad (6.18)$$

definiert. Der gesamte Streuquerschnitt ist dann gegeben durch

$$\sigma = \sigma_{\mathrm{mm}} + \sigma_{\mathrm{mw}} = \frac{1}{\bar{l}\,n} + \frac{1}{d\,n} \,. \qquad (6.19)$$

Ersetzt man in (6.15) σ_{mm} durch σ, werden beide Wechselwirkungen in der Viskosität berücksichtigt. Man erhält so die Viskosität η_p:

$$\eta_p = \sqrt{\frac{8 k_{\mathrm{B}} T m}{9 \pi \sigma^2}} = \sqrt{\frac{8 k_B T m}{9 \pi \sigma_{\mathrm{mm}}^2}} \; \frac{1}{1 + \frac{\bar{l}}{d}} = \frac{\eta}{1 + \frac{\bar{l}}{d}} \,. \qquad (6.20)$$

Um die Druck- und Temperaturabhängigkeit der Viskosität abzuleiten, werden die Beziehung

$$\overline{v^2} = \frac{3 k_{\mathrm{B}} T}{m} = \frac{3\,\pi}{8} \, \bar{v}^{\,2} \,, \qquad (6.21)$$

die allgemeine Gasgleichung

$$p \, V = \gamma \, R \, T \qquad (6.22)$$

(V ist das Gasvolumen, γ die Molzahl und R die allgemeine Gaskonstante) und der gaskinetischen Druck

$$p = \frac{1}{3}\, n\, m\, \overline{v^2} \tag{6.23}$$

verwendet [Sta87]. Man muß zwischen isochoren und isobaren Bedingungen unterscheiden. Für einen hermetisch dicht verschlossenen Sensor, das heißt bei konstantem Gasvolumen, erhält man aus (6.20) bis (6.23)

$$\eta_p = \sqrt{\frac{8 k_B T m}{9 \pi \sigma_{mm}^2}}\ \frac{1}{1 + \dfrac{p_0 l_0}{p d}} = \frac{\eta}{1 + \dfrac{p_0 l_0}{p d}} . \tag{6.24}$$

Hier ist l_0 die mittlere freie Weglänge bei Standarddruck p_0. Für p ist der bei Standardtemperatur T_0 herrschende Druck einzusetzen.

Kann der Druck unabhängig von der Temperatur eingestellt werden, was bei ungehäusten Sensoren möglich ist, erhält man aus (6.20) bis (6.23)

$$\eta_p = \sqrt{\frac{8 k_B T m}{9 \pi \sigma_{mm}^2}}\ \frac{1}{1 + \dfrac{p_0 T l_0}{p T_0 d}} . \tag{6.25}$$

Im folgenden wird Gleichung (6.24) verwendet, welche die Viskosität für gehäuste Sensoren darstellt.

In Gleichung (6.11) wird η durch η_p (6.24) ersetzt, um die Güte der Primärschwingung für die Druckbereiche I (viskoser Bereich) und II (molekularer Bereich) zu berechnen. Unter der Annahme, daß Gleichung (6.11) bei einem Rotationsschwinger lokal gilt, ist die Dämpfungskraft auf ein Flächenelement dA des quasirotierenden Körpers

$$\mathrm{d}F = \eta_p\, \mathrm{d}A\, \frac{v}{d} = \eta_p\, \mathrm{d}A\, \frac{\dot{\alpha}_p\, r}{d} . \tag{6.26}$$

Die Geschwindigkeit des Flächenelements beträgt $v = r\dot{\alpha}_\mathrm{p}$, wenn α_p der Winkel der Primärbewegung und r der Abstand des Flächenelements von der Drehachse ist. Das Dämpfungsmoment pro Flächeneinheit ist dann

$$\mathrm{d}M = \eta_p \,\mathrm{d}A \,\frac{\dot{\alpha}_\mathrm{p}\, r^2}{d} \,. \tag{6.27}$$

Durch Integration von Gleichung (6.27) über die bewegliche Struktur erhält man das gesamte Dämpfungsmoment. Ersetzt man dabei das Flächendifferential $\mathrm{d}A$ durch das Differential $\mathrm{d}m = \rho\, h\, \mathrm{d}A$ (h ist die Ausdehnung der beweglichen Struktur senkrecht zur Schwingungsebene und ρ ist die Dichte der beweglichen Struktur), erhält man ein Integral, das definitionsgemäß das Trägheitsmoment J_z bezüglich der Drehachse darstellt:

$$M = \int \eta_p \,\mathrm{d}A\, \frac{\dot{\alpha}_\mathrm{p}\, r^2}{d} = \frac{\eta_p\, \dot{\alpha}_\mathrm{p}}{d\, h\, \rho} \int \mathrm{d}m\, r^2 = \frac{\eta_p\, \dot{\alpha}_\mathrm{p}\, J_z}{d\, h\, \rho} \,. \tag{6.28}$$

Aus (6.3), (6.5), (6.6), (6.24) und (6.28) erhält man mit der Resonanzfrequenz ω_p der Primärschwingung für die Druckbereiche I und II die Güte

$$Q_\mathrm{I,II} = \frac{\omega_\mathrm{p}\, d\, h\, \rho}{\eta_p} = \frac{\omega_\mathrm{p}\, d\, h\, \rho}{\eta} \left(1 + \frac{p_0\, l_0}{p\, d}\right) . \tag{6.29}$$

Bemerkenswert an diesem Ausdruck ist, daß die Güte neben der Viskosität η_p nur von der Resonanzfrequenz ω_p, dem Plattenabstand d, der Dicke h des Epipolys (s. Abschnitt 11.1.1) und dessen Dichte ρ abhängt. Die konkrete Geometrie des Oszillators und der Ätzlöcher gehen in die Güte nicht ein.

Der Druckbereich III (innere Dämpfung) wird entsprechend Gleichung (6.8) berücksichtigt, um einen geschlossenen Ausdruck für die Güte Q_p der Primärschwingung über den gesamten Druckbereich zu erhalten:

$$Q_\mathrm{p} = \frac{1}{\dfrac{1}{Q_\mathrm{I,II}} + \dfrac{1}{Q_\mathrm{III}}} = \frac{1}{\dfrac{\eta}{\omega_\mathrm{p}\, d\, h\, \rho \left(1 + \dfrac{p_0\, l_0}{p\, d}\right)} + \dfrac{1}{Q_\mathrm{III}}} \,. \tag{6.30}$$

Auf eine Berechnung von Q_{III} wird aus zwei Gründen verzichtet. Erstens fehlen Materialparameter, die man erst mit speziellen Teststrukturen ermitteln müßte. Zweitens ist aus Veröffentlichungen bekannt, daß die innere Dämpfung von quasirotierenden Oszillatoren aus Silizium so gering ist, daß Gütefaktoren über 600000 erzielt werden können [Bus90]. Dadurch wird die innere Dämpfung erst bei Drücken bemerkbar, die weit unterhalb des Druckbereichs liegen, der durch Vakuumbonden oder Vakuumgehäusen eingestellt werden kann.

Gleichung (6.30) ist für die Designs DAVED/C01 und DAVED/C02 in Abbildung 6.1 dargestellt. Für Q_{III} ist in (6.30) die maximale gemessene Güte eingesetzt (siehe Abschnitt 13.1.4). Man erkennt deutlich die drei Bereiche (von rechts nach links) der *viskosen Dämpfung* bei hohen Drücken mit annähernd konstanter Güte, der *molekularen Dämpfung* bei mittleren Drücken mit einer umgekehrt proportionalen Abhängigkeit vom Druck und der *inneren Dämpfung* bei sehr kleinen Drücken mit konstanter Güte und mit dem höchsten Gütefaktor.

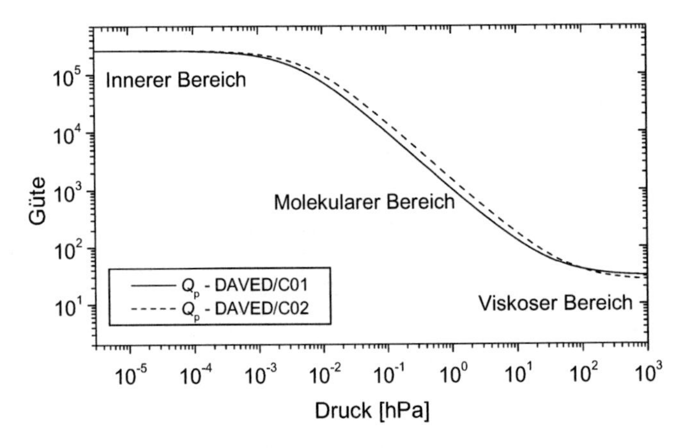

Abb. 6.1. Berechnete Güte der Primärschwingung in Abhängigkeit vom Umgebungsdruck für die Designs DAVED/C01 und DAVED/C02.

6.3 Sekundärschwingung

Zur Berechnung der Güte der Sekundärschwingung wird die komplexe Strömung des Fluids bei der Auf- und Abbewegung des Sekundärschwingers vereinfachend in zwei Komponenten zerlegt, für welche analytische Modelle existieren beziehungsweise abgeleitet werden können. In der Literatur wird unter der Bezeichnung *Squeeze Film Damping* das Verhalten von parallelen Platten behandelt, die sich senkrecht zueinander bewegen. Dieses Modell wird für die Sekundärschwingung unter der Annahme verwendet, daß die Bewegung eines Flächenelements dA des Sekundärschwingers annähernd senkrecht zum Substrat verläuft und das Modell daher lokal gültig ist. Zusätzlich zum Squeeze Film Damping werden Dämpfungsverluste berücksichtigt, die durch *laminare Reibung des Fluids in den Ätzlöchern* entstehen.

Beim *Squeeze Film Damping* geht man von einem inkompressiblen, isothermen Fluid, vernachlässigbaren Inertialeffekten innerhalb des Fluids und von laminarer Strömung aus. Unter diesen Voraussetzungen erhält man aus der Navier-Stokes-Gleichung für eine rechteckige Platte (kurze Seite w, lange Seite l), die sich senkrecht zu einer parallelen Unterlage (Abstand d, Abstandsänderung Δz) bewegt, die Dämpfungskraft [Sta90], [vKa93], [vKa94], [Pee92]

$$F = \frac{\eta\; w^3\; l\; k(w/l)}{(d - \Delta z)^2}\, \frac{v}{d} \,. \tag{6.31}$$

Für eine quadratische Platte ($w = l$) ist der Parameter $k(w/l) = 0{,}43$. Für eine lange, schmale Platte ($w/l \to 0$) beträgt $k(w/l) = 1$.

Zunächst wird untersucht, ob die Abstandsabhängigkeit der Kraft, welche auf ein nichtlineares System führen würde, berücksichtigt werden muß. Bei einer Auslenkung entsprechend der Schwingungsamplitude bei einer Drehrate von 200 °/s führt die Vernachlässigung der Abstandsabhängigkeit bei DAVED/C01 zu einem Fehler der resultierenden Kraft kleiner als 1,4‰. Da der Fehler gemittelt über eine Schwingungsperiode noch wesentlich kleiner ist, wird die Abstandsabhängigkeit vernachlässigt und der folgende Ausdruck für die Dämpfungskraft verwendet:

$$F = \frac{\eta\; w^3\; l\; k(w/l)}{d^3}\, v \,. \tag{6.32}$$

Die Gültigkeit der Gleichung (6.31) beziehungsweise (6.32) erfordert ferner, daß

$$\frac{\omega\ d^2\ \rho_{\text{fluid}}}{\eta} \ll 1 \tag{6.33}$$

erfüllt ist [Lan62], [vKa94]. Da die linke Seite von (6.33) für DAVED/C01 den Wert 0,0118 ergibt, kann (6.32) als Ausgang für die Berechnung des Squeeze Film-Anteils der Dämpfung verwendet werden. Die Anwendung der Formel auf den Sekundärschwinger ist jedoch durch die periodische Strukturierung schwierig. Bei Vernachlässigung der Perforation würde man viel zu große Dämpfungskräfte erhalten. Wendet man (6.32) dagegen auf eine Einheitszelle der Probemasse mit deren Fläche A_Z an (s. Abbildung 6.2), bleibt die im Vergleich zu einer rechteckigen Platte ungünstigere Strömungsform unberücksichtigt. Als effektive Dämpfungsplatte pro Einheitszelle wird daher eine quadratische Platte mit einer Fläche A_{DZ} entsprechend der Gesamtfläche der Einheitszelle ohne Abzug des Ätzlochs verwendet (s. Abbildung 6.2). Diese Annahme führt sicher zu einem groben Modell. Um detaillierte Vorhersagen treffen zu können, sind aufwendige FEM-Berechnungen erforderlich.

Die Berechnung der Dämpfung durch Squeeze Film Damping erfolgt analog zu der Berechnung der Dämpfung durch laminare Reibung bei der Primärschwingung mit dem Unterschied, daß endliche Flächenelemente betrachtet werden. Gleichung (6.32) wird auf die i-te Einheitszelle der perforierten Platte angewendet. Mit $k(w/l{=}1) = 0{,}43$ und $v = r_i\dot{\alpha}_s$ (α_s ist der Winkel der Sekundärbewegung und r_i ist der Abstand der Einheitszelle von der Drehachse) erhält man:

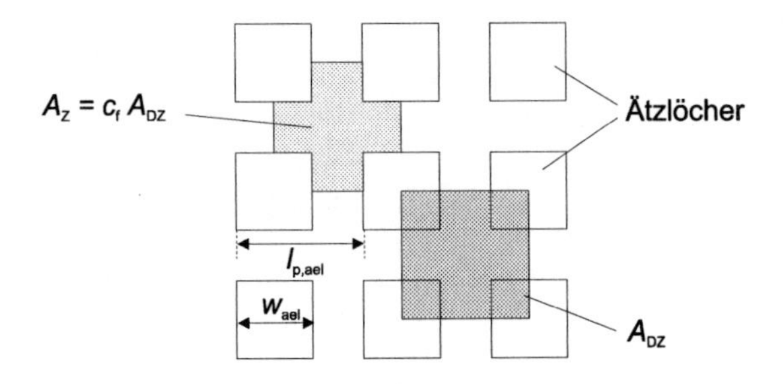

Abb. 6.2. Schematische Darstellung zur Definition der effektiven Dämpfungsfläche A_{DZ} einer Einheitszelle beim Squeeze Film Damping.

$$F_i = \frac{0{,}43\ \eta\ A_{\mathrm{DZ}}^2}{d^3}\ \dot{\alpha}_{\mathrm{s}}\ r_i\ . \tag{6.34}$$

Das Dämpfungsmoment pro Einheitszelle beträgt dann

$$M_i = \frac{0{,}43\ \eta\ A_{\mathrm{DZ}}^2}{d^3}\ \dot{\alpha}_{\mathrm{s}}\ r_i^2\ . \tag{6.35}$$

Mit der Masse der Einheitszelle $m_i = \rho \cdot h \cdot A_{\mathrm{Z}}$ erhält man für das gesamte Dämpfungsmoment

$$M = \sum_i M_i = \frac{0{,}43\ \eta\ A_{\mathrm{DZ}}^2}{d^3\ \rho\ h\ A_{\mathrm{Z}}}\ \dot{\alpha}_{\mathrm{s}} \sum_i m_i\, r_i^2 = \frac{0{,}43\ \eta\ A_{\mathrm{DZ}}^2}{d^3\ \rho\ h\ A_{\mathrm{Z}}}\ \dot{\alpha}_{\mathrm{s}}\ J_y\ . \tag{6.36}$$

Mit der Definition

$$c_{\mathrm{f}} = \frac{A_{\mathrm{Z}}}{A_{\mathrm{DZ}}} \tag{6.37}$$

und den Gleichungen (6.3), (6.5), (6.6) findet man für die *Squeeze Film-Güte* Q_{SF}

$$Q_{\mathrm{SF}} = \frac{\omega_{\mathrm{s}}\ d^3\ \rho\ h\ c_{\mathrm{f}}}{0{,}43\ \eta\ A_{\mathrm{DZ}}}\ . \tag{6.38}$$

Als zweiter Dämpfungsmechanismus wird im folgenden der *Reibungsverlust in den Ätzlöchern durch laminare Strömung* untersucht. Die Strömung des Fluids in einem Ätzloch kann näherungsweise durch das Hagen-Poiseuillesche Gesetz beschrieben werden. Man betrachtet ein Rohr der Länge l_{r} mit Querschnitt A, durch das ein Fluid laminar strömt. Der Durchfluß $I = \mathrm{d}V/\mathrm{d}t$ erzeugt einen Druckabfall Δp entlang des Rohres [Sta87], [Sig91]:

$$I = \frac{A^2}{8\ \pi\ \eta}\ \frac{\Delta p}{l_{\mathrm{r}}}\ . \tag{6.39}$$

Wendet man (6.39) auf ein Ätzloch an, ist für A die Querschnittsfläche $(1 - c_f)\cdot A_{DZ}$ eines Lochs und für l_r die Dicke des Epipolys h einzusetzen. Der bei der Sekundärbewegung erzeugte Durchfluß durch das i-te Ätzloch beträgt

$$I = \frac{dV}{dt} = A_Z\, v = A_Z\, \dot{\alpha}_s\, r_i\,. \tag{6.40}$$

Der auftretende Druckabfall wirkt als Dämpfungskraft F_i auf die i-te Einheitszelle. Aus (6.39) und (6.40) erhält man

$$F_i = \Delta p \cdot (1 - c_f) A_{DZ} = \frac{8\,\pi\,\eta\,h\,c_f}{1 - c_f}\,\dot{\alpha}_s\, r\,. \tag{6.41}$$

In gewohnter Weise wird das Dämpfungsmoment pro Zelle berechnet. Verwendet man bei der anschließenden Summation über alle Einheitszellen $m_i = \rho \cdot h \cdot A_Z$, kann der Summand wieder auf die Form entsprechend der Definition des Trägheitsmoments gebracht werden. Man findet:

$$M = \frac{8\,\pi\,\eta\,c_f}{\rho\,A_Z\,(1 - c_f)}\,J_y\,\dot{\alpha}_s\,, \tag{6.42}$$

womit man zusammen mit den Gleichungen (6.3), (6.5), (6.6) die durch *Reibungsverluste in den Ätzlöchern* bedingte *Güte* Q_{AL} erhält:

$$Q_{AL} = \frac{\omega_s\,\rho\,A_{DZ}\,(1 - c_f)}{8\,\pi\,\eta}\,. \tag{6.43}$$

Um einen geschlossenen Ausdruck der Güte der Sekundärschwingung Q_s über den gesamten Druckbereich zu erhalten, werden Q_{SF} (6.38), Q_{AL} (6.43) und die (nicht berechnete) innere Güte Q_{III} entsprechend (6.8) zusammengefaßt, wobei die druckabhängige Viskosität η_p (6.24) eingesetzt wird:

$$Q_s = \frac{1}{\dfrac{1}{Q_{SF}} + \dfrac{1}{Q_{AL}} + \dfrac{1}{Q_{III}}}$$

$$= \frac{1}{\dfrac{0{,}43\ \eta\ A_{DZ}}{\omega_s\ d^3\ \rho\ h\ c_f \left(1 + \dfrac{p_0\ l_0}{p\ d}\right)} + \dfrac{8\ \pi\ \eta}{\omega_s\ \rho\ A_{DZ}\ (1-c_f) \left(1 + \dfrac{p_0\ l_0}{p\ d}\right)} + \dfrac{1}{Q_{III}}} \tag{6.44}$$

In Abbildung 6.3 ist Gleichung (6.44) für die Designs DAVED/C01 und DAVED/C02 graphisch dargestellt. Man erkennt wieder deutlich die drei Druckbereiche. Im Vergleich zur Primärschwingung sind die Gütefaktoren im viskosen und molekularen Bereich ca. 20 mal kleiner.

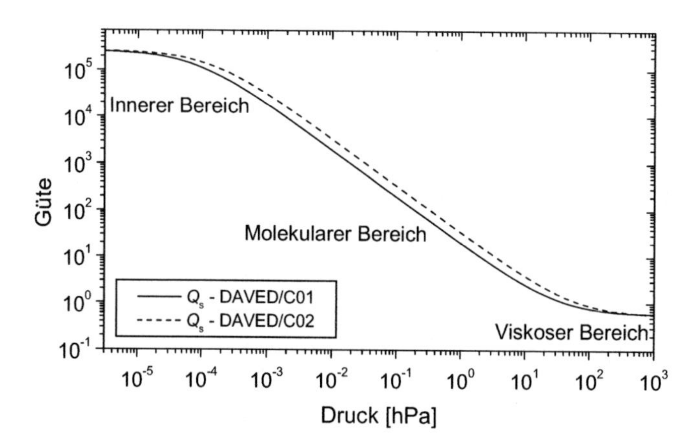

Abb. 6.3. Berechnete Güte der Sekundärschwingung in Abhängigkeit vom Umgebungsdruck für die Designs DAVED/C01 und DAVED/C02.

7. Nichtlineare Schwingungen - Mechanisch stabilisierte Primärschwingung

Bei Oszillatoren mit hoher Güte kann bereits bei einer geringen Nichtlinearität der Federelemente eine elektronische Regelung der Amplitude und Phase unmöglich werden. Für das Design der mikromechanischen Oszillatoren ist daher die Betrachtung von nichtlinearen Effekten unerläßlich. Ferner wird in Kapitel 2, Abschnitt 2.2.2 dargestellt, daß in einem Betriebsmodus des Drehratensensors die Primärschwingung nicht elektronisch geregelt, sondern mit einem mechanischen Anschlag betrieben wird. Im vorliegenden Kapitel 7 wird gezeigt, daß der Anschlag mit der Theorie der nichtlinearen Schwingung beschrieben werden kann. Aus der Literatur sind Näherungslösungen für Systeme bekannt, deren "Kraftkonstante" durch eine Konstante und einen Term proportional zum Quadrat der Auslenkung beschrieben werden kann. Im vorliegenden Kapitel wird die Theorie auf Systeme erweitert, deren "Kraftkonstante" und "Dämpfungskoeffizient" durch eine richtungsunabhängige, sonst aber beliebige Funktion dargestellt werden können. Nach der Diskussion typischer nichtlinearer Frequenzgänge wird im letzten Abschnitt die Primärschwingung theoretisch beschrieben. Es wird gezeigt, daß der Einfluß des mechanischen Anschlags durch jeweils nur einen Term hoher Potenz in der "Kraftkonstanten" und im "Dämpfungskoeffizient" beschrieben werden kann. Abschließend wird die Temperaturdrift von Amplitude und Phase berechnet, welche die wesentliche charakteristische Eigenschaft des Oszillators darstellt.

7.1 Theoretische Grundlagen

Die von der Auslenkung q abhängige "Kraftkonstante" k_q eines physikalischen Systems kann bei *richtungsunabhängigem* Verhalten allgemein durch ein Polynom mit ausschließlich geraden Potenzen dargestellt werden:

$$k_q = k_0 \, (1 + k_1 q^2 + k_2 q^4 + \cdots + k_n q^{2n} + \cdots). \tag{7.1}$$

Mit $\omega_0 = k_0/J$ beziehungsweise $\omega_0 = k_0/m$ (bei Rotationen ist das Trägheitsmoment J, bei linearen Bewegungen die Masse m zu verwenden) wird formal eine auslenkungsabhängige Resonanzfrequenz definiert:

$$\omega_q^2 = \omega_0^2 \, (1 + k_1 q^2 + k_2 q^4 + \cdots + k_n q^{2n} + \cdots). \tag{7.2}$$

Neben der Nichtlinearität der Kraftkonstanten wird die Auslenkungsabhängigkeit des Dämpfungskoeffizienten β_q berücksichtigt:

$$\beta_q = \beta_0 \, (1 + \beta_1 q^2 + \beta_2 q^4 + \cdots + \beta_n q^{2n} + \cdots). \tag{7.3}$$

Die zugehörige Bewegungsgleichung lautet

$$\ddot{q} + f(q,\dot{q}) = \omega_0^2 \, q_0 \cos(\omega t + \varphi) \tag{7.4}$$

mit

$$\begin{aligned} f(q,\dot{q}) = {} & \omega_0^2 \, (1 + k_1 q^2 + \cdots + k_n q^{2n} + \cdots) \, q \\ & + 2\beta_0 \, (1 + \beta_1 q^2 + \cdots + \beta_n q^{2n} + \cdots) \, \dot{q} \, . \end{aligned} \tag{7.5}$$

Um die Gleichungen einfach zu halten, wird entgegen dem üblichen Vorgehen in (7.4) der Phasenwinkel φ zwischen der anregenden Kraft und der Auslenkung zunächst bei der Kraft mitgeführt.

Das nichtlineare System (7.4), (7.5) kann näherungsweise nach dem von Krylov und Bogoljubov ausgearbeiteten Verfahren der harmonischen Balance [Mag86] gelöst werden. Der Grundgedanke des Verfahrens besteht darin, die Form der Schwingung als sinusförmig vorauszusetzen:

$$\begin{aligned} q &= A\cos\omega t \\ \dot{q} &= -A\omega\sin\omega t. \end{aligned} \tag{7.6}$$

Diese Ausdrücke werden in $f(q,\dot{q})$ eingesetzt, und die so entstehende Funktion mit der Periode $T = 2\pi/\omega$ wird als Fourier-Reihe entwickelt:

$$f(q,\dot{q}) = a_0 + \sum_{\nu=1}^{\infty} (a_\nu \cos\nu\omega t + b_\nu \sin\nu\omega t). \tag{7.8}$$

Hier sind a_ν und b_ν die Fourier-Koeffizienten. Da für symmetrische Funktionen $f(q,\dot{q})$ der Koeffizient a_0 verschwindet und da nach Voraussetzung höhere Harmonische vernachlässigt werden, erhält man für die Näherungslösung

$$\begin{aligned} f(q,\dot{q}) &\approx a_1\cos\omega t + b_1\sin\omega t = \frac{a_1}{A}q - \frac{b_1}{A\omega}\dot{q}\,, \\ f(q,\dot{q}) &\approx a^* q + b^* \dot{q} \end{aligned} \tag{7.10}$$

mit den Koeffizienten

$$\begin{aligned} a^* &= \frac{1}{\pi A}\int_0^{2\pi} f(q,\dot{q})\,\cos\omega t\,\mathrm{d}(\omega t)\,, \\ b^* &= -\frac{1}{\pi A\omega}\int_0^{2\pi} f(q,\dot{q})\,\sin\omega t\,\mathrm{d}(\omega t)\,. \end{aligned} \tag{7.11}$$

Setzt man den Ausdruck (7.10) in die Differentialgleichung (7.4) ein, nimmt sie lineare Gestalt an. Allerdings sind die Koeffizienten nicht konstant, sondern von der Amplitude A der Schwingung abhängig.

Die Entwicklung der auslenkungsabhängigen Kraftkonstanten und des auslenkungsabhängigen Dämpfungskoeffizienten nach Potenzen von q erlaubt eine geschlossene Integration der Gleichungen (7.11). Mit der Beziehung [Bro85]

$$\int_0^{2\pi} \sin^n\omega t\,\cos\omega t\,\mathrm{d}(\omega t) = \int_0^{2\pi} \sin\omega t\,\cos^n\omega t\,\mathrm{d}(\omega t) = 0 \qquad (n\in\mathbb{N}) \tag{7.12}$$

erhält man durch Einsetzen von (7.5), (7.6) in (7.11) für die Koeffizienten

$$
\begin{aligned}
a^* &= \frac{\omega_0^2}{\pi} \int_0^{2\pi} (1 + k_1 A^2 \cos^2\omega t + \cdots + k_n A^{2n} \cos^{2n}\omega t + \cdots) \cos^2\omega t \; \mathrm{d}(\omega t) \\
b^* &= \frac{2\beta_0}{\pi} \int_0^{2\pi} (1 + \beta_1 A^2 \cos^2\omega t + \cdots + \beta_n A^{2n} \cos^{2n}\omega t + \cdots) \sin^2\omega t \; \mathrm{d}(\omega t).
\end{aligned}
\tag{7.13}
$$

Mit den Beziehungen [Bro85], [Bar86]

$$
\begin{aligned}
\int_0^{2\pi} \cos^{2m}\omega t \; \mathrm{d}(\omega t) &= 2\pi \, \frac{1\cdot 3\cdot 5\cdots(2m-1)}{2\cdot 4\cdot 6\cdots 2m} \qquad (m > 0) \\
\int_0^{2\pi} \cos^{2m} \sin^2\omega t \; \mathrm{d}(\omega t) &= 2\pi \, \frac{1\cdot 3\cdot 5\cdots(2m-1)}{2\cdot 4\cdot 6\cdots(2m+2)} \qquad (m > 0)
\end{aligned}
\tag{7.14}
$$

können a^* und b^* als Funktionen der Koeffizienten k_i beziehungsweise β_i sowie der Schwingungsamplitude A angegeben werden. Definiert man eine auslenkungsabhängige Resonanzfrequenz ω_A und einen auslenkungsabhängigen Dämpfungskoeffizienten β_A, erhält man

$$
\begin{aligned}
\omega_A^2 &= a^* = \omega_0^2 \left(1 + \frac{3}{4} k_1 A^2 + \cdots + 2\, \frac{1\cdot 3\cdot 5\cdots(2n+1)}{2\cdot 4\cdot 6\cdots(2n+2)} k_n A^{2n} + \cdots\right) \\
2\beta_A &= b^* = 2\beta_0 \left(1 + \frac{1}{4} \beta_1 A^2 + \cdots + 2\, \frac{1\cdot 3\cdot 5\cdots(2n-1)}{2\cdot 4\cdot 6\cdots(2n+2)} \beta_n A^{2n} + \cdots\right).
\end{aligned}
\tag{7.15}
$$

Ordnet man jetzt entsprechend der üblichen Darstellung den Phasenwinkel φ der zeitlichen Entwicklung der Amplitude zu, erhält man die lineare Ersatzgleichung

$$
\ddot{q} + 2\beta_A \dot{q} + \omega_A^2 q = \omega_0^2 \, q_0 \cos(\omega t). \tag{7.16}
$$

Die periodischen Lösungen dieser Differentialgleichung sind

$$
q = A \cos(\omega t - \varphi) \tag{7.17}
$$

mit

$$
A = \frac{\omega_0^2 \, q_0}{\sqrt{(\omega_A^2 - \omega^2)^2 + 4\beta_A^2 \omega^2}} \tag{7.18}
$$

und

$$\varphi = \arctan \frac{2\beta_A \omega}{\omega_A^2 - \omega^2} \; . \tag{7.19}$$

Formal entsprechen (7.17) bis (7.19) den Lösungen eines linearen Oszillators. Der wesentliche Unterschied ist, daß die Koeffizienten ω_A und β_A selbst noch von der Amplitude A abhängen. Gleichung (7.18) muß daher als Bestimmungsgleichung für die Amplitude aufgefaßt werden:

$$A^2 \left[(\omega_A^2 - \omega^2)^2 + 4\beta_A^2 \omega^2 \right] = \omega_0^4 \, q_0^2 \tag{7.20}$$

Sind ω_q^2 oder β_q nach (7.2) beziehungsweise (7.3) Polynome vom Grade größer Null in q, ist diese Bestimmungsgleichung vom Grade größer drei in A^2. Dann ist es zweckmäßiger, die Erregerfrequenz ω als Funktion der Amplitude A auszurechnen. Sortiert man in Gleichung (7.20) die Terme nach den Potenzen in ω, erhält man

$$\omega^4 + \omega^2 (4\beta_A^2 - 2\omega_A^2) + \left[\omega_A^4 - \frac{\omega_0^4 \, q_0^2}{A^2} \right] = 0 \tag{7.21}$$

mit den Lösungen

$$\begin{aligned} \omega_{1,2}^2 &= (\omega_A^2 - 2\beta_A^2) \pm \sqrt{(\omega_A^2 - 2\beta_A^2)^2 - \left[\omega_A^4 - \frac{\omega_0^4 \, q_0^2}{A^2} \right]} \\ &= (\omega_A^2 - 2\beta_A^2) \pm \sqrt{\frac{\omega_0^4 \, q_0^2}{A^2} - 4\beta_A^2 \, (\omega_A^2 - \beta_A^2)} \; . \end{aligned} \tag{7.22}$$

Aus dieser Gleichung kann zu jedem A der zugeordnete Wert von ω berechnet werden. Dabei können ein, zwei oder auch keine reelle Lösungen für ω existieren. Im Vergleich zu linearen Systemen zeigen die Resonanzkurven nach Gleichung (7.22) eine sehr viel größere Mannigfaltigkeit. Bei linearen Systemen tritt beispielsweise q_0 nur als Faktor auf und muß daher nicht weiter berücksichtigt werden. Bei nichtlinearen Systemen ist die Abhängigkeit von q_0 jedoch komplizierter und muß gesondert betrachtet werden.

7.2 Frequenzgänge von nichtlinearen Oszillatoren

Um die Auswirkung von nichtlinearen Rückstell- und Dämpfungskräften deutlich zu machen, wird als Vergleich zunächst der Frequenzgang eines linearen Oszillators betrachtet. Gleichung (7.18) und (7.19) sind für $\omega_A = \omega_0$, $\beta_A = \beta_0$ und zwei verschiedene Kraftamplituden q_0 in Abbildung 7.1 dargestellt. In beiden Fällen erhält man die maximale Amplitude bei der Frequenz

$$\omega_{\max} = \sqrt{\omega_0^2 - 2\beta_0^2} = \sqrt{\omega_0^2 \left(1 - \frac{1}{2Q^2}\right)} \, . \tag{7.23}$$

Der Phasengang ist für beide Fälle identisch. An der Stelle $\omega = \omega_0$ ist die Phasenverschiebung $\varphi = 90°$ (die verwendeten Parameter entsprechen den Parametern des Designs DAVED/C01).

Verwendet man nun eine Kraftkonstante mit einer quadratischen Komponente

$$\omega_A^2 = \omega_0^2 \left(1 + \frac{3}{4} k_1 A^2\right) , \qquad k_1 > 0 \, , \tag{7.24}$$

behält aber einen konstanten Dämpfungskoeffizienten bei,

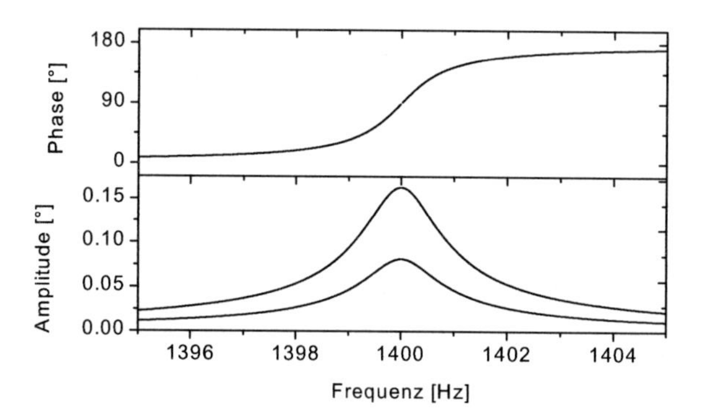

Abb. 7.1. Berechneter Amplituden- und Phasengang eines linearen, gedämpften Oszillators (Design DAVED/C01).

$$\beta_A = \beta_0 , \qquad (7.25)$$

erhält man aus den Gleichungen (7.22), (7.18) und (7.19) den in Abbildung 7.2 dargestellten Frequenzgang. Beginnend bei kleinen Frequenzen steigen die Amplitude und die Phase beim Annähern an die Resonanzfrequenz zunächst an. Im Vergleich zum linearen Fall zeigt der Amplitudengang eine ausgeprägte Rechtskrümmung, und der Phasengang verläuft wesentlich flacher. Die Amplitude folgt dem oberen Ast, die Phase dem unteren Ast. Wird die Stelle mit vertikaler Tangente erreicht und überschritten, springt die Amplitude auf den unteren, die Phase auf den oberen Ast. Wenn die Frequenz von großen Werten aus verkleinert wird, erhält man die Amplituden des unteren und die Phasen des oberen Astes, bis die zweite Stelle mit vertikaler Tangente erreicht wird. Jetzt springt die Amplitude auf den oberen und die Phase auf den unteren Ast. Der mittlere Ast zwischen den beiden Stellen mit vertikaler Tangente im Amplituden- und im Phasengang stellt instabile Lösungen dar.

In Abbildung 7.3 ist der Frequenzgang für zwei verschiedene Kraftamplituden dargestellt. Es wird deutlich, daß bei nichtlinearen Federn die Kraftamplitude nicht als Faktor eingeht, sondern den Amplitudengang völlig ändert. Als Unterschied zum linearen Oszillator erhält man auch zwei verschiedene Phasengänge.

Ändert man das Vorzeichen von k_1, gelangt man bei sonst gleichen Parametern von den Kurven der Abbildung 7.3 zu den in Abbildung 7.4 dargestellten Graphen. Während man bei positivem

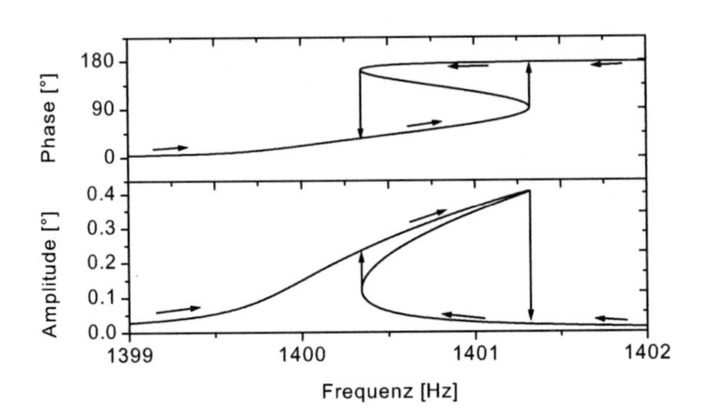

Abb. 7.2. Berechneter Frequenzgang eines nichtlinearen Oszillators (Design DAVED/C01) zur Erklärung der "Hysterese".

k_1 die Stelle maximaler Amplitude im Vergleich zum linearen Oszillator bei größeren Frequenzen findet, befindet sie sich bei negativem k_1 bei kleineren Frequenzen. Ein negatives Vorzeichen des Faktors k_1 kann beispielsweise bei einer elektrostatischen Anordnung mit sich änderndem Plattenabstand auftreten. Berücksichtigt man in Gleichung (4.41) Terme der dritten Potenz in α_s, erhält man ein negatives k_1, das die Nichtlinearität der elektrostatischen Federkonstante der Sekundärschwingung beschreibt.

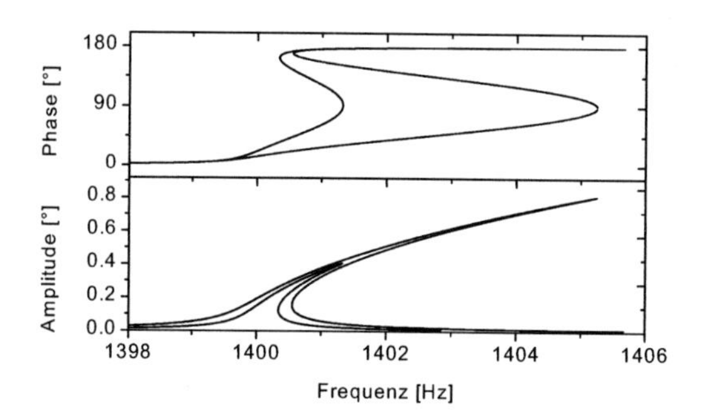

Abb. 7.3. Frequenzgang eines nichtlinearen Oszillators für zwei verschiedene Kraftamplituden (Design DAVED/C01, "hardening spring" ($k_1 > 0$)).

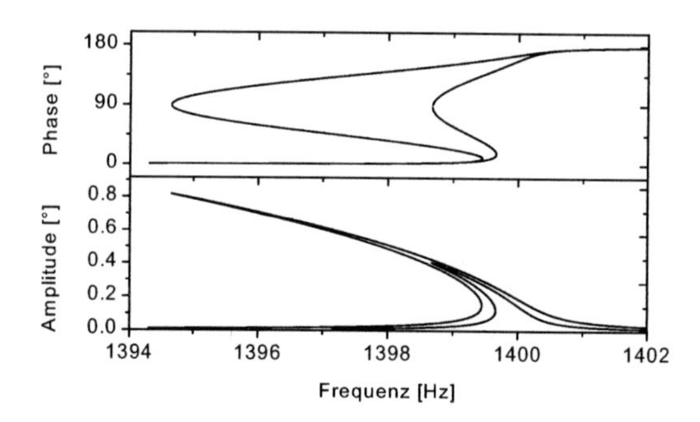

Abb. 7.4. Frequenzgang eines nichtlinearen Oszillators für zwei verschiedene Kraftamplituden (Design DAVED/C01, "softening spring" ($k_1 < 0$)).

7.3 Mechanisch stabilisierte Primärschwingung

Abbildung 7.5 zeigt schematisch den Drehratensensor mit zwei Anschlägen, welche die Primärschwingungsamplitude auf 1° mechanisch begrenzen. Durch den Anschlag nehmen die Federsteifigkeit und die Dämpfung des Oszillators beim Aufprall stark zu. Um diesen Anstieg zu modellieren, wird in (7.15) neben k_1, das die Nichtlinearität der Kraftkonstante der Primärbiegebalken beschreibt, zusätzlich ein k_{100} und ein β_{200} berücksichtigt. Der Verlauf der resultierenden Federsteifigkeit und Dämpfung ist für die in Tabelle 7.1 angegebenen Werte in Abbildung 7.6 dargestellt. Zusammen mit den weiteren in Tabelle 7.1 aufgeführten Parametern erhält man den in Abbildung 7.7 gezeigten Frequenzgang. Im Vergleich zu Abbildung 7.2 ergeben sich keine grundsätzlich neuen Merkmale, außer daß beim Erreichen des Anschlags die Auslenkung über einen größeren Frequenzbereich annähernd konstant bleibt, wodurch man ein Plateau im Frequenzgang erhält.

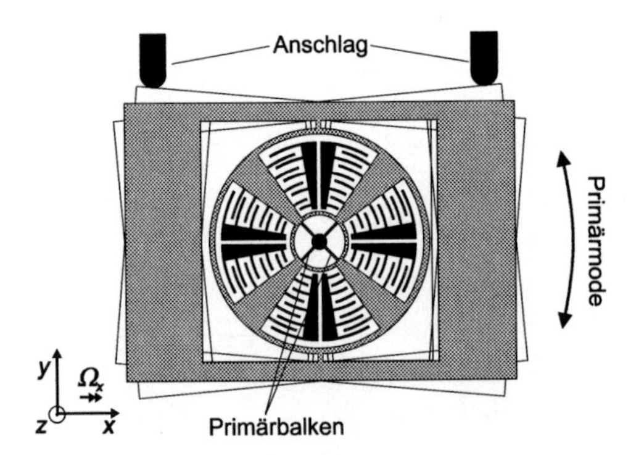

Abb. 7.5. Schematische Darstellung (Draufsicht) DAVED-RR mit Anschlägen zur mechanischen Stabilisierung der Primärschwingung.

Tabelle 7.1. Parametersatz zur Berechnung des in Abbildung 7.7 gezeigten Frequenzgangs einer mechanisch stabilisierten Schwingung.

Parameter	$\omega_0/2\pi$	k_1	k_{100}	β_0	β_{200}	q_0	J_z
Einheit	[s^{-1}]	[rad^{-2}]	[rad^{-200}]	[s^{-1}]	[rad^{-400}]	[rad]	[$kg{\cdot}m^2$]
Wert	1395	50	9,099	$2.187{\cdot}10^{-2}$	5093	$8.45{\cdot}10^{-07}$	$5.767{\cdot}10^{-14}$

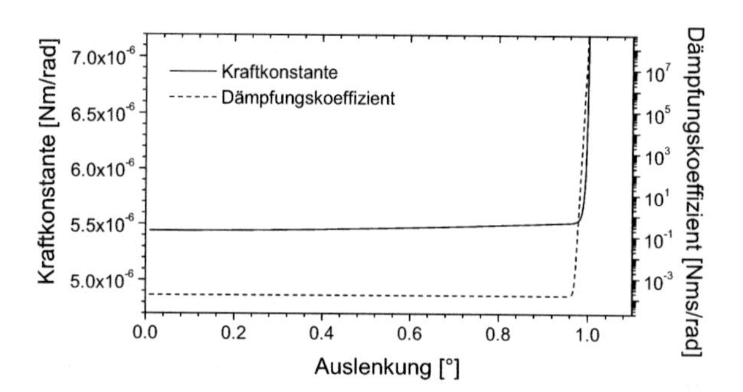

Abb. 7.6. Kraftkonstante und Dämpfungskoeffizient in Abhängigkeit der Primärauslenkung für die Berechnung des Frequenzgangs der mechanisch stabilisierten Primärbewegung (Anschlag bei 1°).

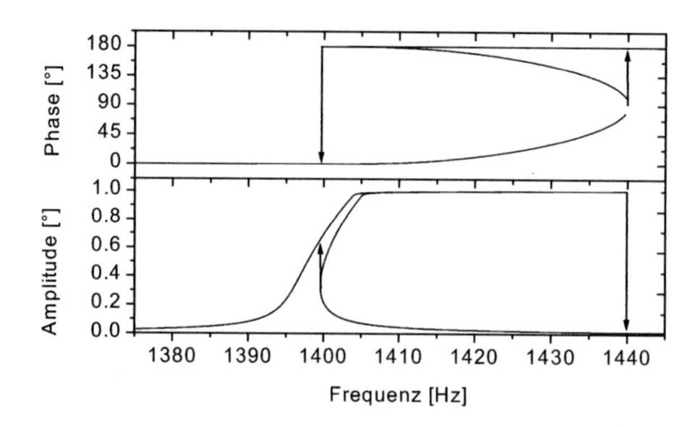

Abb. 7.7. Berechneter Frequenzgang der mechanisch stabilisierten Primärschwingung von DAVED/C01 mit Berücksichtigung der Nichtlinearität der Primärbiegebalken und der mechanischen Anschläge.

Für die Anwendung des Oszillators in CVGs ist das Temperaturverhalten ausschlaggebend. Da neben Amplitudenänderungen vor allem Phasenänderungen eine Drift des Ausgangssignals erzeugen (vergleiche Kapitel 2), wird der Oszillator im vorderen Bereich des Plateaus betrieben, in welchem die Phase einen flachen Verlauf aufweist.

In Abschnitt 5.4 ist der berechnete Temperaturkoeffizient der Resonanzfrequenz der Primärschwingung mit −28 ppm/K angegeben, der das Temperaturverhalten von ω_0 (vgl. (7.1), (7.15)) wiedergibt. Mit dieser Temperaturabhängigkeit von ω_0 werden die in Abbildung 7.8 dargestellten Frequenzgänge für die Temperaturen −40°C, +20°C und +85°C berechnet. Die jeweils mittlere, grau gezeichnete Kurve entspricht der Temperatur von +20°C, die nach links verschobenen Kurven entsprechen +85°C, und die nach rechts verschobenen Kurven entsprechen −40°C. Die durch Rechtecke gekennzeichneten Ausschnitte sind in Abbildung 7.9 vergrößert dargestellt. Wird der Oszillator mit einer Frequenz von 1407,6 Hz betrieben (eingezeichnete Vertikale), erhält man durch Auswertung der Abbildung die dort angegebenen Temperaturkoeffizienten. Für die beiden Temperaturbereiche von −40°C bis +20°C und von +20°C bis +85°C wird dabei jeweils ein lineares Verhalten angenommen. Insbesondere die Bestimmung der Amplitudendrift ist etwas kritisch, da das Simulationsmodell im Bereich des vorderen Teils des Plateaus die größte Ungenauigkeit aufweist. Dies folgt unmittelbar aus der Entwicklung der Kraftkonstante und des Dämpfungskoeffizienten mit nur drei beziehungsweise zwei Termen. Bei Verwendung von weiteren Termen könnte der "plötzliche" erste Anschlag besser abgebildet werden. Auf den deutlich höheren Rechenaufwand, wodurch auch die Anschaulichkeit verlorengeht, wird aus zwei Gründen verzichtet: Erstens kann aus Abbildung 7.9 die obere Grenze für die Drift des Skalenfaktors auf ca. 1% abgeschätzt werden, und zweitens kann die Amplitudendrift meßtechnisch sehr einfach ermittelt werden (vgl. Abschnitt 13.1.1).

Zusammen mit dem Temperaturkoeffizienten von ω_0 sind die Werte in Übersicht in Tabelle 7.2 aufgeführt. Sie stellen die Temperaturkoeffizienten für die Amplitude und die Phase der Primärschwingung dar, die man für eine feste Antriebsspannung und eine feste Antriebsfrequenz in Verbindung mit einem mechanischen Anschlag bei einer Auslenkung entsprechend 1° erwartet.

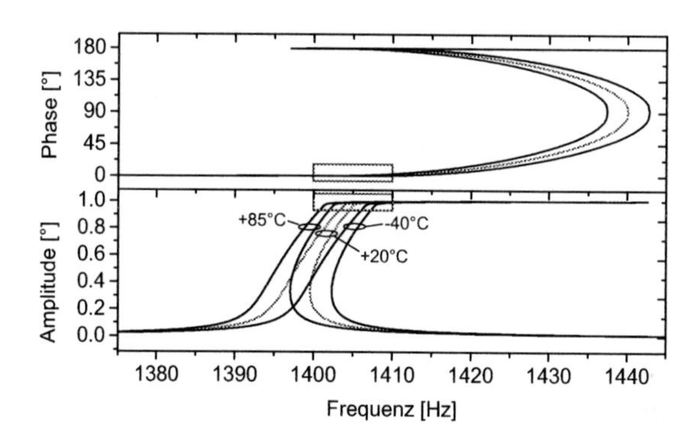

Abb. 7.8. Berechnete Frequenzgänge der Primärschwingung mit Anschlag (DAVED/C01) für die Temperaturen -40°C, 20°C und 85°C.

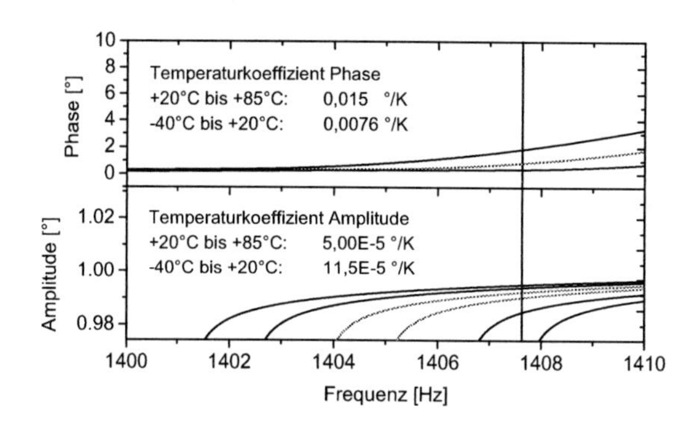

Abb. 7.9. Ausschnitt aus Abbildung 7.8 zur Bestimmung der Temperaturkoeffizienten der Amplitude und Phase der Primärschwingung für eine feste Antriebsspannung und Antriebsfrequenz mit Stabilisierung durch einen mechanischen Anschlag.

Tabelle 7.2. Berechnete Temperaturkoeffizienten der mechanisch stabilisierten Primärschwingung.

Temperaturkoeffizient ω_0	*Tkf*	-28 ppm/K = 0,039 Hz/K
Temperaturkoeffizient Phase	*Tkp*	0,015 °/K
Temperaturkoeffizient Amplitude	*Tka*	$11.5 \cdot 10^{-5}$ °/K

8. Berechnung der Leistungsparameter

Im vorliegenden Kapitel werden die Leistungsparameter, das heißt die Parameter, die für den Anwender eines Drehratensensors von Interesse sind, berechnet. Dazu gehören der Skalenfaktor, das Rauschen, die Temperatur- und Beschleunigungsempfindlichkeit des Sensorsignals, die Sensorbandbreite, die Drehraten-Querempfindlichkeit und die Drehbeschleunigungsempfindlichkeit. Die Signalkomponenten *NP*, *QU* und *UD*, die zwar keine Leistungsparameter sind, werden in einem eigenen Abschnitt behandelt, da viele der Leistungsparameter direkt von ihnen abhängen.

8.1 Skalenfaktor

Als Skalenfaktor SF^* wird der Proportionalitätsfaktor zwischen der zu messenden Drehrate und dem Ausgangssignal bezeichnet. Bei freier Sekundärschwingung erhält man aus (2.20) mit (2.15)

$$SF^* = \frac{dV_{\mathrm{sI}}}{d\Omega} = SF \cos(\Delta\varphi_{\mathrm{p}} + \Delta\varphi_{\mathrm{s}}) = \frac{2\, k_{\mathrm{Vq}}\, k_{\mathrm{ag}}\, q_{\mathrm{p0}}\, \omega_{\mathrm{d}} \cos(\Delta\varphi_{\mathrm{p}} + \Delta\varphi_{\mathrm{s}})}{\sqrt{(\omega_{\mathrm{s}}^2 - \omega_{\mathrm{d}}^2)^2 + 4\, \beta_{\mathrm{s}}^2\, \omega_{\mathrm{d}}^2}} , \qquad (8.1)$$

und bei kraftkompensierter Sekundärschwingung folgt aus (2.31) mit (2.12)

$$SF^* = \frac{ds_{\mathrm{cII}}}{d\Omega} = -2\, k_{\mathrm{ag}}\, q_{\mathrm{p0}}\, \omega_{\mathrm{d}} . \qquad (8.2)$$

Legt man eine ideale Regelung der Primärschwingung zugrunde (q_{p0} = konstant), ist nach den der Gleichung (2.31) zugrundeliegenden idealisierten Annahmen die einzig verbleibende Fehlerquelle beim kraftkompensierten Betrieb die Temperaturabhängigkeit der Primär-Resonanzfrequenz $\omega_p = \omega_d$. Nach (5.17) ergibt sich dadurch eine Temperaturdrift des Skalenfaktors von ca. 21 bis 28 ppm/K.

Um den Skalenfaktor bei freier Sekundärschwingung nach (8.1) zu berechnen, wird im folgenden der Faktor k_{Vq} betrachtet. Die restlichen Größen in (8.1) wurden in den vorangegangenen Kapiteln bereits behandelt. Während die Ausleseelektronik erst in Kapitel 10 im Detail beschrieben wird, soll im vorliegenden Abschnitt das elektrische Sensorsignal nach der ersten Verstärkerstufe berechnet werden. Im Vergleich zu den Einflüssen des mechanischen Sensorelements und der ersten Verstärkerstufe können Rauschanteile, die durch die weitere Signalverarbeitungskette verursacht werden, weitgehend vernachlässigt werden.

Im Blockdiagramm der Abbildung 8.1 wird der Sensor durch einen Differentialkondensator (C_1, C_2) und durch zwei Widerstände R_{l1}, R_{l2} dargestellt. Der Differentialkondensator repräsentiert die Auslesekapazitäten der Sekundärschwingung, wobei die Mittelelektrode der beweglichen Struktur entspricht. Mit den Widerständen R_{l1}, R_{l2} wird die endliche Leitfähigkeit der Leiterbahnen auf dem Siliziumchip berücksichtigt.

Die mit der Sekundärschwingung verknüpften Kapazitätsänderungen werden mit einem Trägerfrequenzverfahren ausgewertet. An die Substratelektroden werden komplementäre Trägersignale V_1, V_2 mit der Amplitude V_c und der Frequenz ω_c gelegt. Bei identischen Kapazitäten

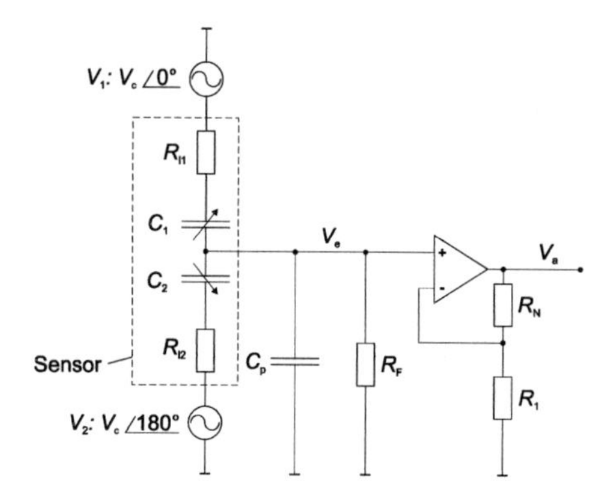

Abb. 8.1. Bockdiagramm zum Trägerverfahren mit Differentialkondensator, Trägersignalen und erster Verstärkerstufe.

$C_1 = C_2$ und identischen Widerständen $R_{I1} = R_{I2}$ werden die komplementären Trägersignale mit gleicher Amplitude auf die Mittelelektrode übertragen und löschen sich durch ihre gegenseitige Phase von 180° vollständig aus. Wird die Mittelelektrode bewegt und dadurch der Differentialkondensator verstimmt, erscheint das Trägersignal an der Mittelelektrode mit einer Amplitude V_{e0} proportional zur Kapazitätsdifferenz $C_1 - C_2$.

Vor allem durch die Bondpads und das Chipgehäuse entstehen parasitäre Kapazitäten, die durch die Kapazität C_p zwischen der Mittelelektrode und Masse berücksichtigt werden. Um ein Floaten (d.h. ein undefiniertes DC-Potential) zu verhindern, wird die Mittelelektrode über einen Floatwiderstand R_F mit Masse verbunden. Das Signal V_e der Mittelelektrode wird mit einer nichtinvertierenden Operationsverstärkerschaltung verstärkt, wobei das hochohmige, störempfindliche Signal niederohmig und damit weniger empfindlich gegenüber Störeinflüssen wird.

Für die Berechnung des verstärkten Signals V_a werden einzelne Bauteile entsprechend der Darstellung in Abbildung 8.2 zu komplexen Widerständen Z_i zusammengefaßt und das in Abbildung 8.3 dargestellte Ersatzschaltbild verwendet. Man erhält für die Widerstände Z_i beziehungsweise die Leitwerte Y_i $(i = 1,2,3)$

$$Z_1 = \frac{1}{Y_1} = \frac{1}{\mathrm{i}\,\omega_c\,C_1} + R_{I1}\,, \tag{8.3}$$

$$Z_2 = \frac{1}{Y_2} = \frac{1}{\mathrm{i}\,\omega_c\,C_2} + R_{I2}\,, \tag{8.4}$$

$$\frac{1}{Z_3} = Y_3 = \mathrm{i}\,\omega_c\,C_p + \frac{1}{R_F}\,. \tag{8.5}$$

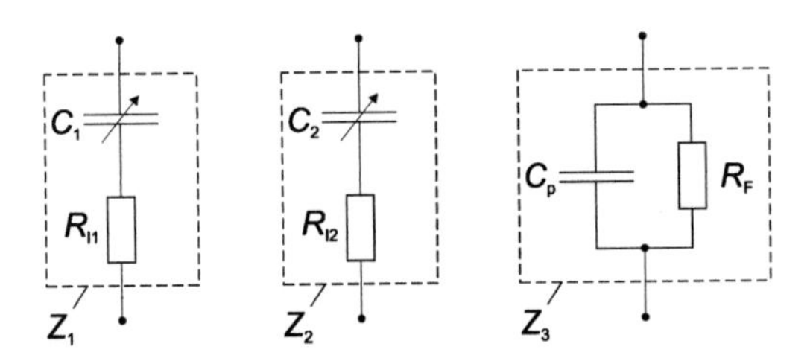

Abb. 8.2. Ersatzwiderstände Z_1, Z_2 und Z_3 zur Berechnung des Sensorausgangssignals nach der ersten Verstärkerstufe.

Durch mehrfaches Anwenden der Knotenregel (beispielsweise für den Punkt A in Abbildung 8.3) und der Maschenregel (beispielsweise für die Masche definiert durch Z_1, Z_2 und die Masche Z_3, Z_2) erhält man für die Spannung V_e am Eingang des Operationsverstärkers

$$V_e = V_1 \frac{Z_2 - Z_1}{Z_1 Z_2 Y_3 + Z_1 + Z_2} . \tag{8.6}$$

Dabei wird angenommen, daß für die Trägersignale

$$V_1 = V_c \, e^{i\omega_c t} , \qquad V_2 = V_c \, e^{i(\omega_c t + \pi)} \tag{8.7}$$

gilt. Am Ausgang des Operationsverstärkers liegt das mit dem nichtinvertierenden Verstärkungsfaktor multiplizierte Signal an:

$$V_a = V_e\left(1 + \frac{R_N}{R_1}\right) = V_1\left(1 + \frac{R_N}{R_1}\right) \frac{Z_2 - Z_1}{Z_1 Z_2 Y_3 + Z_1 + Z_2} . \tag{8.8}$$

Der Betrag von V_a und die Phase φ_c in bezug auf V_1 sind gegeben durch

$$|V_a| = \sqrt{\mathrm{Re}(V_a)^2 + \mathrm{Im}(V_a)^2} \tag{8.9}$$

und

$$\varphi_c = \arctan \frac{\mathrm{Im}(V_a)}{\mathrm{Re}(V_a)} . \tag{8.10}$$

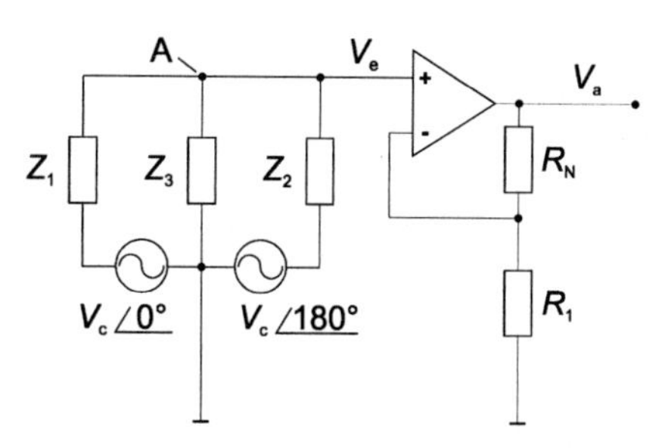

Abb. 8.3. Blockdiagramm zum Trägerverfahren mit den Ersatzwiderständen Z_1, Z_2 und Z_3.

Auf eine explizite Darstellung wird verzichtet, da man durch die Komplexität der Formeln kaum Zusammenhänge sehen kann. Setzt man $R_{l1} = R_{l2} = 0$, erhält man für den Betrag

$$|V_a| = \frac{V_c\,(C_1 - C_2)\left(1 + \frac{R_N}{R_1}\right)}{\sqrt{\left(C_1 + C_2 + C_p\right)^2 + \left(\frac{1}{R_F\,\omega_c}\right)^2}} . \tag{8.11}$$

Hieran erkennt man den Einfluß von C_p und R_F im Vergleich zum idealen Differentialkondensator ($R_{l1} = R_{l2} = C_p = 0$, $R_F = \infty$), für den die Ausgangsspannung

$$|V_a| = V_c\,\frac{C_1 - C_2}{C_1 + C_2}\left(1 + \frac{R_N}{R_1}\right) \tag{8.12}$$

immer größer ist. Mit zunehmender parasitärer Kapazität C_p sowie mit abnehmendem Floatwiderstand R_F nimmt das Sensorsignal ab. Man muß daher versuchen, durch konstruktive Maßnahmen die parasitäre Kapazität so klein wie möglich zu halten. Der Floatwiderstand muß zuverlässig Schwankungen des Potentials der Mittelelektrode vermeiden, sollte sonst jedoch möglichst groß gewählt werden.

Als nächstes wird die Demodulation der Trägersignale betrachtet, wobei eine Verstärkung von "1" angenommen wird. Die Demodulation entspricht dann der Multiplikation des Signals V_a mit einem Signal in Phase mit der Trägerspannung V_1. Nach dem folgenden Tiefpaß, welcher die Oberwellen eliminiert, erhält man ein Signal V_s^*, das proportional zum Meßsignal V_s der Sekundärschwingung (siehe Gleichung (2.14)) ist:

$$V_s^* = |V_a|\,\cos(\varphi_c) \sim V_s . \tag{8.13}$$

Der Faktor k_{Vq} kann nun für das Sensorsignal durch

$$k_{Vq} = \frac{V_s^*}{\alpha_{s0}} \tag{8.14}$$

bestimmt werden, indem man V_s^* nach (8.9), (8.10), (8.13) für die Amplitude der Sekundärschwingung α_{s0} mit den entsprechenden Kapazitäten $C_1 = C_{s1}$, $C_2 = C_{s2}$ (vgl. Abschnitt 4.1.2) berechnet. Verwendet man statt der Amplitude der Sekundärschwingung die der Primärschwingung und entsprechend $C_1 = C_{p1}$, $C_2 = C_{p2}$ (vgl. Abschnitt 4.1.1), erhält man das Signal V_p^* und den Faktor k_{Vq} für die Primärbewegung. Das Störsignal V_{qp0} (s. Abschnitt 2.2), das durch asymmetrische Sekundärelektroden erzeugt wird, wird ebenfalls nach (8.9), (8.10) berechnet. Dann setzt man $C_1 - C_2 = \Delta C_{AE0}$ und $C_1 + C_2 \approx C_{s1} + C_{21}$. Die Größe ΔC_{AE0} wurde in Abschnitt 2.2 definiert als die Amplitude der differentiellen Kapazitätsänderung der *Sekundärelektroden*, die bei einer *Primärbewegung* entsteht.

Mit (8.14) wurde die letzte fehlende Größe zur Berechnung des Skalenfaktors nach (8.1) abgeleitet (auch *NP*, *QU* und *UD* können jetzt vollständig berechnet werden). Für das Design DAVED/C01 erhält man mit den in Tabelle 9.3 und 9.4 aufgeführten Werten ($q_{p0} = 1°$)

$$SF^* = 139 \frac{\mu V}{°/s} \tag{8.15}$$

und für das Design DAVED/C02

$$SF^* = 132 \frac{\mu V}{°/s} . \tag{8.16}$$

Indem die Verstärkungsfaktoren in der weiteren Signalverarbeitungskette angepaßt werden, wird bei der analogen Ausleseelektronik der Skalenfaktor auf den in der Targetspezifikation angegebenen Wert von 20 mV/(°/s) eingestellt.

Da k_{Vq} nur näherungsweise unabhängig von der Drehrate ist, ist der Skalenfaktor auch bei konstanter Temperatur und bei verschwindender Beschleunigung nicht konstant. Dieser Skalenfehler kann auf verschiedene Arten dargestellt werden. Eine Möglichkeit ist die Angabe der prozentualen Abweichung des Skalenfaktors von dem an den Endpunkten berechneten Skalenfaktor (endpoint straight line). Ist der Meßbereich durch $\pm\Omega_{max}$ definiert, erhält man

$$SF_F = \max\left(\frac{\left| \dfrac{V_{sI}^*(\Omega_{max}) - V_{sI}^*(-\Omega_{max})}{2\Omega_{max}} - \dfrac{V_{sI}^*(\Omega) - 0{,}5 \cdot \left(V_{sI}^*(\Omega_{max}) + V_{sI}^*(-\Omega_{max})\right)}{\Omega} \right|}{\left| \dfrac{V_{sI}^*(\Omega_{max}) - V_{sI}^*(-\Omega_{max})}{2\Omega_{max}} \right|} \right) \cdot 100. \tag{8.17}$$

Eine andere Möglichkeit ist die Angabe der resultierenden Nichtlinearität *NL*, die den auf den Meßbereich bezogenen prozentualen Fehler des Ausgangssignals angibt:

$$NL = \max\left(\frac{\left| \frac{V_{sI}^*(\Omega_{max}) - V_{sI}^*(-\Omega_{max})}{2\Omega_{max}} \cdot \Omega + \frac{V_{sI}^*(\Omega_{max}) + V_{sI}^*(-\Omega_{max})}{2} - V_{sI}^*(\Omega) \right|}{\left| V_{sI}^*(\Omega_{max}) - V_{sI}^*(-\Omega_{max}) \right|} \right) \cdot 100 . \tag{8.18}$$

In der vorliegenden Arbeit wird die anschaulichere Definition (8.18) verwendet. Der Ausdruck der Klammer der rechten Seite von (8.18) ist in Abbildung 8.4 für das Design DAVED/C01 dargestellt. Für eine exakte Demodulation mit $\Delta\varphi_s = 0$ erhält man die durchgezogene, symmetrische Kurve. Die Auswirkung einer phasenverschobenen Demodulation erkennt man an der gestrichelten Linie, für welche $\Delta\varphi_s = 15°$ angenommen wurde. Der maximale Fehler wird etwas größer und die Kurve wird asymmetrisch.

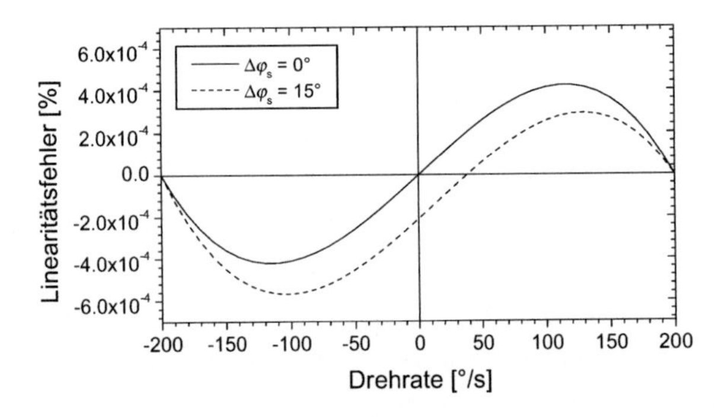

Abb. 8.4. Berechneter Linearitätsfehler in Abhängigkeit von der Drehrate (Design: DAVED/C01).

Für das Design DAVED/C01 erhält man bei einem Meßbereich von ±200 °/s einen maximalen Fehler von $NL = 0{,}00042\%$, für das Design DAVED/C02 erhält man $NL = 0{,}00062\%$ (jeweils bei exakter Demodulation). Wie in den weiteren Abschnitten gezeigt wird, sind diese Fehler im Vergleich zum Rauschen oder zu den Temperatur- und Beschleunigungsabhängigkeiten vollständig vernachlässigbar.

8.2 Rauschen

8.2.1 Mechanisch-thermisches Rauschen

Die fundamentale Begrenzung der Auflösung von mikromechanischen Drehratensensoren wird durch das mechanisch-thermische Rauschen der Struktur festgelegt. Nach dem Boltzmannschen Äquipartitionsprinzip [Jel89], [Gab93]

$$\frac{W}{N} = \frac{1}{2} k_{\mathrm{B}} T \tag{8.19}$$

ist die innere Energie eines Teilchens pro Freiheitsgrad W/N proportional zu dem Produkt aus Boltzmann-Konstante k_{B} und absoluter Temperatur T. Für einen Oszillator mit der Kraftkonstanten k und mit einem Freiheitsgrad ($N = 1$) beträgt die Energie W einer harmonischen Schwingung mit der Amplitude x im zeitlichem Mittel

$$W = \frac{1}{2} k x^2 \ . \tag{8.20}$$

Mit der spektralen Dichte des Amplitudenquadrats x_{ω}^2 erhält man aus dem Äquipartitionsprinzip für einen Oszillator im thermischen Gleichgewicht mit seiner Umgebung

$$\frac{1}{2} k \langle x_{\omega}^2 \rangle = \frac{1}{2} k \int_0^{\infty} x_{\omega}^2 d\omega = \frac{1}{2} k_{\mathrm{B}} T \ . \tag{8.21}$$

Um die mit (8.21) beschriebene thermische Bewegung zu berücksichtigen, werden in der Bewegungsgleichung des Oszillators Fluktuationskräfte F_{F} eingeführt:

$$m\ddot{x} + R\dot{x} + kx = F_{\mathrm{F}}(R,t) \ . \tag{8.22}$$

Die Dämpfung mit der Dämpfungskonstante R bewirkt eine ständige Energieabgabe und daher eine Abnahme der Schwingungsamplitude. Ohne einen Fluktuationsterm würde die Temperatur des Oszillators unter die seiner Umgebung fallen und schließlich gegen Null gehen. Dieser Sachverhalt wird durch das Fluktuation-Dissipation Theorem beschrieben. Befindet sich ein

Dämpfer in einem System, der einen Energiefluß in die Umgebung bewirkt, dann gibt es auch Fluktuationen im System, die direkt mit dieser Dämpfung oder Dissipation im Zusammenhang stehen. Für den mechanischen Oszillator entspricht dies der anschaulichen Tatsache, daß durch die umgebenden Gasmoleküle eine Dämpfung, aber auch Fluktuationen oder thermisches Rauschen bewirkt werden. Der zugrundeliegende Mechanismus, der Impulsübertrag durch die Gasmoleküle, legt den Ansatz einer Fluktuationskraft mit konstanter spektraler Dichte nahe, wenn man davon ausgeht, daß die Stöße der einzelnen Gasmoleküle unkorreliert erfolgen. Anschaulich bedeutet dies, daß die Wahrscheinlichkeit, nach einem ersten Impulsübertrag einen zweiten zu erhalten, für alle Zeiten dieselbe ist. Mit dieser Annahme erhält man zusammen mit (8.21) die Bestimmungsgleichung für die spektrale Dichte des Quadrats der Fluktuationskraft $F_{F\omega}^2$:

$$\frac{1}{2} k \int_0^\infty {x_\omega}^2 d\omega = \frac{1}{2} k F_{F\omega}^2 \int_0^\infty G(\omega)^2 d\omega = \frac{1}{2} k_\mathrm{B} T \ . \tag{8.23}$$

Die Übertragungsfunktion G ergibt sich aus dem Amplitudengang eines linearen Oszillators:

$$G(\omega)^2 = \frac{1}{(k - m\omega^2)^2 + R^2\omega^2} \ . \tag{8.24}$$

Mit

$$\int_0^\infty G(\omega)^2 d\omega = \frac{\pi}{2kR} \tag{8.25}$$

erhält man aus (8.23)

$$F_{F\omega}^2 = \frac{2}{\pi} k_\mathrm{B} T R \ . \tag{8.26}$$

Fluktuationskräfte wirken sowohl auf den Sekundär- als auch auf den Primäroszillator. Während das damit zusammenhängende mechanisch-thermische Rauschen des Sekundäroszillators direkt am Sensorausgang erscheint, wird das Rauschen des Primäroszillators nur bei einer Übertragung auf die Sekundärschwingung, beispielsweise durch Coriolis-Kräfte, als Sensorrauschen meßbar. Zunächst wird das mechanische Rauschen des Sekundärschwingers betrachtet. Entsprechend der bisherigen Nomenklatur werden Größen mit einem “s” oder einem “p” indiziert, wenn sie auf die Sekundärschwingung beziehungsweise die Primärschwingung bezogen sind. Zur Bestimmung des winkelgeschwindigkeitsäquivalenten mechanisch-thermischen Rauschens des Sekundäroszillators wird die Fluktuationskraft (8.26) über die Sensorbandbreite $\Delta\omega = 2\pi\Delta f$ integriert und mit einer äquivalenten Coriolis-Kraft verglichen:

$$\sqrt{4k_B T R_s \Delta f} = 2m_s q_{p0} \omega_p \Omega_{r/m/s} \, . \tag{8.27}$$

Hier stellt q_{p0} die Amplitude und ω_p die Resonanzfrequenz des Primäroszillators dar. Mit

$$R_s = 2\beta_s m_s = \frac{\omega_s}{Q_s} m \tag{8.28}$$

erhält man das mechanisch-thermische Rauschen des Sekundäroszillators:

$$\Omega_{r/m/s} = \sqrt{\frac{k_B T \omega_s \Delta f}{Q_s m_s q_{p0}^2 \omega_p^2}} \, . \tag{8.29}$$

Der Index "r" steht für "Rauschen", "m" steht für "mechanisch-thermisch" und "s" bedeutet "sekundär". Für Drehschwingungen sind in (8.29) die Translationsgrößen durch die entsprechenden Rotationsgrößen zu ersetzen:

$$\Omega_{r/m/s} = \sqrt{\frac{k_B T \omega_s \Delta f}{Q_s J_s \alpha_{p0}^2 \omega_p^2}} \, . \tag{8.30}$$

Das mechanisch-thermische Rauschen steigt mit der Temperatur T, der Sensorbandbreite Δf und der Resonanzfrequenz ω_s der Sekundärschwingung. Dagegen fällt es mit zunehmender Güte Q_s, zunehmenden Trägheitsmoment J_s, zunehmender Primäramplitude α_{p0} und Primär-Resonanzfrequenz ω_p.

Mit der Federsteifigkeit der Primärbewegung k_p erhält man für den Effektivwert des Rauschens des Primäroszillators im Bereich der Resonanzstelle näherungsweise

$$\alpha_{r/m/p} = \sqrt{4k_B T R_p \Delta f} \, \frac{Q_p}{k_p} \, . \tag{8.31}$$

Wird dieses Rauschen durch die Coriolis-Kraft auf den Sekundäroszillator übertragen, erhält man ein Sensorrauschen, das linear mit der Winkelgeschwindigkeit Ω ansteigt:

$$\Omega_{r/m/p} = \frac{\alpha_{r/m/p}}{\alpha_{p0}} \Omega = \sqrt{\frac{4k_B T Q_p \Delta f}{J_p \omega_p^3 \alpha_{p0}^2}} \, \Omega \, . \tag{8.32}$$

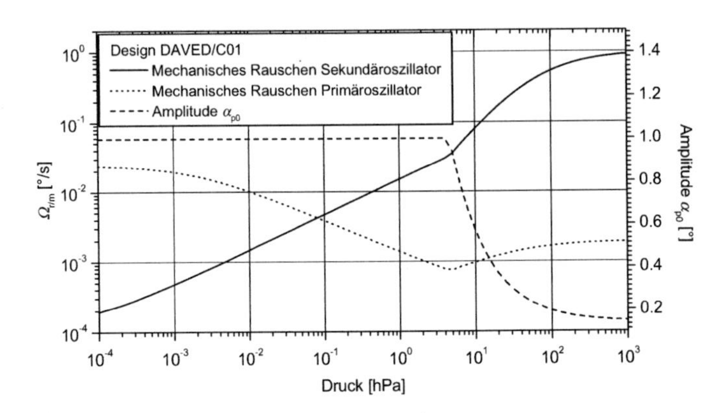

Abb. 8.5. Mechanisch-thermisches Rauschen und Primäramplitude in Abhängigkeit vom Druck (Design: DAVED/C01; maximale Primäramplitude: 1 °; Amplitude der Antriebsspannung: 10 V; Winkelgeschwindigkeit: 200 °/s).

In Abbildung 8.5 sind die Gleichungen (8.30) und (8.32) sowie die berechnete Primäramplitude α_{p0} in Abhängigkeit vom Druck für das Design DAVED/C01 dargestellt. Für den Primäranteil wird in (8.32) eine Winkelgeschwindigkeit von 200 °/s entsprechend dem geforderten Meßbereich eingesetzt. Die Amplitude α_{p0} wurde für eine Antriebsspannung mit einer Amplitude von 10 V berechnet und auf 1° beschränkt. Dadurch wird berücksichtigt, daß die Primäramplitude wegen der Querachsenempfindlichkeit, der Nichtlinearität der Primärfedern oder wegen der Verwendung eines Anschlags begrenzt wird. Der Knick im Graphen des Rauschens markiert den Druck, bei welchem diese Maximalamplitude aufgrund der abnehmenden Güte der Primärschwingung bei der gegebenen Antriebsspannung nicht mehr erreicht wird. Bei kleineren Drücken wird das Rauschen der Sekundärschwingung im wesentlichen durch die Güte Q_s, das durch die Primärschwingung induzierte Rauschen durch die Güte Q_p bestimmt.

Technologisch kann derzeit ein Druck von ca. 1 hPa bis 10 hPa durch Waferbonden eingeschlossen werden. In diesem Druckbereich ist das mechanische Rauschen der Primärschwingung vernachlässigbar. Das mechanische Rauschen der Sekundärschwingung des Designs DAVED/C01 liegt in diesem Bereich zwischen 0,015 °/s und 0,08 °/s. Für das Design DAVED/C02 erhält man ein Rauschen zwischen 0,03 °/s und 0,08 °/s . Man liegt somit noch innerhalb der Targetspezifikation von 0,1 °/s, vernachlässigbar sind diese Rauschbeiträge jedoch nicht.

8.2.2 Elektrische Rauschanteile

Im vorliegenden Abschnitt werden die elektrischen Rauschanteile berechnet, wobei die Rauschquellen bis einschließlich der ersten Verstärkerstufe einbezogen werden. Das Rauschen der Bauteile in der weiteren Signalverarbeitungskette wird vernachlässigt.

Als Rauschquellen werden das thermische Rauschen (Nyquist-Rauschen) der Widerstände sowie die bauteilspezifischen Rauschquellen des Operationsverstärkers berücksichtigt. Im Ersatzschaltbild der Abbildung 8.6 sind die rauschenden Bauteile durch eine Serienschaltung beziehungsweise Parallelschaltung eines idealen Bauteils und einer jeweils schraffiert gezeichneten Rauschquelle ersetzt. Für das Spannungs- und Stromrauschen des Operationsverstärkers werden Werte entsprechend der Datenblätter eingesetzt. Der Effektivwert der Rauschspannung der Ersatzquelle eines Widerstands R_i wird nach

$$V_{Ri} = \sqrt{4\ k_B\ T\ R_i\ \Delta f} \tag{8.33}$$

und der des Rauschstroms nach

$$I_{Ri} = \sqrt{\frac{4\ k_B\ T\ \Delta f}{R_i}} \tag{8.34}$$

berechnet [Mül90]. Zunächst werden nach dem Superpositionsverfahren einzeln die Beiträge der Widerstande R_{I1}, R_{I2} und R_F zum Rauschen am Eingang des Operationsverstärkers betrachtet

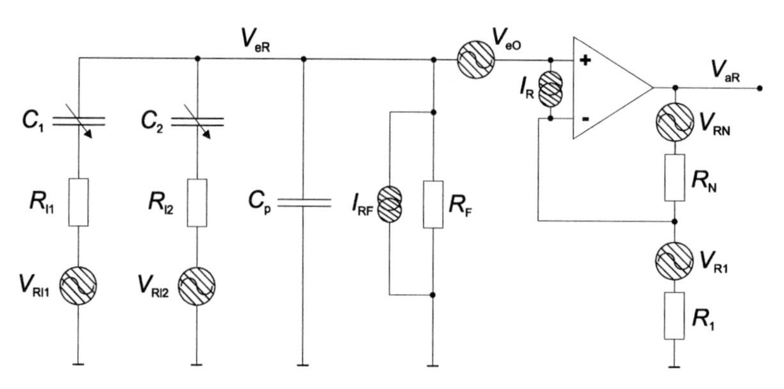

Abb. 8.6. Rauschersatzschaltbild von Sensorchip und erster Verstärkerstufe mit Rauschquellen und idealen Bauteilen.

und anschließend zusammengefaßt. Dabei werden außer der jeweils betrachteten Rauschquelle alle Spannungsquellen widerstandslos überbrückt und Stromquellen unterbrochen.

Definiert man aus den Leitwerten Y_1, Y_2, Y_3 (s. Gleichungen (8.3) bis (8.5)) den Widerstand Z_{123}

$$Z_{123} = \frac{1}{Y_1 + Y_2 + Y_3} , \tag{8.35}$$

erhält man für das durch den Widerstand R_F am Eingang des Operationsverstärkers verursachte Rauschen V_{eRF}

$$V_{eRF} = |Z_{123}| \sqrt{\frac{4\ k_B\ T\ \Delta f}{R_F}} . \tag{8.36}$$

Dabei wird ein unendlich hoher Eingangswiderstand des Operationsverstärkers angenommen, was auch bei den nachfolgenden Betrachtungen vorausgesetzt wird. Zur Berechnung des Beitrags von R_{l1} definiert man

$$Z_{23} = \frac{1}{Y_2 + Y_3} \tag{8.37}$$

und erhält damit

$$V_{eRl1} = \sqrt{4\ k_B\ T\ R_{l1}\ \Delta f}\ \frac{|Z_{23}|}{|Z_1 + Z_{23}|} . \tag{8.38}$$

Analog folgt mit

$$Z_{13} = \frac{1}{Y_1 + Y_3} \tag{8.39}$$

für den Beitrag des zweiten Leiterbahnwiderstands R_{l2}

$$V_{eRl2} = \sqrt{4\ k_B\ T\ R_{l2}\ \Delta f}\ \frac{|Z_{13}|}{|Z_2 + Z_{13}|} . \tag{8.40}$$

Wie das Spannungsrauschen des Operationsverstärkers V_O werden die drei Beiträge mit dem nichtinvertierenden Verstärkungsfaktor am Verstärkerausgang wirksam. Bezeichnet man die verstärkten Signale mit V_{aRF}, V_{aRI1}, V_{aRI2} beziehungsweise V_{aVO}, folgt:

$$V_{aRF} = V_{eRF} \left(1 + \frac{R_N}{R_1} \right) , \quad V_{aRI1} = V_{eRI1} \left(1 + \frac{R_N}{R_1} \right) ,$$
$$V_{aRI2} = V_{eRI2} \left(1 + \frac{R_N}{R_1} \right) , \quad V_{aVO} = V_O \left(1 + \frac{R_N}{R_1} \right) . \tag{8.41}$$

Als nächstes wird die thermische Rauschspannung des Gegenkopplungswiderstands R_N betrachtet. Da sie direkt am Ausgang anliegt, gilt für deren Beitrag V_{aRN}:

$$V_{aRN}^2 = 4 \ k_B \ T \ R_N \ \Delta f . \tag{8.42}$$

Die Rauschquelle des Widerstands R_1 liegt am invertierenden Eingang und trägt daher mit dem invertierenden Verstärkungsfaktor zum Gesamtrauschen bei:

$$V_{aR1}^2 = V_{R1}^2 \left(\frac{R_N}{R_1} \right)^2 = 4 \ k_B \ T \ R_1 \ \Delta f \left(\frac{R_N}{R_1} \right)^2 . \tag{8.43}$$

Schließlich sind noch die Beiträge der bauteilspezifischen Rauschstromquelle I_O des Operationsverstärkers zu berücksichtigen. Der Spannungsabfall an Z_{g1} wird nichtinvertierend, der an R_1 invertierend verstärkt. Daraus ergibt sich am Ausgang die Teilspannung

$$V_{aIO}^2 = I_O^2 \left[Z_{123} \left(1 + \frac{R_N}{R_1} \right) + R_N \right]^2 . \tag{8.44}$$

Hier wurde berücksichtigt, daß die beiden Rauschanteile durch die gemeinsame Rauschquelle korreliert sind.

Aus den unkorrelierten Rauschbeiträgen (8.41) bis (8.44) erhält man als resultierende Ausgangsrauschspannung V_{aR}

$$V_{aR} = \sqrt{V_{aRF}^2 + V_{aRI1}^2 + V_{aRI2}^2 + V_{aVO}^2 + V_{aRN}^2 + V_{aR1}^2 + V_{aIO}^2} \tag{8.45}$$

Mit (8.45) kann das gesamte elektrische Rauschen am Ausgang des ersten Vorverstärkers berechnet werden. Nicht berücksichtigt wurde die Leiterbahn, die mit der Mittelelektrode verbunden ist. Da diese Verbindung gegenüber Störsignalen besonders empfindlich ist, wird die Leiterbahn möglichst kurz ausgelegt, womit ihr Widerstand gegenüber R_{11}, R_{12} vernachlässigbar ist.

Um das Rauschen in Einheiten der Meßgröße anzugeben, wird die Ausgangsrauschspannung durch den Skalenfaktor (8.1) geteilt. Man erhält für das winkelgeschwindigkeitsäquivalente Rauschen $\Omega_{r/el/s}$

$$\Omega_{r/el/s} = \frac{1}{SF^*} \sqrt{V_{aRF}^2 + V_{aRI1}^2 + V_{aRI2}^2 + V_{aVO}^2 + V_{aRN}^2 + V_{aR1}^2 + V_{aIO}^2} \,. \qquad (8.46)$$

Mit den Zahlenwerten aus Tabelle 9.3 und 9.4 (Design DAVED/C01) erhält man

$$\begin{aligned} \Omega_{r/el/s} &= \sqrt{1{,}3^2 + 0{,}06^2 + 0{,}06^2 + 0{,}25^2 + 0{,}04^2 + 0{,}14^2 + 1{,}9^2} \cdot 10^{-2} \ °/\mathrm{s} \\ &= 0{,}023 \ °/\mathrm{s} \ . \end{aligned} \qquad (8.47)$$

Man erkennt, daß die wesentlichen Anteile durch den Widerstand R_F und das Stromrauschen des Operationsverstärkers verursacht werden.

Neben den elektrischen Rauschanteilen der Sekundärschwingung müssen auch die der Primärschwingung betrachtet werden, wenn die Primärschwingung elektrisch geregelt wird. Dann wird durch den Regelkreis aus dem elektrischen Rauschen ein mechanisches Rauschen generiert. Vereinfachend kann man annehmen, daß das durch den Regelkreis induzierte mechanische Rauschen dem elektrischen Rauschen entspricht. Bezeichnet man dieses Rauschen, in Einheiten der Auslenkung, mit $\alpha_{r/el/p}$, gilt entsprechend (8.32) für das resultierende Sensorrauschen

$$\Omega_{r/el/p} = \frac{\alpha_{r/el/p}}{\alpha_{p0}} \Omega \,. \qquad (8.48)$$

Da die Primärschwingung mit demselben Verfahren wie die Sekundärschwingung ausgelesen wird, kann $\alpha_{r/p/e}$ mit (8.45) und (8.8) bis (8.10) sowie (8.13) berechnet werden. Für C_1 und C_2 werden die Werte der Kammkapazitäten zur Detektion der Primärschwingung eingesetzt. Die Amplitude der Trägersignale wird $V_c = 4$ V gesetzt. Verwendet man sonst dieselben Zahlenwerte wie für (8.47), erhält man einen Rauschbeitrag von 0,047 °/s. Beim Design DAVED/C02 erhält man wegen der kleineren Auslesekapazitäten bereits ein Rauschen von 0,13 °/s.

8.2.3 Gesamtrauschen

Das Gesamtrauschen Ω_r des Sensors entsteht aus der Überlagerung der verschiedenen Rauschbeiträge. Für unkorrelierte Rauschvorgänge sind die Schwankungsquadrate zu addieren:

$$\Omega_r = \sqrt{\Omega^2_{r/m/s} + \Omega^2_{r/m/p} + \Omega^2_{r/el/s} + \Omega^2_{r/el/p}} \; . \tag{8.49}$$

Für das Design DAVED/C01 erhält man bei einem Umgebungsdruck von 5 hPa (mit einer auf $\alpha_{p0} = 1°$ begrenzten Primäramplitude und einer Amplitude der Antriebsspannung von 10 V):

Geregelte Primärschwingung:

$$\Omega_r = \sqrt{0{,}035^2 + 0{,}0023^2 + 0{,}0008^2 + 0{,}047^2} \; °/s = 0{,}063 \; °/s \; ,$$

(8.50)

Freie Primärschwingung:

$$\Omega_r = \sqrt{0{,}035^2 + 0{,}0023^2 + 0{,}0008^2} \; °/s = 0{,}042 \; °/s \; .$$

Mit denselben Bedingungen erhält man für das Design DAVED/C02:

Geregelte Primärschwingung:

$$\Omega_r = \sqrt{0{,}059^2 + 0{,}0025^2 + 0{,}0015^2 + 0{,}13^2} \; °/s = 0{,}145 \; °/s \; ,$$

(8.51)

Freie Primärschwingung:

$$\Omega_r = \sqrt{0{,}059^2 + 0{,}0025^2 + 0{,}0015^2} \; °/s = 0{,}044 \; °/s \; .$$

Beim Design DAVED/C02 mit geregelter Primärschwingung wird der spezifizierte Wert von 0,1 °/s überschritten. Wie in Kapitel 9 und in Abschnitt 8.5 erläutert wird, ergeben sich die Designs unter anderem aus einem Kompromiß zwischen Rauschen und Temperaturempfindlichkeit. Um letztere möglichst gering zu halten, muß im Rahmen der Spezifikation ein möglichst großes Rauschen gewählt werden.

Der druckabhängige Verlauf des Rauschens Ω_r sowie der mechanischen und elektrischen Komponenten ist für das Design DAVED/C01 in Abbildung 8.7 und für das Design DAVED/C02 in Abbildung 8.8 dargestellt. Beim größeren Design DAVED/C01 wird das

Rauschen im interessierenden Druckbereich von 1 hPa bis 10 hPa vor allem durch die Beiträge des Sekundäroszillators bestimmt, während beim Design DAVED/C02 das Rauschen durch eine Regelung der Primärschwingung deutlich beeinflußt wird.

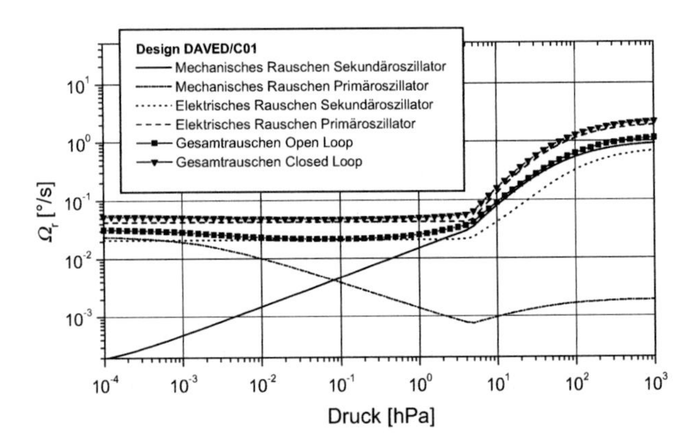

Abb. 8.7. Druckabhängigkeit des Sensorrauschens sowie der mechanischen und elektrischen Rauschkomponenten berechnet nach erstem Verstärker (DAVED/C01).

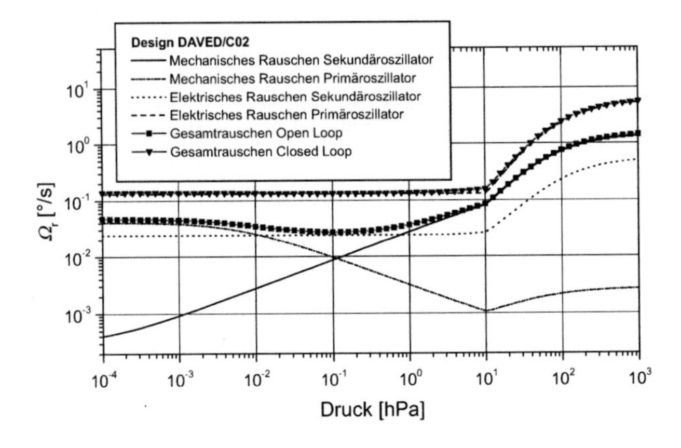

Abb. 8.8. Druckabhängigkeit des Sensorrauschens sowie der mechanischen und elektrischen Rauschkomponenten berechnet nach erstem Verstärker (DAVED/C02).

8.3 Sensorbandbreite

Die Bandbreite des Sensors wird für eine sinusförmige Drehrate mit konstanter Amplitude und variabler Frequenz über die Phasen- oder die Amplitudenänderung des Sensorausgangssignals definiert. Bei der üblicheren Definition über die Amplitudenänderung entspricht die Bandbreite der Frequenz der Drehrate, bei welcher die Ausgangsamplitude um einen bestimmten Wert von der Amplitude bei einer gleichförmigen Drehrate abweicht. Wie in diesem Abschnitt deutlich wird (s. Abb. 8.9), muß die übliche Definition (−3dB) erweitert werden zu der Angabe eines Bandes. Wählt man als Grenzen −3 dB und +2 dB, erhält man eine Amplitudenänderung von ca. ±30%.

Für die zeitabhängige, sinusförmige Drehrate verwendet man

$$\Omega(t) = \Omega_0 \cos(\omega_m t) \ . \tag{8.52}$$

Dies führt mit (2.13) bei Vernachlässigung der Terme *np*, *qu*, *ud* und f_{el} auf folgende Differentialgleichung für das Ausgangssignal V_s:

$$\ddot{V}_s + 2\,\beta_s\,\dot{V}_s + \omega_s^2\,V_s = sf\,\Omega_0\,\cos(\omega_m t)\,\sin(\omega_d t - \varphi_p) \ . \tag{8.53}$$

Nach Ausmultiplikation der rechten Seite, Anwendung des Superpositionsprinzips und Berechnung des In-Phase-Signals (Multiplikation mit $\sin(\omega t - \varphi_{p0} - \varphi_{s0})$ und Vernachlässigung der Oberwellen) erhält man

$$V_{sI} = V_{sI1}\,\cos(\omega_m t - \varphi_1) + V_{sI2}\,\cos(\omega_m t + \varphi_2) \tag{8.54}$$

mit

$$V_{sI1/sI2} = \frac{k_{Vq}\,k_{ag}\,q_{p0}\,\omega_d\,\Omega_0}{\sqrt{(\omega_s^2 - (\omega_d \pm \omega_m)^2)^2 + 4\,\beta_s^2\,(\omega_d \pm \omega_m)^2}} \ ,$$

$$\varphi_{1/2} = \arctan\left[\frac{2\,\beta_s\,(\omega_d \pm \omega_m)}{\omega_s^2 - (\omega_d \pm \omega_m)^2}\right] + \Delta\varphi_p - \varphi_{s0} \ . \tag{8.55}$$

Mit dem Additionstheorem (2.17) lassen sich die zwei Terme zusammenfassen, womit man geschlossene Ausdrücke für die Amplitude und Phase des Ausgangssignals erhält:

$$V_{sl} = V_{sl0} \cos(\omega_m t - \varphi_0) \tag{8.56}$$

mit

$$V_{sl0} = \sqrt{V_{sl1}^2 + V_{sl2}^2 + 2 V_{sl1} V_{sl2} \cos(\varphi_2 + \varphi_1)} \; ,$$

$$\varphi_0 = \arctan\left[\frac{V_{sl1} \sin(\varphi_1) - V_{sl2} \sin(\varphi_2)}{V_{sl1} \cos(\varphi_1) + V_{sl2} \cos(\varphi_2)}\right] \; . \tag{8.57}$$

Gleichung (8.57) ist in Abbildung 8.9 für das Design DAVED/C01 dargestellt. Verwendet man als Definition der Bandbreite eine Phasenverschiebung zwischen Meßsignal und Drehrate von 90°, erhält man eine Bandbreite von 374 Hz. Die Amplitude ändert sich bei 160 Hz um +2 dB. Für das Design DAVED/C02 erhält man 405 Hz beziehungsweise 178 Hz.

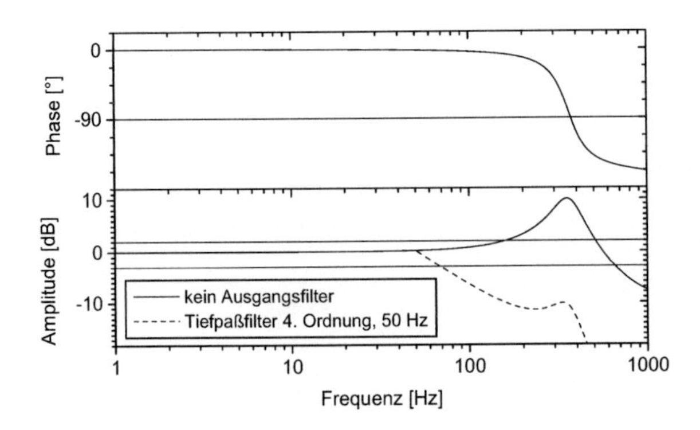

Abb. 8.9. Berechneter Phasen- und Amplitudengang (Design DAVED/C01).

Die angegebene Bandbreite beruht ausschließlich auf den mechanischen Eigenschaften des Sensors. Im Sensorsystem ist dem mechanischen Frequenzgang das Übertragungsverhalten der in der Signalverarbeitung verwendeten Filter überlagert. Im Amplitudengang, der in Abbildung 8.9 als unterbrochene Linie dargestellt ist, wird dies durch eine Dämpfung von -24 dB pro Dekade beginnend bei 50 Hz angedeutet (idealer Tiefpaßfilter vierter Ordnung).

8.4 *NP*, *QU* und *UD*

Die Vorhersage der Signal-Komponenten *NP*, *QU* und *UD* ist äußerst schwierig, da die Signale im wesentlichen auf fertigungsbedingte Asymmetrien zurückzuführen sind, die zum Großteil nicht spezifiziert und messtechnisch nur schwer zu erfassen sind. In Tabelle 8.1 sind die berechneten Größen *NP*, *QU* und *UD* für verschiedene Ursachen aufgeführt. Berücksichtigt werden Asymmetrien, verursacht durch Justierfehler (Ausleseelektroden und Leiterbahnen relativ zur beweglichen Struktur), durch Schwankungen der Oxiddicke, durch den inhomogenen Streßgradienten im Epipoly sowie durch den Trenchätzprozeß (asymmetrischer Querschnitt der Primärbiegebalken). Dabei wird ein maximaler Justierfehler von 3 µm, ein Gradient $c_d = 3{,}18$ nm/rad (Oxiddicke und Streßgradient) und eine Asymmetrie des Primärbalkenquerschnitts von $\varphi_{am} = 0{,}1°$ angenommen (die Zahlenwerte wurden aus Messungen an Sensorchips ermittelt).

Für die Designs DAVED/C01 und DAVED/C02 wird jeweils durch die Asymmetrie der Primärbalken das bei weitem größte Fehlersignal erzeugt. Die Möglichkeiten, durch das Design diesen Anteil zu reduzieren, sind beschränkt, wenn das Grundprinzip zweier Drehschwingungen beibehalten wird. Für einen Sensor mit zwei linearen Schwingungen wird durch asymmetrische Balken zumindest nicht direkt eine Bewegung in Richtung der Sekundärschwingung angeregt.

Der zweitgrößte Term steht im Zusammenhang mit den vergrabenen Antriebs- oder Drive-Leiterbahnen. Da beim kleineren Design DAVED/C02 der effektive Abstand zwischen Leiterbahn und beweglicher Struktur kleiner ist, erhält man für das Design DAVED/C02 einen größeren Term *UD* als für das Design DAVED/C01.

In den folgenden Abschnitten wird basierend auf den in Tabelle 8.1 angegebenen Werten die Temperatur- und Beschleunigungsempfindlichkeit berechnet.

Tabelle 8.1. Berechnete Größen *NP*, *QU* und *UD* der Designs DAVED/C01 und DAVED/C02.

Größe / Effekt		Parameter / Verweis Gleichung	DAVED/C01	DAVED/C02
NP				
	Kapazitätsänderung durch Asymmetrie der Auslesseelektroden[1]	Justierfehler: 3 µm $c_d = 3{,}18 \cdot 10^{-9}$ nm/rad (2.15), (4.5), (4.6), (4.9), (4.14), (4.15), (8.14)	-0,11 °/s	-0,20 °/s
QU				
	Kapazitätsänderung durch Asymmetrie der Ausleseelektroden[1]	Justierfehler: 3 µm $c_d = 3{,}18 \cdot 10^{-9}$ nm/rad (2.15), (4.5), (4.6), (4.9), (4.14), (4.15), (8.14)	-0,31 °/s	-0,60 °/s
	Elektrostatisches Moment durch Asymmetrie der Ausleseelektroden[1]	Justierfehler: 3 µm $c_d = 3{,}18 \cdot 10^{-9}$ nm/rad (2.15), (4.39), (4.47), (8.14)	0,007 °/s	0,05 °/s
	Asymmetrie der Primärbalken	$\varphi_{am} = 0{,}1°$ (2.15), (5.23), (8.14)	142 °/s	266 °/s
UD				
	Elektrostatisches Moment durch Asymmetrie der Drive-Leiterbahnen	Justierfehler: 3 µm $c_d = 3{,}18 \cdot 10^{-9}$ nm/rad (2.15), (4.39), (4.56), (8.14)	1,07 °/s	7,35 °/s

[1] Die Änderung der effektiven Kondensatorfläche wurde mit ANSYS für den angegebenen Justierfehler unter Berücksichtigung der verschiedenen Extremfälle bestimmt. Im Vergleich zu den analytisch berechneten Beiträgen durch einen Gradient c_d ist die Änderung der effektiven Fläche vernachlässigbar.

8.5 Temperaturempfindlichkeit von Nullpunkt und Skalenfaktor

Die auf das mechanische Sensorelement zurückzuführende Temperaturdrift wird im wesentlichen durch die Temperaturabhängigkeit der Dämpfung und der Resonanzfrequenzen von Primär- und Sekundärschwingung bestimmt. Im folgenden wird die Drift für die in Abschnitt 2.2 behandelten vier Betriebsmodi untersucht. Zunächst wird der Betriebsmodus mit elektrisch geregelter Primärschwingung und freier Sekundärschwingung detailliert behandelt, um die Zusammenhänge der Temperaturabhängigkeit des Ausgangssignals anschaulich darzulegen. Anschließend werden die Ergebnisse für alle Betriebsarten in Übersicht dargestellt.

Entsprechend der Annahme in Abschnitt 2.2.1 wird eine ideal geregelte Primärschwingung vorausgesetzt. Bei gegebenen Asymmetrien der Sensorstruktur wird die Temperaturdrift wesentlich vom Verhältnis der Resonanzfrequenzen von Primär- und Sekundärschwingung bestimmt, wie in Abbildung 8.10 deutlich wird. Die gezeigten Berechnungen (Design DAVED/C01, Standardbetriebsparameter entsprechend Tabelle 9.3) beruhen auf einer konstanten, effektiven Resonanzfrequenz der Sekundärschwingung (977 Hz), während die Resonanzfrequenz der Primärschwingung variiert wird. Zur Berechnung der Größen *NP*, *QU*, *UD* werden die in Tabelle 8.1 angegebenen Werte verwendet. In allen Graphen der Abbildung werden die auf der y-Achse dargestellten Größen für verschiedene, jeweils angegebene Temperaturen berechnet.

Die normierte Amplitude und die Phase der Sekundärschwingung sind in Abbildung 8.10a beziehungsweise 8.10b dargestellt. Man erkennt, daß die Änderungen bezogen auf die Temperatur von 20°C (Abbildungen 8.10c beziehungsweise 8.10d) vor allem auf die Änderung der Dämpfung und weniger auf die Änderung der Resonanzfrequenz zurückzuführen sind. Wäre die Resonanzfrequenzverschiebung der dominierende Effekt, müßten beispielsweise die Kurven der Phase (Abbildung 8.10b) deutlich in Richtung der x-Achse zueinander verschoben sein. Da die Resonanzfrequenzen von Primär- und Sekundärschwingung eine ähnliche Temperaturempfindlichkeit aufweisen, driften sie weitgehend "parallel". Für tiefe Temperaturen erhält man eine geringere Dämpfung und daher eine größere Amplitude der Sekundärschwingung.

In Abbildung 8.10c ist neben der prozentualen Änderung der Sekundäramplitude die Änderung des Skalenfaktors dargestellt. Die jeweils zu einer Temperatur gehörenden Graphen der Amplituden- und Skalenfaktoränderung sind in der Darstellung fast nicht zu unterscheiden. Das heißt, die Skalenfaktordrift ist nahezu vollständig auf die (vor allem durch die Dämpfung bestimmte) Änderung der Sekundäramplitude zurückzuführen. Die Unterschiede werden durch die Temperaturabhängigkeit des Faktors k_{Vq} verursacht, der die kapazitive Wandlung der mechanischen Auslenkung in ein elektrisches Signal beschreibt (die Temperaturkoeffizienten

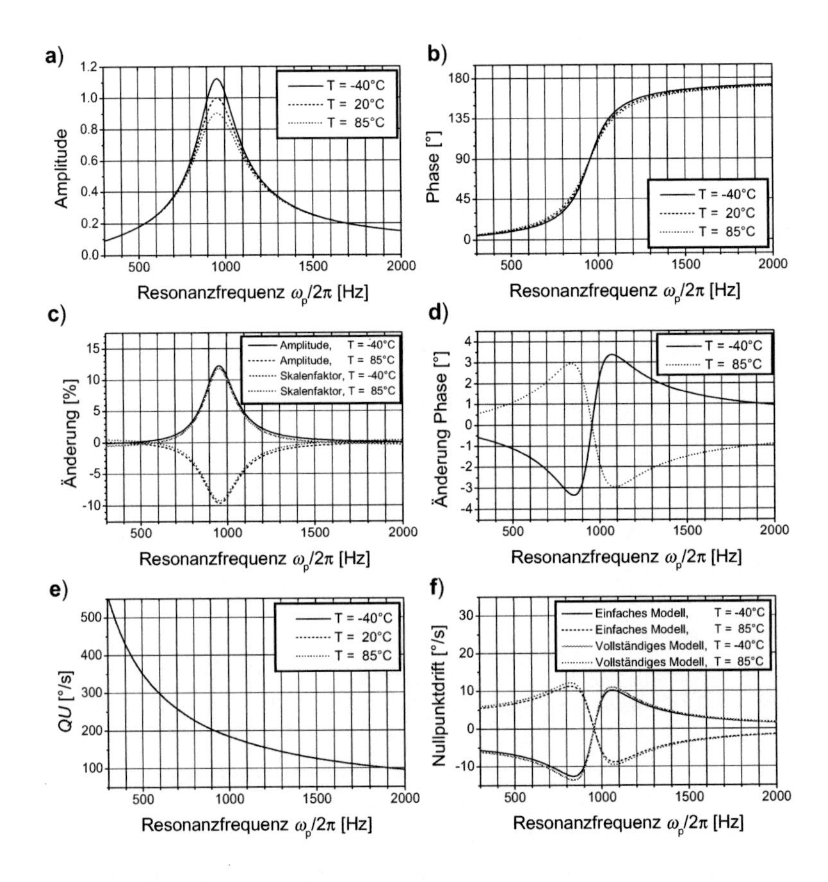

Abb. 8.10. Temperaturabhängigkeit von verschiedenen Parametern in Abhängigkeit von der Resonanzfrequenz der Primärschwingung (die Temperatur ist der Parameter der verschiedenen Kurven): a) Normierte Amplitude der Sekundärschwingung. b) Phase der Sekundärschwingung bezüglich der Coriolis-Kraft. c) Änderung der Amplitude der Sekundärschwingung und des Skalenfaktors. d) Änderung der Phase der Sekundärschwingung bezüglich der Coriolis-Kraft. e) Quadraturkomponente QU. f) Nullpunktdrift, berechnet nach $QU \cdot \sin\Delta\varphi_s$, wobei in QU nur der Beitrag der unsymmetrischen Primärbalken berücksichtigt ist (einfaches Modell) und vollständige Berechnung mit Änderung von V_{SI} (Design DAVED/C01, Standardbetriebsparameter entsprechend Tabelle 9.3).

der Widerstände, die diese Temperaturabhängigkeit verursachen, sind in Tabelle 9.3 angegeben). Basierend auf den Berechnungen erkennt man, daß ein Betrieb mit nahe zusammenliegenden Resonanzfrequenzen nicht sinnvoll ist. Bei doppeltresonantem Betrieb würde der maximale Skalenfaktorfehler ca. ±12% betragen, was bei einem Meßbereich von ±200 °/s einem Fehler von ca. ±24 °/s entspricht.

In Abbildung 8.10e ist die Größe *QU* aufgetragen. Um die Größe in der anschaulichen Einheit °/s angeben zu können, wird sie durch den Skalenfaktor geteilt. Mit dem dominierenden Störeffekt der asymmetrischen Primärbalken, der mit Gleichung (2.23) beschrieben wird, erhält man aus (2.15) für *QU*/*SF* eine Abhängigkeit proportional zum Kehrwert der Antriebsfrequenz, das heißt proportional zu ω_d^{-1}. Bemerkenswert ist, daß im Vergleich zu dieser Abhängigkeit die Temperaturempfindlichkeit von *QU* vernachlässigbar klein ist, so daß sie in der Abbildung nicht zu erkennen ist.

Die in Abbildung 8.10f dargestellte Nullpunktdrift beruht auf zwei verschiedenen Berechnungen. Mit einem vollständigen Modell werden alle beschriebenen Effekte, die zu *NP*, *QU* und *UD* beitragen, sowie die Temperaturempfindlichkeit des *E*-Moduls, der Viskosität und der Widerstände vollständig betrachtet. Im vereinfachten Modell wird nur die Asymmetrie der Primärbalken zur Berechnung von *QU* berücksichtigt und daraus die resultierende Nullpunktdrift durch Multiplikation mit dem Sinus der Phasenänderung der Sekundärschwingung berechnet. Da die Ergebnisse fast identisch sind, kann zum einen der dominierende Effekt genau zugeordnet werden, und zum anderen steht eine einfache Abschätzung für die Nullpunktdrift zur Verfügung.

Bevor die Temperaturdriften der verschiedenen Betriebsmodi diskutiert werden, werden die dabei verwendeten Definitionen kurz dargestellt.

Die Temperaturdrift des Skalenfaktors ΔSF_T^* wird üblicherweise als Band (z.B. ±1%) angegeben. Da die Skalenfaktoränderung eine monotone Funktion der Temperatur ist, kann sie durch

$$\Delta SF_T^* = \pm\frac{1}{2}\left|\frac{SF^*(T_{max}) - SF^*(T_{min})}{SF^*(T_0)}\right| \cdot 100 \tag{8.58}$$

berechnet werden. Entsprechend erhält man für die Drift des Nullpunkts ΔZRO_T in Einheiten °/s

$$\Delta ZRO_T = \pm\frac{1}{2}\left|\frac{V_{\mathrm{sl}}^*(T_{\max},\Omega=0) - V_{\mathrm{sl}}^*(T_{\min},\Omega=0)}{SF^*(T_0)}\right|. \tag{8.59}$$

In Abbildung 8.11 sind die Skalenfaktordrift (Abb. 8.11a), die Nullpunktdrift (Abb. 8.11b) und das Ausgangsrauschen (Abb. 8.11c) für die Betriebsmodi mit elektrisch geregelter Primärschwingung und freier Sekundärschwingung (Modus 1), mit Kraftkompensation (Modus 2) sowie mit Kompensation durch eine Referenzschwingung (Modus 3) dargestellt. Die Werte für Modus 1 sind in den Abbildungen 8.11a und 8.11b jeweils gegen die linke *y*-Achse aufgetragen, während die Werte für die Modi 2 und 3 auf die jeweils rechte *y*-Achse zu beziehen sind, die im Vergleich zu den entsprechenden linken y-Achsen einen zwanzigfach kleineren Ausschnitt zeigen. Für Modus 3 wurde ein Faktor $k_r = 0{,}3$ gewählt, also eine Referenzschwingung mit der Frequenz $\omega_r = 0{,}3 \cdot \omega_p$ (vergleiche Abschnitt 2.2.4).

Geht man vom Sensorrauschen (Abb. 8.11c) aus, das ein Minimum bei der Resonanzfrequenz der Sekundärschwingung aufweist, wird die Wahl der Resonanzfrequenz der Primärschwingung durch die Targetspezifikation von 0,1 °/s auf Werte zwischen 591 Hz und 1692 Hz begrenzt. Als Kompromiß wurde eine Resonanzfrequenz von ca. 1420 Hz gewählt. Damit erhält man für Modus 1 eine Skalenfaktordrift von ca. ±0,2% und eine Nullpunktdrift von ca. ±4 °/s. Der Wert für die Nullpunktdrift liegt etwas über der Targetspezifikation. Man kann jedoch davon ausgehen, daß mit einer einfachen Temperaturkompensation eine kleinere Drift erzielt werden kann.

Mit den Modi 2 und 3 ist eine deutliche Verbesserung der Driften zu erzielen, insbesondere im Bereich mit kleinem Rauschen. Man erhält für beide Modi nahezu identische Ergebnisse, abgesehen von einem Bereich um $\omega_p = \omega_s$. Hier sind die Ergebnisse, die für den Modus 3 erzielt werden, schlechter. Bei der Kompensation mit Referenzschwingung wurde für die Temperaturabhängigkeit der *effektiven* Resonanzfrequenz der Sekundärschwingung das Modell für die *mechanische* Resonanzfrequenz verwendet (siehe Abschnitt 2.2.4). Die daraus resultierenden Fehler werden bei doppeltresonanten Betrieb verstärkt, wie man an Gleichung (2.35) erkennt. Für den doppeltresonanten Betrieb könnten durch ein verbessertes Modell die Driften weiter reduziert werden.

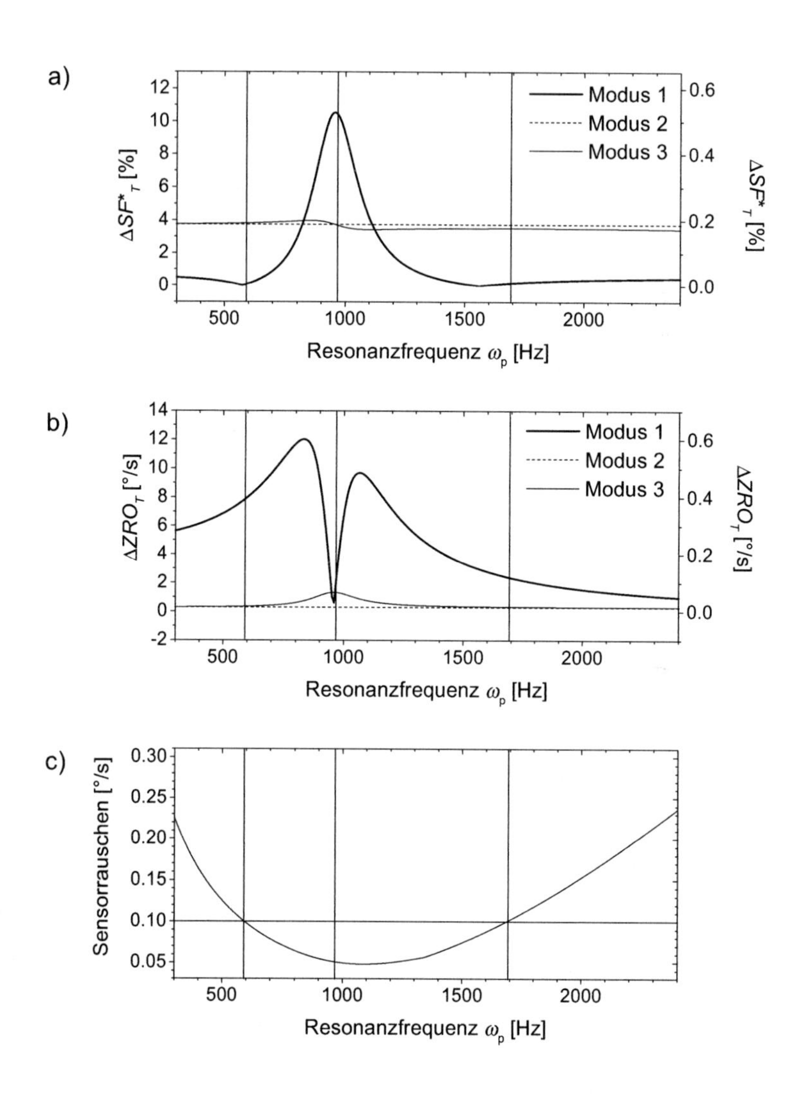

Abb. 8.11. a) Skalenfaktordrift berechnet nach (8.58), b) Nullpunktdrift berechnet nach (8.59) und c) Sensorrauschen berechnet nach (8.49), jeweils in Abhängigkeit von der Resonanzfrequenz der Primärschwingung für den Temperaturbereich −40 °C bis +85 °C (Modus 1: elektrisch geregelte Primärschwingung und freie Sekundärschwingung, Modus 2: kraftkompensierter Betrieb, Modus 3: Kompensation mit Referenzschwingung ($k_r = 0{,}3$); Design DAVED/C01; Standardbetriebsparameter entsprechend Tabelle 9.3).

Die Skalenfaktordrift beträgt bei den Modi 2 und 3 ca. ±0,19%. Diese Drift ist darauf zurückzuführen, daß bei der angenommenen Regelung der Primärschwingung Phase und Amplitude konstant gehalten werden. Damit ändert sich die Coriolis-Kraft (vgl. Gleichung (2.6)) proportional zur Resonanzfrequenz der Primärschwingung, also näherungsweise mit ca. 28 ppm/K, (s. Abschnitt 5.4). Eine weitere Verbesserung kann erzielt werden, wenn die Amplitude α_p der Primärschwingung so geregelt wird, daß das Produkt $\alpha_p \cdot \omega_p$ und damit die Coriolis-Kraft konstant bleiben. Mit einer digitalen Ausleseelektronik (s. Kapitel 10) kann solch eine Regelung relativ einfach implementiert werden.

Nach den Berechnungen wird für die Modi 2 und 3 eine Nullpunktdrift von ±0,014 °/s erzielt. Diese verbleibende Drift kann man weitgehend auf den *np*-Term zurückführen, der zwar nur ca. 0,12 °/s beträgt (s. Tabelle 8.1), aber direkt proportional zur Dämpfung ist (vgl. Gleichung (2.12)). Über den Temperaturbereich ändert sich die Dämpfung um ca. ±11%, womit die Drift erklärt wird. Für diese beiden Betriebsmodi ist somit nicht die Quadraturkomponente *qu*, sondern der *np*-Term von entscheidender Bedeutung für die Nullpunktstabilität.

Das Temperaturverhalten beim Betriebsmodus mit mechanisch stabilisierter Primärschwingung wird gesondert betrachtet, da ein anderer Umgebungsdruck erforderlich ist und die Ergebnisse deshalb nicht direkt mit denen der anderen Modi zu vergleichen sind. In Abbildung 8.12 sind die berechneten Driften für einen Betriebsdruck von 10^{-3} hPa dargestellt. Die Skalenfaktordrift (Abb. 8.12a) wird fast ausschließlich durch die Temperaturabhängigkeit der Amplitude der Primärschwingung bestimmt (s. Abschnitt 7.3) und nur im Bereich der Resonanzfrequenz der Sekundärschwingung durch die Temperaturabhängigkeit der Dämpfung dominiert. Mit ±0,6 % wird die Targetspezifikation erreicht. Im Verlauf der Nullpunktdrift (Abb. 8.12b) spiegelt sich der dominierende Effekt wider, die Abhängigkeit vom Term $QU \cdot \sin\Delta\varphi_p$ (s. Gl. (2.28)). Da die Temperaturdrift $\Delta\varphi_p$ für alle Frequenzen ω_p annähernd ±0,76° beträgt, erhält man die Nullpunktdrift in sehr guter Näherung durch $QU \cdot \sin 0{,}76°$ (vgl. Abb. 8.10e). Bei der gewählten Resonanzfrequenz der Primärschwingung von ca. 1420 Hz erfüllt die Nullpunktdrift mit ±1,7 °/s die Targetspezifikation.

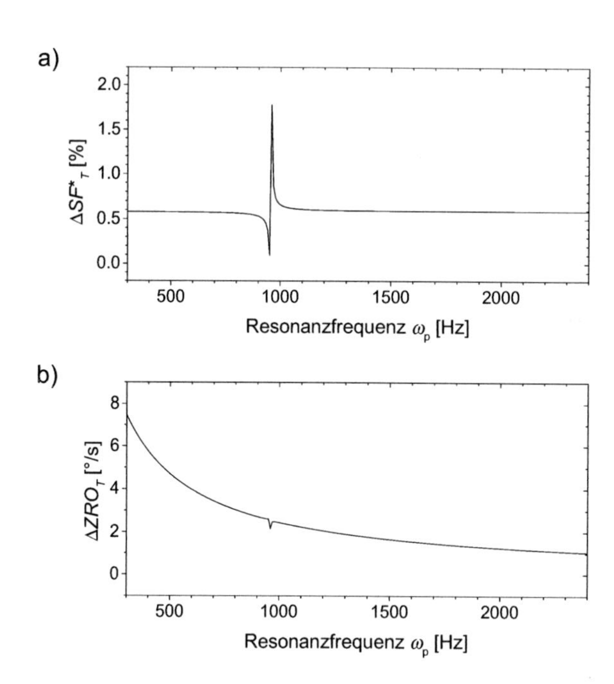

Abb. 8.12. Temperaturdriften beim Betriebsmodus mit mechanisch stabilisierter Primärschwingung: a) Skalenfaktordrift berechnet nach (8.58) und b) Nullpunktdrift berechnet nach (8.59), jeweils in Abhängigkeit von der Resonanzfrequenz der Primärschwingung für den Temperaturbereich −40 °C bis +85 °C (Design DAVED/C01; Standardbetriebsparameter entsprechend Tabelle 9.3 mit Umgebungsdruck von 10^{-3} hPa).

8.6 Beschleunigungsempfindlichkeit von Nullpunkt und Skalenfaktor

Die durch eine Beschleunigung a verursachte Änderung des Nullpunkts wird in den Einheiten °/s nach

$$\Delta ZRO_a = \frac{V_{s1}^*(a,\Omega=0) - V_{s1}^*(a=0,\Omega=0)}{SF^*(a=0)} \tag{8.60}$$

berechnet. Dabei muß die Richtung angegeben werden, in welche die Beschleunigung wirkt. Bei den Sensoren DAVED-RR ist die z-Richtung die bei weitem empfindlichste Richtung, und alle im folgenden angegebenen Berechnungen beziehen sich auf diese Richtung.

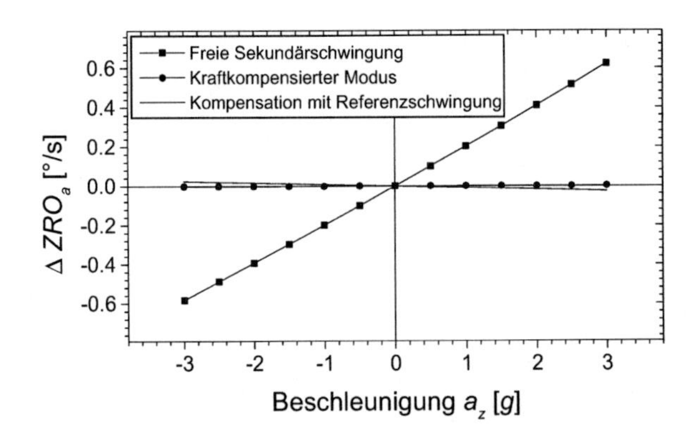

Abb. 8.13. Berechnete Beschleunigungsempfindlichkeit des ZRO (Design DAVED/C01).

In Abbildung 8.13 ist Gleichung (8.60) in Abhängigkeit von der Beschleunigung in z-Richtung a_z dargestellt. Die Berechnungen wurden für eine freie Sekundärschwingung (Quadrate), den kraftkompensierten Betrieb (Kreise) sowie die Kompensation mit Referenzschwingung durchgeführt. In allen Fällen erhält man eine annähernd lineare Abhängigkeit.

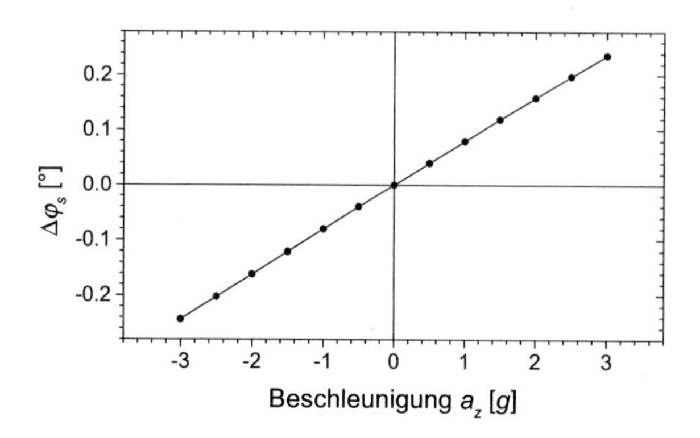

Abb. 8.14. Berechnete Beschleunigungsempfindlichkeit der Phasenänderung der Sekundärschwingung (Design DAVED/C01).

Bei freier Sekundärschwingung kann die Beschleunigungsempfindlichkeit des *ZRO* ähnlich wie die Temperaturabhängigkeit des *ZRO* erklärt werden. In beiden Fällen wird die Abhängigkeit durch $QU \cdot \sin(\Delta\varphi_s)$ sehr gut beschrieben, wobei die Beschleunigungsabhängigkeit der Phase (Abbildung 8.14) auf den veränderten Abstand der beweglichen Struktur zu den Detektionselektroden und der daraus resultierenden Änderung der Dämpfung zurückzuführen ist (die Temperaturempfindlichkeit der Phase beruht auf der Änderung der Viskosität).

In Abbildung 8.15 ist die nach

$$\Delta SF_a = \frac{SF^*(a) - SF^*(a=0)}{SF^*(a=0)} \cdot 100 \tag{8.61}$$

berechnete prozentuale Skalenfaktoränderung ΔSF_a in Abhängigkeit von der Beschleunigung dargestellt. Im Gegensatz zur Temperaturempfindlichkeit des Skalenfaktors kann seine Beschleunigungsempfindlichkeit bei freier Sekundärschwingung (Quadrate) nicht durch die Änderung der Dämpfung erklärt werden. Eine positive Beschleunigung wirkt in Richtung der Substratelektroden und vergrößert damit die Dämpfung (vergleiche Abbildung 8.16). Der Skalenfaktor müßte daher abnehmen, nimmt tatsächlich aber zu. Auch die mit abnehmenden Elektrodenabstand betragsmäßig zunehmende elektrostatische Kraftkonstante, die zu einer kleineren effektiven Steifigkeit der Sekundärbewegung führt, erklärt den Sachverhalt nicht. Die aus der Dämpfung und der effektiven Steifigkeit resultierende Änderung der Amplitude der Sekundärschwingung (siehe Abbildung 8.16) ist wesentlich kleiner als die Skalenfaktor-

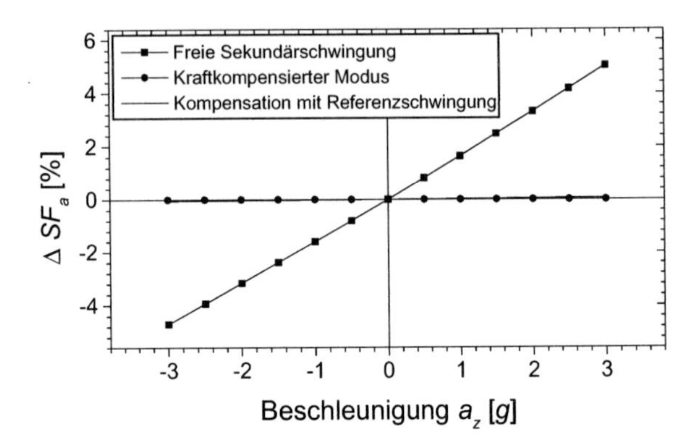

Abb. 8.15. Berechnete Beschleunigungsempfindlichkeit des Skalenfaktors (Design DAVED/C01).

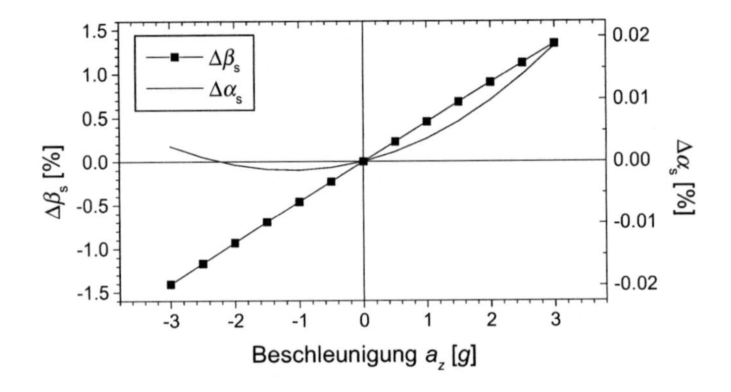

Abb. 8.16. Berechnete Beschleunigungsempfindlichkeit der Dämpfung und der Sekundäramplitude (Design DAVED/C01).

änderung. Die Skalenfaktoränderung ist daher ausschließlich auf eine Kapazitätsänderung zurückzuführen. Bei positiver Beschleunigung werden die Auslesekapazitäten vergrößert, wodurch die Empfindlichkeit zunimmt.

Bei der idealisierten Berechnung der Beschleunigungsempfindlichkeit des Skalenfaktors für den kraftkompensierten Betrieb erhält man, abgesehen von numerischen Fehlern, keine Änderung. Dies ist damit zu erklären, daß in diesem Idealfall nur die Coriolis-Kraft den Skalenfaktor bestimmt und daß die Coriolis-Kraft unabhängig von der Beschleunigung ist. In weiterführenden Arbeiten muß untersucht werden, welche Fehler durch die Beschleunigungsabhängigkeit des Abstands der Substratelektroden entstehen, über welche die Kompensationskraft eingeprägt wird. Basierend auf den Ergebnissen kann dann entschieden werden, ob der kraftkompensierte Modus oder der Modus mit Kompensation durch Referenzschwingung implementiert wird.

8.7 Quer- und Drehbeschleunigungsempfindlichkeit

Unter der Querempfindlichkeit wird die Abhängigkeit des Ausgangssignals von Drehraten senkrecht zur sensitiven Achse verstanden. Zur Berechnung der Querempfindlichkeit sowie der Drehbeschleunigungsempfindlichkeit wird angenommen, daß gleichzeitig Drehraten entsprechend dem Meßbereich (± 200 °/s) sowie Drehbeschleunigungen bis zu 10000 °/s² (vgl. Targetspezifikation, Tabelle 1.4) um jeweils alle drei Achsen gleichzeitig auftreten können. Mit dieser Annahme werden die mit der Gyro-Gleichung (siehe Kaptiel 3, (3.21)) beschriebenen Quer- und Drehbeschleunigungsempfindlichkeiten untersucht. Außerdem wird die Rotationsbewegung des Sekundäroszillators um die x-Achse mit der entsprechenden Steifigkeit, Resonanzfrequenz und Dämpfung berücksichtigt (die Berechnung der Dämpfung bzw. der Güte erfolgt analog zur Berechnung für die Sekundärbewegung). In der Ableitung der Gyro-Gleichung (3.21) wurde diese Bewegung vernachlässigt.

Man findet, daß nur eine Drehbeschleunigung um die y-Achse Fehler größer als 0,002 °/s verursacht. Im folgenden wird die Diskussion daher auf diese Drehbeschleunigung beschränkt.

Durch eine statische Drehbeschleunigung $\dot{\Omega}_y$ um die y-Achse wird der Sekundäroszillator verkippt (Definition des Koordinatensystems entsprechend Abb. 1.15, S. 71). Aus (3.21) erhält man für die Auslenkung α_{DB}

$$\alpha_{\mathrm{DB}} = \frac{-\dot{\Omega}_y}{\omega_{\mathrm{s}}^2} \quad . \qquad (8.62)$$

Bei einer Drehbeschleunigung von 10000 °/s² erhält man eine Auslenkung α_{DB}, die der Amplitude der Sekundärschwingung bei einer Drehrate von ca. 40 °/s entspricht. Bei einem ideal linearen Übertragungsverhalten der kapazitiven Detektion würde diese statische Auslenkung durch das frequenzselektive Ausleseverfahren unterdrückt werden. Aufgrund des nichtlinearen Verhaltens erhält man die in Abbildung 8.17 dargestellten Fehler. Bei der Berechnung wurde eine Drehbeschleunigung von 10000 °/s² angenommen und die Drehrate um die sensitive Achse variiert. Man erkennt eine typisch nichtlineare Abhängigkeit und einen maximalen Fehler von ca. 0,012 °/s. Dieser Wert ist deutlich kleiner als das Sensorrauschen, weshalb die Quer- und Drehbeschleunigungen als unkritisch angesehen werden können und nicht weiter betrachtet werden.

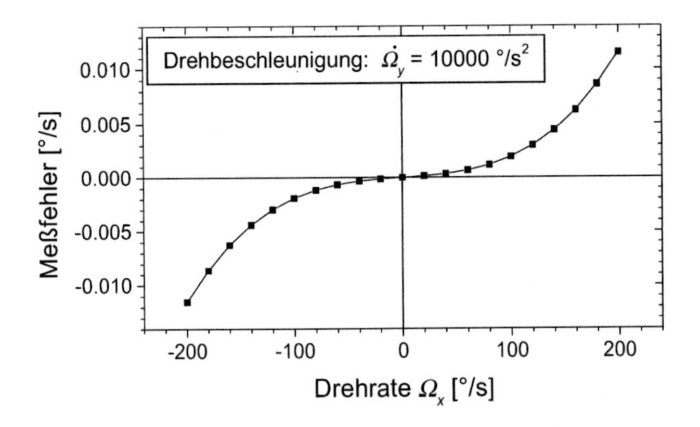

Abb. 8.17. Berechneter Fehler des Sensorsignals bei einer Drehbeschleunigung von 10000 °/s² in Abhängigkeit von der Drehrate (Design DAVED/C01).

9. Design

Im vorliegenden Kapitel wird zunächst der Designfluß dargestellt. Dabei wird gezeigt, mit welchen Hilfsmitteln und mit welcher Methodik aus den entwickelten Modellen zur Beschreibung von CVG ein Design entworfen wird. Im zweiten Abschnitt des Kapitels werden als Ergebnisse exemplarisch drei Varianten mit allen wesentlichen Design- und Technologieparametern sowie mit den berechneten mechanischen Eigenschaften und Leistungsparametern in Übersicht dargestellt. Diese drei Varianten spiegeln die Historie der Entwicklung wider und zeigen gleichzeitig sehr deutlich den Einfluß der Geometrieparameter auf die mechanischen Eigenschaften und die Leistungsparameter.

9.1 Designfluß

Der in der vorliegenden Arbeit entwickelte Designfluß oder Designprozeß ist in der Abbildung 9.1 als Blockdiagramm dargestellt. Zu Beginn steht die Erarbeitung einer Targetspezifikation und das sogenannte konzeptionelle Design. Die Targetspezifikation (siehe Abschnitt 1.4.3) wurde anhand der in Abschnitt 1.1 beispielhaft dargestellten Anforderungen neuer Anwendungen gemeinsam mit Projektpartnern erstellt.

Zu den Ergebnissen des konzeptionellen Designs gehört das entwickelte Designprinzip mit der Entkopplung von Antriebsmechanismus und Sekundärbewegung. Die Konzeption der Ausleseelektronik, der Herstellungsverfahren sowie der Meßtechnik sind ebenfalls zum konzeptionellen Design zu zählen. Der, von links betrachtet, zweite Block faßt die Arbeiten im Bereich Simulation und Layout zusammen. Bevor der Block im Detail beschrieben wird, soll der gesamte Designprozeß zusammenhängend dargestellt werden. Nachdem die Blöcke innerhalb des

Simulation/Layout-Blocks mehrfach durchlaufen sind, werden die resultierenden optimierten Layouts des Sensorelements und der Schaltung an den dritten Block geliefert, der die externe Herstellung der Komponenten Leiterplatte und Sensorchip repräsentiert.

Mit dem vierten Block werden die Bestückung der Leiterplatte, der Aufbau der Sensorchips, der Test der Komponenten, deren Integration mit anschließendem Test der kompletten Sensoren sowie die Bewertung der Komponenten und der Sensoren beschrieben. Die verschiedenen Tests und die Bewertung enthalten vor allem auch die Extraktion von Parametern, die einen Abgleich der Messungen und der Simulationsmodelle erlauben. Hierzu zählen die Resonanzfrequenzen bis zur vierten oder fünften Mode, die Druckabhängigkeit der Güte, die Schichtdicke des Epipolys oder die Trenchbreite. Die Arbeiten innerhalb des Blocks werden von Arbeiten im Simulation/Layout-Block begleitet, wodurch die Simulationsmodelle kontinuierlich verbessert und der Aufbau sowie Betrieb der Sensoren optimiert werden.

Die Blöcke Simulation/Layout, Herstellung der Komponenten und Aufbau/Test wurden im Rahmen der vorliegenden Arbeit viermal durchlaufen. Als Ergebnis liegt jetzt ein Design vor, das in eine erste Kleinserie überführt werden wird.

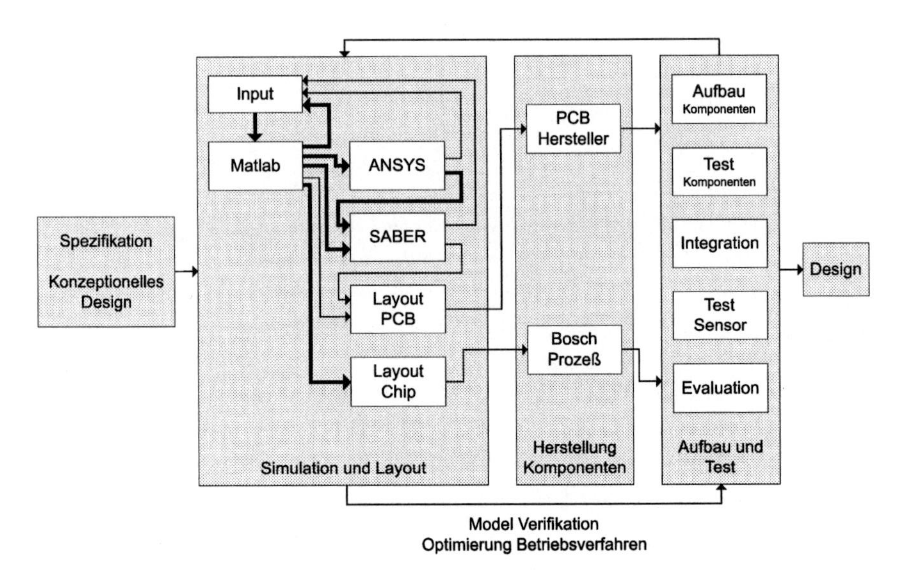

Abb. 9.1. Blockdiagramm zum Designprozeß.

Die Arbeiten zum Aufbau des Meßplatzes, seine Programmierung sowie die Konstruktion und Fertigung des Sensorgehäuses sind im Blockdiagramm der Abb. 9.1 nicht dargestellt. Diese Blöcke können weitgehend unabhängig vom beschriebenen Designprozeß bearbeitet werden und würden die Übersichtlichkeit des Diagramms unnötig verschlechtern.

Im folgenden wird der Block Simulation/Layout detailliert beschrieben. Die innerhalb des Blocks fett gezeichneten Pfeile stellen jeweils eine automatisierte Schnittstelle dar. Das heißt, von dem Block am Anfang eines Pfeils wird eine Datei erzeugt, die vom Block am Ende des Pfeils ohne weitere manuelle Bearbeitung als Eingabe verwendet werden kann. Um das Fehlerrisiko zu minimieren und die Simulationszeiten zu verkürzen, wurde angestrebt, möglichst viele Schnittstellen zu automatisieren. Für die verbleibenden manuellen Schnittstellen (durch einen dünneren Pfeil gekennzeichnet) wurde der Programmieraufwand als zu hoch eingeschätzt, vor allem auch im Verhältnis zum Gewinn durch eine Automatisierung.

Als zentraler Ausgangspunkt eines Simulationszyklus ist die Eingabedatei (Input) zu betrachten. Mit ihr werden die Geometrieparameter des Sensorelements vorgegeben, die für den Aufbau der vollständigen Geometrie erforderlich sind. Außerdem werden Betriebsparameter wie beispielsweise die Antriebsspannung und die Temperatur definiert sowie Materialparameter und physikalische Konstanten angegeben. Die Datei wird in einem Format kompatibel zu Matlab [Mat98] erstellt. Mit einem ersten Matlab-Berechnungsskript wird zunächst die vollständige Geometrie der beweglichen Struktur berechnet. Daraus werden dann die mechanischen Eigenschaften (z.B. Resonanzfrequenzen und Güte-Faktoren) und die Leistungsparameter (z.B. Rauschen, Temperaturdrift und Beschleunigungsempfindlichkeit) ermittelt. Als wichtiger Punkt ist anzumerken, daß alle Geometrieparameter zunächst als Layoutparameter eingegeben beziehungsweise berechnet werden. Vor allem durch das Trenchätzen, bei welchem ein Trench im Verhältnis zum Layout meistens breiter wird, erhält man Unterschiede zwischen Layoutparametern und sogenannten physikalischen Parametern. Zusätzlich ergeben sich technologiebedingte Schwankungen der tatsächlichen Trenchbreite (und der Dicke der Epipolyschicht), die nicht vernachlässigt werden können. Durch die beschriebene Vorgehensweise kann die Empfindlichkeit des Designs gegenüber diesen Schwankungen einfach ermittelt werden, indem der Parameter, der die nominelle Trenchverbreiterung beschreibt, sowie die Dicke des Epipolys (durch eine Schleife) variiert werden [Sob97], [Mau97], [Sch99c].

Die Variation von Parametern (z.B. Technologieparameter) wird durch eine zweite Art von Matlab-Berechnungsskripten durchgeführt, die im wesentlichen die Programmierung von entsprechenden, gegebenenfalls geschachtelten Schleifen (aus Gründen der Fehlerminimierung "um" das oben genannte "erste" Skript "herum") enthalten. Mit entsprechenden Skripten werden beispielsweise die in Kapitel 8 gezeigten Untersuchungen der Druckabhängigkeit des Rauschens und der Abhängigkeit der Drift von den Resonanzfrequenzen durchgeführt.

Im ersten Ring des Simulationszyklus werden die berechneten Ergebnisse bewertet, gegebenenfalls die Eingabedatei verändert und die Berechnungen wiederholt, bis man ein erstes zufriedenstellendes Design der Sensorstruktur erhält. Vom ersten Berechnungsskript kann dann eine Datei mit allen Geometrie-, Betriebs- und Materialparametern sowie den physikalischen Konstanten erzeugt werden, das in ANSYS eingelesen werden kann. Mit einem ANSYS-Skript wird daraus ein ANSYS-Modell erstellt, das die Grundlage für verschiedene Analysen, realisiert durch weitere ANSYS-Skripte, darstellt. Diese Analysen betreffen in erster Linie eine Modalanalyse, da, wie in Kapitel 5 beschrieben, die analytischen, in Matlab-Skripten implementierten Gleichungen zum Teil nur Richtwerte liefern. In Abhängigkeit von den Ergebnissen muß die gesamte Simulation mit veränderten Geometrieparametern wiederholt werden, oder es folgt eine Berechnung mit derselben Geometrie, aber mit den mit ANSYS ermitteltеten Resonanzfrequenzen. Dadurch können genauere Vorhersagen beispielsweise über die Leistungsparameter oder die Empfindlichkeit gegenüber Technologieschwankungen getroffen werden.

Für die Simulation von Regelkreisen oder für die Betrachtung von nichtlinearen Effekten wird der Systemsimulator SABER verwendet [Ana99], [Lin99]. Ergebnisse aus Matlab- und ANSYS-Berechnungen können hier als sogenannte "Include"-Datei eingelesen werden. Auf eine Beschreibung des Software-Pakets und der durchgeführten Simulationen wird an dieser Stelle verzichtet. Man findet sie in LdV [4], [5], [10] sowie in [Lin99], [Ahr00]. Die Ergebnisse der Systemsimulation können Änderungen in der Eingabedatei oder der Ausleseelektronik erfordern. Gegebenenfalls werden die Simulationen wiederholt, bis man ein zufriedenstellendes Design gefunden hat, das dann realisiert werden kann.

Die Layouterzeugung erfolgt weitgehend automatisiert. Zunächst wird mit einem Matlab-Skript eine Datei im DXF-Format erzeugt, das die komplette Geometrie der beweglichen Struktur enthält. Nach einer Konvertierung in das GDSII-Format kann die Geometrie in den Layout-Editor (Virtuoso Layout Editor, Release 4.43; Cadence Design Systems, Inc., San Jose, USA) eingelesen werden. Leiterbahnen zur elektrischen Kontaktierung und Verdrahtung werden manuell gezeichnet. Anschließend wird wieder eine GDSII-Datei erzeugt, die von der Robert Bosch GmbH zur Herstellung der Photomasken verwendet wird.

9.2 Designparameter, berechnete mechanische Eigenschaften und Leistungsparameter

Im vorherigen Abschnitt wurde geschildert, mit welcher Methodik aus den entwickelten Simulationsmodellen Layouts der Sensorchips für die Fertigung durch den Bosch-Foundry-Service erstellt werden. Im vorliegenden Abschnitt werden die Geometrieparameter, die Betriebsparameter sowie die wesentlichen Ergebnisse der Berechnungen für drei Layouts zusammengestellt. Die für die Simulation verwendeten Materialdaten und physikalischen Konstanten sind in Anhang A.1 zu finden.

Zu den Designparametern sind die Layoutparameter, Technologieparameter sowie die (voraussichtlichen) Betriebsparameter zu rechnen. Die exakte Zuordnung eines Parameters zu dieser Einteilung ist dabei manchmal etwas willkürlich. Unter Layoutparameter werden die mit dem Layout-Editor erzeugten zweidimensionalen Geometriedaten verstanden, die später auf die Photomaske übertragen werden. In Tabelle 9.1 sind die wichtigsten Layoutdaten der drei Designs DAVED/C01, DAVED/C02 und DAVED/C03 zusammengefaßt. Auf den ersten Blick ist der Größenunterschied auffällig, vor allem zwischen dem Design DAVED/C01 und DAVED/C02. Daraus folgt ein deutlich unterschiedliches Verhalten der beiden Varianten, weshalb in vorangegangenen Kapiteln meist diese beiden Designs gegenübergestellt wurden. Daß mit beiden Designs ähnliche Rauschwerte erzielt werden, mag aufgrund des Größenunterschieds überraschend sein. Die Ursache dafür liegt im wesentlichen in der in Abschnitt 5.5 beschriebenen Verwölbung der beweglichen Struktur. Dadurch ist der mittlere Elektrodenabstand der Ausleseelektroden beim größeren Design wesentlich größer, so daß die resultierende Auslesekapazität für beide Designs annähernd dieselbe ist. Die Reduzierung der Außenabmessung hatte vor allem das Ziel, die Resonanzfrequenz der Flying Mode zu vergrößern, um die Beschleunigungsempfindlichkeit des Sensors zu reduzieren.

Tabelle 9.1. Layoutparameter der Designs DAVED/C01, DAVED/C02 und DAVED/C03.

Layoutparameter		**DAVED/C01**	**DAVED/C02**	**DAVED/C03**
Radius Verankerung (= Länge Primärbalken - Radius äußere Einspannung)[1] [µm]	r_v	26	6,12	6,42
Länge Primärbalken [µm]	l_p	75,75	70,88	58,58
Breite Primärbalken [µm]	w_p	5	4	4,6
Kleinster Winkel zwischen Primärbalken und x-Achse [°]	ψ_{pf}	45	45	45
Fingeranzahl pro Kamm	n_f	33	21	30
Breite Finger [µm]	w_f	5	3	3
Elektrodenabstand Finger [µm]	d_f	2	2	2
Anzahl der Antriebskämme pro Richtung	n_{ak}	2	2	2
Anzahl der Detektionskämme pro Richtung	n_{dk}	2	2	2
Außenradius Antriebsrad [µm]	r_{aa}	827	407	501
Länge Sekundärbalken [µm]	l_s	40	18	19
Breite Sekundärbalken [µm]	w_s	7,1	4,14	4,3
Breite Querbalken [µm]	w_{qb}	160	120	104
Länge Querbalken [µm]	l_{qb}	948	440	532
Länge Sek.oszillator in x-Richtung [µm]	w_{x2}	352	360	320
Radius Abrundung Sekundäroszillator [µm]	r_{ru}	0	0	320
Seitenlänge quadratische Ätzlöcher[2] [µm]	w_{ael}	4	4	4
Periode Ätzlöcher[2] [µm]	$l_{p,ael}$	8	8	8
Gesamtlänge in x-Richtung [µm]	l_{ges}	2600	1600	1704
Gesamtlänge in y-Richtung [µm]	w_{ges}	2296	1200	1256

[1] Vergleiche Abbildung 5.2.
[2] Vergleiche Abbildung 6.2.

Die noch nicht beschriebenen Layoutparameter werden in der Abbildung 9.2 definiert. Der bislang nicht erwähnte Parameter "Abrundung Sekundäroszillator - r_{ru}" wurde zur weiteren Optimierung eingeführt, die im wesentlichen mit der Verwölbung und der damit zusammenhängenden Reduzierung der Auslesekapazität zusammenhängt. Indem die "Ecken" abgeschnitten werden, die am wenigsten zur Kapazität, aber am stärksten zu einer niedrigen Resonanzfrequenz der Flying Mode beitragen, kann bei einem etwas größeren Design ein besserer Rauschwert bei gleichbleibender Resonanzfrequenz des Flying Modes erzielt werden.

Wie im vorherigen Abschnitt geschildert, kann aus den Layoutparametern mit der Trenchverbreiterung die (voraussichtliche) zweidimensionale Geometrie der hergestellten Sensoren berechnet werden. Zusammen mit der Dicke der Epipolyschicht erhält man daraus die vollständige dreidimensionale Geometrie der Sensorstruktur. Die hierfür wesentlichen Technologieparameter sind in der Tabelle 9.2 angegeben. Weitere Technologieparameter und vor allem die Designregeln des Bosch-Prozesses, welche als Randbedingung eine wesentliche Rolle beim Designprozeß spielen, werden bei der Beschreibung der Technologie in Abschnitt 11.1 aufgeführt.

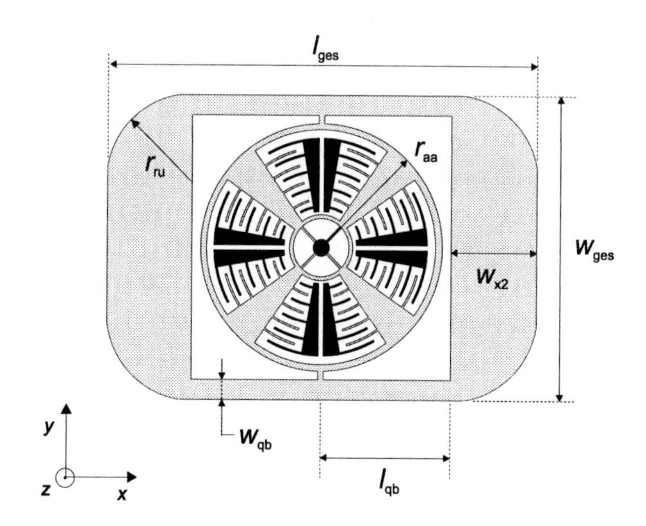

Abb. 9.2. Schematische Darstellung (Draufsicht) DAVED-RR zur Definition der Layoutparameter.

Tabelle 9.2. Technologiesparameter.

Technologieparameter	**Symbol**	**Wert**
Nominelle Trenchverbreiterung gegenüber Layoutmaß[1]	Δd_t	0,7 µm
Schwankung der Trenchverbreiterung[2]	Δd_{tv}	±0,4 µm
Nominelle Dicke der Epipolyschicht[1]	h	10,3 µm
Schwankung der Epipolyschicht[2]	Δh	±1,2 µm

[1] Siehe [Bos00].
[2] Im Rahmen der vorliegenden Arbeit ermittelte Werte.

Ähnlich wie die Designregeln sind die Betriebsparameter (siehe Tabelle 9.3) als Randbedingung für das Design zu verstehen. Sie ergeben sich aus der Targetspezifikation sowie dem Aufbau und den Komponenten der Ausleseelektronik.

In Tabelle 9.4 beziehungsweise 9.5 sind die wichtigsten berechneten mechanischen und elektrischen Eigenschaften sowie die berechneten Leistungsparameter der drei Designs zusammengestellt. Wie sich herausgestellt hat, sind beim größten Design (DAVED/C01) die Resonanzfrequenzen, insbesondere die des Flying Modes, zu niedrig. Daraus folgt eine zu große Beschleunigungsabhängigkeit des Ausgangssignals. Beim Design DAVED/C02 wird dies mit kleineren Außenabmessungen und dadurch einer größeren Frequenz der Flying Mode kompensiert. Allerdings werden die Werte für das Rauschen und die Temperaturdrift nicht erfüllt. Nach den Berechnungen werden mit dem Design DAVED/C03 alle Werte der Targetspezifikation erzielt.

Tabelle 9.3. (Standard-)Betriebsparameter (einheitlicher Parametersatz für die Designs DAVED/C01, DAVED/C02 und DAVED/C03).

Betriebsparameter	Symbol	Wert
Meßbereich	Ω	± 200 °/s
Standardtemperatur	T_0	293,2 K
Temperaturbereich	T	233,2 K bis 358,2 K (-40°C bis +85°C)
Betriebsdruck bei T_0	p	5 hPa
Maximale Amplitude Antriebsspannung / Wechselspannungsanteil	V_{AC}	10 V
Maximale Amplitude Antriebsspannung / Gleichspannungsanteil	V_{DC}	10 V
Bandbreite Signalverarbeitung	Δf	50 Hz
Frequenz Träger Sekundärdetektion	ω_{cs}	$2\pi \cdot 750\ s^{-1}$
Amplitude Träger Sekundärdetektion	V_{cs}	1 V
Frequenz Träger Primärdetektion	ω_{cp}	$2\pi \cdot 500\ s^{-1}$
Amplitude Träger Primärdetektion	V_{cp}	4 V
Floatwiderstand	R_F	100 kΩ
Gegenkopplungswiderstand	R_N	4,7 kΩ
Widerstand am invertierenden Operationsverstärkereingang	R_1	470 Ω
Temperaturkoeffizient SMD-Widerstände	TK_R	200 ppm/K
Spannungsrauschen Operationsverstärker[1]	V_O	31 nV
Stromrauschen Operationsverstärker[1]	I_O	4,2 pA
Widerstand Leiterbahn	R_{l1}, R_{l2}	1 kΩ
Temperaturkoeffizient Leiterbahnwiderstand[2]	TK_{LR}	1000 ppm/K
Parasitäre Kapazität	C_p	1 pF

[1] Spezifikation Maxim MAX437.
[2] Im Rahmen der vorliegenden Arbeit an Teststrukturen ermittelter Wert.

Tabelle 9.4. Mechanische und elektrische Eigenschaften der Designs DAVED/C01, DAVED/C02 und DAVED/C03 berechnet für die Standardbetriebsparameter aus Tabelle 9.3.

Größe		**DAVED/C01**	**DAVED/C02**	**DAVED/C03**
Resonanzfrequenz Primär (FEM) [Hz]	ω_p	1428	1971	2988
Resonanzfrequenz Sekundär (FEM) [Hz]	ω_s	977	1651	1844
Resonanzfrequenz x-Rotation (FEM) [Hz]	ω_{rx}	2065	6114	6574
Resonanzfrequenz Flying Mode (FEM) [Hz]	ω_z	2166	7420	6902
Gütefaktor Primär	Q_p	216	328	409
Gütefaktor Sekundär	Q_s	4,0	6,58	7,5
Antriebsmoment [N·m]	M_{cd}	$3{,}89 \cdot 10^{-10}$	$1{,}39 \cdot 10^{-10}$	$2{,}37 \cdot 10^{-10}$
Coriolis-Moment bei 1°/s [N·m]	M_C	$1{,}85 \cdot 10^{-13}$	$4{,}35 \cdot 10^{-14}$	$5{,}77 \cdot 10^{-14}$
Effektiver Abstand Detektionselektrode Sekundär [µm]	d_{eff}	4,3	2,47	2,6
Grundkapazität Detektionselektrode Sekundär [pF]	$C_{s1}=C_{s2}$	1,05	1,01	0,8
Kapazitätsänderung Sekundär bei 1 °/s [aF]	$C_{s1} - C_{s2}$	57	54	20
Grundkapazität Auslesekämme Primär [pF]	$C_{p1}=C_{p2}$	122	42,3	106
Kapazitätsänderung Primär bei α_{p0} [fF]	$C_{p1} - C_{p2}$	64	23,9	52

Tabelle 9.5. Targetspezifikation im Vergleich mit den berechneten Leistungsparametern der Designs DAVED/C01, DAVED/C02 und DAVED/C03.

Größe	**Target**	**DAVED/C01**	**DAVED/C02**	**DAVED/C03**
Meßbereich [°/s]	±200	±200	±200	±200
Skalenfaktor[1] [mV/(°/s)]	20	$139 \cdot 10^{-3}$	$132 \cdot 10^{-3}$	$58{,}1 \cdot 10^{-3}$
Linearität[2] [%]	<0,3	$8{,}22 \cdot 10^{-4}$	$1{,}90 \cdot 10^{-3}$	$1{,}70 \cdot 10^{-4}$
Bandbreite[3] [Hz]	50	160	178	538
Rauschen bei 50 Hz Bandbreite [°/s]	0,1	0,0633	**0,145**	0,081
Quadratursignal *QU* [°/s]	-	121	216	183
Nullpunktdrift im Temperaturbereich[4] [°/s]	±2			
Freie Sekundärschwingung		**±5,3**	**±8,3**	±2,0
Kompensation durch Referenzschwingung		±0,016	±0,023	±0,0038
Kraftkompensierte Sekundärschwingung		±0,019	±0,023	±0,0037
Skalenfaktordrift im Temperaturbereich[4] [%]	±1			
Freie Sekundärschwingung		±0,20	±0,17	±0,29
Kompensation durch Referenzschwingung		±0,12	±0,19	±0,19
Kraftkompensierte Sekundärschwingung		±0,19	±0,19	±0,19
g-Empfindlichkeit Nullpunkt[4] [(°/s)/g]	±0,2			
Freie Sekundärschwingung		**±0,26**	±0,12	±0,023
Kompensation durch Referenzschwingung		±0,022	±0,020	$\pm 2{,}9 \cdot 10^{-3}$
Kraftkompensierte Sekundärschwingung		±0,0012	$\pm 5{,}3 \cdot 10^{-4}$	$\pm 1{,}9 \cdot 10^{-5}$
g-Empfindlichkeit Skalenfaktor[4] [%/g]	±0,5			
Freie Sekundärschwingung		**±1,46**	±0,21	±0,37
Kompensation durch Referenzschwingung		±0,17	±0,020	±0,009
Kraftkompensierte Sekundärschwingung		±0,21	$\pm 1{,}3 \cdot 10^{-7}$	±0,009
Schockbeständigkeit (1 ms, ½ sine)[5] [g]	1000	>1000	>1000	>1000

[1] Berechnet für freie Sekundärschwingung nach erster Verstärkerstufe. Durch die weitere Signalverarbeitung kann der Skalenfaktor angepaßt werden.
[2] Berechnet für freie Sekundärschwingung (vergleiche Abschnitt 8.1).
[3] Die berechneten Werte stellen die mechanische Bandbreite bei freier Sekundärschwingung dar.
[4] Berechnet für die aufgeführten Modi bei elektronisch geregelter Primärschwingung.
[5] Durch FEM-Analysen ermittelte Werte (s. LdV [12,18]).

10. Auswerteelektronik

Im vorliegenden Kapitel werden die analoge und die digitale Realisierung der Auswerteelektronik kurz beschrieben. Die Ausführung wird auf die Darstellung und Diskussion der zugrundeliegenden Blockschaltbilder und der Signalverläufe beschränkt. Für die analogen Schaltungen bedeutet dies im wesentlichen die Erweiterung der in Kapitel 2 dargestellten Blockschaltbilder um die Komponenten zur elektrostatischen Anregung der Primärschwingung und zur kapazitiven Detektion der Primär- und Sekundärschwingung. Eine detaillierte Beschreibung der analogen beziehungsweise digitalen Schaltung findet man in [Fis99] beziehungsweise in [Mit99], [Ste00] und LdV [23], [P10].

10.1 Analoge Auswerteelektronik

In Abbildung 10.1 ist das Blockschaltbild der analogen Schaltung für den Betrieb mit mechanisch stabilisierter Primärschwingung und freier Sekundärschwingung dargestellt. Ein programmierbarer Sinusgenerator erzeugt den AC-Anteil $V_{d,AC}$ der Antriebsspannung sowie zwei Referenzspannungen $V_{m,p}$, $V_{m,s}$ für die phasenrichtige Demodulation der Signale proportional zur Primär- beziehungsweise Sekundärbewegung. Die Frequenz und Amplitude von $V_{d,AC}$ sowie die Phase der Signale $V_{m,p}$, $V_{m,s}$ werden auf den individuellen Sensor angepaßt, um ihn am Anfang des Plateaus zu betreiben beziehungsweise um eine möglichst exakte Demodulation zu erzielen. Daher kann die Phase von $V_{m,p}$ beziehungsweise von $V_{m,s}$ um einige Grad von den eingezeichneten Werten 0° beziehungsweise 90° abweichen.

Um Antriebsspannungen entsprechend (4.23) zu erhalten, wird die Spannung $V_{d,AC}$ mit +1 beziehungsweise −1 multipliziert, und die resultierenden Spannungen werden jeweils mit demselben Gleichspannungsanteil V_{DC} überlagert.

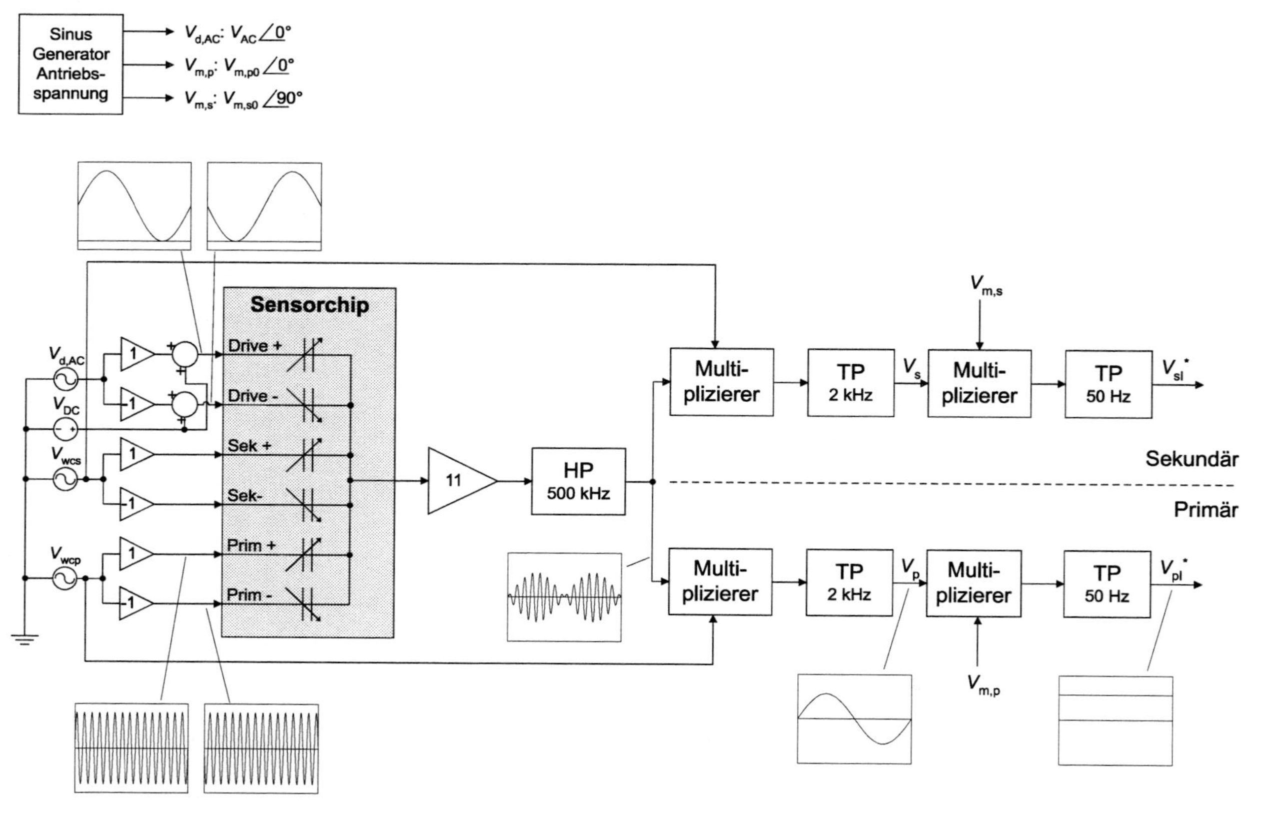

Abb. 10.1. Blockschaltbild der analogen Ausleseelektronik für den Betrieb mit mechanischem Anschlag und freier Sekundärschwingung.

Mit zwei Quarzoszillatoren werden die Trägersignale $V_{\omega cp}$, $V_{\omega cs}$ zur Detektion der Primär- beziehungsweise Sekundärbewegung erzeugt. Die Signalquellen sind als elektronische Bauteile dargestellt ähnlich wie das Sensorchip, was lediglich der Anschauung dienen soll. Beispielsweise ist der Block Sensorchip als symbolhafte Darstellung mit einer entsprechenden Übertragungsfunktion aufzufassen. Die Trägersignale werden invertierend und nichtinvertierend verstärkt und an die Ausleseelektroden (primär: Prim +, Prim –; sekundär: Sek +, Sek –) angelegt. Am Ausgang des Sensorchips, welcher der gemeinsamen Mittelelektrode, d.h. der beweglichen Struktur entspricht, erhält man eine Überlagerung der überkoppelnden Antriebsspannung (mit einer Frequenz von 2 ω_d) und der modulierten Trägersignale. Die spektrale Zusammensetzung ist in Abbildung 10.2 dargestellt. Durch Asymmetrien der Auslesekapazitäten und vor allem der parasitären Kapazitäten (auf dem Chip, dem Gehäuse und der Elektronik) erhält man keine vollständige Modulation der Trägersignale, weshalb auch die nicht modulierten Trägersignale am Ausgang erscheinen. In den Seitenbändern der Träger ist die Information über die Primär- beziehungsweise Sekundärbewegung enthalten.

Nach einer nichtinvertierenden Verstärkung (vgl. Abschnitt 8.1) wird die überkoppelnde Antriebsspannung durch einen Hochpaßfilter (HP) unterdrückt. Die weitere Signalverarbeitung wird am Beispiel der Primärbewegung beschrieben. Durch Multiplikation mit dem Träger $V_{\omega cp}$ erhält man ein Signal, dessen Spektrum in Abbildung 10.3 dargestellt ist. Das Seitenband zu $V_{\omega cp}$ in Abbildung 10.2 erscheint nach der Multiplikation bei der Frequenz der Antriebsspannung ω_d. Außerdem erscheinen Frequenzen, die man durch Addition und Subtraktion der Frequenzen des Spektrums in Abbildung 10.2 (nach Unterdrückung von 2 ω_d) mit ω_{cp} erhält. Um das Signal bei ω_d aus dem Spektrum (mit einem Tiefpaßfilter) herausfiltern zu können, muß der Abstand zur nächsthöheren Frequenz ($\omega_{cs} - \omega_{cp} - \omega_d$) möglichst groß sein. In der realisierten Schaltung beträgt daher die Differenz $\omega_{cs} - \omega_{cp}$ der Trägersignalfrequenzen 150 kHz. Nach dem Tiefpaßfilter (TP) steht ein Signal mit der Information über die Primärbewegung zur Verfügung, das dem Ausgang V_p der CVG in den Blockdiagrammen von Kapitel 2 entspricht. Durch die Demodulation mit einem Referenzsignal in Phase mit der Antriebsspannung (vgl. Phasengang der mechanisch stabilisierten Primärbewegung, Abb. 7.7) erhält man eine Gleichspannung proportional zur Amplitude der Primärschwingung. Die Signalverarbeitung zur Bestimmung des Drehratensignals V_{sl}^* erfolgt analog zum beschriebenen Auslesen der Primärbewegung.

Im Vergleich zu der nachfolgend beschriebenen analogen Schaltung mit Regelung der Primärschwingung oder der digitalen Ausleseschaltung gestaltete sich die Entwicklung der Ausleseelektronik nach dem beschriebenen Blockdiagramm als unkritisch.

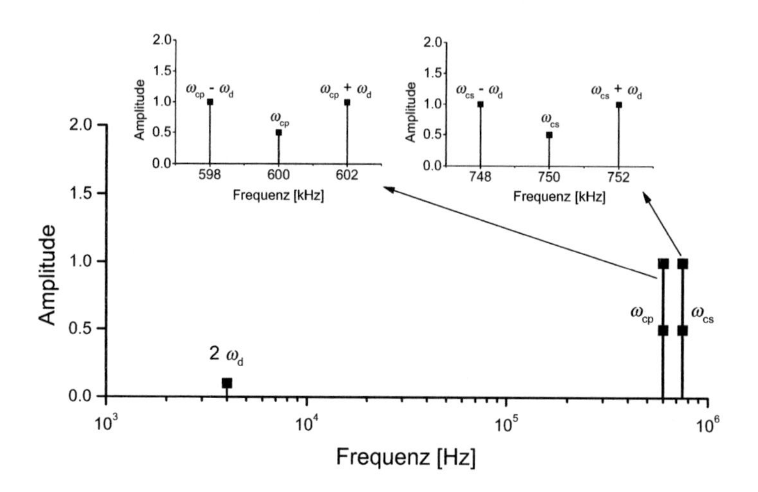

Abb. 10.2. Signalspektrum am Ausgang des Sensorchips.

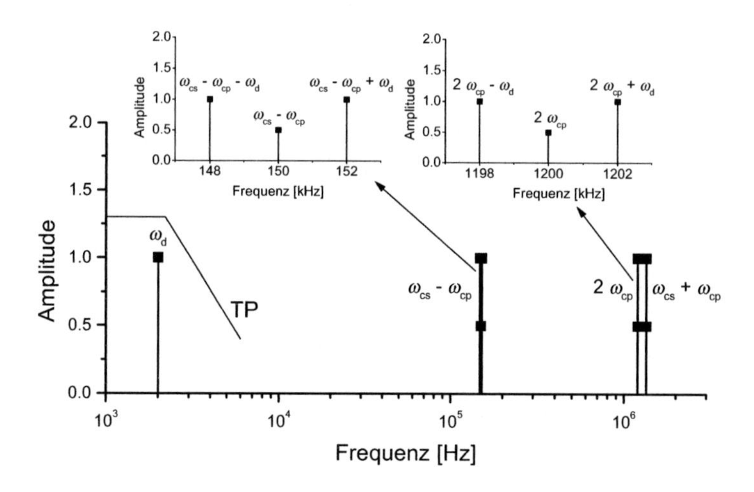

Abb. 10.3. Signalspektrum nach der Multiplikation mit dem Trägersignal zur Detektion der Primärbewegung.

Das Blockschaltbild der Ausleseelektronik mit geregelter Primärschwingung und freier Sekundärschwingung (Abbildung 10.4) unterscheidet sich vom Blockschaltbild der Abbildung 10.1 durch die Verwendung eines spannungsgesteuerten Oszillators (VCO, engl. Voltage Controlled Oscillator), der den Kern der Regelkreise darstellt. Die Detektion der Bewegungen erfolgt nach demselben Trägerfrequenzverfahren, womit der Sekundär-Auslesepfad unverändert bleibt, mit der Ausnahme, daß das Referenzsignal für die zweite Demodulation vom VCO erzeugt wird.

Über einen Phasencomparator wird die Phase des Signals proportional zur Primärbewegung mit einem Referenzsignal verglichen, das eine Phase von 0° in Bezug auf die Antriebsspannung aufweist. Der Komparator liefert eine Spannung proportional zur Abweichungen der Phasendifferenz vom Sollwert von 90°. Über ein PI-Glied (Glied mit proportionalem und integralem Verhalten) wird diese Spannung dem VCO zugeführt, wodurch die Antriebsfrequenz nachgeregelt wird, bis die Regelabweichung Null ist.

Der VCO liefert als Ausgangsspannung neben der Antriebsspannung ein dazu um 90° phasenverschobenes Signal, dessen Amplitude mit der Amplitude des Signals proportional zur Primärbewegung verglichen wird. Bei Abweichungen vom Sollwert wird (wieder über ein PI-Glied) die Amplitude des Gleichspannungsanteils der Antriebsspannung nachgestellt.

Die größte Schwierigkeit bei der Entwicklung einer Schaltung nach dem Blockschaltbild der Abbildung 10.4 stellen die beiden parallel arbeitenden Regelkreise dar, wodurch die Einstellung der verschiedenen Zeitkonstanten extrem kritisch wird. Die Primärschwingung darf nur im linearen Bereich betrieben werden. Bei nichtlinearen Frequenzgängen folgt aus einer Änderung der Amplitude der Antriebskraft unmittelbar eine Phasenänderung (vgl. Kapitel 7), wodurch die Stabilität der beiden parallelen Regelkreise beeinträchtigt wird.

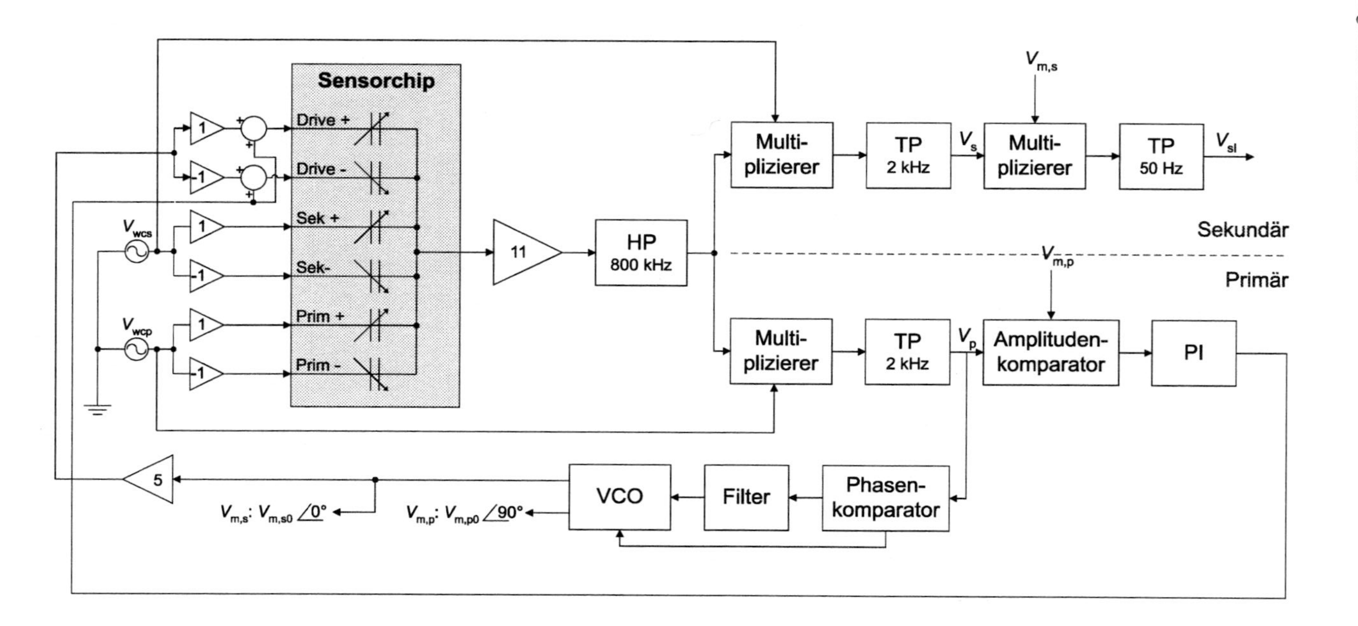

Abb. 10.4. Blockschaltbild der analogen Ausleseelektronik für den Betrieb mit elektronisch geregelter Primärschwingung und freier Sekundärschwingung.

10.2 Digitale Auswerteelektronik

Zukünftig werden hochpräzise mikromechanische Drehratensensoren mit *digitalen* Auswerteschaltungen betrieben werden, da viele der noch zu implementierenden, rechenaufwendigen Funktionen (z.B. weiterentwickelte Fehlerkompensation, adaptive Filter oder Selbstkalibrierung der Sensoren) nur digital realisiert werden können. Außerdem entstehen bei der digitalen Signalverarbeitung keine Temperaturdriften, die bei analogen Bauteilen immer kritisch sind. Daher soll mit der nachfolgend beschriebenen digitalen Schaltung der Anteil der analogen Komponenten auf ein Minimum reduziert werden und der Großteil der Signalverarbeitung mit einem Digitalen Signalprozessor (DSP) durchgeführt werden.

Zur Detektion der Bewegungen wird ebenfalls das Trägerverfahren angewendet. Das Signal am Sensorausgang soll nach dem ersten Verstärker entsprechend der o.g. Rahmenbedingung direkt digitalisiert werden. Nach dem Abtasttheorem muß die Abtastfrequenz mindestens doppelt so groß wie die Signalfrequenz sein, damit keine Information verlorengeht. Dies bedeutet, daß mit einer Trägerfrequenz von 750 kHz die Abtastrate größer als 1,5 MHz sein müßte. Für einen Rechenzyklus würden nur ca. 667 ns zur Verfügung stehen, was mit heutigen DSPs für die erforderlichen komplexen Rechenoperationen nicht ausreichend ist.

Der Name “Träger” weist bereits darauf hin, daß er selbst keine Information enthält, sondern die Information in Form der Amplitudenmodulation “trägt”. Die Frequenz der Information ist wesentlich kleiner als die Trägerfrequenz, weshalb ein Verfahren angewendet werden kann, bei welchem die Abtastrate wesentlich kleiner als die Trägerfrequenz ist. Das Verfahren, die sogenannte Unterabtastung, wird in ähnlicher Form auch in der Nachrichtentechnik eingesetzt und wird im folgenden anhand der in Abbildung 10.5 dargestellten Simulationsergebnisse kurz beschrieben.

Das zeitkontinuierliche, (ideal-) amplitudenmodulierte Signal ist mit einer durchgezogene Linie dargestellt. Wegen der besseren Darstellbarkeit wurde eine Trägerfrequenz von $f_c = 50$ kHz bei einer Modulationsfrequenz von 2 kHz gewählt. Als offene Kreissymbole sind die Ergebnisse einer idealen, zum Referenzträger synchronen Abtastung eingetragen (mit Referenzträger wird der nicht amplitudenmodulierte Träger bezeichnet, der an die Ausleseelektroden angelegt wird). Die angenommene Abtastrate beträgt ein Drittel der Trägerfrequenz, und die Abtastung erfolgt jeweils zum Zeitpunkt eines Maximums des Referenzträgers. Bei einer Abtastrate von $(f_c/3,1)$

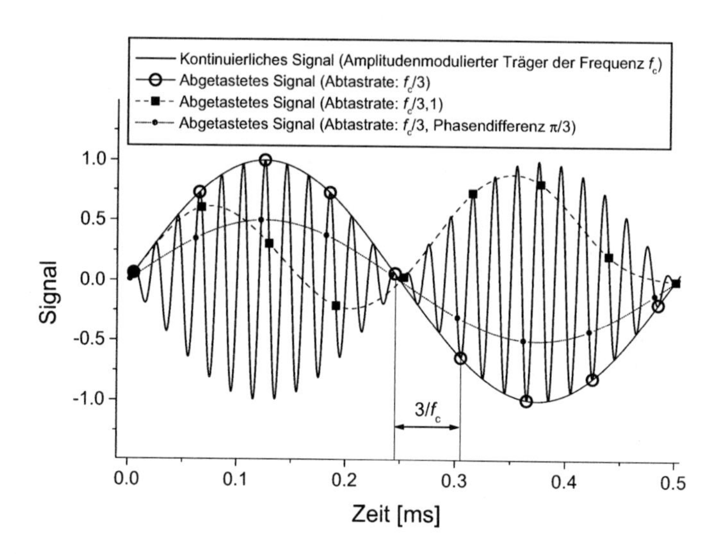

Abb. 10.5. Darstellung eines zeitkontinuierlichen, amplitudenmodulierten Signals mit abgetasteten, zeitdiskreten Werten zur Veranschaulichung der synchronen Unterabtastung.

erhält man die als Quadrate dargestellten Werte. Man kann deutlich erkennen, daß bei einer Abtastung mit einem ganzzahligen Verhältnis der Trägerfrequenz zur Abtastfrequenz die Einhüllende (und damit die Information) direkt rekonstruiert werden kann, was bei einem anderen Verhältnis nicht der Fall ist.

Wie im Fall der analogen Schaltung, bei welcher die Seitenbänder der (amplitudenmodulierten) Signale nach der Multiplikation mit dem Referenzträger bei der Frequenz der Modulation, also bei ω_d erscheinen, erhält man bei der synchronen Unterabtastung ebenfalls ein Signal bei der Frequenz ω_d. Das heißt, die Analog-Digital-Wandlung kann gleichzeitig zur "Demodulation" verwendet werden. Zum Auslesen der Kapazitätsänderung werden somit außer dem ersten Verstärker keine weiteren analogen Komponenten benötigt.

Die Analogie zwischen dem analogen und digitalen Verfahren wird in der Abbildung 10.6 deutlich. Nach der Multiplikation mit dem Referenzträger und dem anschließenden, analogen Filter beziehungsweise nach der synchronen Unterabtastung und dem digitalen Filter erhält man jeweils Signale der Frequenz ω_d. Ein Unterschied besteht darin, daß dieses Signal im einen Fall kontinuierlich in der Zeit, im anderen Fall zeitdiskret ist. Wie es in der Abbildung dargestellt

a) Analoges Trägerverfahren

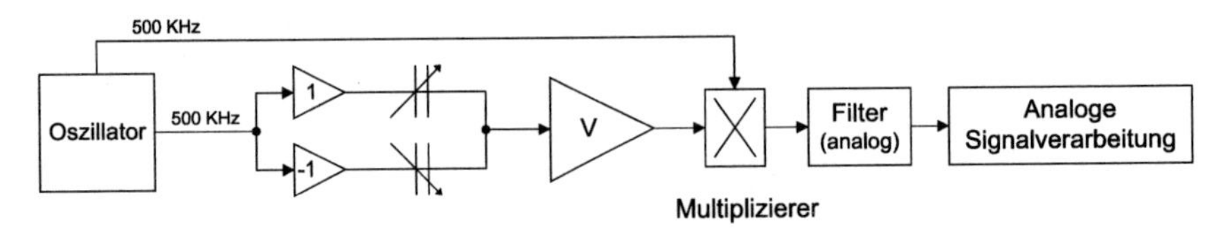

b) Digitales Trägerverfahren

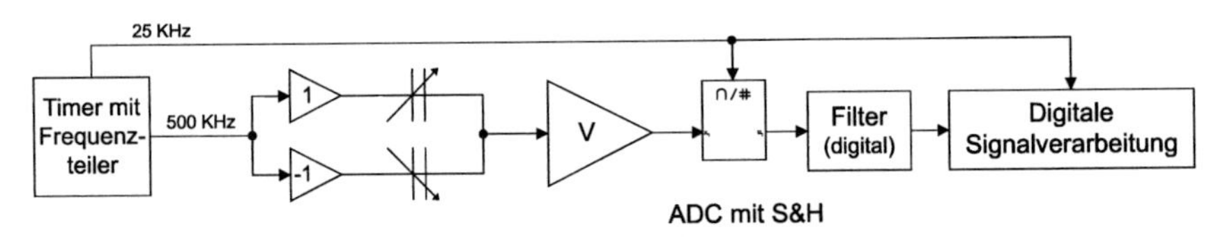

Abb. 10.6. Blockschaltbild zum a) analogen und b) digitalen Trägerverfahren (V: Verstärker, ADC: Analog-Digital Converter, S&H: Sample and Hold).

ist, erfolgt die Unterabtastung mit einem Analog-Digital-Wandler mit einem Abtast- und Halteglied (engl. analog-digital converter (ADC), sample and hold (S&H)). Die weitere digitale Signalverarbeitung erfolgt mit dem Takt, mit dem (unter-) abgetastet wird.

Bei der Verwendung des digitalen Ausleseverfahrens zum Betrieb eines CVGs besteht die Hauptschwierigkeit darin, daß zwei Bewegungen gleichzeitig zu detektieren sind. Konkret bezieht sich dies auf die erforderliche Synchronisierung der beiden im Blockdiagramm der Abbildung 10.7 dargestellten Sinusgeneratoren.

Mit der realisierten Schaltung können beide Bewegungen parallel detektiert werden, und die Primärschwingung wird entsprechend den dargestellten Regelkreisen betrieben. Die Implementierung des kraftkompensierten Betriebsmodus befindet sich noch in der Entwicklung. Auch die Charakterisierung der bislang realisierten digitalen Schaltung ist noch nicht vollständig abgeschlossen. Erste Messungen deuten darauf hin, daß ein geringeres Rauschen als mit der analogen Schaltung erzielt werden kann. Man kann daher davon ausgehen, daß insgesamt bessere Leistungsparameter zu erzielen sind.

Mit dem erbrachten Machbarkeitsnachweis wurde die Grundlage für zukünftige Schaltungen geschaffen, bei welchen die immensen Möglichkeiten durch die Signalverarbeitung mit einem DSP vorteilhaft eingesetzt werden können.

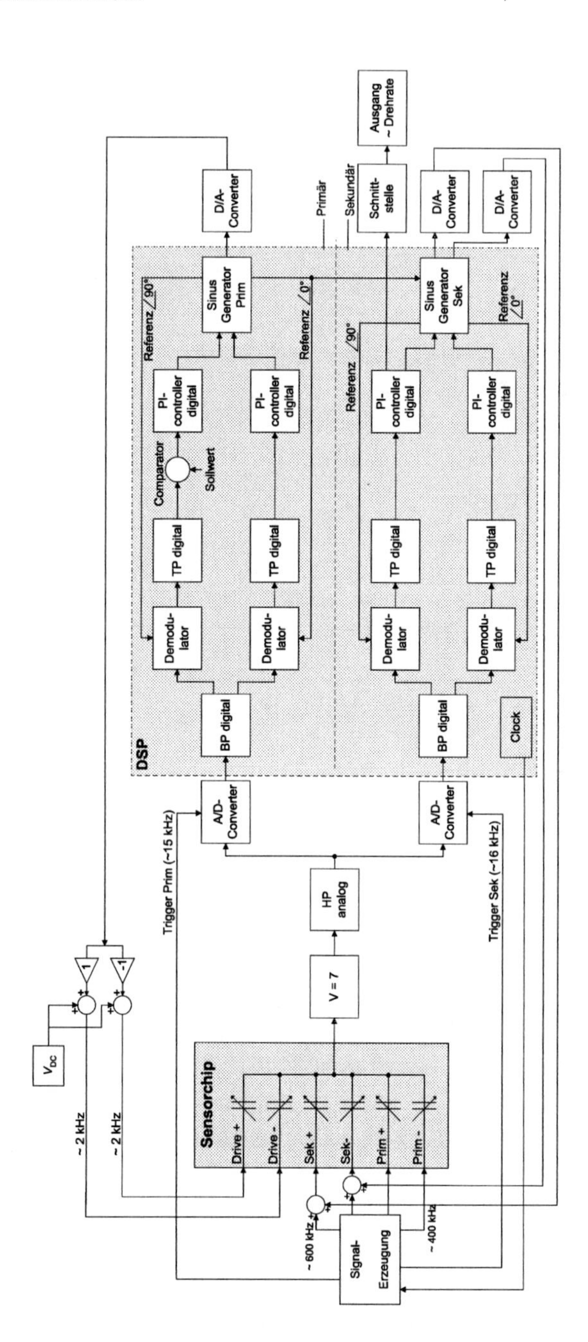

Abb. 10.7. Blockschaltbild der Ausleseelektronik basierend auf einem Digitalen Signalprozessor.

11. Herstellung

Die Silizium-Bearbeitung der DAVED-RR-Sensoren erfolgte bei der Robert Bosch GmbH, während die Montage der Sensoren (Chip- und Drahtbonden) sowie die Herstellung der elektronischen Schaltungen und der Gehäuse am HSG-IMIT durchgeführt wurden. In den folgenden Abschnitten werden die Waferprozessierung, die Aufbau- und Verbindungstechnik sowie der Aufbau des Sensorsystems kurz beschrieben.

11.1 Waferprozessierung

Die Europäische Kommission fördert innerhalb des Rahmenprogramms *Europractice* fünf sogenannte *Manufacturing Cluster* (*MC*) für die Mikrosystemtechnik. Diese Cluster sind Konsortien aus Industrie und Forschungseinrichtungen. Der Cluster *MC1* steht unter der Leitung der Robert Bosch GmbH, die in diesem Rahmen Kunden die Fertigung eigener Designs durch einen oberflächenmikromechanischen Prozeß anbietet. Dabei werden sogenannte *Multi Project Wafer Runs* (MPW) angeboten, bei welchen die Designs mehrerer Kunden auf einem Maskensatz zusammengeführt werden, um die Fertigungskosten für den einzelnen Kunden zu reduzieren. Da Bosch den Prozeß bereits für die Beschleunigungssensorfertigung einsetzt, sind durch die somit garantierte Zuverlässigkeit kurze Entwicklungszeiten möglich.

In [Off94], [Off95], [Lan95] und [Off96] finden sich ausführliche Beschreibungen und in [Bos00] die Designregeln des Bosch-Prozesses. Daher folgt nur eine kurze Darstellung des Verfahrens und eine Zusammenfassung der für die Sensorauslegung maßgeblichen Designparameter.

11.1.1 Prozeßablauf

Ausgangspunkt sind n-leitende Siliziumwafer mit einem Durchmesser von 150 mm, einer Dicke von (675±15) µm, einer (100) Kristallorientierung und einem spezifischen Widerstand von (1,5±0,8) Ωcm. Im ersten Schritt wird ein thermisches Siliziumoxid (SiO_2) mit einer Schichtdicke von (2,5±0,1) µm aufgewachsen, welches einen elektrischen Isolator darstellt. Mit einem LPCVD-Verfahren (Low Pressure Chemical Vapor Deposition) wird ein (0,45±0,05) µm dickes, polykristallines Silizium abgeschieden und anschließend mit einem RIE-Prozeß (Reactive Ion Etching) strukturiert (Abbildung 11.1a). Aus der elektrisch leitenden Schicht werden dabei Substratelektroden und elektrische Leiterbahnen erzeugt.

Das anschließend abgeschiedene und durch RIE strukturierte Siliziumoxid bildet die Opferschicht (Abbildung 11.1b). Seine Dicke beträgt (1,6±0,16) µm. Öffnungen bilden später Verankerungen der beweglichen Struktur und gleichzeitig Kontakte mit dem darunterliegenden, vergrabenen Polysilizium.

Zur Kontaktierung des Substrats von der Wafervorderseite wird in einem weiteren RIE-Ätzschritt das Opferoxid, das vergrabene Polysilizium und das thermische Oxid geöffnet. Es folgt die Abscheidung einer ca. 10,3 µm dicken, polykristallinen Siliziumschicht bei ca. 1000°C mit einer Abscheiderate von ca. 0,55 µm/min (Abbildung 11.1c). Wegen der Abscheidung in einem Epitaxiereaktor wird die Schicht Epipoly genannt.

Bei der folgenden Metallisierung mit AlSi werden die Bondpads für die spätere elektrische Kontaktierung der Chips durch Drahtboden hergestellt.

Über eine Lackmaske wird anschließend das Epipoly strukturiert (Abbildung 11.1d). Dabei wird in einer ICP-Kammer (Inductively Coupled Plasma) abwechselnd isotrop geätzt und passiviert. Durch die Sputterkomponente des Ätzschritts wird die Passivierung am Ätzgrund schneller geätzt als an den Seitenwänden. Es resultieren senkrechte Gräben, sogenannte Trenches, deren Wände entsprechend der Prozeßabfolge gerippt erscheinen (Abbildung 11.2: neben den horizontal verlaufenden Furchen sind auch vertikale Rinnen zu erkennen). Diese Trenches in der Epipolyschicht definieren die Geometrie der beweglichen Struktur. Jeder Punkt, der einen Abstand zu einem Trench kleiner als 2,55 µm besitzt, wird beim späteren Ätzen des Opferoxids unterhöhlt. Daher werden beispielsweise größere Flächen, die unterätzt werden sollen, mit sogenannten Ätzlöchern perforiert. Federbalken und Kammelektrode dürfen eine bestimmte Breite nicht übersteigen oder müssen ebenfalls mit Ätzlöchern versehen werden.

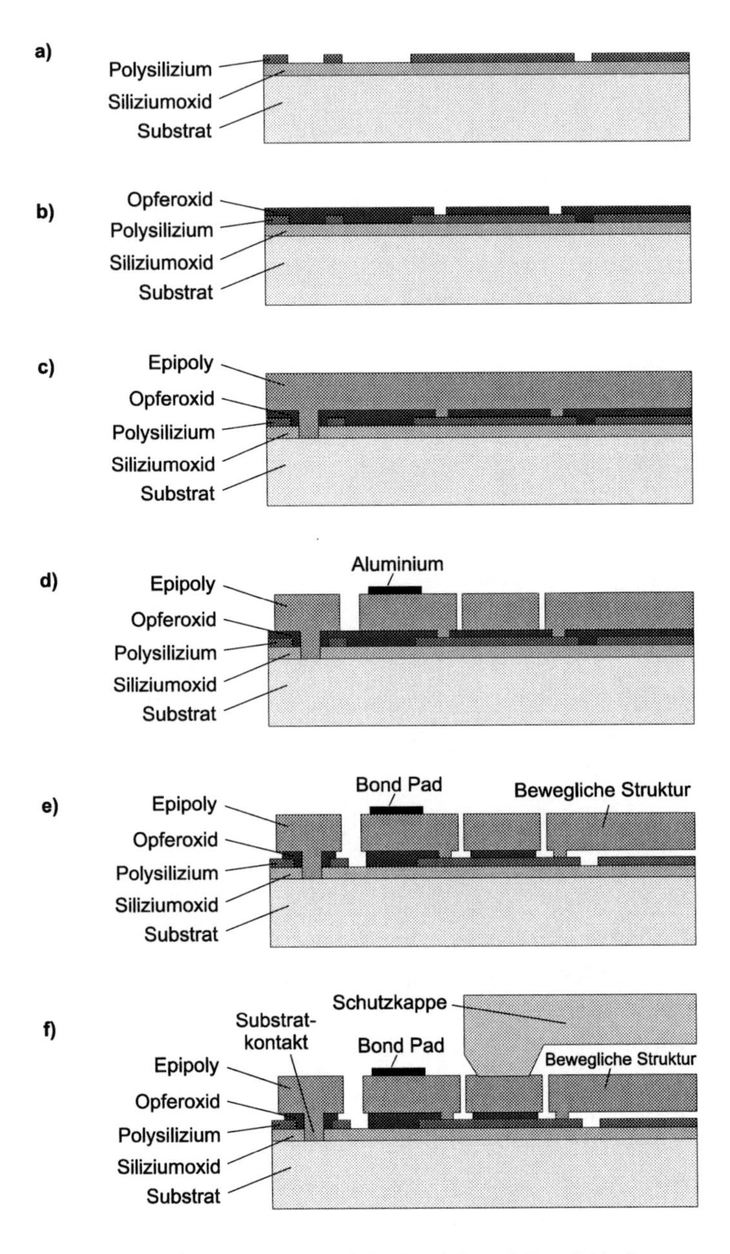

Abb. 11.1. Oberflächenmikromechanischer Bosch-Prozeß: Prozeßablauf.

Abb. 11.2. Rasterelektronenmikroskopische Aufnahme von DAVED/C01.

Neben der Kontrolle von verschiedenen Schichtspannungen ist das Ätzen des Opferoxids einer der kritischsten Prozeßschritte in der Oberflächenmikromechanik. Meistens wird Flußsäure in flüssiger Phase verwendet, die eine gute Selektivität zu Silizium aufweist, allerdings eine relativ schlechte zu Aluminium oder AlSi. Daher müssen die Bondpads oder Aluminiumleiterbahnen entsprechend passiviert werden. Besonders kritisch ist jedoch das dem Ätzen und Spülen folgende Trocknen der Wafer, bei welchem Oberflächenspannungen der Spüllösung die bewegliche Struktur zum darunterliegenden Substrat oder zu seitlich plazierten Strukturen ziehen, wo sie durch eine Kombination von Adhäsionskräften haften bleibt [All88], [Mas93a], [Mas93b], [Leg94]. Dieser Effekt wird Sticking genannt. Das Lösen der beweglichen Struktur ist im allgemeinen nicht mehr möglich. Um Sticking zu vermeiden, wurden mehrere Verfahren entwickelt. Gefrieren der zuletzt verwendeten Flüssigkeit und anschließendes Sublimieren kann mit einem Wasser/Äthanol-Gemisch [Guc89] und mit p-Dichlorbenzen [Kob92] durchgeführt werden. Wird die Flußsäure durch flüssiges CO_2 ersetzt, kann der Übergang von der flüssigen in die gasförmige Phase bei hohen Drücken ohne Überschreiten der Dampfdruckkurve (diese endet am kritischen Punkt) erfolgen (superkritisches Trocknen) [Mul93]. Eine weitere Möglichkeit ist der sukzessive Austausch der Flußsäure gegen verschiedene organische Flüssigkeiten und zuletzt gegen Fotolack. Dieser wird dann in einem Sauerstoffplasma verascht [Orp91].

Beim Verfahren von Bosch erfolgt das Ätzen des Opferoxids in gasförmiger Flußsäure [Lob88], [Off94]. Die Wafer werden mit der Vorderseite über eine Flußsäure-Lösung gehalten und dabei dem HF-Dampf ausgesetzt. An der Rückseite werden die Wafer geheizt, um Kondensation zu vermeiden und das bei der Reaktion entstehende Wasser zu entfernen.

Nachdem die Strukturen unterätzt sind (Abbildung 11.1e), kann der Wafer auf zwei verschiedene Arten weiterprozessiert werden. Gewöhnlich wird ein zweiter, durch KOH-Ätzen strukturierter Silizium-Wafer über ein Glaslot aufgebondet (Abbildung 11.1f). Der zweite Wafer besitzt Aussparungen über den beweglichen Strukturen und Öffnungen über den Bondpads. Der nach dem Bonden eingeschlossene Druck kann auf ca. 600 hPa oder 5-10 hPa eingestellt werden. Beim Vereinzeln in Sensorchips schützt der Deckelwafer die Strukturen vor dem Sägewasser und dem entstehenden Sägeschlamm.

Soll kein Wafer aufgebondet werden, damit die Bauteile bei verschiedenen Drücken getestet werden können, werden die beweglichen Strukturen beim Sägen durch Fotolack geschützt. Nach dem Vereinzeln wird der Fotolack in einem Sauerstoffplasma entfernt.

Rasterelektronenmikroskopische Aufnahmen der Sensoren DAVED/C01, DAVED/C03 und DAVED/C02 (jeweils ohne Deckel) zeigen die Abbildung 11.3, 11.4 beziehungsweise 11.5. Der deutliche Größenunterschied des eigentlichen Sensorelements wird darin deutlich. Für das Design DAVED/C01 betragen die Seitenabmessungen der beweglichen Struktur $2{,}3 \times 2{,}6\ mm^2$, für das Design DAVED/C02 betragen sie $1{,}2 \times 1{,}6\ mm^2$. Die in Abbildung 11.5 durch Aufladungseffekte teilweise hell erscheinenden Leiterbahnen, die aus dem vergrabenen Polysilizium strukturiert sind, führen unter einem Rahmen aus Epipoly (ebenfalls hell) nach außen zu den Bondpads. Bei der Variante DAVED/C02 werden insgesamt 9 Bondpads benötigt (DAVED/C01: 17 Bondpads). Der Rahmen dient als Bondfläche für einen Deckelwafer. Unter einer geänderten Perspektive ist in Abbildung 11.6 eine Aufnahme mit stärkerer Vergrößerung dargestellt. In der linken unteren und der rechten oberen Ecke sind Kreuzungen von Leiterbahnen zu erkennen, die man durch Brücken aus der Epipolyschicht von einem Bereich des vergrabenen Polysiliziums zu einem anderen realisieren kann. In dem in Abbildung 11.7 dargestellten Ausschnitt sind die Verankerung, die vier Primär-Biegebalken und Teile der Kammantriebe im Detail zu erkennen. Die Torsionsfeder, die den Sekundäroszillator vom Antriebsrad entkoppelt, zeigt Abbildung 11.8. Hier sieht man auch deutlich die Perforation der beweglichen Struktur.

Abb. 11.3. Rasterelektronenmikroskopische Aufnahme von DAVED/C01.

Abb. 11.4. Rasterelektronenmikroskopische Aufnahme von DAVED/C03.

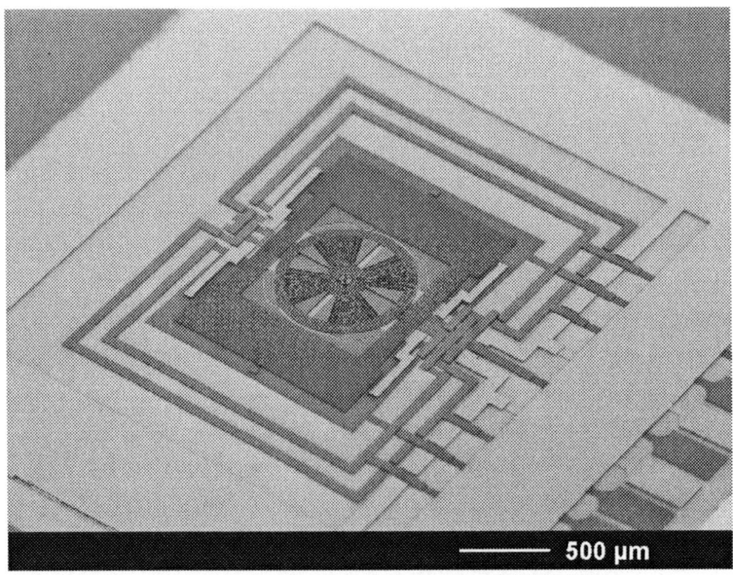

Abb. 11.5. Rasterelektronenmikroskopische Aufnahme von DAVED/C02.

Abb. 11.6. Rasterelektronenmikroskopische Aufnahme von DAVED/C02.

Abb. 11.7. Rasterelektronenmikroskopische Aufnahme von DAVED/C02.

Abb. 11.8. Rasterelektronenmikroskopische Aufnahme von DAVED/C02.

11.1.2 Designregeln

Die Schichtdicken und weitere Abmessungen in vertikaler Richtung sind in Abbildung 11.9 und in Tabelle 11.1 in Übersicht dargestellt. Als die wesentlichen Designregeln werden die der lateralen Strukturierung des Epipolys anhand der Abbildung 11.10 und der Tabelle 11.2 kurz erläutert. Abbildung 11.10 zeigt die Draufsicht einer beispielhaften, beweglichen Epipoly-Struktur, die an zwei Stellen verankert ist. Die maximale Abmessung einer solchen Struktur wird durch die Designregel E01 auf 1000 µm beschränkt. Ein einseitig eingespanntes, bewegliches Element kann mit einer maximalen Länge von 400 µm konstruiert werden (E02). Entsprechend der Designregel E03 beträgt die minimale Trenchbreite, die dem kleinsten zulässigen Abstand zweier Epipoly-Strukturen entspricht, 2 µm (Layoutmaß; die resultierenden physikalischen Abmessungen sind in der Spalte "Struktur" in Tabelle 11.2 angegeben). Balken oder Fingerelektroden können mit einer minimalen Breite von 3 µm realisiert werden (E04). Zum Unterätzen von größeren Bereichen sind, wie bereits erwähnt, Ätzlöcher erforderlich, welche Abmessungen größer als 4 µm (E05) und entsprechend der Designregel E06 einen gegenseitigen Abstand kleiner als 6 µm aufweisen müssen. Bereiche wie die seitlichen Verankerungen der in Abbildung 11.10 dargestellten, beweglichen Struktur, die breiter als 6 µm sind, werden nicht unterätzt und sind starr mit dem darunterliegenden Oxid verbunden.

Tabelle 11.1. Vertikale Abmessungen beim Bosch-Prozeß.

Regel	**Beschreibung**	**Abmessung [µm]**
V01	Wafer	675
V02	Siliziumoxid	2,5
V03	Vergrabenes Polysilizium	0,45
V04	Opferoxid	1,6
V05	Epitaktisch aufgewachsenes Polysilizium	10,3
V06	Metallisierung	1,3
V07	Deckelwafer	380
V08	Hohlraum	75

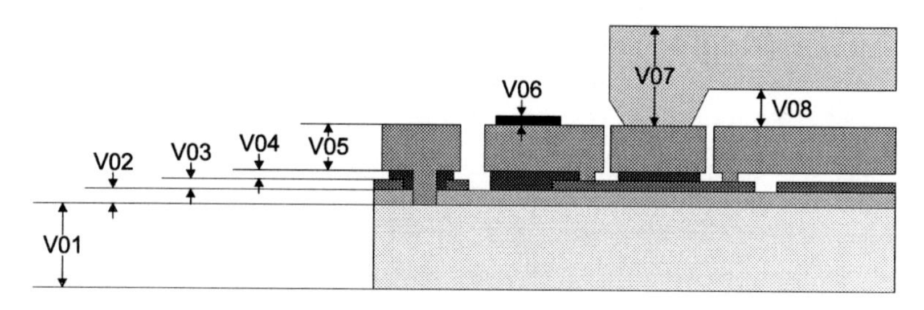

Abb. 11.9. Schematische Darstellung der vertikalen Abmessungen beim Bosch-Prozeß.

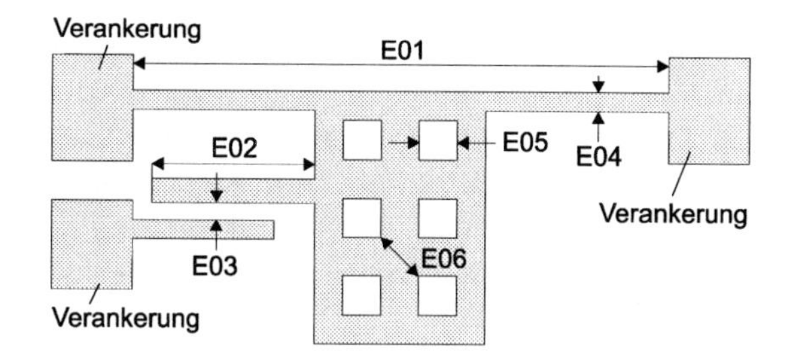

Abb. 11.10. Schematische Darstellungen zu den Designregeln der Trenchätz-Maske beim Bosch-Prozeß.

Tabelle 11.2. Designregeln der Trenchätz-Maske beim Bosch-Prozeß.

Regel	**Beschreibung**	**Layout [µm]**	**Struktur [µm]**
E01	Zweiseitig gehalterte, bewegliche Struktur	< 1000	< 1000,7
E02	Einseitig gehalterte, bewegliche Struktur	< 400	< 400
E03	Trenchbreite	> 2,0	> 2,7
E04	Strukturbreite	> 3,0	> 2,3
E05	Ätzloch	> 4,0	> 4,7
E06	Breite von Strukturen, die unterätzt werden	< 6,0	< 5,3

11.2 Aufbau- und Verbindungstechnik

Unter der Aufbau- und Verbindungstechnik wird das Einbringen des Sensorchips in ein Gehäuse und die elektrische Kontaktierung des Chips verstanden. Neben diesen elementaren Funktionen ist dabei auch auf eine möglichst genaue Justage des Chips relativ zum Chipgehäuse erforderlich, um einen möglichst kleinen Winkelfehler des Sensorsystems gewährleisten zu können.

Als Chip-Gehäuse wurden 14 polige Metallgehäuse verwendet, die auch zur Gehäusung von Quarzoszillatoren eingesetzt werden. Zunächst wird eine entsprechend strukturierte und bemaßte Leiterplatte in das Gehäuse gelötet. Anschließend wird das Sensorchip unter einem Lichtmikroskop justiert und auf die Leiterplatte, die Justiermarken enthält, mit dem nichtleitenden Kleber H70-S der Firma Polytec aufgeklebt. Bei 80°C wird der Kleber ca. 90 min gehärtet. Es folgt die elektrische Kontaktierung des Chips durch Drahtbonden (30 µm starker AlSi-Draht) und das Auflöten eines Metalldeckels. In Abbildung 11.11 sieht man eine Fotomontage des Aufbaus, bei welcher der Metalldeckel teilweise transparent ist, um das gebondete Sensorchip sichtbar zu machen.

Abb. 11.11. Fotomontage eines Sensorchips DAVED/C02, aufgebaut in einem 14 poligen Metallgehäuse.

11.3 Sensorgehäuse

Die Ausleseschaltungen wurden in SMD-Technologie mit geätzten Leiterplatten realisiert. Der Aufbau besteht aus zwei Platinen, die miteinander elektrisch und mechanisch verbunden sind. Während eine Leiterplatte die Komponenten zur Erzeugung der verschiedenen Signale enthält, sind auf der anderen das gehäuste Sensorchip und die Signalverarbeitung untergebracht.

An das Sensorgehäuse, das die Leiterplatten aufnimmt, werden folgende Anforderungen gestellt:

- Spritzwasserschutz (IP-Schutzstandard 65)
- Möglichst kleine Baugröße
- Einfache Endmontage
- Sensitive Achse senkrecht zur Montagefläche
- Herstellbar als Frästeil, das später als Spritzgußteil gefertigt werden kann

In der Explosionsdarstellung in Abbildung 11.12 erkennt man den Aufbau des Gehäuses, bestehend aus einem Mittelteil und zwei Deckeln, die jeweils als Frästeil gefertigt werden. In das mittlere Teil wird ein siebenpoliger Subminiaturstecker (Binder GmbH, Neckarsulm, Serie 712) eingeschraubt, der die Anforderung hinsichtlich Temperaturbereich (-40 bis +85°C), Spritzwasserfestigkeit (IP 65) und elektrischer Kenngrößen erfüllt. Die Platine, auf welche der im 14-poligen Metallgehäuse gehäuste Sensorchip montiert ist, wird in unmittelbarer Nähe zum Sensorchip mit einem der beiden Deckel verschraubt. Die Verschraubung ist erforderlich, um ausreichend hohe Resonanzfrequenzen der bestückten und montierten Platine zu erhalten. Der Deckel wird in das mittlere Gehäuseteil eingesetzt und verschraubt. Nachdem die zweite Platine aufgesetzt ist und die Platinen mit dem Subminiaturstecker elektrisch kontaktiert sind, kann der zweite Deckel aufgeschraubt werden. Durch O-Ringe zwischen den beiden Deckeln und dem Mittelteil wird die Spritzwasserfestigkeit des Gehäuses garantiert [Koh00].

Ein Foto eines halbmontierten Prototyps mit einer analogen Ausleseelektronik zeigt die Abbildung 11.13, die eines komplett montierten zeigt die Abbildung 11.14. Die Außenabmessungen betragen $31 \times 60 \times 50\ mm^3$. Für die digitale Schaltung wurde nach demselben Prinzip ein Gehäuse hergestellt (s. Abbildung 11.15), dessen Außenabmessungen mit $30 \times 45 \times 42\ mm^3$ etwas kleiner sind.

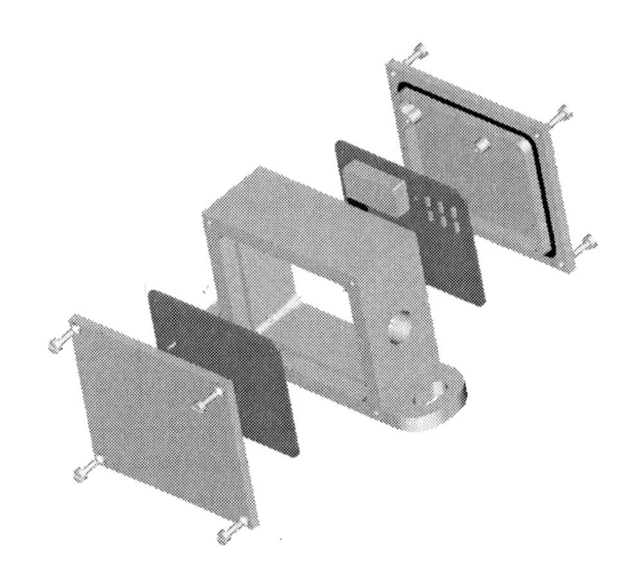

Abb. 11.12. Explosionsdarstellung des Sensor-Prototyps.

Abb. 11.13. Foto eines halbmontierten Prototyps mit Sensorchip DAVED/C02 und analoger Elektronik.

Abb. 11.14. Foto eines komplett montierten Prototyps (analoge Elektronik).

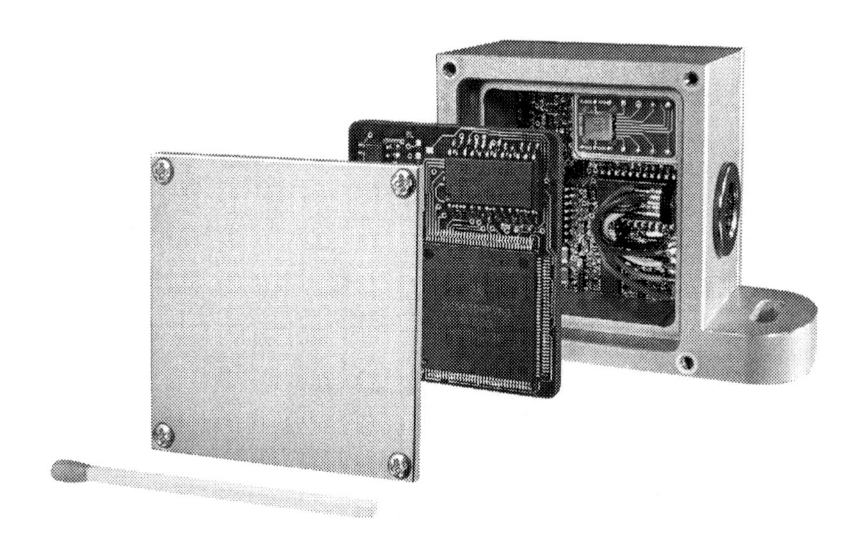

Abb. 11.15. Foto eines halbmontierten Prototyps mit Sensorchip DAVED/C02 und digitaler Elektronik.

12. Meßtechnik

12.1 Drehtisch und Vakuumtechnik

Zusammen mit dem HSG-IFZ, Stuttgart, wurde ein Drehtisch konzipiert und hergestellt, der sich in einem Vakuumrezipienten befindet. Die Möglichkeit, Sensoren im Vakuum zu testen, erlaubt eine reproduzierbare, detaillierte Untersuchung der Einflüsse des Drucks auf die Güte der Schwingungsmoden und auf die Leistungsparameter der Sensoren. Im Gegensatz zu anderen Meßaufbauten befindet sich der Drehteller im Vakuumrezipient (und nicht ein Vakuumrezipient auf einem Drehtisch), um mit einem möglichst kleinen Trägheitsmoment eine hohe Dynamik zu erzielen. Der Nachteil, daß bei einer geringen Masse die Gleichlaufeigenschaften schlechter werden, wird mit einer präzisen Regelung der Drehzahl ausgeglichen.

Der schematische Aufbau des Drehtisches ist in Abbildung 12.1 dargestellt. Mit einem Durchmesser des Drehtellers von 300 mm und einer Höhe des Bauraums über dem Teller von 135 mm können auch relativ große Meßobjekte getestet werden. Auf der Welle, die den Drehteller trägt, ist ein Schleifringübertrager (Schleifring- und Apparatebau, 24-Wege Schleifringübertrager) montiert, der elektrische Signale zwischen dem feststehenden Bürstenblock und dem Drehteller überträgt. Über elektrische Durchführungen (Kurt J. Lesker Co. Ltd., IFTAG105108/065108) werden die Signale aus dem Vakuumrezipienten geführt.

Die Welle ist am unteren Ende an eine vakuumdichte, ferrofluidische Drehdurchführung (Kurt J. Lesker Co. Ltd., FE50-1031193) montiert und über diese und einem Getriebe (Baldor ASR GmbH, Harmonic-Drive Getriebe, Übersetzung 100:1, HFUC 20-100-2UH-SP) mit dem Motor (Baldor ASR GmbH, Bürstenloser Drehstrom-Servomotor BSM 63A-133CAA) verbunden. Der Motor besitzt einen Resolver, mit welchem die Motordrehzahl gemessen wird. Das Signal des Resolvers wird mit einem Servo-Regler aufbereitet (Baldor ASR GmbH, DBSC 102-AAA Drehstrom-Servoverstärker), welcher zusätzlich die Steuerung und die Regelung der Motordrehzahl übernehmen kann. Eine präzisere Regelung wird mit einer PC-Regelkarte (Baldor ASR GmbH, Positioniersystem PMAC LITE OPT 4A) erzielt. Das aufbereitete Resolversignal

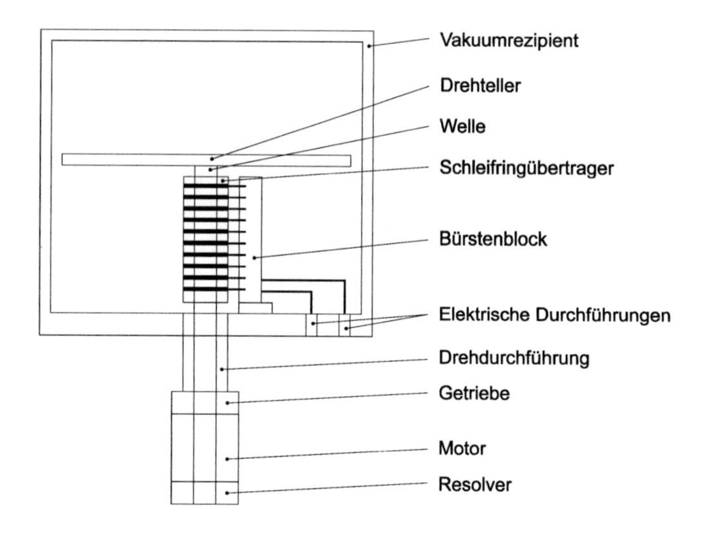

Abb. 12.1. Schematische Darstellung des Aufbaus des Drehtisches.

wird an diese Regelkarte geleitet, die Stellgröße berechnet und ein proportionaler Eingangsstrom als Steuersignal an den Servo-Regler weitergeleitet, der die Motordrehzahl proportional zu diesem Eingangsstrom steuert.

Als weitere Variante kann das Steuersignal des Servo-Reglers auch von einem Funktionsgenerator erzeugt werden. In diesem Modus wird die Motordrehzahl nicht geregelt, sondern nur gesteuert. Der Vorteil besteht darin, daß sinusförmig modulierte Drehraten mit Frequenzen bis ca. 100 Hz erzeugt werden können, während mit der Regelung nur ca. 30 Hz möglich sind.

Die Gleichlaufeigenschaften des Drehtisches wurden mit einem Referenzsensor (faseroptischer Kreisel, LITEF, µFORS-36) getestet. In Abbildung 12.2a ist das Ausgangssignal des Kreisels bei ruhendem Tisch und in Abbildung 12.2b bei einer eingestellten Drehrate von 0,1 °/s jeweils über eine Stunde dargestellt. In beiden Fällen ist die Standardabweichung der Meßwerte annähernd gleich, die somit im wesentlichen auf die Drift und das Rauschen des Sensors zurückzuführen ist und nicht auf den Drehtisch. Als Ergebnis kann man festhalten, daß der Gleichlauf des Tisches besser als 0,003 °/s (1σ) ist.

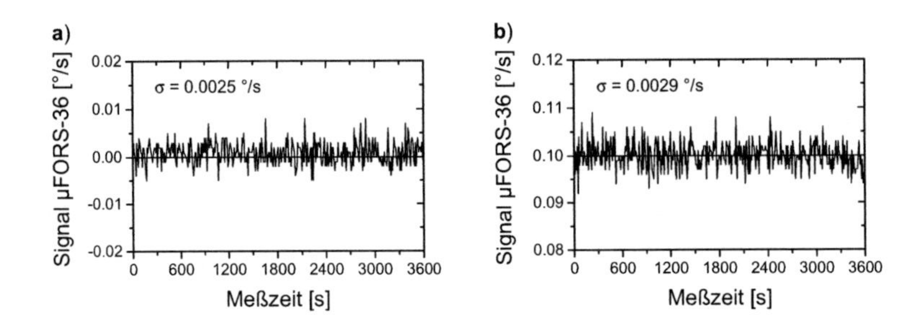

Abb. 12.2. Messungen der Gleichlaufeigenschaften des Drehtischs mit dem faseroptischen Kreisel µFORS-36 bei den Winkelgeschwindigkeiten a) $\Omega = 0$ und b) $\Omega = 0{,}1$ °/s.

In Abbildung 12.3 ist der Aufbau der Vakuumtechnik schematisch dargestellt. Am Vakuumrezipienten (Kurt J. Lesker Co. Ltd., Höhe: 300 mm, Durchmesser: 340 mm) sind über ein Zugschieberventil (Pfeiffer, SVV063HA) eine Turbomolekular-Drag-Pumpe (Pfeiffer, TMH 064) und eine Membranpumpe (Pfeiffer, MZ2 D) angeschlossen. Die Membranpumpe dient zur Erzeugung des Vorvakuums von ca. 5 hPa (=5 mbar) für die Turbomolekular-Drag-Pumpe. Als Vorpumpe wurde eine Membranpumpe gewählt, da im Gegensatz zu Drehschieberpumpen ein absolut ölfreies Vakuum erzeugt wird. Über ein Gasdosierventil (Pfeiffer, EVN 116) wird der

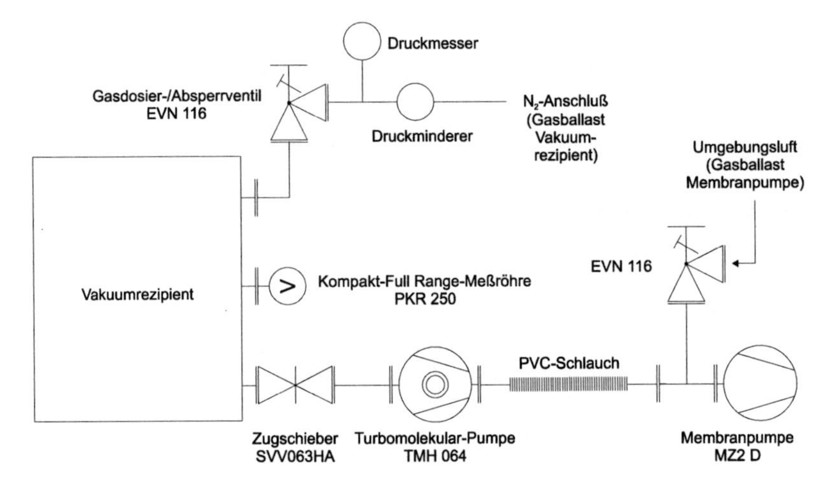

Abb. 12.3. Schematische Darstellung der Vakuumtechnik des Drehtisches.

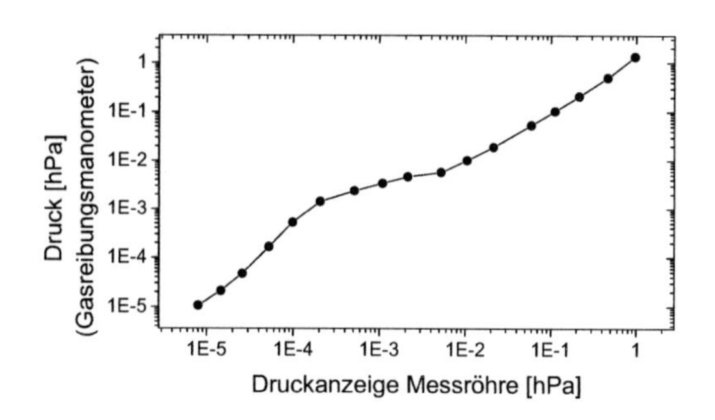

Abb. 12.4. Kalibrierkurve der Messröhre PKR 250 (ermittelt mit Gasreibungsmanometer VM212).

Membranpumpe ein ständiger Gasballast zugeführt, wodurch die Bildung von Kondenswasser in der Pumpe vermieden wird. Mit der Anordnung wird ein Endvakuum von ca. 10^{-6} hPa erzielt.

Über den gesamten Druckbereich wird der Druck mit einer Meßröhre (Pfeiffer, Kompakt-Full-Range-Meßröhre PKR 250) mit zwei integrierten Meßeinrichtungen bestimmt. Im Druckbereich zwischen 10^{-2} und 10^{3} hPa erfolgt die Druckmessung mit einem Pirani-Meßkreis, bei kleineren Drücken mit einem Kaltkathoden-Meßkreis. Da relativ große Meßfehler auftreten, wird die Meßröhre mit einem Gasreibungsmanometer (Leybold, Viscovac VM212) kalibriert (Abbildung 12.4).

Indem über ein zweites Gasdosier-/Absperrventil (Pfeiffer, EVN 116) dem Rezipienten Stickstoff zugeführt wird, kann der Druck stufenlos zwischen 10^{-6} hPa und Umgebungsdruck (ca. 1000 hPa) eingestellt werden. Der Druck stellt sich im dynamischen Gleichgewicht entsprechend dem zugeführten Gasballast und der Pumpleistung der beiden Pumpen ein. Für Drücke größer als 5 hPa wird die Turbomolekular-Drag-Pumpe abgeschaltet und nur mit der Membranpumpe abgepumpt. Im Bereich zwischen 1 hPa und 5 hPa kann kein dynamisches Gleichgewicht eingestellt werden. Messungen können in diesem Bereich über einen längeren Zeitraum jedoch bei verschlossenem Rezipienten durchgeführt werden, da bei diesen relativ hohen Drücken die Leckrate den Druck nur sehr langsam ändert (Druckanstieg: $3 \cdot 10^{-6}$ hPa/s).

In Tabelle 12.1 ist die Spezifikation des Drehtischs zusammengestellt. Die Gleichlaufeigenschaften, die maximale Winkelgeschwindigkeit und Winkelbeschleunigung sowie das Rauschen auf den Signalleitungen sind ausreichend, um die Sensoren hinsichtlich der Targetspezifikation

(Tabelle 1.4) zu testen. Auch der relevante Druckbereich wird abgedeckt, um die Druckabhängigkeit der Schwingungsgüte untersuchen zu können (vgl. Kapitel 6 und Abschnitt 13.1.4).

Tabelle 12.1. Spezifikation Drehtisch.

SPEZIFIKATION DREHTISCH			
Winkelgeschwindigkeit			
Gleichlauf	1 h, 1 σ - Wert	< 0,003	°/s
Max. Winkelgeschwindigkeit	Kurzzeitbetrieb (< 20 min)	320	°/s
Max. Winkelgeschwindigkeit	Dauerbetrieb	60	°/s
Max. Winkelbeschleunigung	Sinusschwingung mit 100 Hz	4000	$°/s^2$
Vakuum			
Dynamisches Gleichgewicht	Turbo- und Membranpumpe	10^{-6} - 1	hPa
Dynamisches Gleichgewicht	Membranpumpe	5 - 1000	hPa
Druckanstieg	Leckrate	$3 \cdot 10^{-6}$	hPa/s
Elektrische Eigenschaften / Anschlüsse			
Anzahl Signalleitungen	geschirmt / ungeschirmt	8 / 8	Stück
Rauschen auf Signalleitungen	Effektivwert 0 - 50 Hz	0,16	mV
Abmessungen			
Durchmesser Drehteller		300	mm
Höhe Bauraum über Drehteller		135	mm

12.2 Meßgeräte und Meßprogramm

Für Messungen zur Charakterisierung des Sensors wurden teilweise weitere Meßgeräte (Funktionsgenerator (Hewlett Packard, HP 33120 A), Lock-in-Verstärker (EG&G, 5302) und FFT-Analyzer (Ono Soki, CF-5210)) verwendet, vor allem wegen der größeren Flexibilität im Vergleich zur realisierten Ausleseelektronik. Der Funktionsgenerator wurde eingesetzt, um beispielsweise bei der Messung von Frequenzgängen eine elektrostatische Kraft mit einer definierten Amplitude und Frequenz zu erzeugen. Ein Lock-in-Verstärker ist im wesentlichen ein Demodulator, der gleichzeitig mit zwei um 90° phasenverschobenen Signalen demoduliert. Damit stehen zwei Ausgangssignale zur Verfügung, das In-Phase Signal A_I und das Quadratursignal A_Q. Aus A_I und A_Q können die Amplitude A des Meßsignals

$$A = \sqrt{A_\mathrm{I}^2 + A_\mathrm{Q}^2} \tag{12.1}$$

und dessen Phase φ bezüglich des Referenzsignals

$$\varphi = \arctan \frac{A_\mathrm{I}}{A_\mathrm{Q}} \tag{12.2}$$

berechnet werden. Soll die Amplitude von periodischen Bewegungen gemessen werden, bei welchen kein Referenzsignal zur Verfügung steht, wie beispielsweise bei der Messung der Abklingzeit einer Schwingung, wird ein FFT-Analyzer eingesetzt.

Die verschiedenen Messungen und deren Auswertung werden vollautomatisiert mit einem in der objektorientierten Programmiersprache Testpoint [Tes95] erstellten Meßprogramm durchgeführt. Mit dem Initialisierungsblock des Programms können die Parameter der Meßgeräte sowie Parameter des Meßablaufs (z.B. Anzahl von Wiederholungen) eingestellt werden. Mit dem in verschiedene Meßabläufe untergliederten Hauptteil des Programms werden beispielsweise Messungen der Frequenzgänge, des Skalenfaktors zusammen mit der Nichtlinearität, des Rauschens, der Langzeitdrift oder der Auflösung gesteuert. Die Meßergebnisse werden zusammen mit den Einstellungen der Hard- und Software in einer Ergebnisdatei im ASCII-Format abgespeichert. Mit Origin [Ori00] kann damit automatisiert ein Datenblatt erzeugt werden. Einzelheiten zum Meßprogramm findet man in [Kie98], [Pas98], [Ber00] und [Dut00].

13. Messungen

Im vorliegenden Kapitel werden Messungen der mechanischen Eigenschaften der Sensorstruktur sowie der Leistungsparameter beschrieben. Die Resultate werden mit Simulationsergebnissen verglichen, und Abweichungen werden bewertet. Daraus folgt beispielsweise im Fall der mechanischen Güte, daß das theoretische Modell anzupassen ist, was durch einen phänomenologischen Ansatz erfolgt.

Die meisten der dargestellten Messungen wurden an offenen Sensoren durchgeführt. Es wird immer explizit angegeben, wenn vakuumgehäuste Sensoren verwendet wurden. Dann wird auch der Innendruck aufgeführt, der aus der Messung der Güte bestimmt werden kann (s.u.).

13.1 Mechanische Eigenschaften

Da beispielsweise die Resonanzfrequenzen der verschiedenen Moden oder deren Dämpfung die Leistungsparameter des Sensors direkt bestimmen, sollten die Berechnungen der mechanischen Eigenschaften möglichst präzise Vorhersagen erlauben. Durch den in Kapitel 9 beschriebenen iterativen Prozeß werden die theoretischen Modelle aber auch die Meßtechnik verbessert und angepaßt. Messungen von Frequenzgängen, die im nächsten Abschnitt beschrieben werden, spielen dabei eine zentrale Rolle, da aus ihnen Resonanzfrequenzen, Güte-Faktoren und Nichtlinearitäten bestimmt werden können.

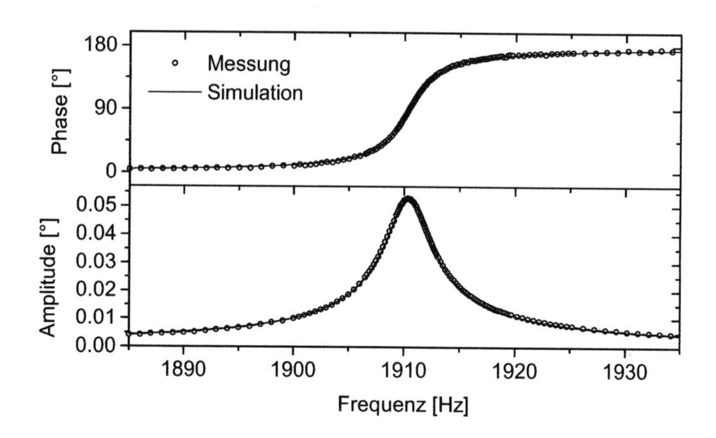

Abb. 13.1. Gemessener und berechneter Frequenzgang der Primärschwingung von DAVED/C02. Die Simulation basiert auf dem Modell eines linearen Oszillators. Zur Ermittlung der Resonanzfrequenz, der Güte und der Antriebskraft werden diese Parameter variiert, bis eine möglichst gute Übereinstimmung mit der Messung erzielt wird (Betriebsdruck: 2 hPa, ermittelte Güte: $Q_p = 465$, ermittelte Resonanzfrequenz: $\omega_p = 2\pi \cdot 1910{,}4\ s^{-1}$).

13.1.1 Frequenzgänge

Die Messung der Frequenzgänge wird über ein Testpoint-Programm gesteuert, das die Frequenz eines Funktionsgenerators, der die anregende elektrostatische Spannung liefert, schrittweise verändert und die mit dem Lock-in Verstärker (s. Abschnitt 12.2) gemessene Amplitude und Phase des Sensorsignals zusammen mit der aktuellen Frequenz aufzeichnet. Um die Amplitude und Phase des eingeschwungenen Zustands zu erfassen, erfolgt die Messung nach einer Frequenzänderung, um eine einstellbare Zeit verzögert.

In Abbildung 13.1 ist eine Frequenzgang-Messung an DAVED/C02 zusammen mit einer Simulation dargestellt. Die Berechnung wurde nach Gleichung (7.18) und (7.19) für ein lineares System durchgeführt, was im gezeigten Fall das Verhalten der Sensorstruktur sehr gut beschreibt. Am einfachsten kann mit dem Phasengang die Resonanzfrequenz und die Güte ermittelt werden, da die $\pi/2$-Stelle ausschließlich von der Resonanzfrequenz ω_0 abhängt und durch Wahl der Güte beziehungsweise der Dämpfung die berechnete Kurve an die Messung

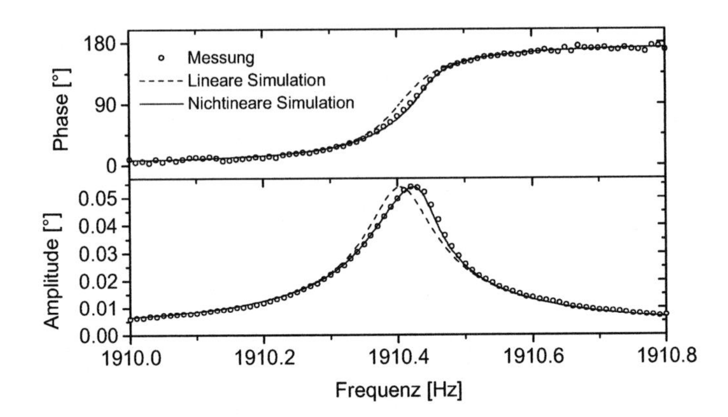

Abb. 13.2. Gemessener und berechneter Frequenzgang der Primärschwingung von DAVED/C02. Die Simulationen basieren auf dem Modell eines linearen beziehungsweise nichtlinearen Oszillators. Zur Ermittlung der Resonanzfrequenz, der Güte, der Antriebskraft und der Nichtlinearitätskonstanten werden diese Parameter variiert, bis eine möglichst gute Übereinstimmung mit der Messung erzielt wird (Betriebsdruck: 0,03 hPa, ermittelte Güte: $Q_p = 19500$, ermittelte Resonanzfrequenz: $\omega_p = 2\pi \cdot 1910{,}4\ s^{-1}$, ermittelte Nichtlinearitätskonstante: $k_1 = (31{,}0 \pm 0{,}6)\ rad^{-2}$).

angepaßt werden kann. Im nächsten Schritt wird der Amplitudengang (mit unveränderter Resonanzfrequenz und Güte) durch Variation der Antriebskraft (q_0 in Gleichung 7.18) mit der Messung abgeglichen. Für die Primärschwingung erhält man eine sehr gute Übereinstimmung zwischen dem so ermittelten Wert der Kraft und dem nach (4.25) berechneten Wert.

Bei Messungen zur Bestimmung der Resonanzfrequenz und der Güte wird durch eine kleine Antriebsspannung die Schwingungsamplitude ausreichend klein gehalten, so daß nichtlineare Effekte den Frequenzgang nicht merklich beeinflussen. Dann können die Parameter nach dem beschriebenen Verfahren einfach aus einer Frequenzgang-Messung extrahiert werden.

Demgegenüber muß zur Überprüfung der in Abschnitt 5.1 für die Primärbiegebalken berechneten Nichtlinearitätskonstanten k_1 ein Frequenzgang mit deutlicher Nichtlinearität aufgenommen werden. Eine entsprechende Messung zeigt Abbildung 13.2, die mit demselben Sensor DAVED/C02 durchgeführt wurde wie die in Abbildung 13.1 gezeigte Messung. Der Betriebsdruck wurde auf $3 \cdot 10^{-2}$ hPa reduziert und die maximale Schwingungsamplitude durch eine kleinere Antriebsspannung annähernd konstant gehalten. Man erkennt bereits eine deutliche Nichtlinearität des Frequenzgangs. Mit der unterbrochenen Linie wird die bestmögliche lineare

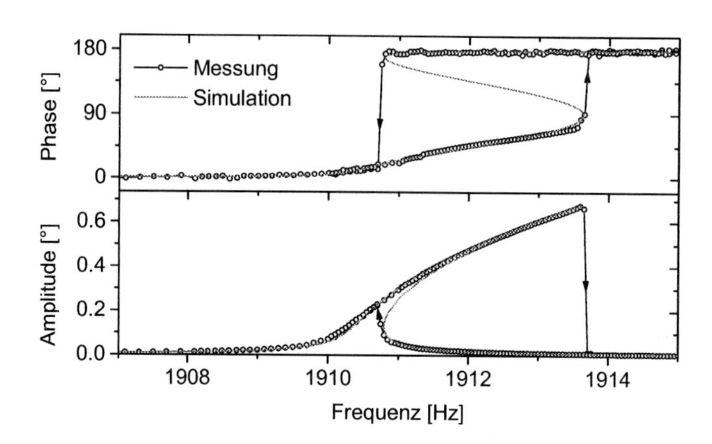

Abb. 13.3. Gemessener und berechneter Frequenzgang der Primärschwingung von DAVED/C02. Im Vergleich zu der in Abbildung 13.2 dargestellten Messung und nichtlinearen Simulation ist nur die Amplitude der Antriebsspannung erhöht.

Berechnung, mit der durchgezogenen Kurve eine Berechnung unter Berücksichtigung der Nichtlinearitätskonstanten k_1 dargestellt. Die Extraktion der Parameter erfolgt wieder durch deren Variation, bis die bestmögliche Übereinstimmung mit der Messung erzielt wird. Die Anpassung der Parameter ist bei einem nichtlinearen Frequenzgang deutlich schwieriger als bei einem linearen, da mehr Parameter variiert werden und keine "markante" Stelle vorhanden ist, die nur von einem Parameter abhängt. Mit dem Verfahren kann k_1 daher nur auf $(31{,}0\pm1{,}6)$ rad^{-2} oder auf ca. ±5% genau bestimmt werden. Aus FEM-Berechnungen erhält man 31,32 rad^{-2} und damit eine gute Übereinstimmung mit den Meßergebnissen.

Der Vergleich von Abbildung 13.1 mit Abbildung 13.2 zeigt eine weitere charakteristische Eigenschaft von mechanischen Oszillatoren mit nichtlinearer Kraftkennlinie: Bei gleicher Schwingungsamplitude treten nichtlineare Effekte bei kleinerer Dämpfung stärker hervor.

Wird bei gleichem Druck, d.h. bei gleicher Güte, die Antriebs- und damit die Schwingungsamplitude erhöht, treten nichtlineare Effekte stärker hervor, wie es die in Abbildung 13.3 dargestellte Messung verdeutlicht. Man erkennt jetzt eine "Hysterese" sowohl im Amplituden- als auch im Phasengang (theoretische Beschreibung siehe Abschnitt 7.2).

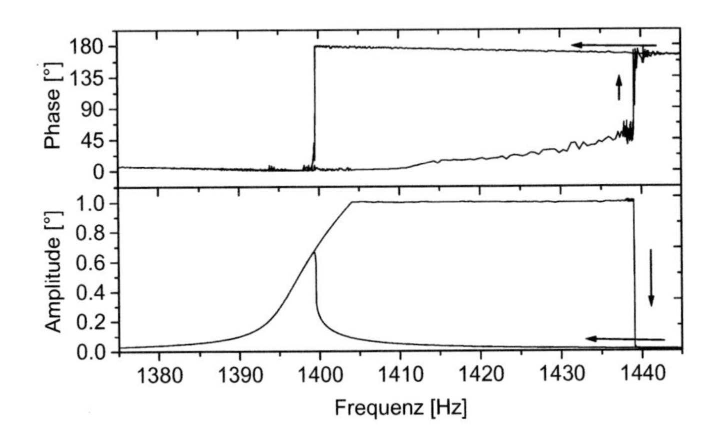

Abb. 13.4. Gemessener Frequenzgang der Primärschwingung von DAVED/C01 (Betriebsdruck: 10^{-3} hPa, Antriebsspannung: $V_{AC} = V_{DC} = 4$ V, weitere Parameter siehe Tabelle 7.1).

Eine Messung entsprechend der in Abschnitt 7.3 behandelten, mechanisch durch einen Anschlag stabilisierten Primärschwingung ist in Abbildung 13.4 für DAVED/C01 dargestellt. Auch hier beschreiben die Berechnungen die Messungen sehr gut (vergleiche Abbildung 7.7). Die in Tabelle 7.1 angegebenen Werte der Parameter k_{100} und β_{200} erhält man durch Variation, bis eine möglichst gute Übereinstimmung von Messung und Simulation erreicht wird. Die Wahl einer hohen Potenz in der Kraftkonstanten beziehungsweise im Dämpfungskoeffizient zur Beschreibung des Anschlags ist physikalisch begründet (vgl. Abschnitt 7.3). Für die Berechnung der Parameter wurde dagegen kein physikalisches Modell entwickelt. Die in Abbildung 13.4 dargestellte Messung wurde bei einem Betriebsdruck von 10^{-3} hPa durchgeführt, wobei ein Gütefaktor von ca. 200000 erzielt wird.

In Abbildung 13.5 sind die gemessenen "Abrißfrequenzen" oder maximalen "Plateaufrequenzen" in Abhängigkeit von der Antriebsspannung sowie die berechneten Werte dargestellt. Bei den Berechnungen wurde dabei nur die Antriebskraft (q_0 in Gleichung (7.18)) entsprechend der angelegten Spannung verändert. Es zeigt sich, daß das theoretische Modell mit einem Parametersatz nicht nur einen einzelnen Frequenzgang, sondern auch das Verhalten bei verschiedenen Antriebsspannungen gut beschreibt.

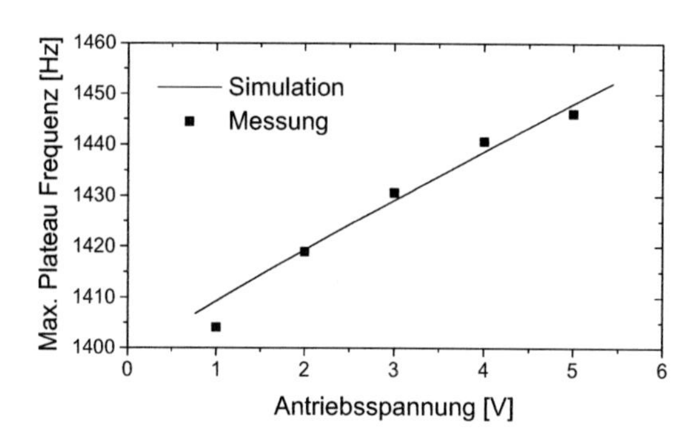

Abb. 13.5. Gemessene maximale Plateaufrequenz der Primärschwingung von DAVED/C01 im Vergleich mit berechneten Werten (Antriebsspannung: $V_{AC} = V_{DC}$ = variabel, alle weiteren Parameter entsprechend der Messung in Abbildung 13.4).

In Abschnitt 7.3 wurde für die mechanisch stabilisierte Primärschwingung die Temperaturdrift der Phase und der Amplitude, welche die Sensordrift direkt bestimmen, analytisch ermittelt. Die entsprechenden Messungen sind für den Temperaturbereich von -25°C bis +100°C in Abbildung 13.6 für die Amplitude und in Abbildung 13.7 für die Phase wiedergegeben. Bei den Messungen wurde punktuell nur der Sensor erwärmt, um die Verfälschung der Messung durch die Temperaturdrift der signalverarbeitenden Elektronik zu minimieren (beispielsweise durch Phasendrift von passiven Filtern). Der Temperaturkoeffizient der Phase stimmt mit der Simulation für den Bereich -25°C bis +85°C sehr gut überein (vgl. Tabelle 7.2).

Eine Beurteilung der tatsächlichen Drift der Amplitude ist schwierig, da die Messung durch das Rauschen des kapazitiven Meßverfahrens verfälscht wird und, wie bereits erläutert, die Simulation am Anfang des Plateaus, dem Arbeitspunkt, ungenau ist (vgl. Abschnitt 7.3). Wie zu erwarten war, erhält man aus der Messung eine kleinere Drift als die berechnete.

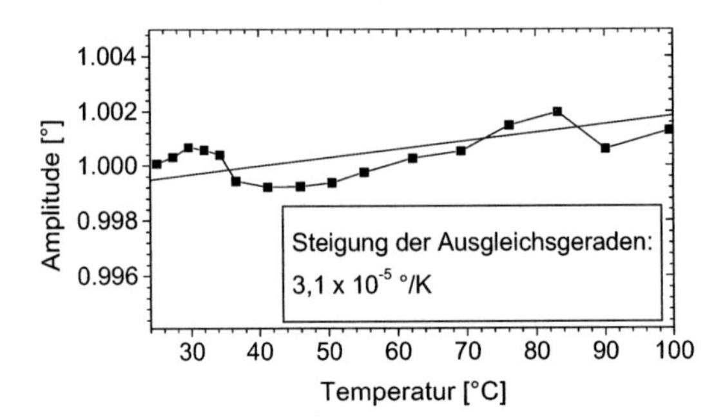

Abb. 13.6. Gemessene Temperaturdrift der Amplitude der Primärschwingung von DAVED/C01 bei Betrieb mit Anschlag (Antriebsfrequenz: 1406,7 Hz, alle weiteren Parameter entsprechend der Messung in Abbildung 13.4).

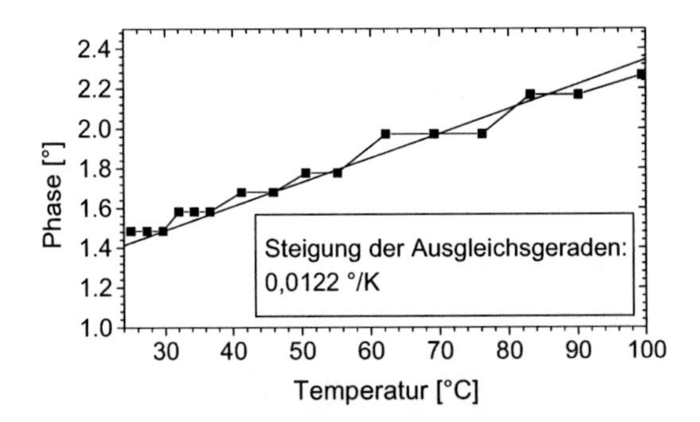

Abb. 13.7. Gemessene Temperaturdrift der Phase der Primärschwingung von DAVED/C01 bei Betrieb mit Anschlag (Antriebsfrequenz: 1406,7 Hz, alle weiteren Parameter entsprechend der Messung in Abbildung 13.4).

13.1.2 Resonanzfrequenzen

Die experimentelle Bestimmung der Resonanzfrequenzen der Primär- und Sekundärbewegung erfolgt durch die Aufnahme von möglichst linearen Frequenzgängen, wie im vorherigen Abschnitt beschrieben. Bei der Messung des Frequenzgangs der Primärbewegung wird eine Spannung, deren Frequenz variiert wird, an die Antriebskämme angelegt. Gemessen wird die Bewegung über die Auslesekämme. Die Sekundärbewegung wird über die vergrabenen Detektionselektroden angeregt und gemessen (vgl. Abschnitt 4.2.2.3 und 8.1).

Für die definierte Anregung beziehungsweise Messung der höheren Moden müßte man zusätzliche Elektroden anordnen. Es hat sich aber gezeigt, daß durch die bestehenden Asymmetrien die ersten fünf bis sechs Moden über die Primär- oder Sekundärelektroden angeregt und gemessen werden können.

Die experimentell und mit FEM-Analysen ermittelten Resonanzfrequenzen der ersten sieben Moden sind in Tabelle 13.1 für die Designs DAVED/C01 und DAVED/C02 in Übersicht dargestellt. Für die Primär- und Sekundärbewegung sind die gemessenen Mittelwerte und die maximalen Abweichungen für Chips von verschiedenen Wafern angegeben. Die Schwankungen bei Chips von einem Wafer sind kleiner als 6 Hz. Bei den FEM-Werten sind (für die Primär- und Sekundärresonanzfrequenz) die für die angenommenen maximalen Technologieschwankungen (Polysiliziumschichtdicke: ±1 µm, Trenchbreite: ±0,3 µm) berechneten Abweichungen

Tabelle 13.1. Gemessene und berechnete Resonanzfrequenzen der Designs DAVED/C01 und DAVED/C02.

		DAVED/C01		**DAVED/C02**		
		FEM	Messung	FEM	Messung	
Primärschwingung	ω_p	1428±178	1420±10	1971±352	1915±15	Hz
Sekundärschwingung	ω_s	977±127	972±15	1651±250	1610±20	Hz
Drehschwingung um *x*-Achse	ω_{rx}	2065	1953	6114	6450	Hz
Flying Mode	ω_z	2166	2385	7420	7720	Hz
5. Mode	ω_5	4350	4316	16423	-	Hz
6. Mode	ω_6	6704	6675	24335	-	Hz
7. Mode	ω_7	7723	8259			Hz

aufgeführt. Trotz der großen theoretischen Schwankungen lassen sich stabile Designs finden, da die Resonanzfrequenzen eine ähnliche Abhängigkeit von der Polysiliziumschichtdicke und der Trenchbreite aufweisen.

Die gemessenen Resonanzfrequenzen der Primär- und Sekundärbewegung liegen vollständig innerhalb der berechneten Bereiche. Dies ist zum Teil darauf zurückzuführen, daß bei den gefertigten Sensorchips die Technologieschwankungen kleiner als angenommen waren. Aber auch die gemessenen und berechneten Mittelwerte zeigen mit einer maximalen Abweichung von 10% (Flying Mode DAVED/C01) eine ausreichende Übereinstimmung. Daher kann auf eine aufwendige Analyse verzichtet werden, die beispielsweise die präzise Vermessung der tatsächlichen Trenchbreiten und der Polysiliziumschichtdicke enthalten müßte, um detaillierte Aussagen über Abweichungen zwischen Messung und Simulation treffen zu können.

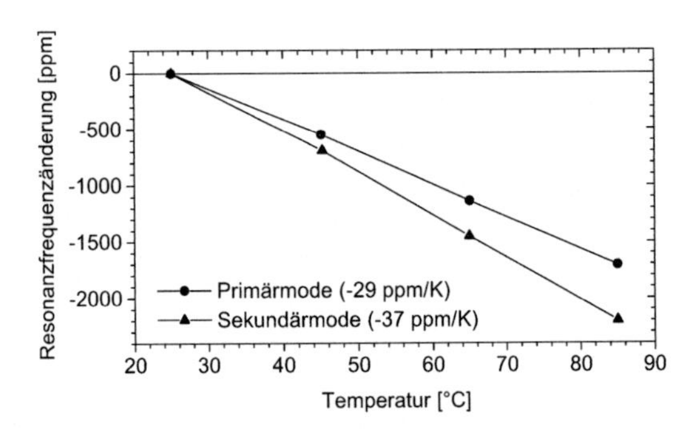

Abb. 13.8. Gemessene Temperaturabhängigkeit der Primär- und Sekundärresonanzfrequenz von DAVED/C01.

In Abbildung 13.8 sind die Ergebnisse der Messung der Temperaturabhängigkeit der Resonanzfrequenz von Primär- und Sekundärbewegung wiedergegeben. Mit dem experimentellen Aufbau kann nur geheizt und nicht gekühlt werden. Durch den annähernd linearen Verlauf im Bereich zwischen +25°C und +85°C kann jedoch auf niedrigere Temperaturen extrapoliert werden. Im Vergleich zum berechneten Wert der Resonanzfrequenzänderung von -28 ppm/K bis -21 ppm/K (s. Abschnitt 5.4) ergibt die Messung etwas zu große Änderungen. Die Abweichung kann man nicht ausschließlich mit einem falschen Wert des Temperaturkoeffizienten des Elastizitätsmoduls begründen, da daraus eine einheitliche Abweichung für beide Resonanzstellen folgen würde. Die Änderung der Resonanzfrequenz der Primärbewegungen liegt dagegen mit -29 ppm/K nahe am theoretischen Maximalwert, während die der Sekundärschwingung mit -37 ppm/K ca. 20% zu groß ist. Eine mögliche Erklärung könnte die nicht berücksichtigte Temperaturabhängigkeit des Spannungsgradienten des Polysiliziums sein. Diese führt zu einer Temperaturabhängigkeit des effektiven Elektrodenabstands der Sekundär-Auslesekapazitäten und damit zu einer zusätzlichen, elektrostatischen Resonanzfrequenzverschiebung (s.u. und Abschnitt 5.3).

Die in Abschnitt 5.3 berechnete elektrostatische Resonanzfrequenzverschiebung wird mit den in Abbildung 13.9 dargestellten Meßergebnissen verifiziert. Zusätzlich sind die bereits in Abbildung 5.8 gezeigten Berechnungen nach Gleichung (5.14) für verschiedene Elektrodenabstände dargestellt. Der ermittelte effektive Elektrodenabstand von 4,3 μm stimmt mit Meßergebnissen mit dem REM und mit dem Lichtmikroskop überein. Im nächsten Abschnitt werden Messungen zur genaueren Bestimmung der Verwölbung der Sensorstruktur mit einem Abstandssensor beschrieben, die das in Abbildung 13.9 gezeigte Ergebnis bestätigen.

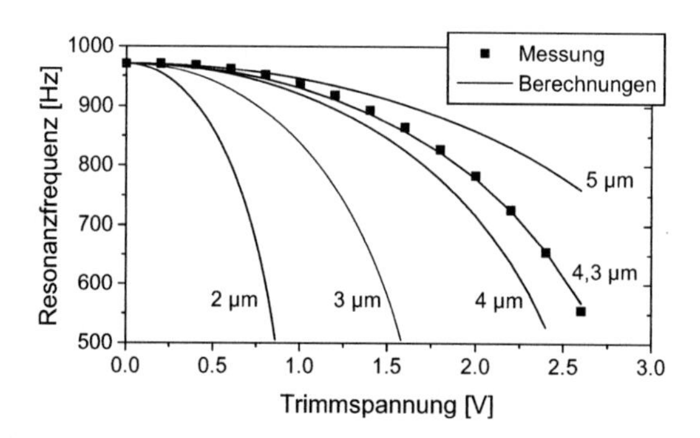

Abb. 13.9. Gemessene und berechnete elektrostatische Verschiebung der effektiven Resonanzfrequenz der Sekundärmode in Abhängigkeit von der Trimmspannung (DAVED/C01).

13.1.3 Verwölbung durch Streßgradient

Die gesamte dreidimensionale Topographie des mechanischen Sensorelements wurde mit einem optischen Lasermeßverfahren bestimmt. Das Sensorchip wird dazu auf einem xy-Verschiebetisch unter einem Abstandssensor vorbeibewegt. In Abbildung 13.10 ist das Ergebnis einer Messung an einem Sensorchip DAVED/C01 zu sehen. Die Ecken der beweglichen Struktur sind aufgrund des Streßgradienten um ca. 8 μm nach oben verbogen. Da im wesentlichen nur die äußere Rahmenstruktur verwölbt ist, das Antriebsrad dagegen flach erscheint, wird die in Abschnitt 5.5 getroffene Vereinfachung des physikalischen Modells bestätigt.

Die Meßungenauigkeit oder "Rauhigkeit", die man in Abbildung 13.10 erkennt, ist auf den sogenannten Kanteneffekt in Verbindung mit der Perforation der beweglichen Struktur zurückzuführen. Aus einzelnen Profilen oder "Linescans" kann das theoretische Modell jedoch ausreichend genau überprüft und der wesentliche Parameter, der Streßgradient, mit ausreichender Genauigkeit extrahiert werden. Der ermittelte Wert $k_\sigma = 5{,}2 \cdot 10^{11}$ N/m^3 wurde bei allen Berechnungen der vorliegenden Arbeit verwendet (s. Tabelle A2 in Anhang A).

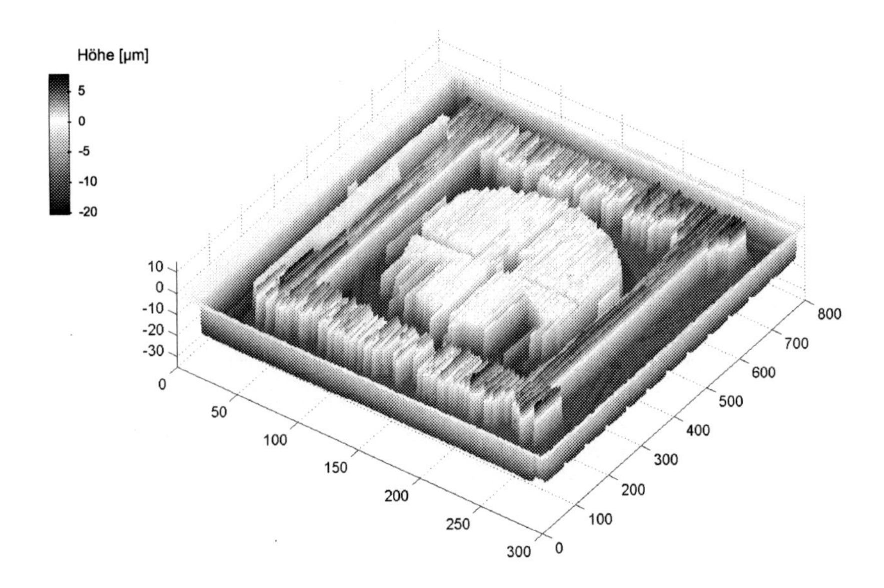

Abb. 13.10. Dreidimensionale Topographie von DAVED/C01, gemessen mit einem optischen Abstandssensor (300 × 800 Meßpunkte).

13.1.4 Mechanische Gütefaktoren

Wie in Abschnitt 13.1.1 beschrieben, kann die mechanische Güte der Primär- und Sekundärbewegung aus der Messung von Frequenzgängen ermittelt werden. Bis zu einer Güte von ca. 20000 liefert dieses Verfahren sehr gute Ergebnisse. Bei einer größeren Güte wird die Methode zum einen sehr zeitaufwendig, da die Einschwingzeit sehr groß wird, und zum anderen ungenau, da selbst kleine Temperaturänderungen während der Messung die Ergebnisse bei sehr schmalen Resonanzstellen verfälschen. Experimentell wird die Güte bei kleinen Drücken daher aus der Abklingzeit (siehe (6.7)) der freien Schwingung bestimmt. Dazu wird die Primärschwingung auf ihrer Resonanzstelle betrieben, und zu einem bestimmten Zeitpunkt wird die anregende Spannung ausgeschaltet. Der Sekundäroszillator kann durch eine Gleichspannung

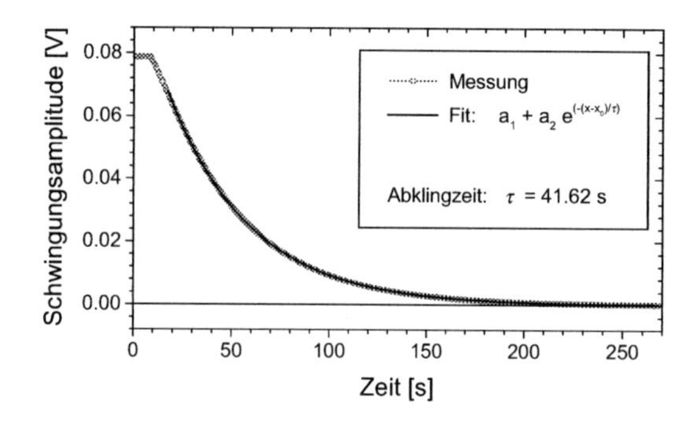

Abb. 13.11. Abklingkurve der Primärschwingung (DAVED/C01, Druck: 10^{-4} hPa).

statisch ausgelenkt werden. Nach Wegnahme der Gleichspannung schwingt der Oszillator auf seiner Resonanzfrequenz aus. In beiden Fällen wird die abklingende Amplitude mit einem FFT-Analyzer gemessen und mit einer AD-Karte aufgezeichnet. Ein Ergebnis einer Messung der abklingenden Primärschwingung, aufgenommen bei 10^{-4} hPa, zeigt die Abbildung 13.11. Durch einen Fit mit einer exponentiell abfallenden Funktion erhält man die Abklingzeit (im Beispiel der Abbildung 13.11 ist $\tau = 41.62$ s), aus welcher nach (6.7) die Güte berechnet werden kann.

Für Güten kleiner als ca. 5000 wird die Abklingzeit zu kurz, um mit dem in Testpoint programmierten Meßprogramm ausreichend viele Punkte aufnehmen zu können. Zur Ermittlung der Güte wurden daher im Bereich kleinerer Gütefaktoren Frequenzgänge verwendet, im Bereich

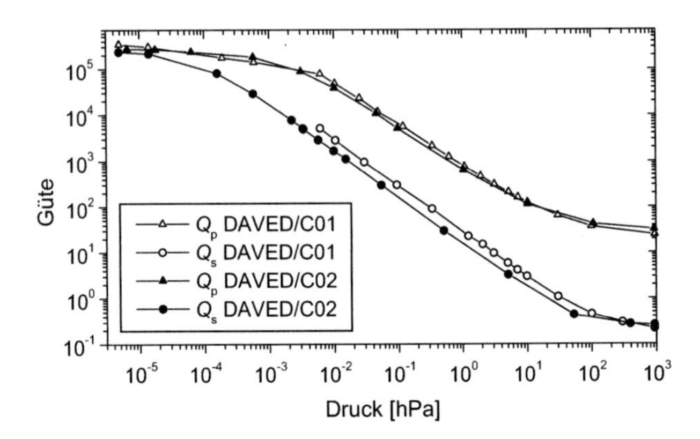

Abb. 13.12. Gemessene Güte der Primär- und Sekundärmode in Abhängigkeit vom Betriebsdruck (DAVED/C01 und DAVED/C02).

zwischen ca. 5000 und 20000 wurden beide Verfahren angewendet (auch um die Übereinstimmung der Ergebnisse beider Verfahren zu überprüfen), und für Güten größer als ca. 20000 wurden Abklingkurven aufgezeichnet und ausgewertet. Die Ergebnisse der Messungen zeigt Abbildung 13.12 für Sensoren vom Typ DAVED/C01 und DAVED/C02. Man erkennt die in Kapitel 6 theoretisch abgeleiteten Bereiche der inneren, molekularen und viskosen Dämpfung (von links nach rechts) mit den höchsten und (annähernd) konstanten Gütefaktoren, einer reziproken Abhängigkeit der Güte vom Druck, sowie den niedrigsten und wieder konstanten Güten.

Auffallend ist auch die Ähnlichkeit der Werte für die Sensoren DAVED/C01 und DAVED/C02, die im folgenden kurz erklärt wird. Für die beiden Typen wird das Verhältnis der Gütefaktoren der Primärschwingung fast ausschließlich durch das Verhältnis der Terme $(\omega_p \cdot d)$ bestimmt (vgl. Gleichung (6.30)), das der Sekundärschwingung durch das Verhältnis der Terme $(\omega_s \cdot d^3)$ (vgl. Gleichung (6.44)). Die anderen Parameter in Gleichung (6.30) beziehungsweise (6.44) sind (im Rahmen der Technologieschwankungen) identisch. Da bei DAVED/C01 die Resonanzfrequenzen kleiner, der effektive Elektrodenabstand aber größer ist, resultieren für beide Designs ähnliche Gütefaktoren.

Für das Design DAVED/C01 zeigt Abbildung 13.13 den Vergleich der Meßergebnisse (Symbole) mit den nach Gleichung (6.30) beziehungsweise (6.44) berechneten Werten (unterbrochene

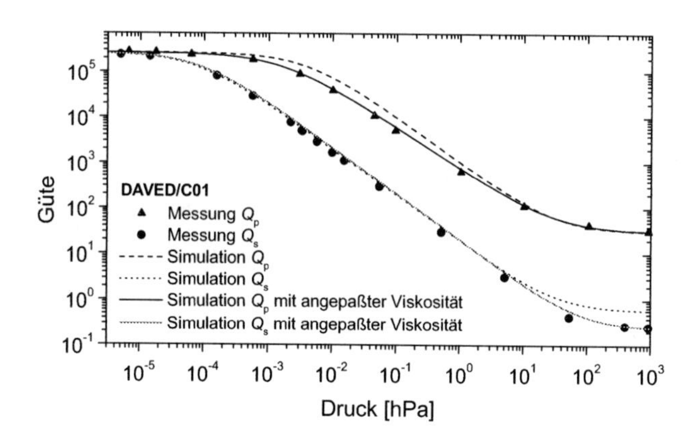

Abb. 13.13. Gemessene und berechnete Güte der Primär- und Sekundärmode in Abhängigkeit vom Betriebsdruck (DAVED/C01).

Linien). Im Bereich von ca. 10^{-3} hPa bis ca. 10 hPa erkennt man bei der Güte der Primärschwingung deutliche Abweichungen bis zu einem Faktor 2. Für Drücke größer als ca. 10 hPa zeigen gemessene und berechnete Werte der Sekundärschwingung Abweichungen bis zu einem Faktor von 2,5. Als wahrscheinlichste Ursache für die Diskrepanz ist in beiden Fällen die Vernachlässigung der Ortsabhängigkeit des Abstands der beweglichen Struktur zu den Substratelektroden zu nennen. Gleichung (6.28) zur Berechnung der Primärgüte kann für den durch den Streßgradienten ortsabhängigen Abstand analytisch nicht integriert werden, und auch die Summe über (6.41) beziehungsweise (6.36) führt auf keine geschlossenen Ausdrücke für die Sekundärgüte. Daher wurde ein mittlerer, effektiver Abstand angenommen. Eine phänomenologische Gleichung, die deutlich bessere Ergebnisse liefert als (6.30) beziehungsweise (6.44), erhält man, wenn man die druckabhängige Viskosität (6.24)

$$\eta_p = \frac{\eta}{1 + \frac{p_0 l_0}{p d}} \tag{13.1}$$

durch

$$\eta_p = \frac{\eta}{c_1 + \left(\frac{p_0 l_0}{p d}\right)^{c_2}} \tag{13.2}$$

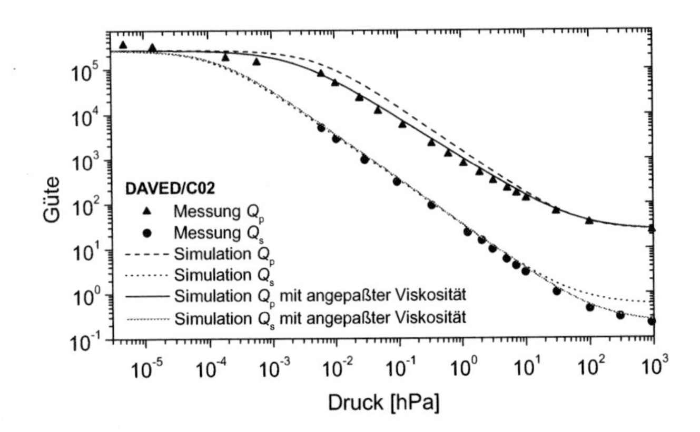

Abb. 13.14. Gemessene und berechnete Güte der Primär- und Sekundärmode in Abhängigkeit vom Betriebsdruck (DAVED/C02).

ersetzt. Durch Variation der Parameter c_1 und c_2 wurde die berechnete druckabhängige Güte an die Meßwerte angepaßt. So findet man für die Primärschwingung

$$c_1 = 1, \quad c_2 = 0{,}91 \ . \tag{13.3}$$

Für die Sekundärschwingung erhält man

$$c_1 = 0{,}4, \quad c_2 = 1{,}011 \ . \tag{13.4}$$

Werte, die mit der abgeänderten Viskosität (13.2) berechnet wurden, sind in Abbildung 13.13 als durchgezogene Linie eingetragen. Bei einer maximale Abweichungen von ca. 30% erhält man eine deutlich bessere Übereinstimmung mit den Meßwerten.

Abbildung 13.14 zeigt die berechnete und gemessene Güte für einen Sensor DAVED/C02. Für die Berechnung mit angepaßter Viskosität wurden dieselben Parameter (13.3), (13.4) wie bei den Berechnungen zu Abbildung 13.13 verwendet. Die maximale Abweichung liegt wieder bei ca. 30%. Das Verhalten von verschiedenen Sensoren kann somit mit einem einzigen Parametersatz gut beschrieben werden, und für die Dimensionierung von Sensoren liefern (13.2) bis (13.4) eine ausreichende Genauigkeit.

Die in Abbildung 13.12 dargestellten Meßergebnisse der druckabhängigen Güte werden verwendet, um den Innendruck von vakuumgehäusten Sensoren zu bestimmen. Dazu mißt man die Gütefaktoren der Sensoren und vergleicht sie mit dem entsprechenden Graphen der Abbildung. Die so bestimmten Innendrücke liegen zwischen 1 hPa und 6 hPa, womit der bei den meisten Berechnungen angenommene Druck von 5 hPa im oberen Bereich liegt. Daher ist zu erwarten, daß die Leistungsparameter der Sensoren vorsichtig abgeschätzt wurden.

Mit diesem Abschnitt wurde gezeigt, daß das mechanische Verhalten der beweglichen Sensorstruktur mit den entwickelten Modellen sehr gut beschrieben werden kann. Damit ist die Voraussetzung geschaffen, daß die im folgenden Kapitel dargestellten Meßergebnisse der Leistungsparameter ebenfalls durch die entsprechenden theoretischen Modelle gut vorausgesagt werden können.

13.2 Leistungsparameter

Die in diesem Abschnitt beschriebenen Messungen wurden mit den in Tabelle 9.3 aufgeführten Betriebsparametern durchgeführt. Abweichende Betriebsparameter werden jeweils explizit angegeben.

13.2.1 Skalenfaktor

Der Skalenfaktor wird experimentell bestimmt, indem das Sensorausgangssignal bei verschiedenen Drehraten aufgezeichnet wird. Über das Meßprogramm gesteuert wird der Drehtisch zunächst auf die jeweilige Drehrate beschleunigt. Um auszuschließen, daß Einschwingvorgänge (des Drehtischs oder des Sensors) die Messung verfälschen, wird erst nach einer Zeit von 1 s

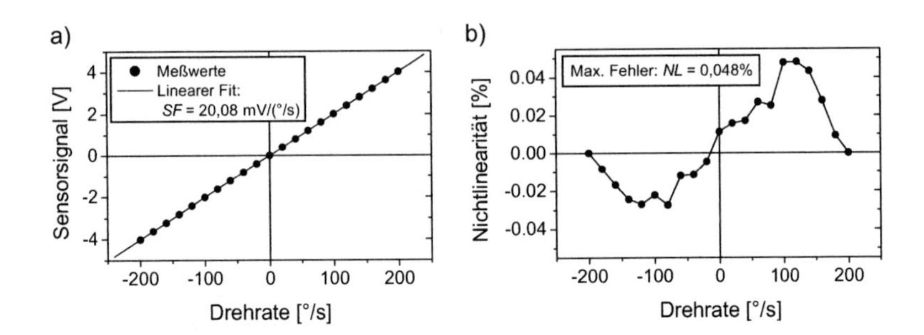

Abb. 13.15. a) Gemessener Skalenfaktor und b) Skalenfehler (DAVED/C01 (vakuumgehäust, Innendruck 4 hPa), analoge Elektronik mit geregelter Primärschwingung).

das Einlesen des Sensorsignals über eine AD-Karte gestartet. Dabei werden 1024 Werte mit einer Rate von 1000 s^{-1} aufgenommen (Werte jeweils einstellbar). Der Mittelwert wird zur jeweiligen Drehrate als Sensorsignal abgespeichert. Durch die Mittelung können Abweichungen vom idealen Verhalten auch unterhalb des Rauschpegels nachgewiesen werden. In Abbildung 13.15a sind die Ergebnisse einer entsprechenden Messung dargestellt (Sensor DAVED/C01, $V_{DC} = V_{AC} = 7$ V, vakuumgehäust, 3 hPa Innendruck). Der Skalenfaktor entspricht der Steigung der durch die Meßpunkte gelegten Geraden. Teilt man den so bestimmten Wert durch den Verstärkungsfaktor der gesamten Signalverarbeitung *nach* dem ersten Verstärker, erhält man den Skalenfaktor SF^* entsprechend der Berechnung in Abschnitt 8.1:

$$SF^* = \frac{20{,}08\ \mathrm{mV/(°/s)}}{190} = 109{,}5\ \frac{\mu\mathrm{V}}{°/\mathrm{s}}\ . \tag{13.5}$$

Der berechnete Wert (139,1 μV/(°/s), vgl. (8.15)) ist fast 20% größer. Die wahrscheinlichste Ursache für die Abweichung ist der Wert der parasitären Kapazität C_p. Für ihn wurde in allen Rechnungen 1 pF angenommen. Messungen dieser kleinen Kapazität sind mit Meßgeräten sehr ungenau. Sie liefern mit 1 pF bis 2 pF jedoch tendenziell höhere Werte. Mit 2 pF könnte die Diskrepanz vollständig erklärt werden. Der Wert der parasitären Kapazität ändert in diesem Bereich das Gesamtrauschen des Sensors nur unwesentlich. Andere mögliche Ursachen (kleinere Primäramplitude, stärkere Verwölbung etc.) für einen kleineren Skalenfaktor würden dagegen zu einem schlechteren Rauschwert führen. Im nächsten Abschnitt wird gezeigt, daß die berechneten Rauschwerte sehr gut mit den gemessenen Werten übereinstimmen. Daher kann trotz des indirekten Nachweises mit hoher Wahrscheinlichkeit von einer parasitären Kapazität von ca. 2 pF als Ursache für den kleineren Skalenfaktor ausgegangen werden.

Ausgehend von den Meßwerten der Drehratenmessung wird nach Gleichung (8.18) die Nichtlinearität berechnet. Das Ergebnis ist in Abbildung 13.15b dargestellt. Der Vergleich mit den berechneten Werten (s. Abbildung 8.4) zeigt zwar einen ähnlichen Verlauf der zugehörigen Kurven, die Werte differieren jedoch um mehr als einen Faktor 100. Als einzig in Frage kommende, durch das Sensorelement begründbare Ursache für die Diskrepanz ist zunächst die Beschleunigungsempfindlichkeit des Sensorsignals zu nennen. Bei der experimentellen Anordnung beträgt der Abstand des Sensors von der Drehachse ca. 5 cm, die auftretenden Zentrifugalbeschleunigungen liegen bei 0,6 $m{\cdot}s^{-2}$. Damit erhält man mit der gemessenen Beschleunigungsempfindlichkeit (s. Abschnitt 13.2.5) einen Fehler von ca. 0,02 °/s, der jedoch mehr als einen Faktor 10 kleiner als der gemessene Wert ist. Daher wird vermutet, daß nichtlineare Kennlinien der verwendeten elektronischen Bauteile für die Diskrepanz verantwortlich sind. Zu dieser Fragestellung wurden jedoch keine weiteren Untersuchungen durchgeführt, da mit einem maximalen Fehler von NL = 0,05% die Targetspezifikation (0,3%) erfüllt wird.

13.2.2 Rauschen und Auflösung

Zur Bestimmung des Rauschens wird bei Drehrate Null das Ausgangssignal des Sensors mit einer AD-Karte aufgenommen. Die Bandbreite der Sensorelektronik beträgt 50 Hz. Um hochfrequente Störsignale der Motorsteuerung zu unterdrücken, werden die aufgenommenen Werte mit einem digitalen Tiefpaß von 50 Hz nochmals gefiltert, wodurch die tatsächliche Bandbreite nicht verändert wird. Für das in Abbildung 13.16 dargestellte Beispiel wurden $N = 16384$ Werte x_i mit einer Rate von 500 s^{-1} eingelesen (DAVED/C01, vakuumgehäust, 4 hPa Innendruck). Wichtig ist, daß die sogenannte Samplerate deutlich größer als die im Rauschspektrum auftretenden Frequenzen ist. Entsprechend dem IEEE 528-1994 Standard [IEE94] wird das Rauschen durch die Standardabweichung der Meßwerte in Einheiten der Meßgröße beschrieben

$$\Omega_\sigma = \frac{1}{SF} \sqrt{\frac{1}{N-1} \sum_{i=1}^{N} (x_i - \bar{x})^2} , \qquad (13.6)$$

wobei $\bar{x}$ der Mittelwert der Meßwerte x_i ist. Damit der so berechnete Rauschwert aussagekräftig ist, muß die Bandbreite der gesamten Signalverarbeitungskette (Sensor und Meßgeräte) eindeutig angegeben werden. Für das Beispiel in Abbildung 13.16 erhält man ein Rauschen (1 σ) von 0,049 °/s bei einer Bandbreite von 50 Hz. Damit erhält man eine ausgezeichnete Überein-

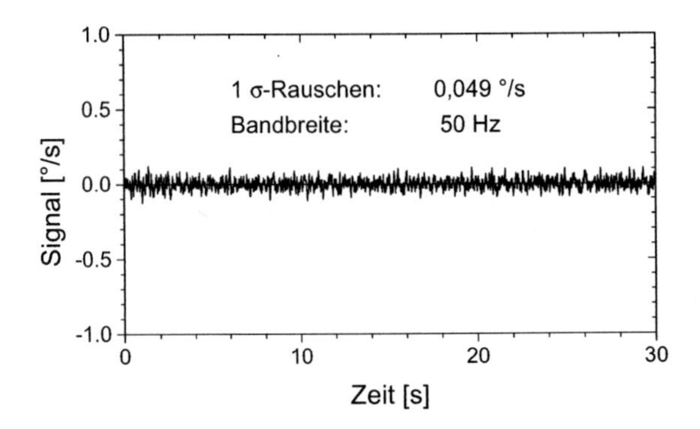

Abb. 13.16. Gemessenes Sensorrauschen: Ausgangssignal dargestellt über die Zeit (DAVED/C01 (vakuumgehäust, Innendruck: 4hPa), analoge Elektronik mit ungeregelter Primärschwingung).

stimmung mit dem für den entsprechenden Innendruck theoretisch berechneten Wert von 0,053 °/s. Es hat sich gezeigt, daß der gemessene Rauschwert sehr stark davon abhängt, wie präzise die Elektronik (v.a. Filter, Verstärkungsfaktoren, Phase der Demodulationen) auf den jeweiligen Sensor und gegebenenfalls auf die Betriebsparameter (z.B. Druck und Antriebsspannung) angepaßt wird.

Die gemessene Druckabhängigkeit des Rauschens zeigt Abbildung 13.17. Die Messung wurde entsprechend der oben beschriebenen Rauschmessung an einem offenen Sensor bei verschiedenen Drücken im Vakuumrezipienten durchgeführt. Man erkennt wieder eine sehr gute Übereinstimmung mit den als durchgezogene Linie eingetragenen Berechnungen.

In Abbildung 13.18 werden Meßergebnisse dargestellt, die man mit der in der Einleitung erwähnten Methode (s. Abschnitt 1.3.4, S. 61) erhält und die oft falsch interpretiert werden. Das Sensorausgangssignal wird bei einer sinusförmigen Drehrate (Amplitude: 1°/s, Frequenz: 10 Hz) mit einem FFT-Analyzer gemessen. Der Abstand des Peaks bei 10 Hz zum Untergrund wird oft fälschlich als Auflösung, manchmal sogar als Rauschen bei der Sensorbandbreite bezeichnet. Entsprechend der beiden eingezeichneten horizontalen Linien wird manchmal der Maximalwert des Untergrunds, manchmal die "Mitte" (was bei logarithmischer Darstellung sehr willkürlich ist) gewählt. Die so gemessenen Werte (0,00625 °/s bzw. 0,0025 °/s) sind um einen Faktor 15 beziehungsweise 40 kleiner als der beim selben Sensor gemessene Rauschwert von 0,1 °/s bei der Sensorbandbreite von 50 Hz. Der Unterschied kann einfach erklärt werden:

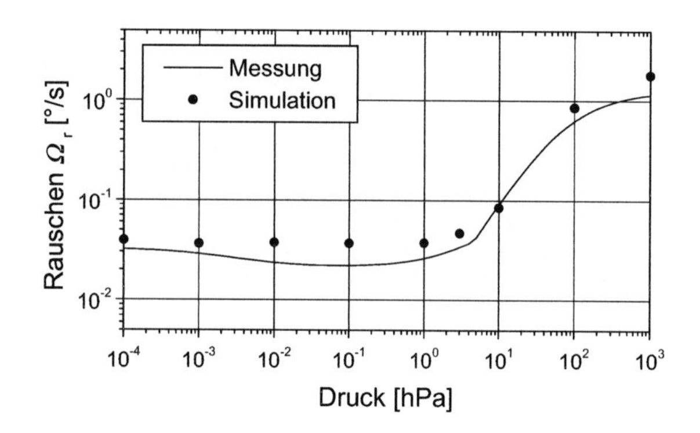

Abb. 13.17. Gemessenes Sensorrauschen in Abhängigkeit vom Betriebsdruck im Vergleich mit berechneten Werten (DAVED/C01, analoge Elektronik mit ungeregelter Primärschwingung).

Die Messung zu Abbildung 13.18 wurde bei einem Frequenzintervall von 0,025 Hz aufgenommen. Die Bandbreite der Messung entspricht daher nicht der Sensorbandbreite von 50 Hz, sondern diesem Frequenzintervall. Daher erwartet man, daß das Verhältnis der Rauschwerte nach $(50\ /\ 0{,}025)^{\frac{1}{2}} = 45$ berechnet werden kann, was dem gemessenen Verhältnis für die "mittlere" Horizontale bei 0,0025 °/s sehr gut entspricht. Bei Angabe des Frequenzintervalls kann man daher das Rauschen bis auf die recht willkürliche Wahl der "Horizontalen" bewerten.

Durch Integration oder Mittelung können Änderungen der Drehrate deutlich unterhalb des Rauschens nachgewiesen werden. Ein Maß für die kleinste unterscheidbare Drehrate in der Anwendung ist die Auflösung. Mangels ausreichender Standards zur Messung der Auflösung wurde die im folgenden beschriebene Methode angewendet, die sich an den IEEE 528-1994 Standard anlehnt. Für zwei verschiedene Drehraten Ω_1 und Ω_2 wird wie bei der Drehratenmessung das über eine bestimmte Zeit gemittelte Sensorsignal aufgezeichnet. Aus den Mittelwerten wird die Differenz gebildet. Für dieselben Drehraten wird die Messung mehrfach wiederholt. Die Auflösung wird definiert als die Standardabweichung der gemessenen Differenzen, die nach Gleichung (13.6) berechnet wird. Für N ist dabei die Anzahl der Differenzmessungen, für x_i deren Werte und für $\bar{x}$ deren Mittelwert einzusetzen.

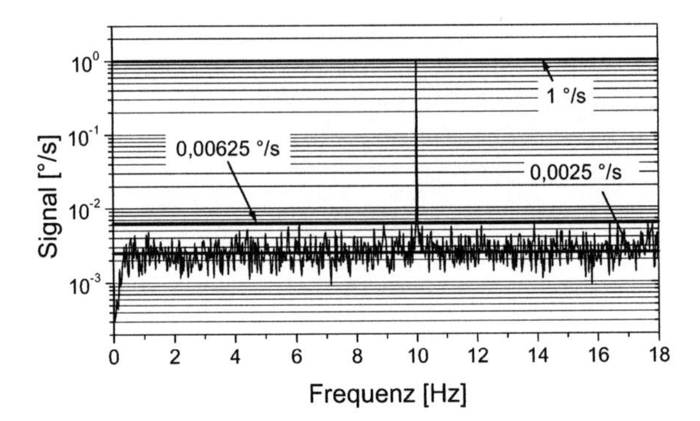

Abb. 13.18. Frequenzspektrum des gemessenen Sensorsignals bei einer sinusförmigen Drehrate mit einer Amplitude von 1 °/s und einer Frequenz von 10 Hz (DAVED/C01 (vakuumgehäust, 4 hPa), analoge Elektronik mit geregelter Primärschwingung, Frequenzintervall: 0,025 Hz).

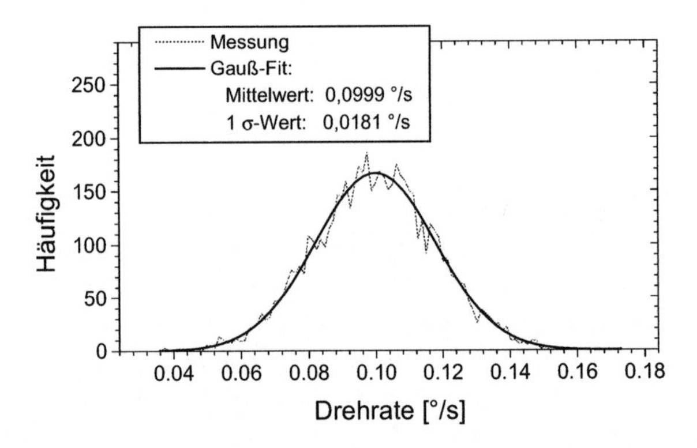

Abb. 13.19. Verteilung des Ausgangssignals bei der Messung von 6000 Drehratenstufen von jeweils 0,1 °/s (von 1 °/s auf 1,1 °/s) bei einer Mittelungszeit von 1 s (DAVED/C01 (vakuumgehäust, 4 hPa), analoge Elektronik mit geregelter Primärschwingung).

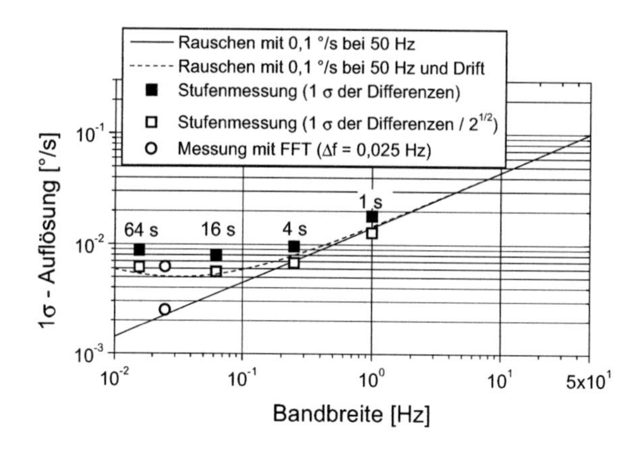

Abb. 13.20. Vergleich der Ergebnisse der verschiedenen Rausch- und Auflösungsmessungen (DAVED/C01 (vakuumgehäust, 4 hPa), analoge Elektronik mit geregelter Primärschwingung).

In Abbildung 13.19 ist die Verteilung der gemessenen Differenzen dargestellt für eine Messung mit Ω_1 = 1 °/s, Ω_2 = 1,1 °/s, N = 6000 und mit einer Mittelungszeit von 1 s. Der Mittelwert der gemessenen Differenzen weist eine Genauigkeit von ca. 10^{-4} °/s auf. Die Standardabweichung beträgt 0,0181 °/s. Bei einer Mittelungszeit von 16 s erhält man für die Standardabweichung 0,0079 °/s. Für größere Mittelungszeiten wird die Standardabweichung wieder größer, was voraussichtlich mit einer langsamen Drift des Ausgangssignals zu erklären ist.

In Abbildung 13.20 sind die in diesem Abschnitt vorgestellten Meßergebnisse der verschiedenen Messungen eingetragen, um deren Zusammenhang nochmals zu verdeutlichen. Nach der ersten Methode, der Rauschmessung, erhält man für den Sensor ein Rauschen (1 σ) von 0,1 °/s bei einer Bandbreite von 50 Hz. Geht man von ideal weißem Rauschen aus, erhält man ein Rauschmaß von $(0{,}1/50^{1/2})$ (°/s)/Hz$^{1/2}$ = 0,0141 (°/s)/Hz$^{1/2}$, was auf die durchgezogene Linie führt. Die beiden aus dem Frequenzspektrum des Drehratensignals ermittelten Werte sind als offene Kreissymbole bei der Bandbreite entsprechend dem Frequenzintervall der Messung eingezeichnet. Der kleinere Wert liegt annähernd auf der aus der Rauschmessung erhaltenen Gerade, was dem oben beschriebenen Sachverhalt entspricht. Die gefüllten Quadrate markieren die 1 σ-Werte der gemessenen Drehratendifferenzen für verschiedene Mittelungszeiten. Als "Bandbreite" wurde der Kehrwert der Mittelungszeit verwendet. Da die Differenz aus zwei Messungen errechnet wird und man davon ausgehen kann, daß beide Messungen mit denselben Schwankungen behaftet sind, erhält man die Standardabweichung einer Messung, indem man die Standardabweichung der Differenzmessung durch $2^{1/2}$ teilt. Die entsprechenden Werte sind als offene Quadrate in der Abbildung eingetragen. Für die Mittelungszeiten von 1 s und 4 s liegen sie auf der Geraden der Rauschmessung.

Bemerkenswert sind die dem Rauschen und insbesondere die der Auflösung entsprechenden Auslenkungen oder Abstandsänderungen. Für das Design DAVED/C01 erhält man bei einer Drehrate von 0,1 °/s eine Amplitude der Sekundärschwingung von $\alpha_s = 5{,}5 \cdot 10^{-6}$ ° und eine Abstandsänderung bei $(r_2 - r_1) / 2$ von ca. 10^{-11} m. Bei einer Drehrate von 0,0025 °/s beträgt die Abstandsänderung ca. $2{,}5 \cdot 10^{-13}$ m. Damit kann mit dem kapazitiven Ausleseverfahren eine Abstandsänderung nachgewiesen werden, die nur ca. 10 mal größer ist als die Genauigkeit einer Tunnelstrecke [Str00], [Bai95].

13.2.3 Bandbreite

Für die meßtechnische Bestimmung der Sensorbandbreite entsprechend der Definition in Abschnitt 8.3 wird das Sensorsignal für sinusförmige Drehraten unterschiedlicher Frequenz ausgewertet. Das Ausgangssignal des Sensors und das Signal des Resolvers werden über ein Meßprogramm aufgezeichnet. Ein Beispiel zeigt Abbildung 13.21.

Mit dem derzeitigen Meßverfahren können die beiden Signale nicht exakt synchronisiert werden, weshalb der Phasengang des Sensors nicht bestimmt werden kann. Der Amplitudengang wird ermittelt, indem die Amplitude des gemessenen Sensorsignals nach Division durch die Amplitude des Resolvers und Normierung auf 0 Hz über der zugehörigen Frequenz der Drehrate aufgetragen wird. Man erhält den in Abbildung 13.22 dargestellten Amplitudengang. Bis 50 Hz liegt die Amplitude innerhalb eines Bandes von -2 dB bis +1 dB und zeigt eine gute Übereinstimmung mit den berechneten Werten (unterbrochene Linie). Bei 60 Hz und 70 Hz steigt die Amplitude stark an. Es ist weitgehend ausgeschlossen, daß dieser Anstieg durch das Sensorelement zu begründen ist, da es keine entsprechende Resonanzstelle aufweist. Vermutlich ist das Maximum auf eine Resonanzstelle des Drehtisches zurückzuführen. Zwischen Resolver und Drehteller befinden sich der Motor, das Getriebe und die Antriebswelle, die zusammen verschiedene Resonanzstellen besitzen können. Bei einer solchen Resonanzstelle kann die Schwingungsamplitude am Drehteller größer sein als am Resolver, womit das Maximum im Amplitudengang erklärt werden könnte. Mit dem Referenzsensor µFORS-36 konnte dies jedoch nicht überprüft werden, da die Datenübertragungsrate des Sensors zu klein ist.

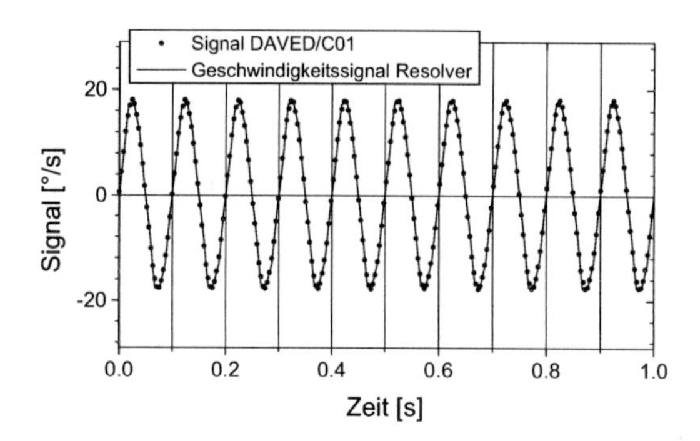

Abb. 13.21. Gemessenes Sensorsignal bei einer sinusförmigen Drehrate mit einer Frequenz von 10 Hz im Vergleich mit dem Signal des Resolvers (DAVED/C01 (vakuumgehäust, 4 hPa), analoge Elektronik mit geregelter Primärschwingung).

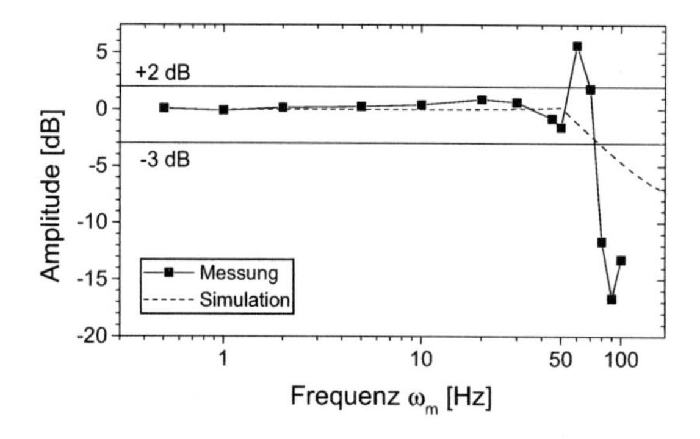

Abb. 13.22. Gemessener Amplitudengang des Sensorsignals im Vergleich mit berechneten Werten (DAVED/C01 (vakuumgehäust, 4 hPa), analoge Elektronik mit geregelter Primärschwingung).

Abschließend ist festzuhalten, daß innerhalb einer Bandbreite von 50 Hz der Amplitudengang innerhalb ausreichender Grenzen verläuft. Sollte wider Erwarten das Maximum im Amplitudengang auf den Sensor zurückzuführen sein, muß es durch einen Ausgangsfilter höherer Ordnung unterdrückt werden. Der Phasengang konnte nicht bestimmt werden.

13.2.4 Temperaturempfindlichkeit von Nullpunkt und Skalenfaktor

In diesem Abschnitt werden zunächst Messungen und deren Ergebnisse diskutiert, die eine sehr direkte Überprüfung des theoretischen Modellsystems erlauben. Der Sensor wurde bei Drehrate Null in einer Temperaturkammer auf verschiedene Temperaturen erhitzt beziehungsweise abgekühlt. Nachdem die Temperatur stabilisiert war, wurde manuell über einen Funktionsgenerator die Frequenz und der DC-Anteil der Antriebsspannung nachgeregelt, bis sich die Primärbewegung wieder in Resonanz mit der Sollamplitude befand. Die Messung der Phase und Amplitude erfolgte mit einem Lock-in-Verstärker. Diese manuelle Regelung erlaubt die nachfolgend beschriebenen Messungen verschiedener Größen. Man erhält dieselbe Temperaturabhängigkeit des ZRO und des Skalenfaktors wie mit der analogen Schaltung mit geregelter Primärschwingung.

In Abbildung 13.23a ist die Temperaturabhängigkeit der geregelten Antriebsfrequenz dargestellt. Im Rahmen der Meßgenauigkeit entspricht der Temperaturkoeffizient dem in Abschnitt 13.1.2 bestimmten Wert.

Der in Abbildung 13.23b gezeigte Verlauf der DC-Spannung ist durch die mit der Temperatur zunehmenden Dämpfung zu erklären (vgl. Gleichung (6.24) und (6.30)).

Das mit dem Lock-in-Verstärker gemessene Quadratursignal ist in Abbildung 13.23c dargestellt. Entsprechend der Berechnungen in Abschnitt 8.5 ist die Temperaturabhängigkeit klein (< 2%). Mit ca. 110 °/s ist das Quadratursignal kleiner als berechnet (141 °/s), was auf eine etwas kleinere Asymmetrie der Primärbiegebalken im Vergleich zur Annahme ($\varphi_{am} = 0{,}1°$, vgl. Tabelle 8.1) zurückzuführen ist.

Auch die gemessene Änderung der Phase der Sekundärschwingung (Abbildung 13.23d) stimmt gut mit den Berechnungen überein. Nach Abschnitt 8.5 würde man erwarten, daß die Temperaturabhängigkeit des ZRO durch $QU \cdot \sin\Delta\varphi_s \approx 110$ °/s $\cdot \sin(1°) \approx 1.9$ °/s in guter Näherung berechnet werden kann.

Dies wird mit der in Abbildung 13.24 dargestellten gemessenen Drift des Nullpunkts bestätigt. Der Spitze-Spitze-Wert der Drift stimmt mit 1,9 °/s mit dem berechneten Wert überein. Nach der üblichen Angabe weist der Sensor eine Drift von ±0,95 °/s auf und erfüllt damit die Targetspezifikation von ±2 °/s. Bereits mit einer einfachen linearen Temperaturkompensation (offene Quadrate in Abbildung 13.24) erhält man eine Drift kleiner als ±0,33 °/s.

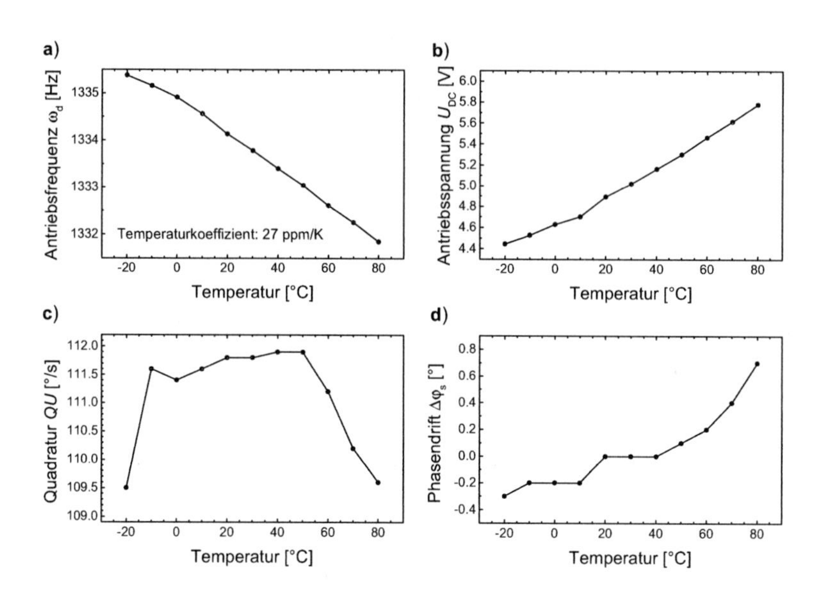

Abb. 13.23. Gemessene Temperaturabhängigkeit verschiedener Parameter bei geregelter Primärschwingung: a) Antriebsfrequenz, b) Amplitude der Antriebsspannung, c) Quadratursignal und d) Phasendrift der Sekundärschwingung in bezug auf die Antriebsspannung. Die Antriebsspannung wurde mit einem Funktionsgenerator erzeugt, und die Signale (primär und sekundär) wurden mit einem Lock-in-Verstärker gemessen (DAVED/C01 (vakuumgehäust, Innendruck: 4hPa), analoge Elektronik mit ungeregelter Primärschwingung).

Für die Messung der Temperaturabhängigkeit des Skalenfaktors wurde eine Temperaturkammer (LT-203 SW, Fa. Litef) auf den Drehteller montiert, die jedoch nur Temperaturen zwischen 0°C und +85°C ermöglichte. In Abbildung 13.25 sind Ergebnisse der Messung mit einem Sensor DAVED/C01 dargestellt. Extrapoliert man die Werte auf den Temperaturbereich der Targetspezifikation, erhält man eine Änderung des Skalenfaktors von ±0,9 °/s, womit die Targetspezifikation erfüllt ist. Mit den Sensoren DAVED/C02 und DAVED/C03 erhält man ähnliche Ergebnisse. Im Vergleich zur Berechnung sind die Werte zu groß, was durch entsprechende Messungen auf die Drift der analogen Elektronik zurückzuführen war. Mit der digitalen Elektronik sowie durch den kraftkompensierten Betrieb oder die Kompensation mit einer Referenzschwingung können die Temperaturdriften weiter reduziert werden.

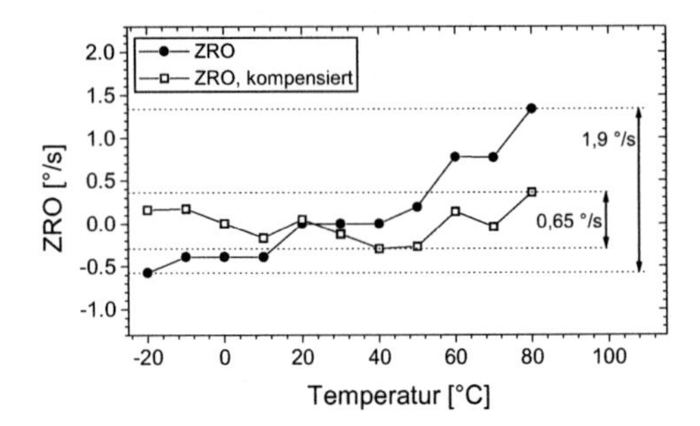

Abb. 13.24. Gemessene Temperaturabhängigkeit des Nullpunkts. Die Messung wurde gleichzeitig mit der zu Abbildung 13.23 gehörenden Messung durchgeführt. Die dargestellte kompensierte Drift erhält man aus den Originalwerten durch eine lineare Temperaturkompensation.

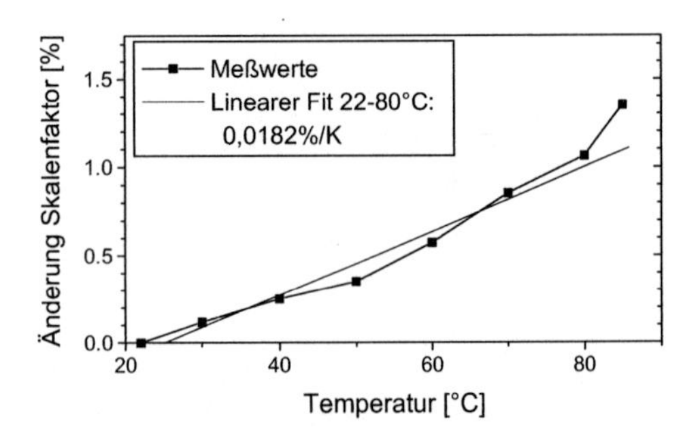

Abb. 13.25. Gemessene Temperaturabhängigkeit des Skalenfaktors (DAVED/C01, vakuumgehäust, Innendruck: 4 hPa, analoge Elektronik mit geregelter Primärschwingung)

13.2.5 Beschleunigungsempfindlichkeit

Zur Messung der Beschleunigungsempfindlichkeit des ZRO und des Skalenfaktors wird der gesamte Drehtisch um 90° gekippt, so daß die Drehachse senkrecht zur Erdbeschleunigung ausgerichtet ist. Bei einer Drehung des Drehtellers um 360° wirken auf den Sensor entlang seiner z-Achse, der kritischsten Achse, Beschleunigungen zwischen $+g$ und $-g$. Während der Drehung wird das Sensorsignal aufgezeichnet. Ein beispielhaftes Ergebnis ist in Abbildung 13.26 dargestellt. Man erkennt eine deutliche Abhängigkeit des Signals von der Beschleunigung. Entsprechende Messungen werden für verschiedene Drehraten durchgeführt. Der Spitze-Spitze-Wert der Sinuskurven ergibt die Empfindlichkeit (ZRO und SF) bei einer Beschleunigung von $2g$. Die so ermittelte Änderung des Ausgangssignals (für $1g$) ist in Abhängigkeit von der Drehrate in Abbildung 13.27 für das Design DAVED/C02 und in Abbildung 13.28 für das Design DAVED/C01 dargestellt. Die Steigung der Geraden entspricht jeweils der Beschleunigungsempfindlichkeit des Skalenfaktors in Einheiten $1/g$. Der Offset stellt die Beschleunigungsempfindlichkeit des ZRO in Einheiten (°/s)/g dar.

Mit dem Design DAVED/C02 werden die Werte der Targetspezifikation erreicht, mit dem Design DAVED/C01 dagegen nicht. Beides entspricht den Ergebnissen der Berechnungen.

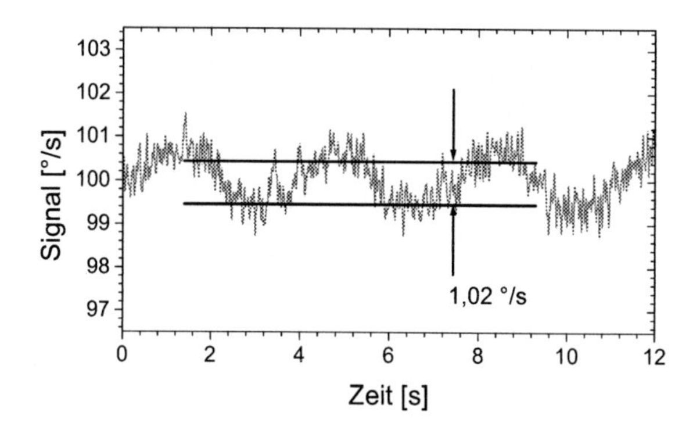

Abb. 13.26. Messung der Beschleunigungsempfindlichkeit bei horizontaler Drehachse und bei einer Winkelgeschwindigkeit Ω = 100 °/s (DAVED/C02 (vakuumgehäust, Innendruck: 5hPa), analoge Elektronik mit ungeregelter Primärschwingung).

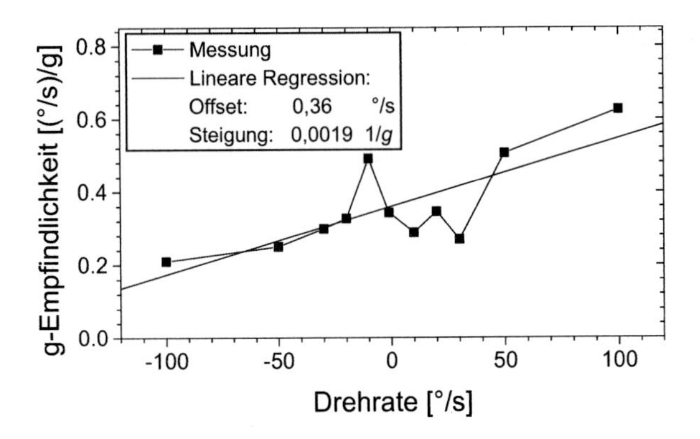

Abb. 13.27. Gemessene Beschleunigungsempfindlichkeit in Abhängigkeit von der Winkelgeschwindigkeit (DAVED/C02 (vakuumgehäust, Innendruck: 5hPa), analoge Elektronik mit ungeregelter Primärschwingung).

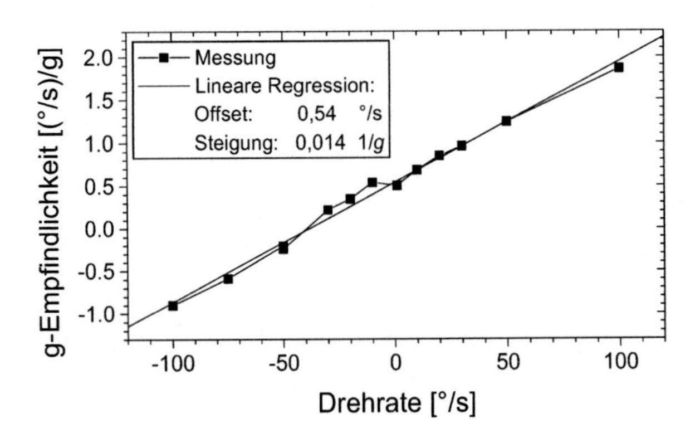

Abb. 13.28. Gemessene Beschleunigungsempfindlichkeit in Abhängigkeit von der Winkelgeschwindigkeit (DAVED/C01 (vakuumgehäust, Innendruck: 4hPa), analoge Elektronik mit ungeregelter Primärschwingung).

13.2.6 Sensorspezifikation

Die Messungen der Leistungsparameter zusammenfassend ist in Tabelle 13.2 die Spezifikation der Sensoren DAVED/C01, DAVED/C02 und DAVED/C03 angegeben. Die Werte für den Meßbereich, den Skalenfaktor, die Linearität, die Bandbreite, das Rauschen und die Auflösung liegen für alle Designs im Rahmen der Targetspezifikation.

Die großen Schwankungen des Quadratursignals erfordern eine differenzierte Betrachtung der Parameter, welche die Temperatur- und Beschleunigungsempfindlichkeit beschreiben. Bei einem Betrieb mit freier Sekundärschwingung ohne Kompensation, auf den sich alle angegebenen Werte beziehen, ist für alle Sensoren mit einem Quadratursignal deutlich größer als 100 °/s die Beschleunigungs - und Temperaturempfindlichkeit zu groß. Durch die Implementierung der Betriebsarten mit Kraftkompensation oder Kompensation mit einer Referenzschwingung ist allerdings zu erwarten, daß zumindest mit dem Design DAVED/C03 auch bei den größten Werten des Quadratursignals die gesamte Targetspezifikation erfüllt wird.

Die Werte zur Beschleunigungs - und Temperaturempfindlichkeit, die in Tabelle 13.2 angegeben sind, gelten für Sensoren mit einem Quadratursignal kleiner als 100 °/s. Für das Design DAVED/C01 ist die Beschleunigungsempfindlichkeit zu groß, insbesondere die des Skalenfaktors. Beim Design DAVED/C02 liegen die Werte der Beschleunigungsempfindlichkeit innerhalb der Targetspezifikation, jedoch werden die geforderten Werte der Temperaturempfindlichkeit nicht eingehalten.

Mit dem Kompromiß, dem Design DAVED/C03, wird für Sensoren mit einem Quadratursignal bis 100 °/s auch bei einem Betrieb mit freier Sekundärschwingung die komplette Targetspezifikation erfüllt.

Der Vergleich mit den berechneten Werten (s. Tabelle 9.5) zeigt sehr gute Übereinstimmungen außer bei den folgenden Parametern:

- *g-Empfindlichkeit Nullpunkt*
  Die Diskrepanz ist damit zu erklären, daß dieser Parameter sehr empfindlich gegenüber der Phase der Demodulation ist. Bei der Simulation werden ideale Phasen angenommen, die bei der Messung nicht realisiert werden können.

- *Nullpunktdrift im Temperaturbereich*
  Die berechneten Werte sind etwas größer als die gemessenen Driften. Dies ist zum Teil darauf zurückzuführen, daß bei den Berechnungen ein etwas größeres Quadratursignal angenommen wurde. Außerdem hat sich gezeigt, daß die weitgehend vernachlässigte Drift der Elektronik die Gesamtdrift etwas reduziert.
- *Skalenfaktordrift im Temperaturbereich*
  Die Diskrepanz wurde in Abschnitt 13.2.4 erläutert.

Tabelle 13.2. Spezifikation der Designs DAVED/C01, DAVED/C02 und DAVED/C03 im Vergleich mit der Targetspezifikation (analoge Elektronik, freie Sekundärschwingung).

Größe	**Target**	**DAVED/C01**	**DAVED/C02**	**DAVED/C03**
Meßbereich [°/s]	±200	±200	±200	±200
Skalenfaktor [mV/(°/s)]	20	20±0,1	20±0,1	20±0,1
Linearität [%]	<0,3	<0,1	<0,1	<0,1
Bandbreite [Hz]	50	50	50	50
1 σ-Rauschen bei 50 Hz Bandbreite [°/s]	0,1	<0,1	**<0,2**	<0,1
1 σ-Auflösung [°/s]	0,01	<0,01	<0,01	<0,01
Quadratursignal *QU* [°/s]	-	20-400	70-1000	30-500
Nullpunktdrift im Temperaturbereich [°/s]	±2	±1[1]	**±3**[1]	±0,5[1]
Skalenfaktordrift im Temperaturbereich [%]	±1	±1[1]	±1[1]	±1[1]
g-Empfindlichkeit Nullpunkt [(°/s)/g]	±0,2	**±0,6[1]**	**±0,4**[1]	±0,1[1]
g-Empfindlichkeit Skalenfaktor [%/g]	±0,5	**±1,5[1]**	±0,2[1]	±0,4[1]
Schockbeständigkeit (1 ms, ½ sine) [g]	1000	>1000[2]	>1000[2]	>1000[2]

[1] Werte für Sensoren mit einem Quadratursignal kleiner als 100 °/s.
[2] Nachgewiesen durch Falltest aus 1 m Höhe auf Beton.

14. Diskussion der Ergebnisse und Ausblick

Die Entwicklung von mikromechanischen Gyroskopen ist von großer Bedeutung für eine Vielzahl von bereits existierenden sowie von geplanten Anwendungen (s. Abschnitt 1.1). Mit der vorliegenden Arbeit wurde ein Beitrag in Form eines Prototyps geleistet, der die Anforderungen vieler Anwendungen bereits erfüllt und in naher Zukunft in die Produktion überführt werden wird. Ein zweiter Beitrag besteht in den gewonnenen Erkenntnissen, die an vielen Stellen Anregungen für weitere Entwicklungen geben. Sie erlauben auch die Vorhersage, daß mit mikrotechnischen Fertigungsverfahren Sensoren zu realisieren sind, die ähnliche Leistungsparameter wie faseroptische Gyroskope aufweisen und gleichzeitig eine Reduzierung der Baugröße und der Fertigungskosten um Größenordnungen ermöglichen.

Um die komplexen Zusammenhänge von Geometrie-, Betriebs- und Leistungsparametern mikromechanischer Gyroskope zu verstehen und bei gegebenen technologischen Randbedingungen eine effektive Optimierung durchführen zu können, wurde zunächst ein theoretisches Modellsystem entwickelt, das mit analytischen Gleichungen die Zusammenhänge beschreibt. Dabei kommt der in Kapitel 2 dargestellten Berechnung der Sensorsignale eine zentrale Bedeutung zu. Erst das Verständnis der Auswirkungen des Quadratursignals und des Offsets ermöglichen eine konsequente Optimierung der Sensorstruktur und der Ausleseelektronik. Die abgeleiteten Gleichungen können direkt auf andere mikromechanische Gyroskope angewendet werden. In den ebenfalls theoretisch ausgerichteten Kapiteln 3 bis 8 wurden für den quasirotierenden Sensor spezifische Modelle entwickelt. Sie führten auf die Bewegungsgleichungen oder ermöglichten beispielsweise die Berechnung der Kapazitäten, der elektrostatischen Kräfte, der Resonanzfrequenzen, der Dämpfung sowie der Leistungsparameter. Die Modelle können für die Beschreibung von vielen anderen mikromechanischen Gyroskopen mit geringen Änderungen verwendet werden.

In Kapitel 13 wurde gezeigt, daß mit dem entwickelten Modellsystem eine sehr gute Übereinstimmung von berechneten und gemessenen Werten erzielt wird. Außer in zwei Fällen gilt dies für die analytisch abgeleiteten Modelle. Bei der Berechnung der Resonanzfrequenzen muß zusätzlich eine FEM-Analyse durchgeführt werden, und die druckabhängigen Gütefaktoren werden mit einer phänomenologischen Gleichung besser beschrieben als mit der analytisch abgeleiteten Gleichung. Um trotz der zeitaufwendigen FEM-Analysen bei der Vielzahl an Geometrie- und Betriebsparametern eine effiziente Optimierung durchführen zu können, wurde der in Kapitel 9 beschriebene Designprozeß entwickelt. Er erlaubt eine weitgehend automatisierte Übertragung der Daten beispielsweise zwischen analytischen und FEM-Berechnungen und ist auf viele andere Optimierungsaufgaben direkt übertragbar.

Die meßtechnische Charakterisierung wurde ebenfalls in den Designprozeß eingebunden. Es wurden weitgehend automatisierte Meßabläufe entwickelt, um die Reproduzierbarkeit zu erhöhen und die Meßzeiten zu verkürzen. Mit dem entwickelten Drehtisch mit Vakuumkammer konnte Sensoren bereits umfangreich charakterisiert werden, bevor durch den Deckelwafer ein ausreichendes Vakuum eingeschlossen werden konnte.

Die Ausleseschaltung und das Zusammenspiel mit dem mechanischen Sensorelement ist von entscheidender Bedeutung für das komplette Sensorsystem. Es hat sich gezeigt, daß die Entwicklung der Regelkreise, basierend auf einer analogen Schaltung, äußerst zeitaufwendig ist. Gegen Ende der vorliegenden Arbeit konnte eine Schaltung realisiert werden, mit welcher die Targetspezifikation erreicht wird. Parallel wurden zwei neue Konzepte umgesetzt.

Der Schaltungsaufwand für den Betriebsmodus mit mechanischer Stabilisierung der Primärschwingung ist verhältnismäßig gering. Mit diesem Verfahren konnten daher sehr früh die angestrebten Leistungsparameter, insbesondere die Nullpunktstabilität erzielt werden. Als nachteilig hat sich herausgestellt, daß das Verfahren einen Betriebsdruck kleiner als ca. 10^{-2} hPa erfordert, der bislang durch Waferbonden nicht realisiert werden kann.

Ein ebenfalls neues Konzept wurde mit einer fast vollständig digital arbeitenden Elektronik entwickelt und umgesetzt. Bislang wurde nachgewiesen, daß bei deutlich reduziertem Entwicklungsaufwand dasselbe Rauschen wie mit der analogen Schaltung erzielt werden kann. Das Potential des Konzepts wurde jedoch noch kaum ausgeschöpft. Es wird für die weiteren Entwicklungen von hochgenauen mikromechanischen Gyroskopen einen wesentlichen Beitrag leisten.

Mit dem realisierten Prototyp werden Leistungsparameter erzielt, die im internationalen Vergleich mit anderen mikromechanischen Gyroskopen zu den besten gehören (s. Abschnitt 1.3). Zunächst ist die Markteinführung eines Sensors mit einer in SMD-Technologie aufgebauten Schaltung geplant. Damit kann die Baugröße im Vergleich zum Prototyp nicht wesentlich reduziert werden, und die Preise werden noch im dreistelligen DM-Bereich liegen. Erst mit der

Verfügbarkeit eines ASIC, der von einem Projektpartner entwickelt wird, können Abmessungen von ca. 15 mm × 10 mm × 2 mm und ein Preis von ca. 20 DM erzielt werden.

Ausblick

Mit Modellrechnungen wurde gezeigt, daß durch die Implementierung des kraftkompensierten Modus oder des Modus mit Referenzschwingung die Temperaturdrift und die Beschleunigungsempfindlichkeit noch weiter reduziert werden können. Eine wesentliche Verbesserung des Rauschens durch Optimierung der Ausleseelektronik oder des Sensordesigns ist dagegen kaum mehr möglich. Die äußeren Abmessungen des Sensorelements, die wesentlich das mechanisch-thermische und das elektrische Rauschen bestimmen, können mit der verwendeten Technologie nicht wesentlich vergrößert werden, ohne die Temperatur- und Beschleunigungsempfindlichkeit zu stark zu erhöhen.

Um in Zukunft weitere Verbesserungen des Sensorelements zu erzielen, wurden Konzepte für neue Technologien und Sensorstrukturen erstellt und teilweise bereits erprobt. Die in Abschnitt 1.4 aufgeführten Kriterien und Anforderungen wurden dabei erweitert:

- Kostengünstiges Herstellungsverfahren mit möglichst geringer Maskenanzahl.
- Strukturierung von allen funktionsrelevanten Komponenten in einer gemeinsamen Prozeßabfolge über eine Maske, um eine möglichst gute Maßhaltigkeit und damit möglichst kleine *QU*-, *NP*- und *UD*-Anteile zu erhalten (zu den funktionsrelevanten Komponenten zählen die bewegliche Struktur sowie alle auf dem Chip erforderlichen Komponenten zur Detektion von Bewegungen und zum Einprägen von Kräften).
- Kapazitives Meßverfahren und elektrostatischer Anregungsmechanismus, um keine zusätzlichen Temperaturabhängigkeiten zu erhalten (ausgehend vom zweiten Kriterium ergibt sich bereits kaum eine andere Wahl).
- Möglichst große Abmessung der herstellbaren beweglichen Strukturen, insbesondere möglichst große Schichtdicke, um möglichst kleine Rauschwerte und möglichst kleine relative Fehler zu erzielen.

Im folgenden werden kurz die Technologie- und Designkonzepte beschrieben, mit welchen die genannten Kriterien erfüllt werden können und die somit das Potential für eine weitere deutliche Verbesserung der Leistungsparameter aufweisen.

Bei dem in Abbildung 14.1 dargestellten Prozeßablauf werden SOI-Substrate als Ausgangsmaterial verwendet. Nach einer Kontaktimplantation wird Aluminium in einem Sputter-Prozeß abgeschieden und mit einem RIE-Verfahren strukturiert, um Bondpads für das spätere Drahtbonden herzustellen (Abb. 14.1a). Anschließend wird ein PECVD-Oxid aufgebracht und über eine Lackmaske strukturiert (PECVD: Plasma Enhanced Chemical Vapour Deposition). Beim folgenden Trenchätzen dient das vergrabene Oxid als Stoppschicht, das anschließend mit einem RIE-Prozeß (Reactive Ion Etching) geöffnet wird (Abb. 14.1b). Nach dem Entfernen der Lackmaske wird eine zweite PECVD-Oxidschicht abgeschieden (Abb. 14.1c), die später zum Schutz der Trenchwände dient. Die Oxidschicht am Trenchboden wird mit einem anisotropen RIE-Prozeß wieder entfernt. Mit dem folgenden isotropen Silizium-Ätzschritt werden frei bewegliche Strukturen erzeugt. Um Schichtspannungen zwischen Silizium und Oxid sowie Elektronenfallen zu vermeiden, wird mit einem isotropen RIE-Prozeß das Oxid vollständig entfernt (Abb. 14.1d). Da keine naßchemischen Prozesse verwendet werden, kann Sticking nicht auftreten (vgl. Abschnitt 11.1.1). Ein durch zweistufiges KOH-Ätzen strukturierter Wafer, der mit einer Pyrexschicht besputtert ist, wird anodisch auf den Sensorwafer gebondet (Abb. 14.1e).

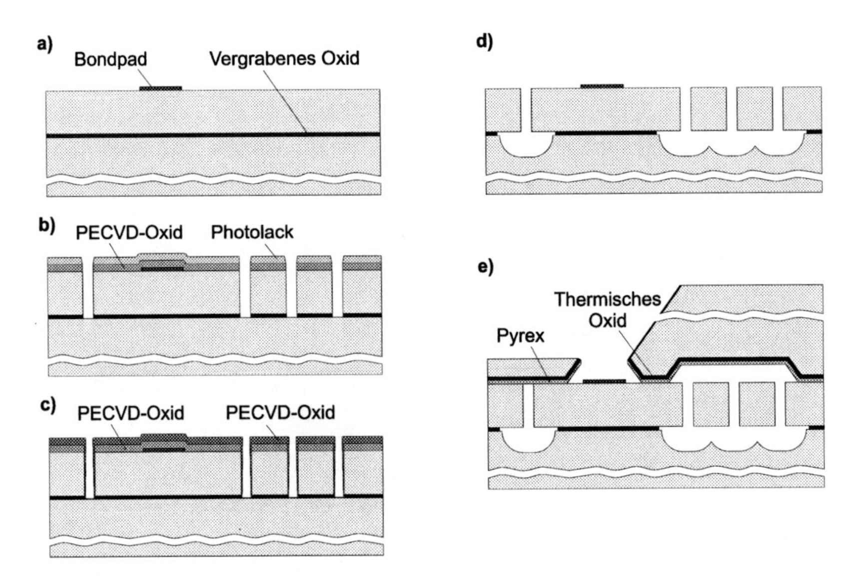

Abb. 14.1. Mikromechanischer Herstellungsprozeß für bewegliche Strukturen mit einer Schichtdicke bis zu 40 µm (Prozeßablauf).

Gegenüber oberflächenmikromechanischen Prozessen weist die beschriebene Technologie Vorteile bei den Kosten auf und zeichnet sich dadurch aus, daß die beweglichen Sensorelemente aus einer nahezu streßfreien, monokristallinen Siliziumschicht mit größerer Dicke (bis zu ca. 40 μm) strukturiert werden können. Ein Nachteil besteht darin, daß vergrabene Elektroden und daher auch das in dieser Arbeit vorgestellte Sensordesign DAVED-RR nicht realisiert werden können. Ein geeignetes Design, das auf demselben Designprinzip der Entkopplung beruht, ist in Abbildung 14.2 dargestellt. Mit Kammantrieben wird eine lineare Schwingung in x-Richtung, die Primärschwingung, angeregt. Bei einer Drehung um die z-Achse bildet sich aufgrund der Coriolis-Kräfte die Sekundärschwingung aus, eine lineare Schwingung in y-Richtung. Die Entkopplung wird wieder durch die Verwendung von zwei Arten von Federelementen, den Primär- und Sekundärfederbalken, erzielt. Wegen der beiden *linearen* Schwingungen wird das Design als DAVED-LL bezeichnet.

Mit den entwickelten theoretischen Modellen wurden mit geringen Anpassungen DAVED-LL Sensoren berechnet und dimensioniert. Das oben beschriebene Herstellungsverfahren wurde weitgehend umgesetzt, so daß erste Muster der DAVED-LL Sensoren hergestellt werden konnten. Bei Außenabmessungen der beweglichen Struktur von ca. 2,0 × 1,8 mm², also ver-

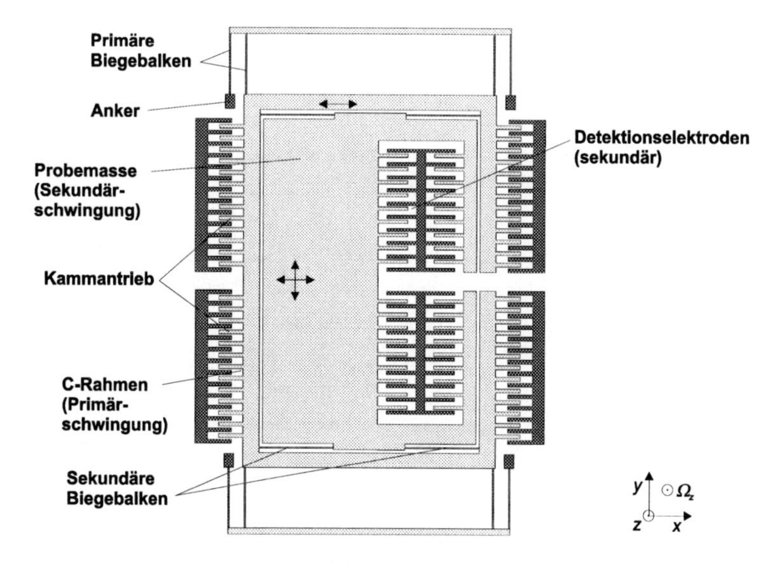

Abb. 14.2. Schematische Draufsicht Design DAVED-LL.

Tabelle 14.1. Erste Meßergebnisse mit DAVED-LL Sensoren.

Parameter	**DAVED-LL**
Meßbereich [°/s]	±100
Linearität [%]	<0,1
Bandbreite [Hz]	50
1 σ-Rauschen bei 50 Hz Bandbreite [°/s]	0,025
Auflösung [°/s]	0,005
Quadratursignal QU [°/s]	<80
Nullpunktdrift im Temperaturbereich [°/s]	±0,3
g-Empfindlichkeit Nullpunkt [(°/s)/g]	±0,2
g-Empfindlichkeit Skalenfaktor [%/g]	<0,01

gleichbar mit denen der DAVED-RR Sensoren, werden vielversprechende Leistungsparameter erzielt, welche die der RR-Sensoren bereits teilweise übertreffen (s. Tabelle 14.1). Damit wird die Behauptung zu Beginn des Kapitels gestützt, daß mit mikromechanischen Gyroskopen eine Genauigkeit vergleichbar mit der von faseroptischen Kreiseln zu erzielen ist.

Die Weiterentwicklung bis zu einem Stand vergleichbar mit den Sensoren vom Typ DAVED-RR wird aufgrund der in dieser Arbeit beschriebenen Erkenntnisse deutlich beschleunigt werden. Parallel werden bereits weitergehende Konzepte umgesetzt werden, die nachfolgend kurz erläutert werden.

Für den in Abbildung 14.1 dargestellten Prozeßablauf ist die Dicke der Siliziumschicht des Device-Layers auf ca. 40 µm beschränkt. Bei noch größeren Schichtdicken ist das beim Trenchätzen auftretende sogenannte Notching, eine ungewollte Taschenbildung am Trenchfuß, verursacht durch die isolierende Stoppschicht, mit heutigen Technologien nicht zu vermeiden. Außerdem würde es äußerst schwierig, eine ausreichende Seitenwandpassivierung zu realisieren. Basierend auf den heutigen Trenchätz-Technologien kann jedoch mit dem im folgenden beschriebenen Prozeßablauf eine Schichtdicke von 100 µm und mehr realisiert werden.

Kernstück bildet ein vorstrukturiertes SOI-Substrat, das Aussparungen im sogenannten Handle-Wafer unterhalb der späteren beweglichen Strukturen aufweist. Die Aussparungen können durch naßchemisches Ätzen (z.B. in KOH) oder durch einen Trenchätzprozeß strukturiert werden. Die zweite Variante bietet den Vorteil größerer Designfreiheit. Nachdem Bondpads aus Aluminium realisiert sind, werden Trenches geätzt, mit welchen oberhalb der Aussparung bewegliche Elemente strukturiert werden. Die Kapselung erfolgt analog zum Verfahren, das mit Abbildung 14.1 beschrieben wurde. In Abbildung 14.3 ist der Querschnitt eines prozessierten Bauteils schematisch dargestellt.

Speziell für kapazitive Sensoren bietet die monolithische Integration von Sensorelement und Ausleseelektronik auf einem Siliziumsubstrat durch die deutliche Reduzierung von parasitären Kapazitäten funktionelle Vorteile (die Diskussion über wirtschaftliche Vor- oder Nachteile soll an dieser Stelle nicht aufgegriffen werden). Basierend auf der soeben beschriebenen Technologie gelangt man mit wenigen Änderungen auf ein Herstellungsverfahren für integrierte Sensoren (s. Abb. 14.4). In dem Konzept ist vorgesehen, daß man beide Wafer, die zur Herstellung des SOI-Substrats verwendet werden, zuvor strukturiert.

Besitzt der Device-Layer eine Dicke größer als ca. 10 µm, kann ein Standard-CMOS-Prozeß zur Herstellung der elektronischen Komponenten verwendet werden. Es folgt ein erster (kurzer) Trenchätzprozeß, nach welchem die Trenches (beispielsweise mit CVD-Oxid) wieder aufgefüllt werden. Dadurch erhält man eine Brücke, welche die elektrische Verbindung zwischen der Elektronik und dem Sensorelement ermöglicht, ohne die (vollständige) elektrische Isolierung zwischen verschiedenen Elektroden zu verlieren.

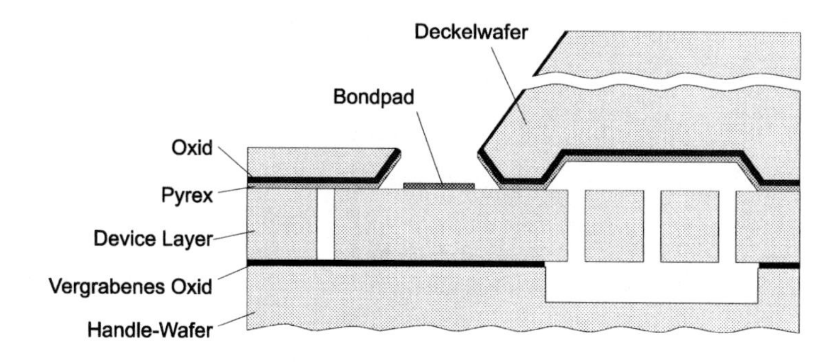

Abb. 14.3. Konzept eines mikromechanischen Herstellungsprozesses für bewegliche Strukturen mit Schichtdicken von 100 µm (schematische Darstellung eines Bauteilquerschnitts).

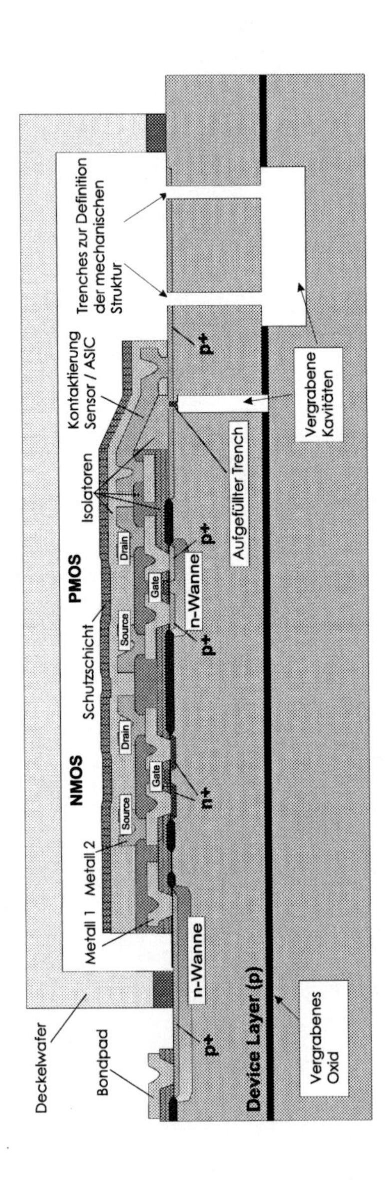

Abb. 14.4. Konzept eines mikrotechnischen Herstellungsprozesses für monolithisch integrierte Sensoren mit Schichtdicken der beweglichen Strukturen von 100 µm (Schematische Darstellung eines Bauteilquerschnitts).

Neben den beschriebenen Technologiekonzepten bieten neue Designprinzipien weiteres Potential zur Verbesserung der Leistungsparameter. Vor allem das Design DAVED-LL führt fast zwangsläufig auf ein neues Designkonzept, das man als "Doppelte Entkopplung" bezeichnen könnte. Bei Verwendung von insgesamt vier Arten von Federn und drei relativ zueinander beweglichen Massen (siehe Abbildung 14.5) kann erreicht werden, daß die Antriebs- *und* die Detektionseinheit jeweils nur einen Bewegungsfreiheitsgrad besitzen. Dadurch können Störeffekte und somit das Quadratursignal sowie der Offset weiter reduziert werden.

Abschließend werden die drei vorgeschlagenen wesentlichen Maßnahmen nochmals in Übersicht aufgeführt:

- Digitale Ausleseschaltung zur Implementierung neuartiger Kompensationsverfahren
- Herstellungsverfahren mit Schichtdicken der beweglichen Struktur größer als 100 μm, mit bestmöglicher Maßhaltigkeit und der Möglichkeit zur monolithischen Integration von Sensorelement und Auswerteelektronik
- "Doppelt entkoppeltes" Sensordesign

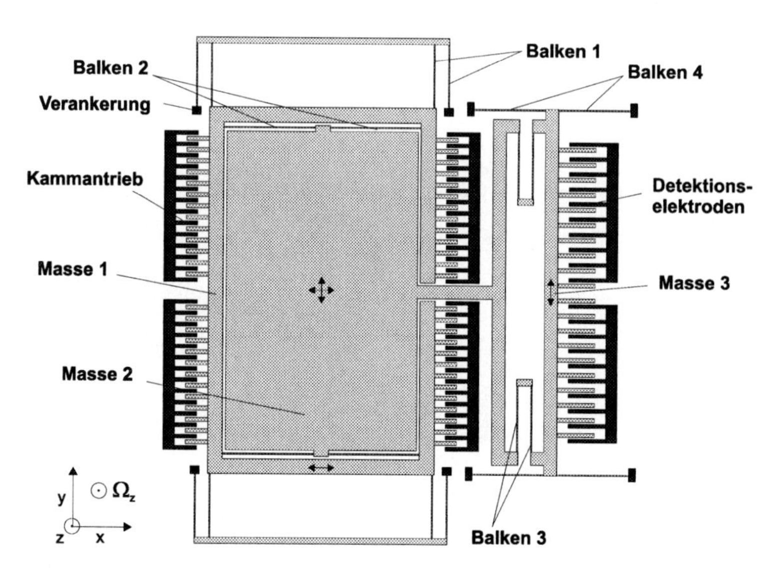

Abb. 14.5. Schematische Draufsicht eines Sensors nach dem Konzept der "Doppelten Entkopplung".

Tabelle 14.2. Spezifikation von zukünftigen mikromechanischen Gyroskopen, die sich aus einer Machbarkeitsanalyse, basierend auf den vorgeschlagenen Verbesserungen, ergibt.

Parameter	**DAVED-LL**
Meßbereich [°/s]	±100
Linearität [%]	<0,02
Bandbreite [Hz]	50
1 σ-Rauschen bei 50 Hz Bandbreite [°/s]	0,01
Auflösung [°/s]	0,0015
Quadratursignal *QU* [°/s]	<20
Nullpunktdrift im Temperaturbereich [°/s]	±0,02
Skalenfaktordrift im Temperaturbereich [%]	±0,02
g-Empfindlichkeit Nullpunkt [(°/s)/g]	±0,01
g-Empfindlichkeit Skalenfaktor [%/g]	±0,01
Schockbeständigkeit (1 ms, ½ sine) [g]	1000

Mit den genannten Maßnahmen könnte eine Spezifikation, ähnlich wie in Tabelle 14.2 angegeben, erzielt und damit Leistungsparameter von FOG erreicht werden. Die "Genauigkeit" würde dann bei 0,02 °/s = 72 °/h liegen.

A Anhang: Physikalische Konstanten und Materialdaten

In den Tabellen A.1 und A.2 sind die bei den Simulationen verwendeten physikalischen Konstanten beziehungsweise die verwendeten Materialdaten zusammengestellt.

Tabelle A.1. Physikalische Konstanten.

Konstante	Symbol	Wert	Referenz
Dielektrizitätskonstante	ε_0	$8{,}854 \cdot 10^{-12}$ (A·s)/(V·m)	[Bro85]
Fallbeschleunigung in Meereshöhe und 45° nördlicher Breite	g	$9{,}807 \cdot 10^{0}$ m/s^2	[Bro85]
Boltzmann-Konstante	k_B	$1{,}381 \cdot 10^{23}$ J/K	[Bro85]
Elementarladung	e	$1{,}602 \cdot 10^{-19}$ A·s	[Bro85]
Ruhemasse des Elektrons	m_e	$9{,}11 \cdot 10^{-31}$ kg	[Bro85]

Tabelle A.2. Materialdaten.

Materialparameter	Symbol	Wert		Referenz
Dichte von Polysilizium	ρ	$2{,}329 \cdot 10^{3}$	kg/m³	[Rug84]
Elastizitätsmodul von Polysilizium	E	$1{,}483 \cdot 10^{0}$	N/m²	[Rug84]
Poissonzahl für Polysilizium	ν	$2 \cdot 10^{-1}$		[Rug84]
Streß Epipoly	σ_0	$1{,}06 \cdot 10^{6}$	N/m²	[Bos00]
Streßgradient Epipoly	k_σ	$5{,}2 \cdot 10^{11}$	N/m³	[Bos00][1]
Temperaturkoeffizient des Elastizitätsmoduls von Polysilizium	κ_E	$5{,}5 \cdot 10^{-5}$	K^{-1}	[Guc91][1]
Standarddruck	p_0	$1 \cdot 10^{5}$	Pa	[Koh86]
Standardtemperatur	T_0	$2{,}932 \cdot 10^{2}$	K	[Koh86]
Viskosität von Luft bei p_0, T_0	η_0	$1.81 \cdot 10^{-5}$	kg/(m·s)	[Koh86]
Dichte von Luft bei p_0, T_0	ρ_0	$1{,}188 \cdot 10^{0}$	kg/m³	[Koh86]
Allgemeine Gaskonstante	R	$8{,}317 \cdot 10^{0}$	J/(mol·K)	[Sta87]
Spezifische Gaskonstante von Luft bei p_0, T_0	R_{Luft}	$2{,}87 \cdot 10^{2}$	J/(kg·K)	[Koh86]
Mittlere freie Weglänge in Luft bei p_0, T_0	$\bar{l}_0$	$62 \cdot 10^{-9}$	m	[Los65]
Relative Dielektrizitätskonstante von Luft	ε_r	$1{,}006 \cdot 10^{0}$		[Sta85]
Relative Dielektrizitätskonstante von Siliziumoxid	ε_{SOx}	$4 \cdot 10^{0}$		[Rug84]
Spezifischer Widerstand Si-Substrat (n-leitend)		$1.5 \cdot 10^{0}$	Ω·cm	[Bos00]
Schichtwiderstand vergrabenes Polysilizium		$2{,}36 \cdot 10^{1}$	Ω/sq	[Bos00]
Schichtwiderstand Epipoly		$9{,}8 \cdot 10^{0}$	Ω/sq	[Bos00]
Kontaktwiderstand Epipoly-vergrabenes Poly (Kontakt 8×8 μm²)		$8{,}7 \cdot 10^{0}$	Ω	[Bos00]

[1] Der jeweils exakte Wert wurde im Rahmen der vorliegenden Arbeit bestimmt (s. Abschnitt 13.1.3 beziehungsweise 13.1.2).

Literaturverzeichnis

[Ahr00] D. Ahrendt, *Systemsimulation von mikromechanischen Drehratensensoren*, Studienarbeit, Universität Stuttgart, Institut für Zeitmeßtechnik, Fein- und Mikrotechnik, durchgeführt am HSG-IMIT, Juli 2000.

[All88] R.L. Alley, G.J. Cuan, R.T. Howe, and K. Komvopoulos, *The Effect of Release-Etch Processing on Surface Microstructure Stiction*, Tech. Digest, IEEE Solid-State Sensor and Actuator Workshop, Hilton Head Island, SC, USA, June 1988, pp. 92-95.

[An98] S. An, Y.S. Oh, B.L. Lee, K.Y. Park, S.J. Kang, S.O. Choi, Y.I. Go, C.M. Song, *Dual-Axis Microgyroscope with Closed-Loop Detection*, Proc. IEEE Micro Electromechanical Syst.Workshop (MEMS 98), Heidelberg, Germany, Jan. 1998, pp. 328-333.

[Ana99] Analogy, Inc., *Saber® 5.0*, 1999.

[And93] J.T. Anders, *START VIBRATING GYROSCOPE*, The Institution of Electrical Engineers, 1993, pp. 4/1-4/8.

[Ann98] R. G. De Anna , et al., *Modeling of SiC lateral resonant devices over a broad temperature range*, Proc. International Conference on Modeling and Simulation of Microsystems (MSM99), San Juan, 1999, pp. 644.

[Ans99] ANSYS, Inc., Canonsburg, PA 15317, USA, *ANSYS, Release 5.6*, November 1999.

[Ash99] M.E. Ash, et al., *Micromechanical Inertial Sensor Development at Draper Laboratory with Recent Results*, Proc. Symposium Gyro Technology 1999, Stuttgart, Germany, Sep. 1999, pp. 3.0-3.13.

[Aya98] F. Ayazi, K. Najafi, *Design and Fabrication of a High-Performance Polysilicon Ring Gyroscope*, Proc. IEEE Micro Electromechanical Syst.Workshop (MEMS 98), Heidelberg, Germany, Jan. 1998, pp. 621-626.

[Bai95] C. Bai, *Scanning tunneling microscopy and its application*, Springer-Verlag, Berlin (1995).

[Bar53] R.E. Barnaby, J.B. Chatterton, F.H. Gerring, *General Theory and Operational Characteristics of the Gyrotron Angular Rate Tachometer*, Aeronaut. Eng. Rev., 12 (11) (1953) 31-36, 106.

[Bar57] R.E. Barnaby, C.T. Morrow, *Drive and Mounting Means for a Tuning Fork Structure*, US Patent No. 2 817 779 (Dec. 12, 1957).

[Bar86] H.-J. Bartsch, *Mathematische Formeln, 21. Auflage*, VEB Fachbuchverlag Leipzig.

[Bei87] W. Beitz, K.-H. Küttner, *Dubbel - Taschenbuch für den Maschinenbau*, Berlin; Heidelberg; New York; London; Paris; Tokyo: Springer 1987.

[Ben97] S.M. Bennett, R. Kidwell, W. Acker, S. Lawrence, *Fiber Optic Gyro Based Land Navigation System*, Proc. Symposium Gyro Technology 1997, Stuttgart, Germany, Sep. 1997, pp. 11.0-11.16.

[Ber00] O. Berger, *Charakterisierung und Optimierung von mikromechanischen Drehratensensoren*, Diplomarbeit, Fachhochschule München, Fachbereich Physikalische Technik, Schwerpunkt Mikrosystemtechnik, durchgeführt am HSG-IMIT, März 2000.

[Ber81] R.A. Bergh, H.C. Lefevre, H.J. Shaw, *All-Single-Mode-fiber-Optic Gyroscope with Long Term Stability*, Opt. Lett., Vol. 6, 1981, pp. 502-504.

[Ber93] J. Bernstein, S. Cho, A.T. King, A. Kourepins, P. Maciel, and M. Weinberg, *A Micromachined Comb-Drive Tuning Fork Rate Gyroscope*, Proc. IEEE Micro Electromechanical Systems Workshop (MEMS 93), Fort Lauderdale, FL, USA, Feb. 1993, pp. 143-148.

[Bie95] M. Biebl, *Physikalische Grundlagen zur Integration von Mikromechanik, Sensorik und Elektronik*, Dissertation, Univeristät Regensburg, 1995.

[Bil96] H.R. Bilger, U. Schreiber, G.E. Stedman, *Design and Application of Large Perimeter Ring Lasers*, Proc. Symposium Gyro Technology 1996, Stuttgart, Germany, Sep. 1996, pp. 8.0-8.24.

[Bil97] D. Billep, T. Geßner, K. Hiller, A. Hühnerfürst, K. Kehr, M. Wiemer, *Drehratensensor in Si-Bulk-Mirkromechanik - Entwurf, Technologie und meßtechnische Charakterisierung*, Proc. 3rd Chemnitzer Fachtagung Mikrosystemtechnik, Chemnitz, Germany, October 1997, pp. 141-149.

[Bos00] Robert Bosch GmbH, *Micromachining Foundry Designrules, Version 2.0, Issue Date: February 1,2000.*

[Bos97] B.E. Boser, *Electronics for Micromachined Inertial Sensors*, Tech. Digest, 9th Int. Conf. on Solid-State Sensors and Actuators (Transducers '97), Chicago, IL, USA, June 1997, pp. 1169-1172.

[Box88] B. Boxenhorn, P. Greiff, *A Vibratory Micromechanical Gyroscope*, AIAA Guidance and Controls Conference, Minneapolis, Minnesota, August 15-17, 1988, paper 88-4177-CP, pp. 1033-1040.

[Bre98] U. Breng, W. Gutmann, M. Leiblich, E. Handrich, M. Hafen, B.F. Ryrko, S. Zimmermann, *A Novel Micromachined Silicon Gyro*, Proc. Symposium Gyro Technology 1998, Stuttgart, Germany, Sep. 1998, pp. 7.0-7.10.

[Bre99] U. Breng, W. Gutmann, P. Leinfelder, B. Ryrko, S. Zimmermann, D. Billep, T. Geßner, K. Hiller, M. Wiemer, *μCORS - A Bulk Micromachined Gyroscope Based on Coupled Resonantors*, Tech. Digest, 10th Int. Conf. on Solid-State Sensors and Actuators (Transducers '99), Sendai, Japan, June 7-10, 1999, pp. 1570-1573.

[Bro85] I.N. Bronstein, K.A. Semendjajew, *Taschenbuch der Mathematik, 22. Auflage*, Verlag Harri Deutsch, Thun und Frankfurt / Main.

[Bru86] M. Bruneau, C. Garing, H. Leblond, *A Rate Gyro Based on Acoustic Mode Coupling*, J. Acoust. Soc. Am. 80 (2), August 1986, pp. 672-680.

[Bry90] G.H. Bryan, *On the Beats in the Vibrations of a Revolving Cylinder or Bell*, Proc. of the Cambridge Philosophical Society, November 1890, Vol. 7, pp. 101-107.

[Bry96] J. Bryzek, *Impact of MEMS Technology on Society*, Sensors and Actuators A 56 (1996), pp. 1-9.

[Bue95b] B. Buestgens, *Mikromechanischer Schwinger eines Schwingungsgyrometers*, Offenlegungsschrift DE 44 14 237 (Anmeldung 23.4.94; Offenlegung 26.10.95).

[Bul94] W.-E. Bulst, C. Ruppel, *Akustische Oberflächenwellen - Technologie für Innovationen*, Siemens-Zeitschrift Spezial, Forschung und Entwicklung, Frühjahr 1994, pp. 2-6.

[Bur86] J.S. Burdess, *The Dynamics of a Thin Piezoelectric Cylinder Gyroscopes*, Proc. Instn. Mech. Engrs., Vol. 200, No. C4, 1986, pp. 271-280.

[Bur94] V. Burns, *Microelectromechanical Systems (MEMS), an SPC Market Study*, MST News No. 10 (1994), p. 4.

[Bur95] B. Bury, J.C. Hope, *A Low-Cost Fibre Optic Gyroscope for Robotic Applications*, Proc. 7th International Fair and Congress for Sensors, Transducers & Systems (Sensor 95), May 1995, Nürnberg, Germany, pp. 141-146.

[Bus90] R.A. Buser, N.F. De Rooij, *Very High Q-factor Resonators in Monocrystalline Silicon*, Sensors and Actuators, A21-23 (1990), pp. 323-327.

[Cho93] Y.-H. Cho, B.M. Kwak, A.P. Pisano, R.T. Howe, *Viscous Energy Dissipation in Laterally Oscillating Planar Microstructures: A Theoretical and Experimental Study*, Proc. IEEE Micro Electromechanical Systems Workshop (MEMS 93), Fort Lauderdale, FL, USA, Feb. 1993, pp. 93-98.

[Cho94a] Y.-H. Cho, B.M. Kwak, A.P. Pisano, R.T. Howe, *Slide Film Damping in Laterally Driven Microstructures*, Sensors and Actuators, A 40 (1994), pp. 31-39.

[Cho94b] Y.-H. Cho, A.P. Pisano, R.T. Howe, *Viscous Damping Model for Laterally Oscillating Microstructures*, Journal of Microelectromechanical Systems, Vol. 3, No. 2, June 1994, pp. 81-87.

[Cla97] W.A. Clark, R.T. Howe, R. Horowitz, *Surface Micromachined, Z-Axis, Vibratory Rate Gyroscope*, Tech. Dig. Solid-State Sensor and Actuator Workshop (Hilton Head '96), Hilton Head Island, SC, USA (June 2-6, 1996), pp. 283-287.

[Col93] J.P. Colinot, V. Hernette and Ph. Jarri, *Gyrometer application for a low-frequency active suspension*, Sensors and Actuators, A 37-38 (1993), pp. 116-120.

[Deg95] C. Deger, F. Herzog, *Anti-Schleuder-Kommando, Elektronisches Stabilitäts-Programm im Mercedes S-Coupé*, mot Autos-Test-Technik 11/95, pp. 28-29, 32-34.

[Dha94] R.S. Dhariwal, N.G. Milne, S.J. Yang, U. Beerschwinger, G.F.A. Rump, P.C. King, *Breakdown Electric Field Strength between Small Electrode Spacings in Air*, Proc. 4th International Conference on Micro Electro, Opto, Mechanical Systems and Components, Berlin, October 19-21, 1994, pp. 663-672.

[Dun95] W.C. Dunn, *Rotational Vibration Gyroscope*, Patent US 5 377 544, Filed: 19.12.91, Issued: 3.1.95.

[Dut00] O. Duttlinger, *Charakterisierung und Optimierung von mikromechanischen Drehratensensoren*, Diplomarbeit, Fachhochschule Furtwangen im Schwarzwald, Fachbereich Mikrosystemtechnik, durchgeführt am HSG-IMIT, April 2000.

[Eic00] J. Eichholz, *Entwurf von Drehratensensoren am FhG-ISIT*, Präsentation AMA Mikrosystemtechnik, 7 June 2000.

[Eic81] J. Eichmmeier, *Moderne Vakuumelektronik-Grundlagen, Bauelemente, Technologie*, Berlin; Heidelberg; New York: Springer 1981.

[Emg96] S. Emge, S. Bennett, R. Dyott, J. Brunner, D. Allen, *Single-Coupler Fiber Optic Rate Gyro*, Proc. Symposium Gyro Technology 1996, Stuttgart, Germany, Sep. 1996, pp. 1.0-1.13.

[Eng99] P. Enge, P. Misra, *Scanning the Issue/Technology on Global Positioning System*, Proceedings of the IEEE, January 1999, Vol. 87, No.1, Special Issue Global Positioning System, pp. 3-15.

[Fel99] C.P. Fell, I.D. Hpkin, K. Townsend, *A Second Generation Ring Gyroscope*, Proc. Symposium Gyro Technology 1999, Stuttgart, Germany, Sep. 1999, pp. 1.0-1.14.

[Fis99] T. Fischer, *Konzeption, Herstellung und Test einer elektronischen Schaltung zum Betrieb mikromechanischer Drehratensensoren*, Studienarbeit, Universität Stuttgart, Institut für Zeitmeßtechnik, Fein- und Mikrotechnik, durchgeführt am HSG-IMIT, Januar 1999.

[Fou51] L. Foucault, *Démonstration physique du mouvement de la Terre au moyen du pendule*, C.R. Acad. Sc. Paris, August 1851, pp. 135-138.

[Fou52] L. Foucault, *Sur une nouvelle demonstration experimentale mouvement de la terre fondeé sur la fixité du plan de rotation*, C.R. Acad. Sc. Paris, 35, September 1852, pp. 421-427.

[Fuj91] S. Fujishima, T. Nakamura and K. Fujimoto, *Piezoelectric Vibratory Gyroscope Using Flexural Vibration of a Triangular Bar*, Proc. 45th Symp. Frq. Contr., Los Angeles, CA, USA, 1991, pp. 261-265.

[Fun95a] K. Funk, A. Schilp, M. Offenberg, B. Elsner and F. Lärmer, *Surface-micromachining of Resonant Silicon Structures*, 8th International Conference on Solid-State Sensors and Actuators (Transducers '95/Eurosensors IX), Stockholm, Sweden, June 1995, Late News, pp. 50-52.

[Fun95b] K. Funk, F. Lärmer, *Resonatoren in Oberflächenmikromechanik*, Proc. Mikromechanik & Mikrosystemtechnik (MST 95), Chemnitz, Germany, pp. 37-40.

[Fun99] K. Funk, H. Emmerich, A. Schilp, M. Offenberg, R. Neul, F. Lärmer, *A Surface Micromachined Silicon Gyroscope Using a Thick Polysilicon Layer*, Proc. IEEE Micro Electromechanical Systems Workshop (MEMS 99), Orlando, FL, USA, Jan. 1999, pp. 57-60.

[Fus92] M. Fushimi, Y. Hirai, K. Isaka, H. Takagi, T. Yagi, M. Akaike, *Angular Velocity Sensor and Camera Including the Same*, Patent JP 142764/92, 03.06.92.

[Fus93] M. Fushimi, Y. Hirai, K. Isaka, H. Takagi, T. Yagi, M. Akaike, *Angular Velocity Sensor and Camera Including the Same*, Patent EP 0572976 A1, 01.06.93.

[Gab93] T.B. Gabrielson, *Mechanical-Thermal Noise in Micromachined Acoustic and Vibration Sensors*, IEEE Trans. Electron Dev., Vol. 40, No. 5 (May 1993), pp. 903-909.

[Gän53] B. Gänger, *Der elektrische Durchschlag von Gasen*, Berlin; Göttingen; Heidelberg: Springer 1953.

[Gat68] W.D. Gates, *Vibrating Angular Rate Sensor may threaten the Gyroscope*, Electronics 41 (10), 1968, pp. 130-134.

[Gol98] W. Golderer, M. Lutz, J. Gerstenmeier, J. Marek, B. Maihöfer, S. Mahler, H. Münzel, U. Bischof, *Yaw Rate Sensor in Silicon Micromachining Technology for Automotive Applications*, Proc. Advanced Microsystems for Automotive Applications 98 (AMAA98), Berlin, Germany, March 1998, pp. 69-78.

[Gre91] P. Greiff, B. Boxenhorn, T. King, and L. Niles, *Silicon Monolithic Micromechanical Gyroscope*, Tech. Digest, 6th Int. Conf. on Solid-State Sensors and Actuators (Transducers '91), San Francisco, CA, USA, June 1991, pp. 966-968.

[Gre95] R.L. Greenspan, *Inertial Navigation Technology from 1970-1995*, Journal of The Institute of Navigation, Vol. 42, No. 1, Special Issue, pp. 165-185.

[Gre96a] P. Greiff, B. Antkowiak, J. Campbell, A. Petrovich, *Vibrating Wheel Micromechanical Gyro*, IEEE'96 Position Location & Navigation Symposium, pp. 31-37.

[Gre96b] P. Greiff, *Gimballed Vibrating Wheel Gyroscope*, US Patent No. 5535902 (July 16, 1996).

[Gre96c] P. Greiff, *Gimballed Vibrating Wheel Gyroscope*, US Patent No. 5555765 (September 17, 1996).

[Gri97] B. Griffin, B. Huber, F.Wallner, T. Fink, *A Sense of Balance AHRS with Low-Cost Vibrating Gyroscopes for Medical Diagnostics*, Proc. Symposium Gyro Technology 1997, Stuttgart, Germany, Sep. 1997, pp. 17.0-17.13.

[Gro91] R.Groshong, S.Ruscak, *Undersampling Techniques Simplify Digital Radio*, ElectronicDesign, June 13, 1991, pp.67-78.

[Guc89] H. Guckel, J. J. Sniegowski, T. R. Christenson, *Fabrication of micromechanical devices from polysilicon films with smooth surfaces*, Sensors and Actuators, A 20 (1989), pp. 117-122.

[Guc91] H. Guckel, *Silicon Microsensors: Construction, Design and Performance*, Microelectron. Eng. 15, 1991, pp. 387-398.

[Haf95] M. Hafen, Dr. E. Handrich, M. Kemmler, Dr. G. Spahlinger, Dr. W. Tschanun, *Microsystems for Navigation*, Proc. 7th International Fair and Congress for Sensors, Transducers & Systems (Sensor 95), May 1995, Nürnberg, Germany, pp. 403-408.

[Har95] A.J. Harris, J.S. Burdess, D. Wood, J. Cruickshank and G. Cooper, *Vibrating silicon diaphram micromechanical gyroscope*, Electronics Letters, 31st August 1995, Vol. 31 No. 18, pp. 1567-1568.

[Has94] M. Hashimoto, C. Cabuz, K. Minami and M. Esashi, *Silicon Resonant Angular Rate Sensor Using Electromagnetic Exitation and Capacitive Detection*, Microsystems Technologies '94, pp. 763-771.

[Has95] M. Hashimoto, C. Cabuz, K. Minami and M. Esashi, *Silicon Resonant Angular Rate Sensor Using Electromagnetic Exitation and Capacitive Detection*, J. Micromech. Microeng. 5 (1995), pp. 219-225.

[Haw92] T.J. Hawkey, R.P. Torti, *Integrated Microgyroscope*, SPIE Vol. 1694 (1992), pp. 199-207.

[Haw94] T. Hawkey, R. Torti, B. Johnson, *Electrostatically Controlled Micromechanical Gyroscope*, US Patent No. 5 353 656 (October 11, 1994).

[Hon91] T. Hosoi, M. Doi, T. Nishio, S. Hiyama, *Gas Flow Type Angular Velocity Sensor*, Patent JP 245296/91, 19.06.91.

[Hon92] T. Hosoi, M. Doi, T. Nishio, S. Hiyama, *Gas Flow Type Angular Velocity Sensor*, Patent EP 0519 404 A1, 23.12.92.

[Hop94] I.D. Hopkin, *Vibrating Gyroscopes*, IEE Colloquium on Automotive Sensors (Digest No. 1994/170), 1994, pp.6/1-6/4.

[Hop97] I.D. Hopkin, *Vibrating Gyroscopes*, Proc. Symposium Gyro Technology 1997, Stuttgart, Germany, Sep. 1997, pp. 1.0-1.10.

[HSG99] *Deutsche Marke "DAVED"*, Registriernummer 399 20 223, Tag der Anmeldung: 08.04.1999, Tag der Eintragung: 06.08.1999.

[IEE91] 671-1985 (R1991) IEEE Standard Specification Format Guide and Test Procedure for Nongyroscopic Inertial Angular Sensors: Jerk, Acceleration, Velocity, and Displacement.

[IEE94] 528-1994 IEEE Standard for Inertial Sensor Terminology.

[Jel89] R. J. Jelitto, *Theoretische Physik 6: Thermodynamik und Statistik*, 2. korr. Auflage, Aula-Verlag Wiesbaden (1989).

[Jac83] J. D. Jackson, *Klassische Elektrodynamik, 2. Auflage*, Walter de Gruyter, Berlin, New York (1983).

[Jun96] T. Juneau, A.P. Pisano, *Micromachined Dual Input Axis Angular Rate Sensor*, Tech. Digest, IEEE Solid-State Sensor and Actuator Workshop, Hilton Head Island, 1996, pp. 299-302.

[Jun97] T. Juneau, A.P. Pisano, J.H. Smith, *Dual Axis Operation of a Micromachined Rate Gyroscope*, Tech. Digest, 9th Int. Conf. on Solid-State Sensors and Actuators (Transducers '97), Chicago, IL, USA, June 1997, pp. 883-886.

[Kie98] M. Kieninger, *Entwicklung eines mikromechanischen Drehratensensors, Schwerpunkt Meßtechnische Charakterisierung*, Diplomarbeit, Fachhochschule Furtwangen im Schwarzwald, Abteilung Villingen-Schwenningen, Fachbereich Maschinenbau/Automatisierungstechnik, durchgeführt am HSG-IMIT, Februar 1998.

[Kob92] D. Kobayashi, T. Hirano, T. Furuhata, H. Fujita, *An Integrated Lateral Tunneling Unit*, Proc. IEEE Micro Electromechanical Systems Workshop (MEMS 92), Travemünde, Germany, Feb. 1992, pp. 214-216.

[Koh00] A. Kohne, *Entwicklung einer Gehäusekonstruktion*, Bericht 1. Praxissemester, Fachhochschule Furtwangen im Schwarzwald, Abteilung Villingen-Schwenningen, Fachbereich Maschinenbau/Automatisierungstechnik, durchgeführt am HSG-IMIT, März 2000.

[Koh86] F. Kohlrausch, *Praktische Physik 3, Tabellen und Diagramme*, 23. Auflage, Teubner-Verlag, Stuttgart (1986).

[Kon92] M. Konn, H. Yamada, T. Yano, S. Fujimura, T. Kumasaka, *Vibration Gyro Having a H-Shaped Vibrator*, US Patent No. 5 116 571 (November 24, 1992.

[Kra97] M.S. Kranz, G.K. Fedder, *Micromechanical Vibratory Rate Gyroscope Fabricated in Conventional CMOS*, Proc. Symposium Gyro Technology 1997, Stuttgart, Germany, Sep. 1997, pp. 3.0-3.8.

[Kue94] W. Kuehnel, S. Sherman, *A Surface Micromachined Silicon Accelerometer with On-Chip Detection Circuitry*, Sensors and Actuators, A 45 (1994), pp. 7-16.

[Kui97] H. Kuisma, T. Ryhänen, J. Lahdenperä, E. Punkka, S. Ruotsalainen, T. Sillanpää, H. Seppä, *A Bulk Mucromachined Angular Rate Sensor*, Tech. Digest, 9th Int. Conf. on Solid-State Sensors and Actuators (Transducers '97), Chicago, IL, USA, June 1997, pp. 875-878.

[Kur97] M. Kurosawa, Y. Fukuda, M. Takasaki, T. Higuchi, *A Surface Acoustic Wave Gyro Sensor*, Tech. Digest, 9th Int. Conf. on Solid-State Sensors and Actuators (Transducers '97), Chicago, IL, USA, June 1997, pp. 863-866.

[Lan62] W.E. Langlois, *Isothermal Squeeze Films*, Q. Appl. Math., XX (1962), pp131-150.

[Lan90] *Langenscheidts Taschenwörterbuch der Griechischen und Deutschen Sprache, Altgriechisch-Deutsch*, Langenscheidt, Berlin, München, Wien, Zürich, New York.

[Lan95] P. Lange, M. Kirsten, W. Riethmüller, B. Wenk, G. Zwicker, J.R. Morante, F. Ericson, J.Å. Schweitz, *Thick Polycristallne Silicon For Surface Micromechanical Applications: Deposition, Structuring and Mechanical Charcterization*, 8th International Conference on Solid-State Sensors and Actuators (Transducers '95/Eurosensors IX), Stockholm, Sweden, June 1995, pp. 202-205.

[Lan96] A. Landt, *Es wirkt! Das erste SLR-Objektiv der Welt mit Bildstabilisator*, Color Foto 1/96, pp. 56-57.

[Lan99] W. Lang, *Reflexions on the future of microsystems*, Sensors and Actuators A, 72 (1999), pp. 1-15.

[Lao80] B.Y. Lao, *Gyroscopic Effect in Surface Acoustic Waves*, Proc. Ultrasonics Symposium, IEEE Cat. No. 80 CH 1602 2, Institute of Electrical and Electronik Engineers, New York, 1980, p. 687.

[Lau92] D.R. Laughlin, *Low Frequency Angular Velocity Sensor*, Patent WO92/09897, 11.06.92.

[Lau93] D.R. Laughlin, A.A. Ardaman, H.R. Sebesta, *Inertial Angular Rate Sensors: Theory and Applications*, Firmenschrift Applied Technology Associates, Inc., 1993, Reprinted from Sensors, October1992..

[Leb90] H. Leblond, f. Jupinet, J. P. Colinot, P. Jarri, L. Guillot, P. St. Martin, *A New Gyrometer for Automotive Applications*, XXIII FISITA Congress, Turin, Italy, May 1990, pp. 619-625.

[Leg94] R. Legtenberg, H.A.C. Tilmans, J. Elders, and M. Elwenspoek, *Stiction of Surface Micromachined Structures After Rinsing and Drying: Model and Investigation of Adhesion Mechanisms*, Sensors and Actuators A, 43 (1994), pp. 230-238.

[Lég96] P. Léger, *Quapason™ - A New Low-Cost Vibrating Gyroscope*, Proc. Symposium Gyro Technology 1996, Stuttgart, Germany, Sep. 1996, pp. 15.0-15.8.

[Lin99] T. Link, *Systemsimulation von kraftkompensierten, mikromechanischen Drehratensensoren*, Diplomarbeit, Fachhochschule Furtwangen im Schwarzwald, Fachbereich Mikrosystemtechnik, durchgeführt am HSG-IMIT, August 1999.

[Lju95] P.B. Ljung, T. Juneau, A.P. Pisano, *Micromachined Two Input Axis Angular Rate Sensor*, ASME International Mechanical Engineering Congress and Exposition 1995, session DSC-16.

[Lob88] T. Lober, J. Huang, M.A. Schmidt, and S.D. Senturia, Proc. IEEE Micro Electromechanical Systems Workshop (MEMS 88), Fort Lauderdale, FL, USA, Feb. 1988, pp. 92.

[Lop82] E.J. Loper, D.D. Lynch, *The HRG: A New Low-Noise Inertial Rotation Sensor*, Proc. 16th Joint Services Data Exchange for Inertial Systems, Los Angeles, CA, USA, Nov 16-18, 1982, pp.1-6.

[Lop83] E. Loper, D. Lynch, *Projected System Performance Based on Recent HRG Test Results*, Proc. 5th Digital Avionics System Conference, IEEE, Nov. 1983, pp. 18.1.1-18.1.6.

[Los65] J. Loschmidt, *On the Size of the Air Molecules*, Proceedings of the Academy of Science of Vienna, Vol. 52, pp. 395-413 (1865).

[Lut97] M. Lutz, W. Golderer, J. Gerstenmeier, J. Marek, B. Maihöfer, S. Mahler, H. Münzel, U. Bischof, *A Precision Yaw Rate Sensor in Silicon Micromachining*, Tech. Digest, 9th Int. Conf. on Solid-State Sensors and Actuators (Transducers '97), Chicago, IL, USA, June 1997, pp. 847-850.

[Lyn95] D.D. Lynch, *Vibratory Gyro Analysis by the Method of Averaging*, Proc. 2nd St. Petersburg Conf. on Gyroscopic Technology and Navigation, St. Petersburg, Russia, May 1995, pp. 18-26.

[Lyn98] D.D. Lynch, *Coriolis Vibratory Gyros*, Proc. Symposium Gyro Technology 1998, Stuttgart, Germany, Sep. 1998, pp. 1.0-1.14.

[Mae93] K. Maenaka, T. Shiozawa, *Silicon Rate Sensor Using Anisotropic Etching Technology*, Tech. Digest, 7th Int. Conf. on Solid-State Sensors and Actuators (Transducers '93), Yokohama, Japan, 1993, pp. 642-645.

[Mae94] K. Maenaka, T. Shiozawa, *A Study of Silicon Angular Rate Sensor Using Anisotropic Etching Technology*, Sensors and Actuators, A 43 (1994), pp. 72-77.

[Mae95] K. Maenaka, Y. Konishi, T. Fujita and M. Maeda, *Analysis and Design Concept of Highly Sensitive Silicon Gyroscopes*, 8th International Conference on Solid-State Sensors and Actuators (Transducers '95/Eurosensors IX), Stockholm, Sweden, June 1995, pp. 612-615.

[Mag71] K. Magnus, *Kreisel*, Springer-Verlag, 1971.

[Mag86] K. Magnus, *Schwingungen*, B.G. Teubner Stuttgart 1986.

[Mar92] J. Marek, *Beschleunigungssensor*, Patent DE 40 22 464 A1, Offenlegung 16.01.92.

[Mar97] C. Marselli, H.P. Amann, F. Pellandini, F. Grétillat, M.-A. Grétillat, and N.F. de Rooij, *Error Modelling of a Silicon Angular Rate Sensor*, Proc. Symposium Gyro Technology 1997, Stuttgart, Germany, Sep. 1997, pp. 4.0-4.9.

[Mas93a] C.H. Mastrangelo, C.H. Hsu, *Mechanical Stability and Adhesion of Microstructures Under Capillary Forces - Part I: Basic Theory*, Journal of Microelectromechanical Systems, Vol. 2, No. 1, March 1993, pp. 33-43.

[Mas93b] C.H. Mastrangelo, C.H. Hsu, *Mechanical Stability and Adhesion of Microstructures Under Capillary Forces - Part II: Experiments*, Journal of Microelectromechanical Systems, Vol. 2, No. 1, March 1993, pp. 44-55.

[Mat98] The Math Works, Inc., Natick, MA 01760-1500, *Matlab® 5.3*, 1998.

[Mau97] D. Maurer, *Entwicklung eines Silizium Drehratensensors für die Anwendung in Navigationssystemen*, Diplomarbeit, Fachhochschule Furtwangen im Schwarzwald, Fachbereich Mikrosystemtechnik, durchgeführt am HSG-IMIT, September 1997.

[Meh98a] G. Mehler, B. Mattes, M. Henne, H.-P. Lang, W. Wottreng, *Rollover Sensing (ROSE)*, Proc. Advanced Microsystems for Automotive Applications 98 (AMAA98), Berlin, Germany, March 1998, pp. 56-68.

[Meh98b] J. Mehner, S. Kurth, D. Billep, C. Kaufmann, K. Kehr, W. Dötzel, *Simulation of Gas Damping in Microstructures with Nontrivial Geometries*, Proc. IEEE Micro Electromechanical Syst.Workshop (MEMS 98), Heidelberg, Germany, Jan. 1998, pp. 172-177.

[Mes89] K. Altmann, *Anordnung zur Drehbewegungsmessung*, Germ. Patent DE-3341 801 C2 (July 13, 1989).

[Mit99] H. Mitterling, *Ausleseelektronik für mikromechanische Drehratensensoren unter Verwendung eines Digitalen Signal Prozessors*, Diplomarbeit, Fachhochschule Furtwangen im Schwarzwald, Fachbereich Informationssysteme, Studiengang Elektronik, durchgeführt am HSG-IMIT, August 1999.

[Moc99] Y. Mochida, M. Tamura, K. Ohwada, *A Micromachined Vibrating Rate Gyroscope with Independent Beams for the Drive and Detection Modes*, Proc. IEEE Micro Electromechanical Syst.Workshop (MEMS 99), Orlando, FL, USA, Jan. 1999, pp. 618-623.

[Mue97] H. Muenzel, F. Laermer, M. Offenberg, A. Schilp, M. Lutz, *Verfahren zur Herstellung eines Coriolis-Drehratensensors*, Offenlegungsschrift DE 195 39 049 (Anmeldung 20.10.95; Offenlegung 24.04.97).

[Mül90] R. Müller, *Rauschen*, Berlin; Heidelberg; New York; London; Paris; Tokio; Hong Kong: Springer 1990.

[Mul93] G.T. Mulhern, D.S. Soane, and R.T. Howe, *Supercritical Carbon Dioxide Drying of Microstructures*, Tech. Digest, 7th Int. Conf. on Solid-State Sensors and Actuators (Transducers '93), Yokohama, Japan, 1993, pp. 296-299.

[Mur94] MURATA MFG. CO., LTD., *Piezoelectric Vibrating Gyroscope-Gyrostar (Typ ENV-05A)*, Cat. No. S34E-1.

[Nex98] Nexus Task Force, *Market Analysis for Microsystems 1996 - 2002*, A Nexus Task Force Report; Oktober 1998.

[Nyq28] H. Nyquist, *CertainTopics in Telegraph Trans-mission Theory*, Trans.AIEE 47 (1928) pp.617-644.

[Off94] M. Offenberg, B. Elsner, F. Lärmer, *Vapor HF Etching for Sacrificial Oxide Removal in Surface Micro Machining*, Electrochem. Soc. Fall-Meeting 1994, Miami Beach, Ext. Abstr. No 671, p. 1056.

[Off95] M. Offenberg, F. Lärmer, B. Elsner, H. Münzel, and W. Riethmüller, *Novel Process for a Monolithical Integrated Accelerometer*, Transducer '95, Eurosensor IX, 148-C4, pp. 589-592.

[Off96] M. Offenberg, H. Münzel, D. Schubert, B. Maihöfer, F. Lärmer, E. Müller, O. Schatz, J. Marek, SAE Technical Paper Series, 960758, SAE 96, The Engineering Society for Advancing Mobility Land Sea Air and Space, 1996, reprinted from Sensors and Actuators 1996 (SP-1133), pp. 35.

[Oh97] Y. Oh, B. Lee, S. Baek, H. Kim, S. Kang, C. Song, *A Surface-Micromachined Tunable Vibratory Gyroscope*, Proc. IEEE Micro Electromechanical Syst.Workshop (MEMS 97), Nagoya, Japan, Jan. 1997, pp. 272-277.

[Oho95] S. Oho, H. Kajioka, T. Sasayama, *Optical Fiber Gyroscope for Automotive Navigation*, IEEE Transactions on Vehicular Technology, Vol. 44, No. 3, August 1995, pp. 698-705.

[Ori00] OriginLab Corporation, Northampton, MA 01060, USA, *Origin® 6.1*, 2000.

[Orp91] M. Orpana, A.O. Korhonen, *Control of Residual stress of polysilicon thin films by heavy doping in surface micromachining*, Tech. Digest, 6th Int. Conf. on Solid-State Sensors and Actuators (Transducers '91), San Francisco, CA, USA, June 1991, pp. 958-964.

[Pao96a] F. Paoletti, M.-A. Grétillat, and N.F. de Rooij, *A Silicon Micromachined Vibrating Gyroscope with Piezoresistive Detection and Electromagnetic Excitation*, Proc. IEEE Micro Electromechanical Syst. Workshop (MEMS 96), San Diego, CA, USA, Feb. 1996, pp. 162-167.

[Pao96b] F. Paoletti, M.-A. Grétillat, and N.F. de Rooij, *A Silicon Micromachined Tuning Fork Gyroscope*, Proc. Symposium Gyro Technology 1996, Stuttgart, Germany, Sep. 1996, pp. 5.0-5.8.

[Par97] K.Y. Park, C.W. Lee, Y.S. Oh, Y.H. Cho, *Laterally Oscillated and Force Balanced Micro Vibratory Rate Gyroscope Supported by Fish Hook Shape Springs*, Proc. IEEE Micro Electromechanical Syst.Workshop (MEMS 97), Nagoya, Japan, Jan. 1997, pp. 494-499.

[Par99] K.Y. Park, et al., *Lateral Gyroscope Suspended By Two Gimbals Through High Aspect Ratio ICP Etching*, Tech. Digest, 10th Int. Conf. on Solid-State Sensors and Actuators (Transducers '99), Sendai, Japan, June 7-10, 1999, pp. 972-975.

[Pas98] M. Pascal, *Meßtechnische Charakterisierung mikromechanischer Drehratensensoren*, Diplomarbeit, Fachhochschule Furtwangen im Schwarzwald, Abteilung Villingen-Schwenningen, Fachbereich Maschinenbau/Automatisierungstechnik, durchgeführt am HSG-IMIT, August 1998.

[Pee92] E. Peeters, S. Vergote, B. Puers, W. Sansen, *A highly symmetrical capacitive Micro-Accelerometer with Single Degree-of-Freedom Response*, J. Micromech. Microeng. 2 (1992), pp. 104-112.

[Pin94] C. Pinney, M.A. Hawes and J. Blackburn, *A Cost-Effective Inertial Motion Sensor for Short-Duration Autonomous Navigation*, Proc. IEEE Position Location and Navigation Symposium, 1994, pp. 591-597.

[Put94] M. Putty, K. Najafi, *A Micromachined Vibrating Ring Gyroscope*, Tech. Digest, IEEE Solid-State Sensor and Actuator Workshop, Hilton Head Island, SC, USA, June 1990, pp. 213-220.

[Put95] M.W. Putty, *A Micromachined Vibrating Ring Gyroscope*, Ph.D. Dissertation, The University of Michigan, 1995 .

[Rep95] A. Reppich, R. Willig, *Yaw Rate Sensor for Vehicle Dynamics Control System*, SAE Technical Paper 950537, pp. 67-76.

[Reu95] C. Reuber, *Gyrometer-Sensoren: Stabilisieren Fahrzeuge und Camcorder*, Elektronik 13/1995, pp. 34-36.

[Rug84] I. Ruge, *Halbleitertechnologie*, Springer Verlag, 1984.

[Sag13] G. Sagnac, *L'ether lumineux demontre par l'effet du vent relatif d'ether dans un interferometre en rotation uniforme*, C.R. Acad. Sci, 1913, vol 95, pp. 708-710.

[Sas00] S. Sassen, R. Voss, J. Schalk, E. Stenzel, T. Gleissner, R. Gruenberger, F. Nuscheler, F. Neubauer, W. Ficker, W. Kupke, K. Bauer, M. Rose, *Robust and Selftestable Silicon Tuning Fork Gyroscope with Enhanced Resolution*, Proc. Advanced Microsystems for Automotive Applications 2000 (AMAA 2000), Berlin, Germany, March 2000, pp. 233-245.

[Sas99] S. Sassen, R. Voss, J. Schalk, E. Stenzel, T. Gleissner, R. Gruenberger, F. Neubauer, W. Ficker, W. Kupke, K. Bauer, M. Rose, *Silicon Angular Rate Sensor for Automotive Applications with Piezoelectric Drive and Piezoresistive Read-out*, Tech. Digest, 10th Int. Conf. on Solid-State Sensors and Actuators (Transducers '99), Sendai, Japan, June 7-10, 1999, pp. 906-909.

[Sch97] U. Schreiber, M. Schneider, G.E. Stedman, C.H. Rowe, B.T. King, S.J. Cooper, D.N. Wright, H.Seeger, *Preliminary Results from a Large Ring Laser Gyroscope for Fundamental Physics and Geophysics*, Proc. Symposium Gyro Technology 1997, Stuttgart, Germany, Sep. 1997, pp. 16.0-16.5.

[Sch99a] U. Schreiber, M. Schneider, C.H. Rowe, G.E. Stedman, W. Schlüter, *Stabilizing the Operation of a Large Ring Laser*, Proc. Symposium Gyro Technology 1999, Stuttgart, Germany, Sep. 1999, pp. 14.0-14.10.

[Sch99b] R. Schellin, A. Thomae, M. Lang, W. Bauer, J. Mohaupt, G. Bischopink, L. Tanten, H. Baumann, H. Emmerich, S. Pintér, J. Marek, K. Funk, G. Lorenz, R. Neul, *A Low Cost Angular Rate Sensor for Automotive Applications in Surface Micromaching Technology*, Proc. Advanced Microsystems for Automotive Applications 99 (AMAA99), Berlin, Germany, March 1999, pp. 239-250.

[Sch99c] K. Schiller, *Analytische Berechnung, FEM-Simulation und Layouterstellung von mikromechanischen Drehratensensoren*, Diplomarbeit, Fachhochschule Furtwangen im Schwarzwald, Fachbereich Mikrosystemtechnik, durchgeführt am HSG-IMIT, September 1999.

[She99] C. Shearwood, K.Y. Ho, H.Q. Gong, *Testing of a Micro-Rotating Gyroscope*, Tech. Digest, 10th Int. Conf. on Solid-State Sensors and Actuators (Transducers '99), Sendai, Japan, June 7-10, 1999, pp. 984-987.

[Shi94] H. Shimmizu, T. Yoshida, C. Mashiko, *Gyroscope Using Circular Rod Typ Piezoelctric Vibrator*, US Patent No. 5 336 960 (Aug. 9, 1994).

[Shu95] K. Shuta, H. Abe, *Compact Vibratory Gyroscope*, Jpn. J. Appl. Phys., Vol. 34 (1995), Part 1, No. 5B, May 1995, pp. 2601-2603.

[Sig91] H. Sigloch, *Technische Fluidmechanik*, VDI-Verlag, 1991.

[Sob97] U. Sobe, *Konzeption, Simulation und Fertigung eines mikromechanischen Gyroskops*, Diplomarbeit, Technische Universität Dresden, Fakultät Elektrotechnik, Institut für Halbleiter- und Mikrosystemtechnik, durchgeführt am HSG-IMIT, Januar 1997.

[Söd90a] J. Söderkvist, *Piezoelectric Beams and Angular Rate Sensors*, Forty-Fourth Annual Symposium on Frequency Control, pp. 406-415.

[Söd90b] J. Söderkvist, *Design of a Solid-State Gyroscopic Sensor Made of Quarz*, Sensors and Actuators, A21-23 (1990), pp. 293-296.

[Söd92] J. Söderkvist, *A Sensor Element Intended for a Gyro*, Swed. Patent No. SE 8 900 666 (July 30, 1992).

[Söd94] J. Söderkvist, *Micromachined Gyroscopes*, Sensors and Actuators, A 43 (1994), pp. 65-71.

[Söd95] J.Söderkvist, *Micromachined Angular Rate Sensors - a Supplementing Sensor Type*, Nexus Workshop - Accelerometers.

[Som59] A. Sommerfeld, *Optik*, (Vorlesungen über theoretische Physik; Bd. IV) Bearb. u. erg. v. Fritz Bopp u. Josef Meixner. - 2. Aufl. - Leipzig: Akademische Verl.-ges. Geest & Portig, 1959.

[Son97] C. Song, *Commercial Version of Silicon Based Inertial Sensors*, Tech. Digest, 9th Int. Conf. on Solid-State Sensors and Actuators (Transducers '97), Chicago, IL, USA, June 1997, pp. 839-842.

[Spa97] D.R. Sparks, S.R. Zarabadi, J.D. Johnson, Q. Jiang, M. Chia, O. Larsen, W. Higdon, P. Castillo-Borelley, *A CMOS Integrated Surface Micromachined Angular Rate Sensor: It's Automotive Applications*, Tech. Digest, 9th Int. Conf. on Solid-State Sensors and Actuators (Transducers '97), Chicago, IL, USA, June 1997, pp. 851-854.

[SPC99] System Planning Corporation, *MEMS 1999 Emerging Applications and Markets*, http://memsmarket.sysplan.com/.

[Sta85] G. Staudt, *Experimentalphysik II, 3. Auflage*, Attempto Verlag Tübingen GmbH.

[Sta85] J.H. Staudte, *Vibratory Angular Rate Sensor*, US Patent No. 4 524 619 (Jan. 25, 1985).

[Sta87] G. Staudt, *Experimentalphysik I, 4. Auflage*, Attempto Verlag Tübingen GmbH.

[Sta90] J.B. Starr, *Squeeze-Film Damping in Solid-State Accelerometers*, Tech. Digest, IEEE Solid-State Sensor and Actuator Workshop, Hilton Head Island, SC, USA, June 1990, pp. 44-47.

[Ste00] S. Steigmajer, *Programmierung einer mehrkanaligen Auslesesoftware für mikromechanische Drehratensensoren unter Verwendung eines Digitalen Signal Prozessors*, Bericht 2. Praxissemester, Fachhochschule Albstadt-Sigmaringen, Fachbereich Technische Informatik, durchgeführt am HSG-IMIT, April 2000.

[Ste98] P. Steiner, S. M. Schwehr, *Future Applications of Microsystem Technology in Automotive Safety Systems*, Proc. Advanced Microsystems for Automotive Applications 98 (AMAA98), Berlin, Germany, March 1998, pp. 21-42.

[Str00] T. Strobelt, *Hochauflösende Beschleunigungssensoren mit Tunnelstrecke*, http://elib.uni-stuttgart.de/opus/volltexte/2000/651.

[Sug87] S. Sugawara, C.C. Hwang and M. Konno, *Angular Rate Detection Utilizing Phase Shift in a Piezoelectric Vibratory Gyro*, Proc. 6th Meeting on Ferroelectric Materials and Their Applications, Kyoto 1987, Japanese Journal of Applied Physics, Vol. 26 (1987) Supplement 26-2, pp. 171-173.

[Sug91] S. Sugawara, M. Konno, S.Kudo, *Equivalent Circuit and Construction of Piezoelectric Vibratory Gyroscope Using Flexurally-Vibrating Resonator with a Square Cross Section*, Proc. 11th Symposium on Ultrasonic Electronics, Kyoto 1990, Japanese Journal of Applied Physics, Vol. 30 (1991) Supplement 30-1, pp. 129-131.

[Sug93] S. Sugawara, M. Konno and S. Kudo, *Equivalent Circuit Consideration on Null Signals in a Piezoelectric Vibratory Gyroscope*, Electronics and Communications in Japan, Part 3, Vol. 76, No. 7, 1993, pp. 100-111; Translated from D.J.T.G. Ronbunshi, Vol. 76-A, No. 3, March 1992, pp. 263-272.

[Sul99] B. Sulouff, *Integrated Surface Micromachined Gyro and Accelerometers for Automotive Sensor Applications*, Proc. Advanced Microsystems for Automotive Applications 99 (AMAA99), Berlin, Germany, March 1999, pp. 261-270.

[Sys95] Systron Donner, Inertial Devision, *GyroChip*, Datenblatt Jan. 1995.

[Tai88] Y.C. Tai, R.S. Muller, *IC-processed electrostatic synchronous micromotors*, Sensors and Actuators, Vol. 20, pp. 49-55, 1988.

[Tam91a] H. Kumagai, T. Shiozawa, *Gyro Apparatus Employing a Semiconductor Device*, Europ. Patent No. 0481 594 A1, 21.08.1991.

[Tam91b] H. Kumagai, T. Shiozawa, *Semiconductor Gyro Apparatus*, Europ. Patent No. 0495291A1, 11.09.91.

[Tan92] W.C. Tang, M.G. Lim, and R.T. Howe, *Electrostatic Comb Drive Levitation and Control Method*, Journal of Microelectromechanical Systems, Vol. 1, No. 4, Dec. 1992, pp. 170-178.

[Tan95a] K. Tanaka, Y. Mochida, M. Sugimoto, K. Moriya, T. Hasegawa, K. Atsuchi, K. Ohwada, *A Micromachined Vibrating Gyroscope*, Proc. IEEE Micro Electromechanical Syst.Workshop (MEMS 95), Amsterdam, Netherlands, Jan./Feb. 1995, pp. 278-281.

[Tan95b] K. Tanaka, Y. Mochida, M. Sugimoto, K. Moriya, T. Hasegawa, K. Atsuchi, K. Ohwada, *A Micromachined Vibrating Gyroscope*, Sensors and Actuators, A 50 (1995), pp. 111-115.

[Tan97] T.K. Tang, R.C. Gutierrez, C.B. Stell, V. Vorperian, G.A. Arakai, J.T. Rice, W.J. Li, I. Chakraborty, K. Shcheglov, J.Z. Wilcox, W.J. Kaiser, *A Packaged Silicon MEMS Vibratory Gyroscope for Microspacecraft*, Proc. IEEE Micro Electromechanical Syst.Workshop (MEMS 97), Nagoya, Japan, Jan. 1997, pp. 500-505.

[Tem95] TEMIC, *Datenblatt, Ordner-No. TM/G15-95-DB DRZ-75X-01-D.*

[Ten87] S.M. Tenney, J.P. Grills, *Development of a Low-Cost Navigation Aid*, The Journal of Fluid Control, 1/87, pp. 28-37.

[Tes95] Test Point, *Test Point User's Guide, 1995*, Capital Equipment Corporation, 76 Blanchard Rd., Burlington; Massachusetts 01803.

[Tok99] Tokin Sensors, *Datenblatt CG-16 D*, Stand April 1999.

[Val76] V. Vali, R.W. Shorthill, *Fiber Ring Interferometer*, Appl. Opt., Vol. 15, 1976, pp. 1099-1100.

[Vei96] T. Veijola, H. Kuisma, J. Lahdenperä, T. Ryhänen, *Simulation Model for Micromechanical Angular Rate Sensor*, Proc. 10th European Conf. on Solid-State Transducers (Eurosensors X), Leuven, Belgien, September 1996, pp. 1365-1368.

[vHi93] E. v. Hinüber, H. Janocha, *Inertiales Meßsystem in Strapdown-Technik für Kraftfahrzeug-Anwendungen*, Proc. 6th International Fair and Congress for Sensors, Transducers & Systems (Sensor 93), May 1993, Nürnberg, Germany, Band 4, pp. 271-280.

[vKa93] R.P. van Kampen, M.J. Vellekoop, P.M. Sarro and R.F. Wolffenbuttel, *Application of Electrostatic Feedback to Critical Damping of an Integrated Silicon Capacitive Accelerometer*, Tech. Digest, 7th Int. Conf. on Solid-State Sensors and Actuators (Transducers '93), Yokohama, Japan, 1993, pp. 818-821.

[vKa94] R.P. van Kampen, M.J. Vellekoop, P.M. Sarro and R.F. Wolffenbuttel, *Application of Electrostatic Feedback to Critical Damping of an Integrated Silicon Capacitive Accelerometer*, Sensors and Actuators, A 43 (1994), pp. 100-106.

[Vos97] R. Voss, K. Bauer, W. Ficker, T. Gleissner, W. Kupke, M. Rose, S. Sassen, J. Schalk, H. Seidel, E. Stenzel, *Silicon Angular Rate Sensor for Automotive Applications with Piezoelectric Drive and Piezoresistive Read-out*, Tech. Digest, 9th Int. Conf. on Solid-State Sensors and Actuators (Transducers '97), Chicago, IL, USA, June 1997, pp. 879-882.

[vZa94] A. von Zanten, R. Eberhardt, G. Pfaff, *FDR-Die Fahrdynamikregelung von Bosch*, ATZ-Automobiltechnische Zeitschrift 96 (1994) 11, pp. 674-678, 683-689.

[Wae96] G. Wäckerle, S. Appelt, M. Mehring, *Der Stuttgarter Kerspinkreisel*, Phys. Bl. 52 (1996) Nr. 1, pp. 39-41.

[Wat82] W. Watson, *Angular Rate Sensor Apparatus*, US Patent 341229 (January 21, 1982.

[Wei96] M. Weinberg, J. Bernstein, J. Borenstein, J. Campbell, J. Cousens, B. Cunningham, R. Fields, P. Greiff, B. Hugh, L. Niles, J. Sohn, *Micromachining Inertial Instruments*, SPIE Vol. 2879, 1996, pp. 26-3629.

[Wil96] C.B. Williams, C. Shearwood, P.H. Mellor, A.D. Mattingley, M.R.J. Gibbs and R.B. Yates, *Initial Fabrication of a Micro-Induction Gyroscope*, Microelectronic Engineering 30 (1996), pp. 532-534.

[Wil97] C.B. Williams, C. Shearwood, P.H. Mellor, R.B. Yates, *Modelling and Testing of a Frictionless Levitated Motor*, Sensors and Actuators, A61 (1997), pp. 469-473.

[Wre87] T. Wren, J.S. Burdess, *Surface Waves Perturbated by Rotation*, ASME Journal of Applied Mechanics, Vol. 54, 1987, pp. 464-466.

[Wri69] W. Wrigley, W.M. Hollister, W.G. Denhard, *Gyroscopic Theory, Design, and Instrumentation*, The M.I.T. Press (SBN 262 23037 2).

[Xan93] K. Xander, H. H. Enders, *Regelungstechnik mit elektronischen Bauelementen, 5., neubearb. u. erw. Auflage*, Düsseldorf: Werner, 1993 (Werner-Ingenieur-Texte; 6).

[Xie01] H. Xie, G.K. Fedder, *A CMOS-MEMS Lateral-Axis Gyroscope*, Proc. IEEE Micro Electromechanical Syst.Workshop (MEMS 2001), Interlaken, Schweiz, Jan. 2001, pp. 162-165.

[Yat95] R. Yates, *MEMS: For Sensors and Optoelectronics*, European Semiconductor November 1995, pp. 33-35.

[Zab92] E. Zabler, J. Marek, *Drehratensensor*, Offenlegungsschrift DE 40 32 559 (Anmeldung 13.10.90; Offenlegung 16.04.92).

[Zab95] E. Zabler, J. Marek, J. Wolf, F. Bantien, *Drehratensensor und Verfahren zur Herstellung eines Drehratensensors*, Offenlegungsschrift DE 43 35 219 (Anmeldung 15.10.93; Offenlegung 20.04.95).

Liste der Veröffentlichungen

1/ R. Zengerle, W. Geiger, M. Richter, J. Ulrich, S. Kluge, A. Richter, *Application of Micro Diaphragm Pumps in Microfluid Systems*, Proc. 4th Int. Conf. on New Actuators (Actuator '94), Bremen, Germany, June 1994, pp. 25 - 29.

2/ R. Zengerle, W. Geiger, M. Richter, J. Ulrich, S. Kluge, A. Richter, *Transient Measurements on Miniaturized Diaphragm Pumps in Microfluid Systems*, Sensors and Actuators, A 46-47 (1995), pp. 557-561.

3/ W. Geiger, A. Erlebach, R. Köhler, H. Kück, *Fabrication of Acceleration Sensors Using a New SIMOX Technology for Stiction Free Low Stress Micromechanical Devices*, Proc. 10th European Conf. on Solid-State Transducers (Eurosensors X), Leuven, Belgien, September 1996, pp. 1121-1124.

4/ W. Geiger, B. Folkmer, U. Sobe, H. Sandmaier, W. Lang, *New Designs of Micromachined Rate Gyroscopes with Improved Sensitivity through Decoupled Oscillation Modes*, Proc. 8th International Fair and Congress for Sensors, Transducers & Systems (Sensor 97), May 1997, Nürnberg, Germany, pp. 193-198.

5/ W. Geiger, B. Folkmer, U. Sobe, H. Sandmaier, W. Lang, *New Designs of Micromachined Vibrating Rate Gyroscopes with Decoupled Oscillation Modes*, Tech. Digest, 9th Int. Conf. on Solid-State Sensors and Actuators (Transducers '97), Chicago, IL, USA, June 1997, pp. 1129-1132.

6/ W. Geiger, B. Folkmer, H. Sandmaier, W. Lang, *New Designs, Readout Concept and Simulation Approach of Micromachined Rate Gyroscopes*, Proc. Symposium Gyro Technology 1997, Stuttgart, Germany, September 1997, pp. 2.0-2.8.

7/ W. Geiger, B. Folkmer, H. Sandmaier, W. Lang, *New Designs, Readout Concept and Simulation Approach of Micromachined Rate Gyroscopes*, Proc. 27th European Solid-State Device Research Conference (ESSDERC '97), Stuttgart, Germany, September 1997, pp. 428-431.

8/ W. Geiger, B. Folkmer, J. Merz, H. Sandmaier, W. Lang, *A New Silicon Rate Gyroscope*, Proc. IEEE Micro Electromechanical Syst.Workshop (MEMS 98), Heidelberg, Germany, Jan. 1998, pp. 615-620.

9/ W. Geiger, B. Folkmer, M. Kieninger, J. Merz, H. Förstermann, H. Sandmaier, W. Lang, *A New Silicon Rate Gyroscope with Decoupled Oscillation Modes*, Proc. Advanced Microsystems for Automotive Applications 98 (AMAA98), Berlin, Germany, March 1998, pp. 277-280.

10/ W. Geiger, B. Folkmer, U. Sobe, H. Sandmaier, W. Lang, *New Designs of Micromachined Vibrating Rate Gyroscopes with Decoupled Oscillation Modes*, Sensors and Actuators, A 66/1-3 (1998), pp. 118-124.

11/ W. Geiger, M. Kieninger, B. Folkmer, H. Sandmaier, W. Lang, *A Silicon Rate Gyroscope with Decoupled Driving and Sensing Mechanisms*, Proc. Symposium Gyro Technology 1998, Stuttgart, Germany, September 1998, pp. 6.0-6.9.

12/ W. Geiger, M. Kieninger, M. Pascal, B. Folkmer, W. Lang, *Micromachined Angular Rate Sensor MARS-RR*, Invited Paper - Proc. of The International Society for Optical Engineering (SPIE), Micromachined Devices and Components IV, Santa Clara, California, September 1998, pp. 190-198.

13/ W. Geiger, B. Folkmer, H. Sandmaier, W. Lang, *The Silicon Angular Rate Sensor MARS-RR*, 9th International Trade Fair and Conference for Sensors, Transducers & Systems (Sensor 99), May 1999, Nürnberg, Germany, Proceedings 2, pp. 59-64.

14/ W. Geiger, J. Merz, T. Fischer, B. Folkmer, H. Sandmaier, W. Lang, *The Silicon Angular Rate Sensor System MARS-RR*, Tech. Digest, 10th Int. Conf. on Solid-State Sensors and Actuators (Transducers '99), Sendai, Japan, June 7-10, 1999, pp. 1578-1581.

15/ W. Geiger, H. Sandmaier, W. Lang, *A Mechanically Controlled Oscillator*, Tech. Digest, 10th Int. Conf. on Solid-State Sensors and Actuators (Transducers '99), Sendai, Japan, June 7-10, 1999, pp. 1406-1409.

16/ W. Geiger, J. Merz, B. Folkmer, M. Braxmaier, A. Strunz, H. Mitterling, X. Niu, H. Sandmaier, W. Lang, *DAVED - A Micromachined Sensor of Angular Rate*, Proc. Symposium Gyro Technology 1999, Stuttgart, Germany, Sep. 1999, pp. 2.0-2.9.

17/ W. Geiger, J. Merz, B. Folkmer, M. Braxmaier, T. Link, K. Schiller, A. Strunz, H. Sandmaier, W. Lang, *DAVED - A Micromachined Sensor for Angular Rate*, Proc. MicroEngineering 99, Stuttgart, Germany, Sep. 1999, pp. 155-157.

18/ W. Geiger, B. Folkmer, J. Merz, H. Sandmaier, W. Lang, *A New Silicon Rate Gyroscope*, Sensors and Actuators, A 73 (1999), pp. 45-51.

19/ W. Geiger, J. Merz, T. Fischer, B. Folkmer, H. Sandmaier, W. Lang, *The Silicon Angular Rate Sensor System DAVED*, Sensors and Actuators, A 84 (2000), pp. 280-284.

20/ W. Geiger, H. Sandmaier, W. Lang, *A Mechanically Controlled Oscillator*, Sensors and Actuators, A 82 (2000), pp. 74-78.

21/ X.J. Niu, W. Geiger, H. Sandmaier, W. Lang, Z.Y. Gao, *Gyro-Inclinometer Based on Micromachined Inertial Sensors*, Proc. Symposium Gyro Technology 2000, Stuttgart, Germany, September 2000, pp. 11.0-11.14.

22/ W. Geiger, W.U. Butt, A. Gaißer, J. Frech, M. Braxmaier, T. Link, A. Kohne, P. Nommensen, H. Sandmaier, W. Lang, *Decoupled Microgyros and the Design Principle DAVED*, Proc. IEEE Micro Electromechanical Syst.Workshop (MEMS 2001), Interlaken, Schweiz, Jan. 2001, pp. 170-173.

23/ W. Geiger, W.U. Butt, A. Gaißer, J. Frech, M. Braxmaier, T. Link, H. Sandmaier, W. Lang, *The Design Principle DAVED and its Decoupled Microgyros*, Proc. 9th International Trade Fair and Conference for Sensors, Transducers & Systems (Sensor 2001), May 2001, Nürnberg, Germany, pp. 13-18.

24/ A. Gaißer, W. Geiger, T. Link, N. Niklasch, J. Merz, S. Steigmajer, A. Hauser, H. Sandmaier, W. Lang, *New Digital Readout Electronics for Capacitive Sensors by the Example of Micro-machined Gyroscopes*, Proc. 11th Int. Conf. on Solid-State Sensors and Actuators (Transducers '01), Munich, Germany, June, 2001, pp. 472-475.

25/ W. Geiger, J. Frech, M. Braxmaier, T. Link, A. Gaißer, W. Butt, P. Nommensen, H. Sandmaier, W. Lang, *DAVED-LL – A Novel Gyroscope in SOI-Technology*, Symposium Gyro Technology 2001, Sep. 2001, Stuttgart, Germany, pp. 4.1-4.10.

26/ W. Geiger, W.U. Butt, A. Gaißer, J. Frech, M. Braxmaier, T. Link, A. Kohne, P. Nommensen, H. Sandmaier, W. Lang, *Decoupled Microgyros and the Design Principle DAVED*, Sensors and Actuators, A 95 (2002), pp. 239-249.

Patentanmeldungen

P1/ W. Geiger, H. Kück, A. Erlebach, W.-J. Fischer, *Acceleration Limit Sensor (Beschleunigungsgrenzwertsensor)*, Internationale Patentanmeldung PCT/EP96/03821, Internationales Veröffentlichungsdatum: 05.03.98.

P2/ W. Geiger, B. Folkmer, U. Sobe, W. Lang, *Drehratensensor mit entkoppelten orthogonalen Primär- und Sekundärschwingungen*, Deutsches Gebrauchsmuster 296 17 410.6, Eintragung 19.12.96.

P3/ W. Geiger, B. Folkmer, U. Sobe, W. Lang, *Drehratensensor mit entkoppelten orthogonalen Primär- und Sekundärschwingungen*, Deutsches Patent DE 196 41 284 C1, Anmeldetag: 07.10.96, Veröffentlichungstag der Patenterteilung: 20.05.1998.

P4/ W. Geiger, B. Folkmer, U. Sobe, W. Lang, *Drehratensensor mit entkoppelten orthogonalen Primär- und Sekundärschwingungen*, Internationale Patentanmeldung WO 98/15799 (PCT/EP97/05445), Internationales Veröffentlichungsdatum: 16. April, 1998.

P5/ W. Geiger, B. Folkmer, W. Lang, *Elektrostatischer Aktor und Sensor*, Deutsche Patentanmeldung, Offenlegungsschrift DE 197 44 292 A1, Offenlegungstag 23.4.1998.

P6/ W. Geiger, *Mechanischer Oszillator und Verfahren zum Erzeugen einer mechanischen Schwingung*, Deutsche Patentanmeldung DE 19811025.1, Anmeldetag: 13.3.98, Offenlegungstag: 16.09.99.

P7/ W. Geiger, *Mechanischer Oszillator und Verfahren zum Erzeugen einer mechanischen Schwingung*, Internationale Patentanmeldung PCT/EP99/01596, Anmeldetag: 11.03.99.

P8/ W. Geiger, B. Folkmer, U. Sobe, W. Lang, *Rotation Rate Sensor with Uncoupled Mutually Perpendicular Primary and Secondary Oscillations*, European Patent No. 0906557.

P9/ W. Geiger, W. Lang, *Drehratensensor und Drehratensensorsystem*, Deutsche Patentanmeldung, Tag der Anmeldung: 18.08.2000, Aktenzeichen 100 40 418.9.

P10/ A. Gaißer, W. Geiger, N. Niklasch, *Verfahren und Vorrichtung zur Verarbeitung von analogen Ausgangssignalen von kapazitiven Sensoren*, Deutsche Patentanmeldung, Tag der Anmeldung: 01.12.2000, Aktenzeichen 100 59 775.0.

Lebenslauf

20.04.1966	Geboren in Mittersill (Österreich)
1972 - 1976	Besuch der Bruckenacker-Grundschule, Filderstadt
1976 - 1985	Besuch des Eduard-Spranger-Gymnasiums, Filderstadt Abschluß: Allgemeine Hochschulreife
1985 - 1986	Grundwehrdienst in Engstingen
1986 - 1994	Studium der Fachrichtung Physik an der Eberhard-Karls-Universität, Tübingen mit Diplom-Abschluß
1989 - 1990	Studium der Fachrichtung Physik und Elektrotechnik an der University of Arizona in Tucson, USA, als Fulbright-Stipendiat
1993 - 1994	Diplomarbeit am Fraunhofer-Institut für Festkörpertechnologie, München Thema: Optimierung und Charakterisierung einer elektrostatisch angetriebenen Mikro-Membranpumpe
1994 - 1996	Wissenschaftlicher Mitarbeiter am Fraunhofer-Institut für Mikroelektronische Schaltungen und Systeme, Dresden Arbeitsschwerpunkt: Entwicklung von mikromechanischen Beschleunigungssensoren
1996 - 2001	Wissenschaftlicher Mitarbeiter am HSG-IMIT, Villingen-Schwenningen Arbeitsschwerpunkt: Entwicklung von mikromechanischen Gyroskopen
1998 - 2001	Leiter der Produktgruppe Inertialsensoren am HSG-IMIT
seit 2001	Projektleiter für mikromechanische Gyroskope bei der LITEF GmbH, Freiburg i. B.

Danksagung

Herrn Prof. Dr. H. Sandmaier gilt mein besonderer Dank für die interessante Themenstellung, für die Betreuung dieser Arbeit und für die Möglichkeit, diese am Institut für Mikro- und Informationstechnik der Hahn-Schickard-Gesellschaft (HSG-IMIT) durchführen zu können.

Herrn Prof. Dr. W. Mokwa möchte ich für die Übernahme des Mitberichts danken.

Den Herren Dr. W. Lang und Dipl.-Ing. B. Folkmer danke ich für die Etablierung der Gyroskop-Entwicklung am HSG-IMIT sowie die zahlreichen Anregungen und fruchtbaren Diskussionen.

Mein besonderer Dank gilt den Herren Dipl.-Ing. A. Gaißer, Dipl.-Ing. T. Link, Phys./Math. Staatsex. M. Braxmaier sowie Dipl.-Ing. W. U. Butt, die im Jahr 1999 das Gyro-Team verstärkt haben. Ohne ihre engagierte Mitarbeit wären wesentliche Optimierungsschritte nicht möglich gewesen.

Bei den Herren Dipl.-Phys. J. Frech und Dipl.-Phys. P. Nommensen bedanke ich mich für die Unterstützung bei der Erarbeitung des Technologiekonzepts für die LL-Sensoren sowie für dessen Umsetzung.

Den Herren Dipl.-Ing. U. Sobe, Dipl.-Ing. D. Maurer, Dipl.-Ing. M. Kieninger, Dipl.-Ing. M. Pascal, Dipl.-Ing. T. Fischer, Dipl.-Ing. A. Strunz, Dipl.-Ing. K. Schiller, Dipl.-Ing. T. Link, Dipl.-Ing. H. Mitterling, Dipl.-Ing. S. Steigmajer, Dipl.-Ing. O. Duttlinger, Dipl.-Ing. O. Berger, MEE X. Niu, A. Hauser sowie Frau A. Kohne danke ich für die wertvollen Beiträge, die sie durch Arbeiten im Rahmen ihrer Hochschulausbildung geleistet haben.

Bei den Herren Dipl.-Phys. U. Thissen, Ing. grad. H. Seifert und Dipl.-Ing. U. Allgeier des Hahn-Schickard-Instituts für Feinwerk- und Zeitmeßtechnik bedanke ich mich für die Entwicklung wesentlicher Komponenten des Prüftisches.

Für die Fertigung der Sensorchips innerhalb der MPW der Robert Bosch GmbH und die stets gute Beratung danke ich stellvertretend den Herren Dr. M. Illing, Dr. M. Keim und Dr. M. Offenberg.

Weiter möchte ich mich bei den Herren Dipl.-Ing. H. Glosch und Dipl.-Phys. M. Freygang für den funktionierenden Betrieb der Meßlabore und die Unterstützung bei der Programmierung mit Testpoint bedanken. Herrn Dipl.-Ing. B. Folkmer danke ich für Durchführung der FEM-Simulationen. Bei Herrn Feinmechanikermeister A. Neurath und bei Frau S. Schwarzwälder bedanke ich mich für die stets rasche und sorgfältige Durchführung der Werkstattarbeiten. Den Herren H. Straatmann und M. Kunze danke ich für den Aufbau der Sensoren. Bei Frau Y. Ganter bedanke ich mich für die Durchführung der kritischen Photolithographie-Arbeiten.

Allen meinen Kolleginnen und Kollegen am HSG-IMIT danke ich für das motivierende, angenehme Arbeitsklima und die gute Zusammenarbeit.

Meinem Vater Eduard Geiger danke ich für die kritische Durchsicht des Manuskripts.